普通高等教育土建学科专业"十二五"规划教材

高校土木工程专业规划教材

土 力 学

钱德玲　主编

中国建筑工业出版社

图书在版编目（CIP）数据

土力学/钱德玲主编. —北京：中国建筑工业出版社，2009

普通高等教育土建学科专业"十二五"规划教材. 高校土木工程专业规划教材

ISBN 978-7-112-10918-0

Ⅰ. 土… Ⅱ. 钱… Ⅲ. 土力学-高等学校-教材 Ⅳ. TU43

中国版本图书馆 CIP 数据核字（2009）第 058604 号

本书为普通高等教育土建学科专业"十二五"规划教材之一。根据高等学校土木工程专业教学大纲，为了适应新世纪土木工程教学要求和人才培养，本教材在书写时力求语言精炼、重视学科基础理论以及强调新技术和新方法在工程中的应用。

本书内容包括：绪论、土的物理性质及工程分类、土的渗透性和渗流、土体中应力的计算、土的压缩性和固结理论、地基最终沉降量的计算、土的抗剪强度及参数确定、土压力与挡土墙、地基承载力和土坡稳定性分析，各章后均附有思考题和习题。

本书适用于高等学校土木工程：建筑工程、岩土工程、道桥工程、地下工程和水利工程等专业的教学，也可作为土木和水利工程科研人员和工程技术人员的参考书。

* * *

责任编辑：郭　栋　吉万旺

责任设计：赵明霞

责任校对：陈晶晶　孟　楠

普通高等教育土建学科专业"十二五"规划教材

高校土木工程专业规划教材

土力学

钱德玲　主编

*

中国建筑工业出版社出版、发行（北京海淀三里河路9号）

各地新华书店、建筑书店经销

北京红光制版公司制版

北京建筑工业印刷厂印刷

*

开本：787×1092毫米　1/16　印张：15½　字数：378千字

2009年7月第一版　2019年11月第八次印刷

定价：**28.00**元

ISBN 978-7-112-10918-0

（29014）

前　言

本书具有系统性、可读性、连贯性和实用性等特点，结合材料力学、结构力学和弹塑性力学的知识，着重介绍土力学的三大理论和四大应用：即渗透理论、强度理论和变形理论，挡土墙设计、承载力计算、土坡稳定性分析和基础设计方面的应用。每一章节内容或每个知识点都针对实际工程问题，阐述了土的应力、变形、强度及其在工程中的应用。在编写过程中，注重概念准确和明晰、语言精炼和通畅，例题和习题有助于读者掌握书中理论知识和复杂的计算过程，力求易读、易懂。

《土力学》由合肥工业大学教授钱德玲（博士）主编，全书一共有 10 章，第 1、第 4 和第 6 章由钱德玲编写，第 2 章由安徽工业大学谢胜华（博士）编写、第 3 章由合肥工业大学姚华彦（博士）编写、第 5 章由合肥工业大学郭建营（博士）编写、第 7 章由安徽理工大学林斌（博士）编写、第 8 章由合肥工业大学朱林老师编写、第 9 和第 10 章由合肥工业大学卢坤林老师编写。

本书组织了三个大学一些具有丰富教学经验又有实际工程经验的教师参与了编写，他们在编写过程中除了完成繁重的教学和科研任务外，利用宝贵的休息时间，集中精力完成了各章的编写任务，在此向他们表示衷心的感谢！

由于时间紧和限于作者水平，书中难免出现不妥或错误之处，敬请读者指出，我们尽快改正和不胜感谢。

土 力 学 名 人 录

Charles Augustin de Coulomb

(1736—1806)

1736 年 6 月 14 日生于法国 Angoul，1806 年 8 月 23 日卒于法国巴黎。

Coulomb 对土木工程（结构、水力学、岩土工程）以及自然科学和物理学（包括力学、电学和磁学）等都有重要的贡献，如物理学中著名的库仑定律就是他提出的。1774 年当选为法国科学院院士。

在巴黎期间，Coulomb 为许多建筑的设计和施工提供了帮助，而工程中遇到的问题促使了他对土的研究。1773 年，Coulomb 向法兰西科学院提交了论文"最大最小原理在某些与建筑有关的静力学问题中的应用"，文中研究了土的抗剪强度，并提出了土的抗剪强度准则（即库仑定律），还对挡土结构上的土压力的确定进行了系统研究，首次提出了主动土压力和被动土压力的概念及其计算方法（即库仑土压理论）。该文在 3 年后的 1776 年由科学院刊出，被认为是古典土力学的基础，他因此也称为"土力学之始祖"。

Henry Philibert Gaspxard Darcy

(1803—1858)

Henry Darcy 1803 年 6 月 10 日出生于法国第戎（Di jon）。Darcy 少年时期正值国内政局动荡，因此其学业也不很稳定。1821 年，18 岁的 Darcy 进入巴黎工艺学校（Polytechnic School）学习，2 年后入巴黎路桥学校（School of Bridges and Roads），该校属法国帝国路桥工兵团，法国许多世界级的科学家如皮托（Pitot）、圣文南（Saint-Venant）、科里奥利（Coriolis）、纳维叶（Navier）等都出自该校，其中一些还在该校任教。

Darcy 的一项杰出成就是第戎供水系统的建造。19 世纪上半叶，大多数城市都没有供水和排水系统，供水依靠马车从城市附近的河流、井、泉运送。1839～1840 年，Darcy 设计和主持建造了第戎镇的供水系统，它甚至比巴黎的供水系统早了 20 年。为了感谢 Darcy 对家乡的贡献，人们将该镇的中心广场以他的名字命名。Darcy 拒绝了镇上欲付给他的高额补偿，他最终得到的好处是他本人及亲属可免费用水。

1856 年，Darcy 在经过大量的试验后，于第戎发表了他对孔隙介质中水流的研究成果，即著名的 Darcy 定律。

William John Maquorn Rankine

1820 年 7 月 2 日生于苏格兰的爱丁堡，1872 年 12 月 24 日逝世于苏格兰的格拉斯哥(Glasgow)。

Rankine 被后人誉为那个时代的天才，他在热力学、流体力学及土力学等领域均有杰出的贡献。他建立的土压力理论，至今仍在广泛应用。

Rankine 的初等教育基本是在父亲及家庭教师的指导下完成的。进入爱丁堡大学学习 2 年后，他离校去做一名土木工程师。1840 年后，他转而研究数学物理。1848～1855 年间，他用大量精力研究理论物理、热力学和应用力学。1855 年后，Rankine 在格拉斯哥大学担任土木工程和力学系主任。1853 年当选为英国皇家学会会员。他一生论著颇丰，共发表学术论文 154 篇，并编写了大量的教科书及手册，其中一些直到 20 世纪还在作为标准教科书使用。

(1820—1872)

Christian Otto Mohr

Mohr 1835 年生于德国北海岸的 Wesselburen，16 岁入 Hannover 技术学院学习。毕业后，在 Hannover 和 Oldenburg 的铁路工作，作为结构工程师，曾设计了不少一流的钢桁架结构和德国一些最著名的桥梁。他是 19 世纪欧洲最杰出的土木工程师之一。与此同时，Mohr 也一直在进行力学和材料强度方面的理论研究工作。

1868 年，32 岁的 Mohr 应邀前往斯图加特技术学院，担任工程力学系的教授。他的讲课简明、清晰，深受学生欢迎。作为一个理论家和富有实践经验的土木工程师，他对自己所讲的主题了如指掌，因此总能带给学生很多新鲜和有趣的东西。1873 年，Mohr 到德累斯顿(Dresden)技术学院任教，直到 1900 年他 65 岁时。退休后，Mohr 留在德累斯顿继续从事科学研究工作直至 1918 年去世。

Mohr 出版过一本教科书并发表了大量的结构及强度材料理论方面的研究论文，其中相当一部分是关于用图解法求解一些特定问题的。他提出了用应力圆表示一点应力的方法(所以应力圆也被称为 Mohr 圆)，并将其扩展到三维问题。应用应力圆，他提出了第一强度理论。Mohr 对结构理论也有重要的贡献，如计算梁挠度的图乘法、应用虚位移原理计算超静定结构的位移等。

(1835—1918)

Karl von Terzaghi

(1883—1963)

Terzaghi 于 1883 年 10 月 2 日出生于捷克的首都布拉格，1904 年毕业于奥地利的格拉茨（Graz）技术大学，之后成为土木工程领域的一名地质工程师。1916～1925 年期间，他在土耳其的伊斯坦布尔技术大学和 Bogazici 大学任教，并从事土的特性方面的研究课题，这也最终导致了他的举世闻名的《Erdbaumechanik》（土力学）于 1925 在维也纳的问世，该书介绍了他所提出的固结理论以及土压力、承载力、稳定性分析等理论，标志着土力学这门学科的诞生。1925 年，他被派往麻省理工学院担任访问教授，四年后回到维也纳技术大学任教授。1938 年德国占领奥地利后，Terzaghi 前往美国，并在哈佛大学任教，直到 1956 年退休。在此期间的 1943 年，他还出版了《 Theoretical Soil Mechanics》。在这部不朽的著作中，Terzaghi 就固结理论、沉降计算、承载力、土压理论、抗剪强度及边坡稳定等问题进行了阐述，为便于工程技术人员使用，书中使用了大量的图表。1963 年 10 月 25 日，Terzaghi 在马萨诸塞州的温彻斯特逝世。

Karl Terzaghi 被誉为土力学之父。他的开创性工作于 1936 年在哈佛大学召开的首届国际土力学大会上为大家普遍了解后，土力学广泛出现在世界各地土木工程的实践中及各大学的课程中。Karl Terzaghi 是一个理论家，更是一个享誉国际土木工程界的咨询工程师，他是许多重大工程的顾问，这其中包括英国的 Mission 大坝。1965 年，为表示对 Terzaghi 的敬意，该坝被命名为 Terzaghi 大坝。毫无疑问，Terzaghi 对土力学理论的贡献是巨大的，但人们评价说，也许他更大的贡献是向人们展示了用理论解决工程问题的方法。

Terzaghi 是第一届到第三届（1936～1957）ISSMFE（国际土力学与基础工程学会）的主席，曾 4 次荣获 ASCE（美国土木工程师协会）的 Norman 奖（1930，1943，1946，1955），并被 8 个国家的 9 所大学授予荣誉博士学位。为表彰 Terzaghi 的杰出成就，美国土木工程师协会还设立了 Terzaghi 奖。

Donald Wood Taylor

(1900—1955)

Taylor 1900 年生于美国马萨诸塞州的 Worcester，1955 年逝于马萨诸塞州的 Arlington。

Taylor 于 1922 年毕业于 Worcester 技术学院，在美国海岸与大地测量部和新英格兰电力协会工作了 9 年，之后到麻省理工学院土木工程系任教，直到去世。

Taylor 积极参加 Boston 土木工程协会及美国土木工程师协会的工作，曾任 Boston 土木工程师协会的主席。自 1948～1953 年，他一直担任国际土力学与基础工程学会的秘书。

Taylor 在黏性土的固结问题、抗剪强度和砂土剪胀及土坡稳定等领域均有不少建树。其论文"土坡的稳定"获得 Boston 土木工程师协会的最高奖励——Desmond Fitzgerald 奖。他编写的教科书《土力学基本原理》多年来一直得到广泛应用，是一部经典的土力学教科书。

Arthur Casagrande

Arthur Casagrande 1902 年 8 月 28 日生于奥地利，1926 年到美国定居，先在公共道路局工作，之后作为 Terzaghi 最重要的助手在麻省理工学院从事土力学的基础研究工作。1932 年，Casagrande 到哈佛大学从事土力学的研究工作，此后的 40 多年中，他发表了大量的研究成果，并培养了包括 Janbu、Soydemir 等著名人物在内的土力学人才。他是第五届（1961～1965）国际土力学与基础工程学会的主席，是美国土木工程师协会 Terzaghi 奖的首位获奖者。

Casagrande 对土力学有很大的贡献和影响，如在土的分类、土坡的渗流、抗剪强度、砂土液化等方面的研究成果，黏性土分类的塑性图中的"A 线"即是以他（Arthur）命名的。

（1902—1981）

Ralph Brazelton Peck

Ralph Peck 1912 年 6 月 23 日出生于加拿大 Manitoba 的 Winnipeg，6 岁时移居美国。1934 毕业于 Rensselaer 工学院土木工程专业，1937 年 6 月获土木工程博士学位。Peck 起初的志向是结构工程，后转而研究岩土工程。他早期曾与 Terzaghi 有过几次合作，并受到 Terzaghi 的影响，还共同出版了专著《Soil Mechanics in Engineering Practice》（1948 年）。

Peck 一生共计发表了 200 篇（本）论著，为土力学及基础工程的发展作出了重要的贡献。他将土力学应用在土工结构的设计、施工建造和评估中，并努力将研究成果表述为工程师容易接受的形式，他是世界上最受人尊敬的咨询顾问之一。在 Illinois 大学任教 30 多年，他影响了难以数计的青年学生。

Peck 曾在 1969～1973 年间担任国际土力学与基础工程学会主席，曾荣获美国土木工程师协会颁发的 Norman 奖章（1944）、Wellington 奖（1965）、Karl Terzaghi 奖（1969），并在 1975 年获得由福特总统颁发的国家科学奖章。

（1912—　）

Alec Westley Skempton

Skempton 1914 年出生于英格兰的 Northampton，是英国伦敦大学帝国学院的著名教授，他的学士学位（1935）、硕士学位（1936）及博士学位（1949）也是在该校获得的。

Skempton 的研究兴趣主要在土力学、岩石力学、地质学、土木工程史等领域。在土力学方面，他对有效应力、黏土中的孔隙水压、地基承载力、边坡稳定性等问题的研究作出了突出的贡献，他具有从复杂的问题中提取出重要而关键的部分的杰出本领，由他所创立并领导的伦敦帝国大学土力学研究中心是国际顶尖的土力学研究中心。

Skempton 是第四届（1957～1961）国际土力学与基础工程学会主席，1961 年当选为英国皇家学会会员。

Skempton 于 2001 年 8 月 9 日在伦敦逝世。

（1914—2001）

K H Roscoe

(1914—1970)

Roscoe 1914 年 12 月出生于英国，1934 年在剑桥大学的 Emmanuel 学院接受本科教育。

二战后，Roscoe 返回剑桥大学读研究生，毕业后留校从事土力学的研究，并建立了土力学实验室。他致力于土性及其力学原理的研究，这是当时剑桥学派研究的热门课题。他于 1958 年所提交的论文《关于土体的屈服》奠定了临界状态土力学的基础，被英国土力学学会授予成就奖。他的研究成果主要包括：所设计的剪切仪成为以后土力学平面剪切仪的先驱；提出了确定土体临界状态时孔隙比的方法；提出的剑桥模型创建了临界状态土力学，为现代土力学的诞生和发展作出了重要贡献。他在捷克、丹麦、法国、德国等地进行了广泛的交流和演讲，在他的领导下，剑桥大学关于土力学机理的研究成果得到国际岩土工程界的普遍认可。以 Roscoe 为奠基者的剑桥学派在现代土力学的发展历史中占有重要的地位。

Roscoe 不幸于 1970 年 4 月 10 日因车祸遇难。

Laurits Bjerrum

(1918—1973)

Laurits Bjerrum 1918 年 8 月 6 日生于丹麦。他在丹麦技术大学接受本科教育，而在瑞士苏黎世的联邦技术学院接受研究生教育。

Laurits Bjerrum 在丹麦和瑞士工作一段时间后，于 1951 年到挪威，并成为挪威岩土工程研究所（Norwegian Geotechnical Institute）的首任所长。在他的带领下，NGI 成为国际著名的岩土工程研究所。Bjerrum 及其在 NGI 的同事发表了大量的学术论文，内容主要包括抗剪强度机理、灵敏土的特性研究和边坡稳定等。

Laurits Bjerrum 是第六届（1965～1969）国际土力学与基础工程学会的主席。

George F Sowers

(1921—1996)

Sowers 从事土木工程专业服务和教育 50 年，很少有人能像他那样将岩土工程及工程地质的实践与其研究及教育结合得如此完美。他被称为工程师的工程师，同时又是一个国际知名的教育者。

Sowers 于 1942 年获得 Case 学院土木工程专业的学士学位，作为 Terzaghi 和 Casagrande 的学生，于 1947 年获得哈佛大学的硕士学位。在以后 50 年的生涯中，Sowers 一生共发表学术论文 130 余篇，出版专著 8 本，所编写的土力学及基础工程教材被美国国内高校广为采用。他一直同时保持着两个令人羡慕的职位：法律高级工程顾问和佐治亚工学院的教授。同时，还活跃于美国土木工程师协会、美国材料试验协会、国际土力学与基础工程学会、美国全国职业工程师协会、地震工程研究院、美国大坝委员会、美国地震协会等十多个学术团体，并曾担任国际土力学与基础工程学会的副主席。

由于贡献突出，Sowers 曾获得美国土木工程师协会的 Middlebrooks 奖（1977，1994）、Terzaghi 奖（1995）等多个奖项。

Gerald A. Leonards

(1921—1997)

Leonards 1921 年 4 月 29 日出生于加拿大魁北克（Quebec）的蒙特利尔（Montreal），后加入美国国籍，1997 年 2 月 1 日逝世。

Leonards 于 1943 年获得 McGill 大学（蒙特利尔）土木工程学士学位，并分别于 1948 年和 1952 年获普渡（Purdue）大学土木工程硕士学位及博士学位，其博士论文的题目是"压实黏土的强度特征（Strength Characteristics of Compacted Clays）"。他于 1944～1946 年间在 McGill 大学任教，1946 年后在普渡大学任教，并曾任该校土木工程学院的院长，他所开设的高等基础工程和应用土力学课程深受学生欢迎，曾被学生评为最佳土木工程教师。所编写的《基础工程》一书 1962 年由 McGraw-Hill 出版后，迅速成为世界范围的标准参考书。

Leonards 的研究兴趣十分广泛，在压实黏土的强度及压缩性、软土的强度和固结、土坝开裂、冻土行为、边坡稳定、软土上筑堤、砂土液化、桩基础、岩土工程事故调查方法学等方面都有开创性的研究工作。

1989 年，Leonards 当选为美国国家科学院院士。他还曾获得包括美国土木工程师协会 Terzaghi 奖（1989）在内的无数专业和技术协会的奖励。

Aleksandar Sedmak Vesic
（1924—1982）

Vesic 1924 年 8 月 8 日生于南斯拉夫，1950 年毕业于贝尔格莱德大学土木工程专业，1956 年获该校博士学位。

20 世纪 50 年代早期，他主要从事桥梁和大坝的设计工作。后来去比利时工作，以扩展在土力学及基础工程方面的知识。1964 年，Vesic 成为 Duke 大学的教授，并组织和领导了该校在土力学方面的研究工作。且先后担任该校土木工程系的主任和工程学院的院长。

Vesic 的研究工作主要集中在浅基础和深基础的破坏，他论证了无黏性土地基的破坏方式不仅与其相对密度有关，还与基础的相对埋深有关。他阐明了地基的整体剪切破坏、局部剪切破坏以及冲切破坏形式。Vesic 对地下核爆炸引起地表沉陷这一问题十分感兴趣，与其他科学家一起对这一问题进行了理论推导，并对土在高压作用下的表现进行了小比例的试验。他是在研究破坏时考虑土的压缩性的第一人，并引入了相应的刚性系数指标。此外，他的论文还澄清了筏形基础下基底反力的分布中的许多问题。

杰出的成就也为他带来许多荣誉，他曾获得美国土木工程师协会的 Middlebrooks 奖（1974）等奖项。

1982 年 5 月 3 日，Vesic 不幸英年早逝，这是岩土工程界的一个重大损失。

Nilmar Janbu

Nilmar Janbu 是挪威技术大学的教授，它在土的压缩性研究、边坡稳定性等方面为土力学的发展作出了杰出的贡献。人们对 Janbu 的评价是：半个世纪以来，无论是在挪威还是在全世界，他都是岩土工程领域前进的推动力，深厚的理论造诣、对工程实践强烈的兴趣以及出色的指导能力已成为他永久的标志，他以自己强烈而友好的个性征服了许多人。

目　录

第1章 绪 论

1.1 土及土力学的概念及其意义

土，地之生万物者也。由土所构成的广袤大地是人类居住的场所，也是人类工程经济活动的基地—建筑物和构筑物的地基、地下空间开发的围岩、土工构筑物的填筑材料等。因此，土是人类赖以居住和生存的必备条件之一。

土是岩石经崩解、破碎、变质等风化作用后，又经过各种大自然营力的搬运，在新的环境下堆积或沉积下来的颗粒状松散或松软物质。而这些松散物质又是所有建筑物和构筑物的地基。建筑物的建造使地基中原有的应力状态发生变化，这就必须运用力学方法来研究在荷载作用下地基土的变形和强度问题，以便使地基基础设计满足两个基本条件：①要求作用于地基的荷载不超过地基的承载能力，保证地基在防止整体破坏方面有足够的安全储备；②控制基础沉降使其不超过允许值，保证建筑物不因地基沉降而损坏或者影响其正常使用。因此，研究土的应力、变形、强度和稳定以及土与结构物相互作用等规律的一门力学分支称为土力学。

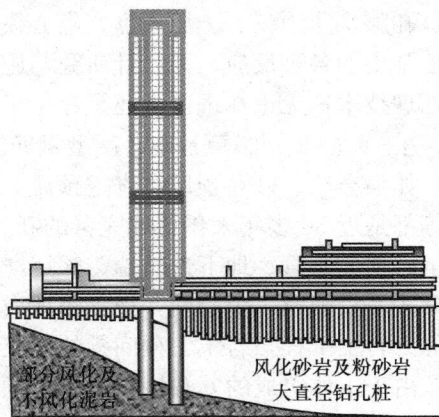

图 1-1 上部结构、地基及基础示意图

1.2 土力学的历史沿革

远在古代人们就懂得利用土进行工程建设，如我国东汉时的郑玄在注释战国时的《考工记》时，就认识到了作用力和变形之间的弹性定律，这比胡克（Hooke）定律要早1500多年，但直到18世纪，基本上还处于感性认识阶段。土力学的研究始于18世纪工业革命时期，由于工业发展的需要，建筑规模的扩大，更由于铁路的修筑出现了一系列路基问题。因此，最初的土力学理论多与解决路基问题有关。1773年法国的 C. A. 库仑（Coulomb）创立了著名的砂土抗剪强度公式，提出了计算挡土墙土压力的滑楔理论。90余年后，英国的 W. J. M. 朗金（Rankine，1869）又从不同途径提出了挡土墙土压力理论，对后来土体强度理论的发展起了很大的作用。此外，法国的 J. 布辛奈斯克（Boussinesq，1885）求得了弹性半空间在竖向集中力作用下应力和变形理论的解答；瑞典的 W. 费兰纽斯（Fellenius，1922）提出了土坡稳定分析法。这些古典理论，对土力学的发展起到了极大的推进作用，至今仍不失其理论和实用价值。

系统地归纳和总结以往成就的是 K·太沙基（Terzaghi，1925），他撰写了第一本内容广博的著作——《土力学》，在这本书中他阐明了土工试验和力学计算之间的关系，其中用于计算沉降的方法一直沿用至今，被认为是一种有效的计算方法。这本系统完整的科学著作的出现，带动了各国学者对本学科各个方面的探索。从此，土力学及地基基础就作为独立的学科而取得不断的进展。因此，太沙基被公认为土力学的奠基人。

近数十年来，由于土木工程建设的需要，特别是电子计算机和计算技术的引入，使土力学与基础工程得到了迅速的发展。目前已经可以把变形和强度问题统一起来进行分析，并可以考虑土的非线性应力和应变的性状；基础分析已从过去的单独计算发展到考虑地基基础与上部结构共同工作的整体分析；在土工试验方面，开创了许多新的测试技术和仪器设备，原位测试技术正日益受到重视。例如静力触探、十字板剪切仪、分层沉降仪、测斜仪、孔隙水压力仪、土压力盒、离心模型试验等量测手段的出现，使人们能够更直观地掌握地基土的各种反应，为设计研究与施工技术提供了较正确的数据和资料。基础工程和地基处理技术，无论在理论上还是在施工技术方面，都有了高度的发展，出现了如补偿式基础、桩-筏基础、桩-箱基础、巨型钢筋混凝土浮运沉井等新颖的基础形式；在地基处理方面，如强夯法、砂井预压、真空预压、振冲法、施喷法、深层搅拌法、树根桩、压力注浆法等都是近30多年来创造和完善的新方法；另外，由于深基坑开挖支护工程的需要，出现了盾构、顶管、地下连续墙、深层搅拌水泥土挡墙、锚杆支护等施工方法和新型支护结构形式。目前有一个趋向，把工程地质勘察、基础工程和地基处理三方面工作结合起来，统称为岩土工程。岩土工程问题的研究，在我国正方兴未艾。

由于土体组成的复杂性（由固体颗粒、水和空气组成的三相体），再加上其形成历史的巨大差异，使土力学这门学科变得十分复杂。目前研究的理论虽比几十年前有了突飞猛进的进步，但仍然还不是尽善尽美的，要很确切地模拟和概括地基的受力条件和施工过程，还存在一定的困难。而且在很大程度上，土力学计算还依赖于土工测试技术。因此，土力学仍是一门发展中的学科，还有许多值得研究和探讨的问题。土力学未来的发展趋势可归结为：一个模型，三个理论，四个分支。一个模型，即本构关系模型；三个理论，即非饱和土固结理论、土的液化破坏理论、土的渐进破坏理论；四个分支，即理论土力学、计算土力学、实验土力学、应用土力学。今后，新的理论、新的基础形式、新的测试技术和施工方法，必将日趋完善。

1.3　与土力学相关的工程事故

土力学与基础工程密切相关，土力学的理论广泛应用于基础设计、土压力、土坡稳定性和地基承载力等方面，解决土的渗透、变形和强度以及与此有关的工程问题。

"万丈高楼平地起"。所有建筑物、构筑物、桥梁、道路和堤坝等，均建立在地球表面地层上。图1-2是建于1941年加拿大特朗斯康谷仓地基破坏的情况，该谷仓由65个圆柱形筒仓组成，高31m，其下为片筏基础，由于事前不了解基础下埋有厚达16m的软黏土层，建成后初次储存谷物，使基底平均压力（32t/m²）超过了地基的极限承载力。结果谷仓西侧突然陷入土中8.8m，东侧则抬高1.5m，仓身倾斜27°，这时地基发生了整体滑动破坏，从而引起建筑物失去稳定。由于该谷仓的整体性很强，筒仓完好无损，事后在下面做了70多个支承于基岩上的混凝土墩，使用388个50t千斤顶以及支撑系统，才把仓体逐渐纠正过来，但其标高比原来降低了 4m。这是一个典型的强度破坏问题。

图 1-2　加拿大特朗斯康谷仓的地基破坏

软土不均匀沉降引起的建筑物倾斜与开裂现象极为普遍，著名的比萨斜塔就是因不均匀沉降而造成的，因此而出了名。我国建于五代周显德六年至北宋建隆二年（公元 959～961年）间的苏州虎丘塔，是一座中国的斜塔。虎丘塔是七级八角形砖塔，塔底直径 13.66m，高 47.5m，全部塔重支承在内外 12 个砖墩上。由于地基为厚度不等的杂填土和粉质黏土夹块石，地基土产生的不均匀沉降导致塔身严重偏斜。自 1957 年初次测定到 1978 年，塔顶的位移由 1.7m 发展到 2.3m，塔的重心偏离基础轴线 0.924m。由于塔身严重向东北向倾斜，各砖墩受力不均，致使底层偏心受压处的砌体多处出现纵向裂缝。这就是典型的变形破坏问题。

图 1-3　比萨斜塔

图 1-4　苏州虎丘塔

1.4　本课程的特点

土力学的内容涉及工程地质学、材料力学、弹性力学、流体力学等几个学科，内容广泛，综合性强。由于土是自然历史的产物，以及土的碎散性使得土力学除了运用一般连续力学的基本原理外，还应密切结合土的实际情况进行研究。

土是一种由固态、液态和气态物质组成的三相体系。与各种连续体（弹性体、塑性体、流体等）比较，天然土体具有一系列复杂的物理力学性质，而且容易因环境条件（温度、湿度、地下水等）的变化而受到影响。现有的土力学理论还难于模拟、分析天然土层在建筑物荷载作用下所表现出的各种力学性状。因此，土力学虽是指导我们从事地基基础工程实践的重要理论基础，但还应通过实验、实测并紧密结合实践经验进行综合分析，才能求得解决实际问题的最佳方案或最佳方法。而且，也只有在密切联系工程实践的基础上，才能够深刻认识土力学的理论精华并逐步得到提高，增强分析和解决工程实际问题的能力。

天然土层的性质和分布，不但因地而异，而且在较小范围内也可能有很大的变化，即土的物理力学性质具有随机性和变异性。在实际工作中，必须通过勘察和测试手段获取有关土的物理力学性质指标，才能进行设计和计算。因此，了解地基勘察和原位测试技术以及室内土工试验方法也是本课程的一个重要环节。实际上，这也是科学地认识土的工程特性和掌握科学实验技术的必由之路。

学生应根据本课程的特点，牢固掌握土的物理性质、应力、变形、强度和地基计算等土力学的基本原理和计算方法，从而能够应用这些基本概念和原理，结合有关的力学、结构以及施工知识，分析和解决工程中的实际问题。

太沙基晚年坚信土力学与其说是一门科学，不如说是一门艺术。这深刻反映了土力学创始人对学科特点的阐述。

1.5 学习内容、方法和学习要求

第1章 绪论：明确学习土力学的目的和意义。

第2章 土的物理性质及工程分类：这是本课程的基础部分，主要了解土的三相组成，掌握土的物理性质和土的物理状态指标的定义、物理概念、计算公式和单位。要求熟练掌握物理性质指标的三相换算，了解地基土工程分类的依据与准确定名。

第3章 土的渗透性和渗流：明确达西定律、渗透系数的概念，掌握饱和土中的孔隙水压力和有效应力原理、渗透力、渗透变形及其计算方法。

第4章 土体中应力的计算：要求掌握自重应力、基底压力、基底附加应力和地基中附加应力这四种应力的计算方法和含义。

第5章 土的压缩性和固结理论：这是本课程的重点部分。要求掌握土的压缩性指标的测定和计算方法，了解应力历史与土压缩性的关系，掌握饱和土的单向固结理论和应用。

第6章 地基最终沉降量的计算：掌握两种常用的地基沉降计算方法，了解地基变形值的概念、影响因素和地基沉降与时间的关系。

第7章 土的抗剪强度及参数确定：这也是本课程的重点之一。明确土的抗剪强度的意义以及土的强度理论在工程中的应用，了解摩尔-库伦强度理论。掌握测定强度指标的几种试验方法、区别及其不同指标的应用条件，掌握土的极限平衡原理和计算方法。

第8章 土压力与挡土墙：要求了解影响土压力大小的因素，掌握静止土压力、主动土压力和被动土压力产生的条件、计算方法和工程应用。掌握各种土压力理论的原理、区别及计算方法，学会挡土墙的设计。

第9章 地基承载力：掌握地基的临塑荷载、临界荷载和极限荷载的计算方法，掌握这三种荷载的物理意义和工程应用。

第10章 土坡稳定性分析：了解影响边坡稳定的因素与边坡破坏的类型；掌握土坡稳定性分析的方法、原理和计算技巧。

注意土的基本特点——通过与其他材料对比；

注重理论联系实际——通过现场观察与试验；

注重正确学习方法——概念、原理、方法、内容间要联系，要记忆，但不能死记。

必须牢固地掌握土的应力、变形、强度特性和渗透特性，从而能够应用这些基本概念和原理，结合实际情况解决工程中土的强度问题、变形问题和渗透问题。学会设计以及相关的计算，重在工程应用。

土力学可以解决工程实践问题，这正是土力学存在的价值以及我们学习土力学的目的。

第 2 章　土的物理性质及工程分类

2.1　概　　述

土是连续、坚固的岩石在风化作用下形成的大小悬殊的颗粒，经过不同的搬运方式，在各种自然环境中生成的沉积物。在漫长的地质年代中，由于各种内力和外力地质作用形成了许多类型的岩石和土。岩石经风化、搬运、沉积生成土，而土历经压密固结、胶结硬化也可再生成岩石。作为建筑物地基的土，是土力学研究的主要对象。

土的物质成分包括作为土骨架的固态矿物颗粒、孔隙中的水及其溶解物质以及气体。因此，土是由颗粒（固相）、水（液相）和气（气相）所组成的三相体系。各种土的颗粒大小和矿物成分差别很大，土的三相间数量比例也不尽相同，而且土粒与其周围的水又发生了复杂的物理化学作用。所以，要研究土的性质就必须了解土的三相组成以及在天然状态下土的结构和构造特征。

土的三相组成物质的性质、相对含量以及土的结构构造等各种因素，必然在土的轻重、松密、干湿、软硬等一系列物理性质和状态上有不同的反映。土的物理性质又在一定程度上决定了它的力学性质，所以物理性质是土最基本的工程特性。

在处理地基基础问题和进行土力学计算时，不但要知道土的物理性质特征及其变化规律，从而了解各类土的特性，而且还必须掌握表示土的物理性质的各种指标的测定方法和指标间的相互换算关系，并熟悉按土的有关特征和指标来制定地基土的工程分类方法。

因此本章主要介绍土的生成、土的组成、土的三相比例指标、无黏性土的密实度、黏性土的物理特征、土的压实性以及工程地基土的分类。

2.2　土　的　生　成

在土木工程中，土是指覆盖在地表上碎散的、没有胶结或胶结很弱的颗粒堆积物。地球表面的整体岩石在大气中经受长期的风化作用而破碎后，形成形状不同、大小不一的颗粒。这些颗粒受各种自然力的作用，在各种不同的自然环境下堆积下来，就形成通常所说的土。堆积下来的土，在很长的地质年代中发生复杂的物理化学变化，逐渐压密、岩化，最终形成岩石，就是沉积岩或变质岩。因此，在自然界中，岩石不断风化破碎形成土，而土又不断压密、岩化而变成岩石。这一循环过程，永无止境地重复进行着。

工程上遇到的大多数土都是在第四纪地质历史时期内所形成的。第四纪地质年代的土又可划分为更新世和全新世两类，更新世为 $1.3\sim71$ 万年；而全新世为小于 $0.25\sim1.3$ 万年。在有人类文化以来所沉积的土称为新近代沉积土。

2.2.1　土的搬运和沉积

第四纪土，由于其搬运和堆积方式的不同，可分为残积土和运积土两大类。土具有各种各样的成因，不同成因类型的土具有不同的分布规律和工程地质特征。下面简单介绍几种主要的成因类型。

1. 残积土——残积土是指残留在原地未被搬运的那一部分原岩风化剥蚀后的产物。残积土与基岩之间没有明显的界限，一般是由基岩风化带直接过渡到新鲜基岩。残积土的主要工程地质特征为：没有层理构造，均质性很差，因而土的物理力学性质很不一致；颗粒一般较粗且带棱角，孔隙度较大，作为地基易引起不均匀沉降。

2. 坡积土——坡积土是雨雪水流的地质作用将高处岩石风化产物缓慢地洗刷剥蚀、沿着斜坡向下逐渐移动、沉积在平缓的山坡上而形成的沉积物。坡积土的主要工程地质特征为：常常发生沿下卧基岩倾斜面滑动；土颗粒粗细混杂，土质不均匀，厚度变化大，作为地基易引起不均匀沉降；新近堆积的坡积物土质疏松，压缩性较高。

3. 洪积土——洪积土是由暂时性山洪急流挟带着大量碎屑物质堆积于山谷冲沟出口或山前倾斜平原而形成的沉积物。洪积土的主要工程地质特征为：洪积土常呈现不规则交错的层理构造，靠近山地的洪积物的颗粒较粗，地下水位埋藏较深，地基的承载力一般较高，常为良好的天然地基；离山较远地段的洪积物颗粒较细、成分均匀、厚度较大，土质较为密实，一般也是良好的天然地基。

4. 冲积土——冲积土是江、河流水的地质作用剥蚀两岸的基岩和沉积物，经搬运与沉积在平缓地带而形成的沉积物。这种土由于经过较长距离的搬运，浑圆度和分选性都更为明显，常形成砂层和黏性土层交叠的地层。冲积物可分为平原河谷冲积物、山区河谷冲积物和三角洲冲积物。平原河谷冲积物包括河床沉积物、河漫滩沉积物、河流阶地沉积物及占河道沉积物等。冲积物的主要工程地质特征为：河床沉积物大多为中密砂砾，承载力较高，但必须注意河流的冲刷作用及凹岸边坡的稳定；河漫滩地段地下水埋藏较浅，下部为砂砾、卵石等粗粒土，上部一般为颗粒较细的土，局部夹有淤泥和泥炭，压缩性较高，承载力较低；河流阶地沉积物承载力较高，一般可作为良好的地基；山区河谷冲积物颗粒较粗，一般为砂粒所充填的卵石、圆砾，在高阶地往往是岩石或坚硬土层，最适宜于作为天然地基；三角洲冲积物的颗粒较细，含水量大，呈饱和状态，有较厚的淤泥或淤泥质土分布，承载力较低。

5. 湖泊沼泽沉积土——沉积土在极为缓慢的水流或静水条件下沉积形成的堆积物。这种土的特征，除了含有细微的颗粒外，常伴有由生物化学作用所形成的有机物的存在，成为具有特殊性质的淤泥或淤泥质土，其工程性质一般都较差。

6. 海相沉积土——由水流挟带到大海沉积起来的堆积物。其颗粒细，表层土质松散，工程性质较差。

7. 冰积土——由冰川或冰水挟带搬运所形成的沉积物，颗粒粗细变化也较大，土质也不均匀。

8. 风积土——由风力搬运形成的堆积物，颗粒均匀，往往堆积层很厚而不具有层理。我国西北的黄土就是典型的风积土。

2.2.2 风化作用和土的主要特征

岩石的风化是指岩石在自然界各种因素和外力的作用下遭到破碎与分解，产生颗粒变小及化学成分改变的现象。岩石风化后产生的物质其性质与原生岩石的性质有很大的区别。通常把风化作用分为物理风化、化学风化和生物风化三类。这三类风化经常是同时进行并且相互作用而发展的过程。

1. 物理风化

物理风化是指岩石和土的粗颗粒受各种气候因素的影响，如温度的昼夜和季节变化、降水、风、冬季水的冻胀、波浪冲击等作用使岩石块体崩解为碎块和岩屑的过程，土中的碎石、砾石、砂粒等便是岩石物理风化的产物。于是岩体逐渐变成碎块和细小的颗粒，粗的粒径可以"m"计，细的粒径可以在 0.05mm 以下，但他们的矿物成分仍与原来的母岩相同，称为原生矿物。所以物理风化后的土可以当成只是颗粒大小上量的变化。但是这种量变的积累结果使原来的大块岩体获得了新的性质，变成了碎散的颗粒。颗粒之间存在着大量的孔隙，可以透水和透气，这就是土的第一个主要特征——碎散性。

2. 化学风化

化学风化是指母岩表面和碎散的颗粒受环境因素的作用而改变其矿物的化学成分，形成新的矿物，也称次生矿物。其中，环境因素包括水、空气及溶解在水中的氧气和碳酸气等。化学风化常见的原因如下：

（1）水解作用

指矿物成分被分解，并与水进行化学成分的交换，形成新的矿物，在此过程中新成分产生膨胀使岩石胀裂。例如，正长石经过水解作用后形成高岭石。另外，新生成的含水矿物强度低于原来的无水矿物，对抗风化不利。

（2）水化作用

指土中有些矿物与水接触后，发生化学反应。水按一定的比例加入矿物的组成中，改变矿物原有的分子结构，形成新的矿物。例如，土中的 $CaSO_4$（硬石膏）水化后 $CaSO_4 \cdot 2H_2O$（含水石膏）。

（3）氧化作用

指土中有些矿物与氧气结合形成新的矿物，例如 FeS_2（黄铁矿）氧化后变成 $FeSO_4$（铁矾）。

（4）溶解作用

指岩石中某些矿物成分可以被水溶解，以溶液形式流失。而当水中含有一定量的 CO_2 或其他成分时，水的溶解能力加强。例如，石灰岩中的方解石，遇含 CO_2 的水生成重碳酸钙溶解于水而流失，使石灰岩中形成溶蚀裂隙和空洞。

此外，还有碳酸化作用等等。

化学风化的结果，形成十分细微的土颗粒，最主要的为黏土颗粒（<0.005mm）及大量的可溶性盐类。微细颗粒的比表面积很大，具有吸附水分子的能力。因此，自然界的土一般都是由固体颗粒、水和气体三种成分所构成。这是土的第二个主要特征——三相体系。

3. 生物风化

生物风化作用是指各类动植物及人类活动对岩石的破坏作用。从生物的风化方式看，可分为生物的物理风化和生物的化学风化两种基本形式。生物的物理风化主要是生物产生的机械力造成岩石破碎；生物的化学风化则主要是生物产生的化学成分，引起岩石成分改变而使岩石破坏。例如，植物根系在生长并且变长、变粗的过程中，使岩石楔裂破碎；人类从事的爆破工作，对周围的岩石产生的破坏等，都属于生物的物理风化。而植物根分泌的某些有机酸、动植物死亡后遗体腐烂产物以及微生物作用等，可使岩石成分变化而遭到腐蚀破坏。

在自然界中，上述风化作用常常同时存在、相互促进；但是在不同地区，自然条件不同，风化作用又有主次之分。例如，在我国西北干旱大陆地区，水很缺乏，气温变化剧烈，以物理风化为主；在东南沿海地区，雨量充沛，潮湿炎热，则以化学风化为主。

由于影响风化的各种自然因素在地表最活跃，地表向下随深度增加而迅速减弱，故风化作用也是由地表向下逐渐地减弱，达到一定深度后，风化作用基本消失。因此，即使同一场地，不同深度处土的性质也不一样，甚至同一位置的土，其性质还往往随方向而异。例如沉积土往往竖直方向的透水性小，水平方向的透水性大。所以，土是自然界漫长的地质年代内所形成的性质复杂、不均匀、各向异性且随时间而在不断变化的材料。这就是土的第三个主要特征——自然变异性。

由此可知，仅仅知道土的风化作用以及土的以上 3 个特性还远远不足以说明土的工程特征。要进一步描述和确定土的性质，就必须具体分析和研究土的三相组成、土的物理状态和土的结构与构造，并以适当的指标表示。

2.3　土的组成和土的结构与构造

如前所述，土是由固体、液体和气体三相组成的松散颗粒集合体。固体部分即为土粒，由矿物颗粒或有机质组成，这一部分构成土的骨架，称为土骨架。骨架之间有许多孔隙，而孔隙可为液体或气体或两者所填充。水及溶解物为土中液相；空气及其他一些气体为土中的气相。如果土中孔隙全部被水充满，称为饱和土；如果孔隙全部被气体所充满时，称为干土；如果孔隙中同时存在水和空气时，称为湿土（非饱和土）。饱和土和干土都是二相系，湿土为三相系。这些组成部分的相互作用和他们在数量上的比例关系，将决定土的物理力学性质。因此，研究土的性质，首先必须研究土的三相组成。

2.3.1　土中固体颗粒

土中的固体颗粒（简称土粒）的尺寸、形状、矿物成分以及其组成情况对土的工程性质有明显的影响。粗大土粒往往是岩石经物理风化作用形成的碎屑，或是岩石中未产生化学变化的矿物颗粒，如石英和长石等；而细小土粒主要是化学风化作用形成的次生矿物和生成过程中混入的有机物质。粗大土粒其形状都呈块状或粒状，而细小土粒其形状主要呈片状。土粒的组成情况就是大大小小土粒含量的相对数量关系。

1. 土的颗粒级配

自然界中的土都是由大小不同的土颗粒组成，土粒的大小与土的性质密切相关。如土颗粒由粗变细，则土的性质由无黏性变为黏性。粒径大小在一定范围内的土，其矿物成分及性质也比较相近。因此，可将土中各种不同粒径的土粒，按适当的粒径范围分为若干粒组，各个粒组的性质随分界尺寸的不同而呈现出一定质的变化。划分粒组的分界尺寸称为界限粒径。目前土的粒组划分方法并不完全一致，我国习惯采用国家标准《土的工程分类标准》（GB/T 50145—2007）如表 2-1 划分粒组。表中根据界限粒径 200、60、2、0.075 和 0.005mm 把土粒分为六大粒组：漂石（块石）颗粒、卵石（碎石）颗粒、砾石颗粒、砂粒、粉粒和黏粒。

粒组统称	颗粒名称		粒径 d 的范围 (mm)	一 般 特 征
巨粒	漂石（块石）		$d>200$	透水性很大，无黏性，无毛细水
	卵石（碎石）		$60<d≤200$	
粗粒	砾粒	粗砾	$20<d≤60$	透水性大，无黏性，毛细水上升高度不超过粒径大小
		中砾	$5<d≤20$	
		细砾	$2<d≤5$	
	砂粒	粗砂	$0.5<d≤2$	易透水，当混入云母等杂质等透水性减小，而压缩性增大；无黏性，遇水不膨胀，干燥时松散；毛细水上升高度不大，随粒径变小而增大
		中砂	$0.25<d≤0.5$	
		细砂	$0.075<d≤0.25$	
细粒	粉粒		$0.005<d≤0.075$	透水性小，湿时稍有黏性，遇水膨胀小，干时稍有收缩；毛细水上升高度较大较快，极易出现冻胀现象。
	黏粒		$d≤0.005$	透水性很小，湿时有黏性、可塑性，遇水膨胀大，干时收缩显著；毛细水上升高度大，但速度较慢。

注：1. 漂石、卵石和圆砾颗粒均呈一定的磨圆形状（圆形或亚圆形）；块石、碎石和角砾粒颗粒带有棱角；

　　2. 粉粒或称粉土粒，粉粒的粒径上限为 0.075mm 相当于 200 号标准筛的孔径；

　　3. 黏粒或称黏土粒，黏粒的粒径上限也有采用 0.002mm 为准（如《公路土工试验规程》）。

土粒的大小及其组成情况，通常以土中各个粒组的相对含量（是指土样各粒组的质量占土粒总质量的百分数）来表示，称为土的颗粒级配。

2. 颗粒成分分析

土的颗粒级配是通过土的颗粒大小分析试验测定的。对于粒径大于 0.075mm 的粗粒组可用筛分法测定。试验时将风干、分散的代表性土样通过一套孔径不同的标准筛（例如 2.0、1.0、0.5、0.25、0.1、0.075mm），称出留在各个筛子上的土重，即可求得各个粒组的相对含量。由于工艺上无法生产很细的筛孔，对很细的粒组就无法用筛分法分离出来。按我国目前的筛孔标准，最小孔径的筛是 0.075mm，这相当于美国 ASTM 标准的 200 号筛（即在 $1in^2$ 面积上共有 200 个筛孔）。粒径小于 0.075mm 的粉粒和黏粒难以筛分，一般可以根据土粒在水中均匀下沉时的速度与粒径的理论关系，用比重计法或移液管法测得颗粒级配。

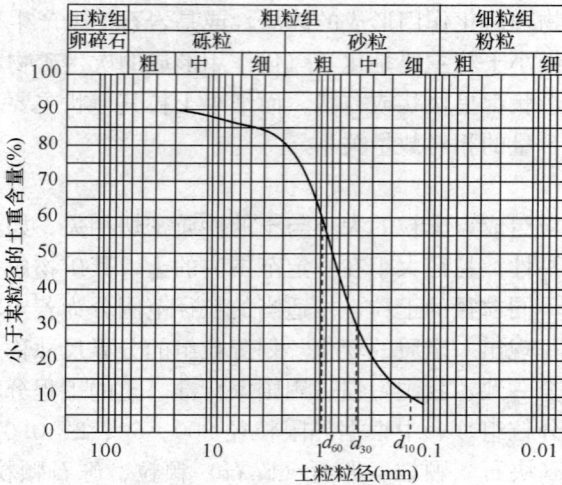

图 2-1 颗粒级配曲线

根据颗粒大小分析试验结果，可以绘制如图 2-1 所示的颗粒级配曲线图，判断土的级配状况。土的颗粒级配是指土中各个粒组占土粒总量的百分数，常用来表示土粒的大小及组成情况。颗粒级配曲线一般用横坐标表示粒径，由于土粒粒径相差悬殊，常在百倍、千倍以上，所以采用对数坐标形式；纵坐标用来表示小于某粒径的土重含量（或累计百分含量）。如曲线平缓，则表示粒径大小相差较大，土粒不均匀，即为级配良好；反之，曲线较陡，则表示粒径的大小相差不大，土粒较均匀，即为级配不良。

工程上常采用不均匀系数 C_u 和曲率系数 C_c 两个级配指标，来定量反映土颗粒的组成特征。

粒径分布的均匀程度可用不均匀系数 C_u 表示，其表达式为：

$$C_u = \frac{d_{60}}{d_{10}} \tag{2-1}$$

土颗粒级配的连续程度可由粒径分布曲线的形状曲率系数 C_c 表示，其表达式为：

$$C_c = \frac{d_{30}^2}{d_{60} \times d_{10}} \tag{2-2}$$

式中　d_{60}——小于某粒径的土粒质量占土的总质量的 60% 时所对应的粒径，称为限定粒径；

　　　d_{10}——小于某粒径的土粒质量占土的总质量的 10% 时所对应的粒径，称为有效粒径；

　　　d_{30}——小于某粒径的土粒质量占土的总质量的 30% 时所对应的粒径，称为中值粒径。

不均匀系数 C_u 越大，则曲线愈平缓，表示土中的粒组变化范围宽，土粒不均匀；反之，C_u 愈小，曲线愈陡，表示土中的粒组变化范围窄，土粒均匀。工程中，把 $C_u > 5$ 的土称为不均土，属级配良好；$C_u \leq 5$ 的土称为均匀土，属级配不良。

曲率系数较大，表示粒径分布曲线的台阶出现在 d_{10} 和 d_{30} 范围内；反之，曲率系数较小，表示台阶出现在 d_{30} 和 d_{60} 范围内。经验表明，当级配连续时，C_c 的范围大约在 1～3。因此，当 $C_c < 1$ 或 $C_c > 3$ 时，均表示级配曲线不连续。

由此可知，土的级配优劣可由土粒的不均匀系数和粒径分布曲线的形状曲率系数确定。我国《土的工程分类标准》（GB/T 50145—2007）规定：对于砂类或砾类土，当 $C_u \geq 5$ 且 $C_c = 1～3$ 时，为级配良好的砂或砾；不能同时满足上述条件时，为级配不良的砂或砾。

颗粒级配可以在一定程度上反映土的某些性质。对于级配良好的土，较粗颗粒间孔隙被较细的颗粒所填充，因而土的密实度较好，相应的地基土的强度和稳定性也较好，透水性和压缩性较小，是填方工程的良好用料。

3. 土粒的矿物成分

土粒的矿物成分主要决定于母岩的成分及其所经受的风化作用。不同的矿物成分对土的性质有着不同的影响，其中以细粒组的矿物成分尤为重要。

漂石、卵石、圆砾等粗大土粒都是岩石的碎屑，它们的矿物成分与母岩相同。

砂粒大部分是母岩中的单矿物颗粒，如石英、长石和云母等。其中，石英的抗风化能力强，在砂粒中尤为多见。

粉粒的矿物成分是多样性的，主要是石英和 $MgCO_3$、$CaCO_3$ 等难溶盐的颗粒。

黏粒的矿物成分主要有黏土矿物、氧化物、氢氧化物和各种难溶解盐类（如碳酸钙等），它们都是次生矿物。黏土矿物的颗粒很微小，在电子显微镜下观察到的形状为鳞片状或片状，经 X 射线分析证明其内部具有层状晶体构造。

黏土矿物基本上是由两种原子层（称为晶片）构成的。一种是硅氧晶片，它的基本单元是 Si-O 四面体；另一种是铝氢氧晶片，它的基本单元是 Al-OH 八面体（图 2-2）。由于晶片结合情况的不同，便形成了具有不同性质的各种黏土矿物。其中主要有蒙脱石、伊里石和高岭石三类。

蒙脱石是化学风化的初期产物，其结构单元（晶胞）是两层硅氧晶片之间夹一层铝氢氧晶片所组成的。由于晶胞的两个面都是氧原子，其间没有氢键，因此联结很弱（图 2-3a），水分子可以进入晶胞之间，从而改变晶胞之间的距离，甚至达到完全分散到单晶胞为止。因此，当土中蒙脱石含量较大时，则具有较大的吸水膨胀和脱水收缩的特性。

伊里石的结构单元类似于蒙脱石，所不同的是 Si-O 四面体中的 Si^{4+} 可以被 Al^{3+}、Fe^{3+} 所取代，因而在相邻晶胞间将出现若干一价正离子（K^+）以补偿晶胞中正电荷的不足（图 2-3b）。所以，伊里石的结晶构造没有蒙脱石那样活动，其亲水性不如蒙脱石。

高岭石的结构单元是由一层铝氢氧晶片和一层硅氧晶片组成的晶胞。高岭石的矿物就是由若干重叠的晶胞构成的（图 2-3c）。这种晶胞一面露出氢氧基，另一面露出氧原子。晶胞之间的联结是氧原子与氢氧基之间的氢键，它具有较强的联结力，因此晶胞之间的距离不易改变，水分子不能进入，因此它的亲水性比伊里石还小。

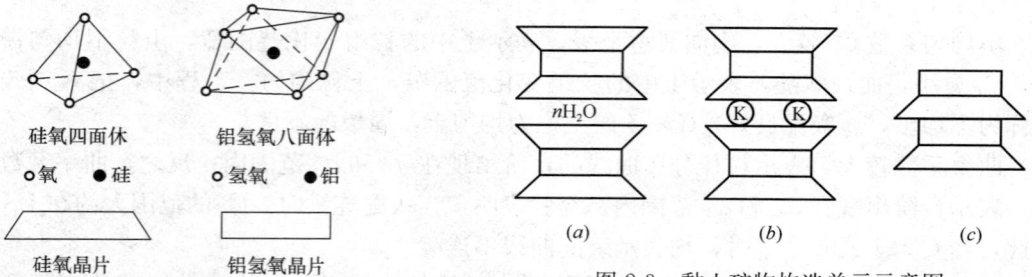

图 2-2　黏土矿物的晶片示意图

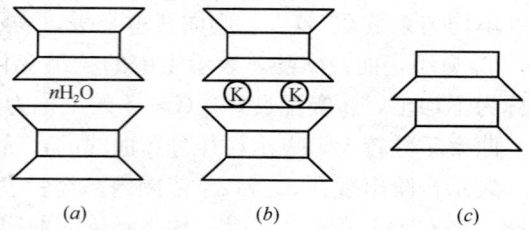

图 2-3　黏土矿物构造单元示意图
(a) 蒙脱石；(b) 伊里石；(c) 高岭石

由于黏土矿物是很细小的扁平颗粒，颗粒表面具有很强的与水相互作用的能力，表面积愈大，这种能力就愈强。黏土矿物表面积的相对大小可以用单位体积（或质量）的颗粒总面积（称为比表面）来表示。例如一个棱边为 1cm 的立方体颗粒，其体积为 $1cm^3$，总表面积只有 $6cm^2$，比表面为 $6cm^2/cm^3 = 6cm^{-1}$；若将 $1cm^3$ 立方体分割为棱边为 0.001mm 的许多立方体颗粒，则其总表面积可达 $6 \times 10^4 cm^2$，比表面可达 $6 \times 10^4 cm^{-1}$。由此可见，由于土粒的大小不同而造成比表面数值上的巨大变化，必然导致土的性质的突变，所以，土粒大小对土的性质所起的重要作用是可以想象的。

除黏土矿物外，黏粒组中还包括有氢氧化物和腐殖质等胶态物质。如含水氧化物，它在土层中分布很广，是地壳表层的含铁矿物质分解的最后产物，使土呈现红色或褐色。土中胶态腐殖质的颗粒很小，能吸附大量水分子（亲水性强）。由于土中胶态腐殖质的存在，使土具有高塑性、膨胀性和黏性，这对工程建设是不利的。

2.3.2　土中水

在自然条件下，土中总是含水的。土中水可以处于液态、固态或气态。土中细粒愈多，即土的分散度愈大，水对土的性质的影响也愈大。研究土中水，必须考虑到水的存在状态及其与土粒的相互作用。

土中水与固体颗粒之间并不是机械地混合，而是有机地参加土的结构，是一种复杂的物理化学作用。土的性质不仅取决于水的绝对含量，而且取决于水的形态、结构以及介质的物理条件及化学成分。

由于土的颗粒表面通常带有负电荷，因此水在带电固体颗粒之间，受到表面电荷电场的作用，水分子和水化阳离子就会向颗粒周围聚集，矿物颗粒对水分子的静电引力作用如图 2-4 所示。根据受颗粒表面静电引力作用的强弱，可以划分为三种类型：强结合水、弱结合水和自由水。

1. 强结合水

强结合水是指紧靠颗粒表面的结合水，厚度很薄，大约只有几个水分子的厚度。由于强结合水受到电场的吸引力很大，静电引力把极性水分子和水化阳离子牢固地吸附在颗粒表面上形成固定层。这部分水的特征是没有溶解盐类的能力，不能传递静水压力、不能自由移动，只有吸热变成蒸汽时才能移动。它极其牢固地结合在土粒表面上，其性质接近固体，密度约为 $1.2\sim1.4g/cm^3$，冰点远低于 $0℃$，可达 $-78℃$，在温度达 $105℃$ 以上时才能蒸发，具有极大的黏滞度、弹性和抗剪强度。如果将完全干燥的土移置在天然湿度的空气中，则土的质量将增大，直到土中吸着强结合水达到最大吸着度为止。土粒愈细，土的比表面越大，则最大吸着度就愈大。砂土的最大吸着度约占土粒质量的 1%，而黏土则可达 17%。黏土中只含有强结合水时，呈固体状态，碜碎后则呈粉末状态。所以，强结合水层又称为吸附层或固定层。

2. 弱结合水

弱结合水就是紧靠强结合水外围的一层水膜。在这层水膜范围内的水分子和水化阳离子仍受到一定程度的静电引力，离颗粒表面距离越远，受静电引力越小。这部分的水仍然不能传递静水压力，但水膜较厚的弱结合水能向邻近较薄水膜处缓慢转移。

弱结合水层称为扩散层。固定层和扩散层与土粒表面负电荷一起构成所谓双电层，如图 2-5 所示。黏土颗粒表面 1-1 层称为内层，2-2 层为固定层，3-3 层为扩散层，4-4 层为自由液体，a-b 表示固体表面的电位，d-e 表示液体表面的电位，bc 曲线表示固体与液体界面的电位差，cd 曲线表示固定层与扩散层之间的电位差，内层所具有的电位称为热力

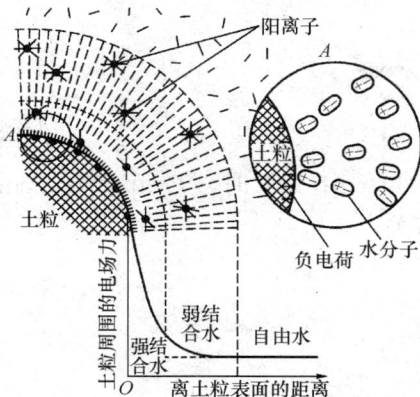

图 2-4　矿物颗粒对水分子的静电引力作用

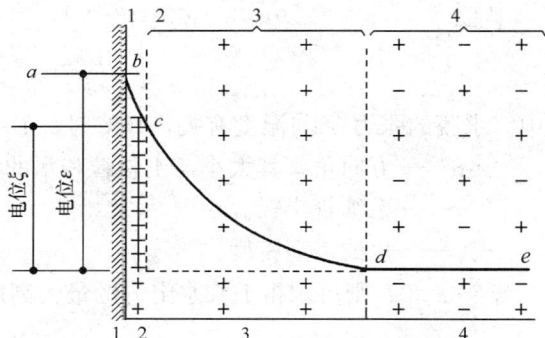

图 2-5　双电层的结构示意图

电位，其值为 ε。热力电位的大小与土粒的矿物成分、分散度等因素有关。当这部分电位被强结合水（包括水化阳离子）平衡一部分后，在固定层界面上的电位变成电动电位，其值为 ξ。电动电位继续吸引水分子和水化阳离子，直到其对水的影响完全消失为止。

水溶液中阳离子的原子价愈高，它与土粒之间的静电引力愈强，则扩散层厚度愈薄。在工程实践中可以利用这种原理来改良土质，例如用三价及二价离子（如 Fe^{3+}、Al^{3+}、Ca^{2+}、Mg^{2+}）处理黏土，使得它的扩散层变薄，从而增加土的稳定性，减少膨胀性，提高土的强度；有时，可用含一价离子的盐溶液处理黏土，使扩散层增厚，从而大大降低土的透水性。

弱结合水对黏性土的性质影响最大。当土中含有此种水时，土呈半固态。当含水量达到某一范围时，可使土变为塑态，具有可塑性。

3. 自由水

自由水是存在于土粒表面电场影响范围以外的水。它的性质和正常水一样，能传递静水压力，冰点为 0℃，有溶解能力。自由水按其移动所受作用力的不同，可以分为重力水和毛细水。

重力水是存在于地下水位以下透水层中的地下水，它是在重力或水头压力作用下运动的自由水。在地下水位以下的土受重力水的浮力作用，土中的应力状态会发生改变。施工时，重力水对于基坑开挖、排水以及修筑地下构筑物等方面会产生较大影响。

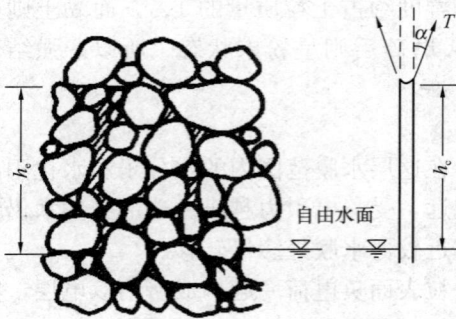

图 2-6　土中毛细水升高示意图

毛细水是存在于地下水位之上，受到水与空气交界面处表面张力作用的自由水，其形成过程通常用物理学中毛细管现象解释。分布在土粒内部间相互贯通的孔隙，可以看成是许多形状不一、直径互异、彼此连通的毛细管。按物理学概念，在毛细管周壁，水膜与空气的分界处存在着表面张力 T。水膜表面张力 T 的作用方向与毛细管壁成夹角 α。由于表面张力的作用，毛细管内的水被提升到自由水面以上高 h_c 处，如图 2-6 所示。

分析高度为 h_c 的水柱静力平衡条件，因为毛细管内水面处即为大气压；若以大气压力为基准，则该处压力 $p_a = 0$。

有：

$$\pi r^2 \cdot h_c \cdot \gamma_w = 2\pi r \cdot T\cos\alpha$$

$$h_c = \frac{2T\cos\alpha}{r \cdot \gamma_w} \tag{2-3}$$

式中　水膜的张力 T 与温度有关，10℃时，$T = 0.0756 \text{g/cm}$；20℃时，$T = 0.0742 \text{g/cm}$。

　　　α——方向角，其大小与土颗粒和水的性质有关。

　　　r——毛细管半径。

　　　γ_w——水的表观密度。

若令 $\alpha = 0$，则可求得毛细水上升的最大高度（h_{cmax}）：

$$h_{cmax} = \frac{2T}{r \cdot \gamma_w}$$

上式表明，毛细升高 h_c 与毛细管半径 r 成反比；显然土颗粒的直径越小，孔隙的直径（也就是毛细管直径）越细，则 h_c 愈大。

若弯液面处毛细水的压力为 p_c，分析该处水膜受力的平衡条件。取铅直方向力的总和为零，则有：

$$2T\pi r\cos\alpha + p_c\pi r^2 = 0$$

若取 $\alpha=0$，由（2-3）式可知，$T=\dfrac{1}{2}h_c \cdot r \cdot \gamma_w$，代入上式得：

$$p_c = \frac{-2T}{r} = -h_c \cdot \gamma_w \tag{2-4}$$

研究毛细水的工程地质意义有以下几点：

（1）毛细压力（p_c）：与一般静水压力的概念相同，它与水头高度 h_c 成正比，负号表示拉力。这样，自由水位上下的分布如图 2-7 所示。自由水位之下为压力，自由水位之上毛细区域内为拉力。颗粒骨架承受水的反作用力，因此在自由水位之下，土骨架受浮托力，减少颗粒间的压力。自由水位以上毛细区域内，颗粒间所受的毛细压力 p_c 是倒三角形分布，弯液面处最大（$h_c \cdot \gamma_w$），自由水面处为零。

（2）毛细水对土中气体的分布与流通起有一定作用，常是导致产生密闭气体的原因。

（3）当地下水埋深较浅，由于毛细管水上升，可助长地基土的冰冻现象，特别在寒冷地区要注意因毛细水上升产生

图 2-7 毛细水中张力分布图

冻胀现象，地下室要采取防潮措施。此外，在干旱地区，地下水的可溶盐随毛细水上升后不断蒸发，盐分便积聚于靠近地表处而形成盐渍土。

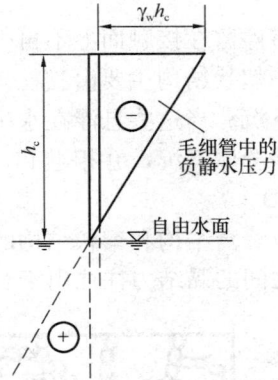

2.3.3 土中气体

土中气体存在于土孔隙中未被水占据的部位。土中气体以两种形式存在，一种与大气相通，另一种则封闭在土孔隙中与大气隔绝。在接近地表的粗颗粒土中，土中孔隙的气体常与大气相通，它对土的力学性质影响不大。在细粒土中常存在与大气隔绝的封闭气泡，它不易逸出，因此增大了土的弹性和压缩性，同时降低了土的透水性。

对于淤泥和泥炭等有机质土，由于微生物的分解作用，在土中蓄积了甲烷等可燃气体，使土在自重作用下长期得不到压密，从而形成高压缩性土层。

2.3.4 土的结构与构造

土的结构是指由土粒单元的大小、形状、表面特征、相互排列及其联结关系等因素形成的综合特征。一般可分为单粒结构、蜂窝结构和絮状结构三种基本类型。

单粒结构是无黏性土的基本组成形式，由粗颗粒土（如卵石、砂等）在重力作用下沉积而成。因其颗粒较大，土粒间的分子吸引力相对很小，所以颗粒间几乎没有联结，有时仅有微弱的毛细水联结。单粒结构可以是疏松的（图 2-8a），也可以是紧密的（图 2-8b）。呈紧密状单粒结构的土，强度较大、压缩性较小，可作为良好的天然地基。呈疏松状单粒结构的土，当受到振动或其他外力作用时，土粒易于移动而产生很大的变形，未经处理一般不易作为建筑物的地基。

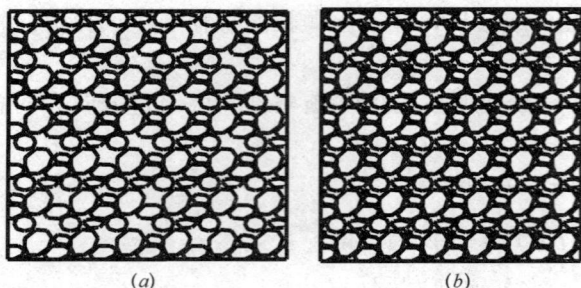

图 2-8　单粒结构

(a) 疏松状态；(b) 密实状态

如果饱和疏松的土是由细粒砂或粉粒砂所组成，在强烈的振动（如地震）作用下，土的结构会突然变成流动状态，产生砂土"液化"破坏。

蜂窝结构主要是由粉粒或细砂组成的土的结构形式。据研究，当粒径为 $0.005 \sim 0.075$ mm 的粉粒在水中因自重作用而下沉，碰到别的正在下沉或已经沉积的土颗粒时，由于它们之间的吸引力大于土粒重力，因而土粒将停留在接触面上不再下沉，形成了具有很大孔隙的蜂窝结构（图 2-9）。

絮状结构主要由黏粒集合体组成。黏粒在水中处于悬浮状态，不会因单个颗粒的自重而下沉。当这些悬浮在水中的黏粒被带到电解质浓度较大的环境中，黏粒凝聚成絮状的黏粒集合体下沉，并相继和已沉积的絮状集合体接触，从而形成空隙很大的絮状结构（图 2-10）。

蜂窝结构和絮状结构的土中存在大量孔隙，压缩性高、抗剪强度低、透水性弱，其土粒之间的黏结力往往由于长期的压密和胶结作用而得到加强。

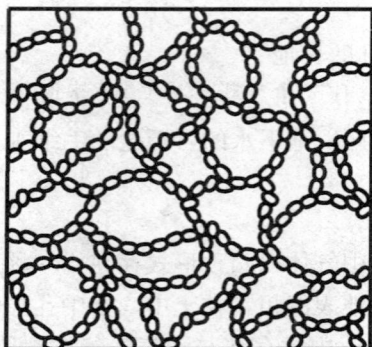

图 2-9　蜂窝结构

图 2-10　絮状结构

土的构造是指土体在空间构成上不均匀特征的总和，如不同土层的相互组合以及被节理、裂隙等切割后形成土块在空间上的排列、组合方式。土的构造是在土的生成过程和各种地质因素作用下形成的，所以不同土类和成因类型，其构造特征是不一样的。

碎石土常呈块状构造（见图 2-11），粗碎屑（颗粒）之间有细碎屑或黏性土充填。粗粒含量高时，土的渗透性强，强度高，压缩性低。当粗粒由细粒土包围，则其工程特性与细粒土的物质成分、性质和稠度状态有关。砂类土中常见的有水平层理和交错层理构造（见图 2-12、图 2-13），但有时与黏性土互层，构成"千层土"或夹层。

黏性土的构造可分为原生构造与次生构造。原生构造是土在沉积过程中形成的，其特征多表现为层状、片状和条带状等，其工程性质常呈各向异性。如河流三角洲沉积的黏性土中，常含砂夹层或透镜体；滨海或三角洲静水环境沉积的黏性土常夹数量很多的极薄层（$1 \sim 2$mm）砂，呈"千层饼状"。这类构造常使土呈各向异性，并有利于排水固结。

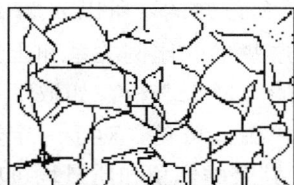

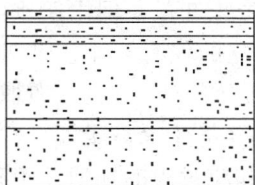

图 2-11　块状构造　　　　　图 2-12　水平层理构造　　　　图 2-13　交错层理构造

2.4　土的物理性质指标

　　上节介绍了土的组成，特别是土颗粒的粒组和矿物成分，是从本质方面了解土的性质的根据。但是为了对土的基本物理性质有所了解，还需要对土的三相——土粒（固相）、土中水（液相）和土中气（气相）的组成情况进行定量地研究。

　　土的三相物质在体积和质量上的比例关系称为土的三相物理性质指标。它反映了土的干燥与潮湿、疏松与紧密，是评价土的工程性质的最基本的物理性质指标，也是工程地质勘察报告中不可缺少的基本内容。

2.4.1　土的三相比例关系图

　　在土力学中，为进一步描述土的物理力学性质，将土的三相成分比例关系量化，用一些具体的物理量表示，这些物理量就是土的物理力学性质指标。如含水率、密度、土粒相对密度（土粒比重）、孔隙比、孔隙率和饱和度等。为了形象、直观地表示土的三相组成比例关系，常用三相图来表示土的三相组成，如图 2-14 所示。在三相图左侧，表示三相组成的质量，右侧表示三相组成的体积。

　　为了便于说明和计算，用图 2-14 所示土的三相比例关系图来表示各部分之间的数量关系。假设忽略不计气体的质量，则土的总质量 m 可表示为：

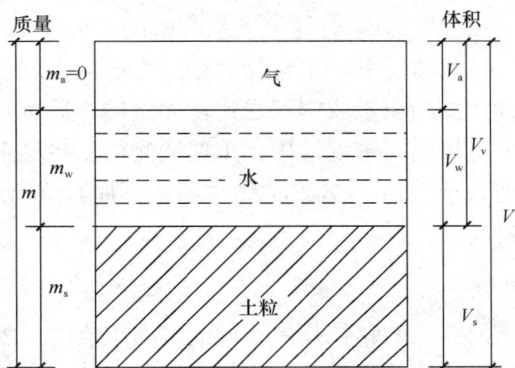

图 2-14　土的三相比例关系图

$$m = m_s + m_w \tag{2-5}$$

式中　m——土样总质量；

　　　m_s——土粒的质量；

　　　m_w——土中水的质量。

　　土样的总体积 V 可表示为：

$$V = V_s + V_v = V_s + V_w + V_a \tag{2-6}$$

式中　V——土样的总体积；

　　　V_s——土粒的体积；

　　　V_w——土中水的体积；

　　　V_a——土中气体的体积；

　　　V_v——土中孔隙的体积，它等于 V_w 与 V_a 之和。

　　由式（2-5）、式（2-6）和土的三相比例关系图可知，在体积、质量这些量中，独立

17

的量只有 V_s、V_w、V_a、m_s 和 m_w 5 个未知量。但由于水的密度 ρ_w 是已知的，所以 $m_w = \rho_w \cdot V_w$，即上述 5 个未知量中真正独立的仅有 4 个。此外，由于这些量的比例关系和土性有关而与所取土样多少无关；所以，研究时一般习惯取一定量的土样来分析，如取 $V = 1\text{cm}^3$ 或 $V_s = 1\text{cm}^3$ 或 $m = 1\text{kg}$ 等，这样等于又取消了一个未知量。由此可见，对于一定数量的三相土体，只要知道相关体积和质量中的任何 3 个独立量，其余的体积和质量均可以通过三相比例关系图求出。

2.4.2 指标的定义

土的三相比例指标可分为两种，一种是试验指标；另一种是换算指标。

1. 试验指标

通过试验测定的指标有土粒相对密度（或称为土粒比重）d_s、土的含水率 w 和土的密度 ρ。

（1）土粒相对密度（土粒比重）d_s

土粒的质量与同体积纯蒸馏水在 4℃时的质量之比，称为土粒相对密度 d_s，无量纲，公式如下：

$$d_s = \frac{m_s}{V_s(\rho_{w1})} = \frac{\rho_s}{\rho_{w1}} \tag{2-7}$$

式中 ρ_s——土粒的密度，即单位土体土粒的质量；

ρ_{w1}——4℃时纯蒸馏水的密度，等于 1g/cm^3。

一般情况下，土粒相对密度在数值上就等于土粒的密度，但两者的含义不同，前者是两种物质的质量或密度之比，无量纲；后者是一种物质（土粒）的密度，有单位。

土粒相对密度常用比重瓶法测得。将比重瓶加满蒸馏水，称水和瓶的总质量 m_1；然后把烘干土 m_s 装入该空比重瓶，再加满蒸馏水，称总质量 m_2，按下面的公式求得土粒相对密度：

$$d_s = \frac{m_s}{m_1 + m_s - m_2} \tag{2-8}$$

天然土的颗粒是由不同的矿物组成的，因此它们的相对密度一般并不相同。试验测得的是土粒相对密度的平均值。土粒的相对密度变化范围较小，砂土一般在 2.65 左右，黏性土一般在 2.75 左右；若土中的有机质含量增加，则土的相对密度将减小。

（2）土的含水率 w

土的含水率 w 是指土中水的质量（m_w）和土颗粒质量（m_s）之比，用百分比表示。这一指标需通过试验取得，可以通过下式计算：

$$w = \frac{m_w}{m_s} \times 100\% = \frac{m - m_s}{m_s} \times 100\% \tag{2-9}$$

式中，土粒的质量 m_s 就是干土的质量，也就是把土烘干至恒量后称得的质量，气体的质量忽略不计，液体的质量由总质量 m 和干土的质量 m_s 相减而得。

含水率 w 是标志土的湿度的一个重要物理指标。天然土层的含水率变化范围很大，它与土的种类、埋藏条件及其所处的自然地理环境等有关。一般干的粗砂，其值接近于零，而饱和砂土，可达 40%；坚硬的黏性土的含水率可小于 30%，而饱和软黏土（如淤泥），则可达到 60% 或更大。一般说来，同一类土（尤其是细粒土），当其含水率增大时，其强度就降低。

土的含水率一般用"烘干法"测定。先称小块原状土样的湿土质量 m，然后置于烘箱内维持 105℃ 烘至恒重，再称干土质量 m_s。湿、干土质量之差 m_w 与干土质量 m_s 的比值，就是土的含水率。

（3）土的密度 ρ

土的密度 ρ 是指单位体积土的质量，在三相图中，即是总质量与总体积之比。单位用 g/cm³ 或 kg/m³ 计。公式如下：

$$\rho = \frac{m}{V} = \frac{m_s + m_w}{V_s + V_w + V_a} \tag{2-10}$$

不同种类的土的密度变化范围较大。一般黏性土 $\rho = 1.8 \sim 2.0\text{g/cm}^3$；砂土 $\rho = 1.6 \sim 2.0\text{g/cm}^3$；而腐殖土 $\rho = 1.5 \sim 1.7\text{g/cm}^3$。对黏性土，土的密度常用"环刀法"测得。即用一个圆环刀（刀刃向下）放在削平的原状土样面上，徐徐削去环刀外围的土，边削边压，使保持天然状态的土样压满环刀内，称得环刀内土样质量 m，求得它与环刀容积 V 之比值即为土的密度 ρ。

当采用国际单位制计算重力 W 时，由土的质量产生的单位体积的重力称之为重力密度 γ，简称为重度（单位为 kN/m³），即

$$\gamma = \rho g \approx 10\rho \tag{2-11}$$

对天然土求得的密度称为天然密度或湿密度，相应的重度称为天然重度。

2. 换算指标

除了以上介绍的土的天然密度以外，工程计算中丕常用到干密度和饱和密度两种密度。

（1）土的干密度 ρ_d

土被完全烘干时的密度，若忽略气体的质量，干密度在数值上等于单位体积中土粒的质量，公式为

$$\rho_d = \frac{m_s}{V} \tag{2-12}$$

干密度的单位是 g/cm³。土的干密度越大，土越密实，强度就越高，水稳定性也好。在工程上，常把干密度作为评定土体紧密程度的标准，以控制填土工程的施工质量。

（2）土的饱和密度 ρ_{sat}

土的饱和密度是当土中孔隙中全部被水所充满时的密度，即全部孔隙充满的水的质量和土颗粒质量之和与土体的总体积之比，公式为：

$$\rho_{sat} = \frac{m_s + V_v \rho_w}{V} \tag{2-13}$$

式中 ρ_w——水的密度，近似等于 1.0g/cm³。土的饱和密度的单位是 g/cm³。当用干密度或饱和密度计算重度时，也同式（2-11）一样，乘以 10 变换为干重度 γ_d 或饱和重度 γ_{sat}。

（3）土的有效重度 γ'

有效重度是扣除浮力以后的固体土颗粒的重力与土体的总体积之比，又称为浮重度。

$$\gamma' = \frac{m_s - V_s \cdot \rho_w}{V} g = \gamma_{sat} - \gamma_w \tag{2-14}$$

其中，γ_w 为水的重度，纯水在 4℃ 时的重度等于 9.81kN/m³，在工程上常取为 10 kN/m³。在计算地下水位以下土层的自重应力时，应当采用有效重度。

以上密度或重度指标，在数值上有如下关系：$\rho_{sat} \geqslant \rho \geqslant \rho_d > \rho_w$ 或 $\gamma_{sat} \geqslant \gamma \geqslant \gamma_d \geqslant \gamma'$。

（4）土的孔隙比 e

土的孔隙比是指土中孔隙的体积 V_v 与土粒体积之 V_s 比，由下式表示：

$$e = \frac{V_v}{V_s} \qquad (2-15)$$

孔隙比用小数表示。它是一个重要的物理性质指标，可以用来评价天然土层的密实程度。

（5）土的孔隙率 n

土的孔隙率是指土中孔隙的体积 V_v 与土的总体积 V 之比，常用百分数表示，公式为：

$$n = \frac{V_v}{V} \times 100\% \qquad (2-16)$$

根据以上两者的定义很容易证明，孔隙率 n 与孔隙比 e 之间有如下关系：

$$n = \frac{e}{1+e} \qquad (2-17)$$

或

$$e = \frac{n}{1-n} \qquad (2-18)$$

土的孔隙比和孔隙率都是用来表示孔隙体积的含量。同一种土，孔隙比和孔隙率不同，土的密实程度也不同。它们随土的形成过程中所受到的压力、粒径级配和颗粒排列的不同而有很大差异。一般来说，粗粒土的孔隙率小，如砂类土的孔隙率一般在 30% 左右；细粒土的孔隙率大，如黏性土的孔隙率有时可高达 70%。

（6）土的饱和度 S_r

土的饱和度 S_r 是指土孔隙中水的体积 V_w 与孔隙体积 V_v 之比，用百分数表示，公式如下：

$$S_r = \frac{V_w}{V_v} \times 100\% \qquad (2-19)$$

含水率 w 是用来表示土中含水程度的一个重要指标，饱和度 S_r 则用来确定孔隙中被水充满的程度。很显然，干土的饱和度 $S_r = 0$，饱和土的饱和度 $S_r = 100\%$。土的饱和度 S_r 与含水率 w 均为描述土中含水程度的三相比例指标。通常，砂土根据饱和度 S_r 的指标值，将湿度可分为三种状态：稍湿 $S_r \leqslant 50\%$；很湿 $50\% < S_r \leqslant 80\%$；饱和 $S_r > 80\%$。而对于天然黏性土，一般将 $S_r > 95\%$ 才视为完全饱和土。

2.4.3 指标的换算

在土的三相比例指标中，土的含水率、土的密度和土粒相对密度三个基本指标是通过试验测定的，其他相应各项指标可以通过土的三相比例关系换算求得。

采用三相比例指标换算图（图 2-15）进行各指标间相互关系的推导，设 $\rho_{w1} = \rho_w$，并令 $V_s = 1$，则 $V_v = e$，$V = 1+e$，$m_s = V_s d_s \rho_w = d_s \rho_w$，$m_w = w m_s = w d_s \rho_w$，$m = d_s(1+w)\rho_w$。

推导如下：

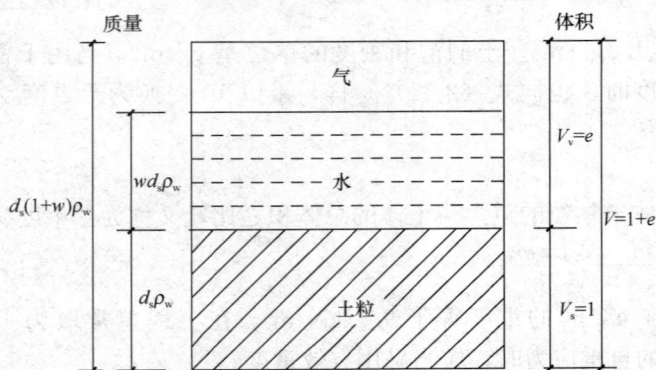

图 2-15　土的三相物理指标换算图

$$\rho = \frac{m}{V} = \frac{d_s(1+w)\rho_w}{1+e} \tag{1}$$

$$\rho_d = \frac{m_s}{V} = \frac{d_s\rho_w}{1+e} = \frac{\rho}{1+w} \tag{2}$$

由上式得

$$e = \frac{\rho_w \cdot d_s}{\rho_d} - 1 = \frac{d_s(1+w)\rho_w}{\rho} - 1 \tag{3}$$

$$\rho_{sat} = \frac{m_s + V_v\rho_w}{V} = \frac{(d_s + e)\rho_w}{1+e} \tag{4}$$

$$\gamma' = \frac{m_s - V_s\rho_w}{V}g = \gamma_{sat} - \gamma_w = \frac{(d_s-1)\gamma_w}{1+e} \tag{5}$$

$$n = \frac{V_V}{V} = \frac{e}{1+e} \tag{6}$$

$$S_r = \frac{V_w}{V_v} = \frac{m_w}{V_v\rho_w} = \frac{wd_s}{e} \tag{7}$$

各项指标之间的换算公式见表 2-2。

土的三相比例指标之间的换算公式　　　　　　　　　表 2-2

名　　称	符号	三相比例表达式	常用换算公式	单　位	常见数值范围
土粒相对密度	d_s	$d_s = \dfrac{m_s}{V_s(\rho_w^{4°C})} = \dfrac{\rho_s}{\rho_w}$	$d_s = \dfrac{S_r e}{w}$		黏性土：2.75 粉土：2.70 砂土：2.65
含水率	w	$w = \dfrac{m_w}{m_s} \times 100\%$	$w = \dfrac{S_r e}{d_s} = \dfrac{\rho}{\rho_d} - 1$		20%～60%
密度	ρ	$\rho = \dfrac{m}{V}$	$\rho = \rho_d(1+w) = \dfrac{d_s(1+w)\rho_w}{1+e}$	g/cm^3	1.6～2.0
干密度	ρ_d	$\rho_d = \dfrac{m_s}{V}$	$\rho_d = \dfrac{\rho}{1+w} = \dfrac{d_s}{1+e}\rho_w$	g/cm^3	1.3～1.8
饱和密度	ρ_{sat}	$\rho_{sat} = \dfrac{m_s + V_v\rho_w}{V}$	$\rho_{sat} = \dfrac{d_s + e}{1+e}\rho_w$	g/cm^3	1.8～2.3
重度	γ	$\gamma = \dfrac{m}{V} \cdot g$	$\gamma = \gamma_d(1+w) = \dfrac{d_s(1+w)}{1+e}\gamma_w$	kN/m^3	16～20
干重度	γ_d	$\gamma_d = \dfrac{m_s}{V} \cdot g$	$\gamma_d = \dfrac{\gamma}{1+w} = \dfrac{d_s}{1+e}\gamma_w$	kN/m^3	13～18
饱和重度	γ_{sat}	$\gamma_{sat} = \dfrac{m_s + V_v\rho_w}{V} \cdot g$	$\gamma_{sat} = \dfrac{d_s + e}{1+e}\gamma_w$	kN/m^3	18～23
有效重度	γ'	$\gamma = \dfrac{m_s - V_s \cdot \rho_w}{V} \cdot g$	$\gamma' = \gamma_{sat} - \gamma_w = \dfrac{d_s-1}{1+e}\gamma_w$	kN/m^3	8～13
孔隙比	e	$e = \dfrac{V_v}{V_S}$	$e = \dfrac{w \cdot d_s}{S_r} = \dfrac{d_s(1+w)\rho_w}{\rho} - 1$		黏土和粉土：0.4～1.2 砂土：0.3～0.9
孔隙率	n	$n = \dfrac{V_v}{V} \times 100\%$	$n = \dfrac{e}{1+e} = 1 - \dfrac{\rho_d}{d_s\rho_w}$		黏土和粉土：30%～60% 砂土：25%～45%
饱和度	S_r	$S_r = \dfrac{V_w}{V_v} \times 100\%$	$S_r = \dfrac{wd_s}{e} = \dfrac{w\rho_d}{n\rho_w}$		0～100%

【例 2-1】 某土样经试验测得体积为 100cm^3，质量为 187g，烘干后测得质量为 167g。已知土粒相对密度 $d_s = 2.66$，试求该土样的含水率 w、密度 ρ、重度 γ、干重度 γ_d、孔隙比 e、饱和度 S_r、饱和重度 γ_{sat} 和有效重度 γ'。

【解】

$$w = \frac{m_w}{m_s} \times 100\% = \frac{187-167}{167} = 11.98\%$$

$$\rho = \frac{m}{V} = \frac{187}{100} = 1.87\text{g/cm}^3$$

$$\gamma = \rho g = 1.87 \times 10 = 18.7\text{kN/m}^3$$

$$\gamma_d = \rho_d g = \frac{m_s}{V} g = \frac{167}{100} \times 10 = 16.7\text{kN/m}^3$$

$$e = \frac{d_s(1+w)\rho_w}{\rho} - 1 = \frac{2.66 \times (1+0.1198)}{1.87} - 1 = 0.593$$

$$S_r = \frac{wd_s}{e} = \frac{0.1198 \times 2.66}{0.593} = 53.7\%$$

$$\gamma_{sat} = \frac{d_s+e}{1+e}\gamma_w = \frac{2.66+0.593}{1+0.593} \times 10 = 20.4\text{kN/m}^3$$

$$\gamma' = \gamma_{sat} - \gamma_w = 20.4 - 10 = 10.4\text{kN/m}^3$$

2.5 土的物理状态指标

土的物理状态，对于粗粒（或称为无黏性）土，一般指土的密实度；而对于细粒（或称为黏性）土，则是指土的软硬程度，即稠度。

2.5.1 无黏性土的密实度

无黏性土主要包括砂类土和碎石土，这两大类土中一般黏粒含量甚小，呈单粒结构。密实度是指这类土固体颗粒排列的紧密程度。若土颗粒排列紧密，其结构就稳定，强度高且不易压缩，工程性质良好；反之，颗粒排列疏松，密实度小，其结构常处于不稳定状态，为软弱地基。特别是饱和的粉细砂，在振动荷载作用下将发生液化现象，对工程不利。因此，密实度是衡量无黏性土所处状态的重要指标。

判断无黏性土密实度的方法有：根据相对密实度 D_r 判断，或根据标准贯入击数 N 判断，碎石土密实度野外鉴别等。

1. 相对密实度 D_r

相对密实度是指砂土的密实程度。孔隙比、干重度在一定程度上也可以反映土的密度程度，但这两个指标没有考虑粒径级配对土的密度程度的影响。不难验证，不同级配的砂土，可以具有相同的孔隙比 e；若土颗粒的大小、形状和级配不同，则土的密实程度也明显不同。如均匀颗粒的土与包含大颗粒和小颗粒的土，其密实程度是不同的。为此，实际工程中，一般用相对密实度 D_r 来表征砂土的密实程度。公式为：

$$D_r = \frac{e_{max} - e}{e_{max} - e_{min}} \tag{2-20}$$

式中 e——砂土的天然孔隙比；

e_{max}——砂土的最大孔隙比（即在最松散状态时的孔隙比），由它的最小干密度换算而得；

e_{min}——砂土的最小孔隙比（即在最密实状态时的孔隙比），由它的最大干密度换算而得。

将式（2-20）中的孔隙比用干密度替换，可得到用干密度表示的相对密实度表达式：

$$D_r = \frac{(\rho_d - \rho_{dmin})o_{dmax}}{(\rho_{dmax} - \rho_{dm.n})\rho_d} \tag{2-21}$$

式中　ρ_d——砂土的天然干密度，对应天然孔隙比为 e；

ρ_{dmax}——砂土最密实状态下的最大干密度，对应最小孔隙比为 e_{min}；

ρ_{dmin}——砂土最松散状态下的最小干密度，对应最大孔隙比为 e_{max}。

最大干密度和最小干密度可直接由试验测定，一般可采用"松散器法"测定最大孔隙比，采用"振击法"测定最小孔隙比。具体测定方法请参阅《土工试验规程》。

显然，从式（2-20）和式（2-21）可以看出，当砂土的天然孔隙比接近于最小孔隙比时，相对密实度 D_r 接近于 1，表明砂土处于最紧密状态；而当砂土的天然孔隙比接近于最大孔隙比时则表示明砂土处于最疏松状态，其相对密实度 D_r 接近于 0。工程中可根据砂土的相对密实度，按表 2-3 将砂土划分为密实、中密和松散三种密实度。

砂土密实度划分标准　　　　　　　　　　　　　　　　　　表 2-3

密实度	密　实	中　密	松　散
相对密实度 D_r	$\frac{2}{3} < D_r \leq 1$	$\frac{1}{3} < D_r \leq \frac{2}{3}$	$0 < D_r \leq \frac{1}{3}$

相对密实度试验适用于透水性良好的无黏性土，如纯砂、纯砾等。相对密实度是无黏性粗粒土密实程度的指标，它对于土作为土工构筑物和地基的稳定性，特别是在抗震稳定性方面具有重要的意义。

【例 2-2】　某天然砂层，密度为 1.47g/cm³，含水率 13%，由试验求得该砂土的最小干密度为 1.20g/cm³；最大干密度为 1.66g/cm³；可该砂层处于哪种状态？

【解】　已知：$\rho = 1.47$，$w = 13\%$，$\rho_{dmin} = 1.20$g/cm³，$\rho_{dmax} = 1.669$g/cm³

由公式：$\rho_d = \dfrac{\rho}{1+w}$ 得 $\rho_d = 1.30$g/cm³

$$D_r = \frac{(\rho_d - \rho_{dmin})\rho_{dmax}}{(\rho_{dmax} - \rho_{dmin})\rho_d} = \frac{(1.30 - 1.20) \times 1.66}{(1.66 - 1.20) \times 1.30} = 0.28$$

由于 $D_r = 0.28 < 1/3$，根据表 2-3 可知，该砂层处于松散状态。

2. 标准贯入试验锤击数 N

从理论上讲，相对密实度能反映颗粒级配及形状，是较好的方法。但由于天然状态砂土的孔隙比值难以测定，尤其是位于地表下一定深度的砂层测定更为困难，此外按规程方法室内测定 e_{max} 和 e_{min} 时，人为误差较大，因此，我国现行的《建筑地基基础设计规范》（GB 50007—2011）采用标准贯入试验的锤击数来评价砂类土的密实度。

标准贯入试验是用规定的锤重（63.5kg），以一定的落距（76cm）自由下落所提供的锤击能，把一标准贯入器打入土中，记录贯入器贯入土中 30cm 的锤击数 N，贯入击数 N 反映了天然土层的密实程度。表 2-4 列出了现行国家标准《建筑地基基础设计规范》（GB 50007—2011）和《公路桥涵地基与基础设计规范》（JTG D 63—2007）中，按原位标准贯入试验锤击数 N 划分砂土密实度的界限值。

密 实 度	密 实	中 密	稍 密	松 散
标准贯入击数 N	$N>30$	$30\geqslant N>15$	$15\geqslant N>10$	$N\leqslant10$

3. 碎石土密实度野外鉴别

对于很难做室内试验或原位触探试验的大颗粒含量较多的碎石土，现行国家标准《建筑地基基础设计规范》（GB 50007—2011）的列出了野外鉴别方法，如表 2-5 所列。通过野外鉴别，可将碎石土分为密实、中密、稍松、松散。

密 实 度	密 实	中 密	稍 密	松 散
（GB 50007—2011）贯击数 $N_{63.5}$	$N_{63.5}>20$	$20\geqslant N_{63.5}>10$	$10\geqslant N_{63.5}>5$	$N_{63.5}\leqslant5$

2.5.2 黏性土的稠度

1. 黏性土的稠度状态

黏性土最主要的物理特征是它的稠度，稠度是指黏性土在某一含水率下的软硬程度或土体对外力引起的变形或破坏的抵抗能力。当土中含水率很低时，水被土颗粒表面的电荷吸着于颗粒表面，土中水为强结合水。强结合水的性质接近于固体。因此，当土粒之间只有强结合水时，按水膜厚薄不同，土呈现固态或半固态。

当土中含水率增加，吸附在颗粒周围的水膜加厚，土粒周围除强结合水外还有弱结合水，弱结合水不能自由流动，但受力时可以变形，此时土体受外力作用可以被捏成任意形状，外力取消后仍保持改变后的形状，这种状态称为塑态。弱结合水的存在是土具有可塑状态的原因。当土中含水率继续增加，土中除结合水外已有相当数量的自由水处于电场引力影响范围之外，这时土体不能承受任何剪应力，而呈现流动状态。实质上，土的稠度就是反映土中水的形态，如图 2-16 所示。

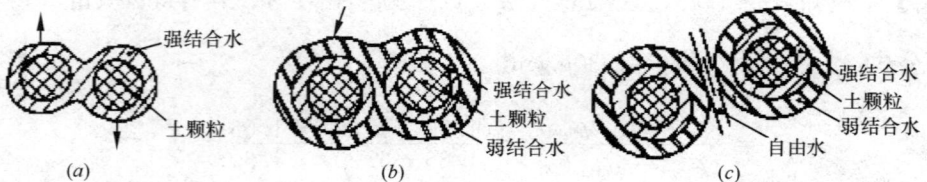

图 2-16　土中水与稠度状态
（a）固态和半固态；（b）可塑状态；（c）流动状态

2. 稠度界限

黏性土从某种状态进入另外一种状态的分界含水率称为土的界限含水率，或称为稠度界限。黏性土有液性界限 w_L、塑性界限 w_P 和缩限 w_S 三种稠度界限，如图 2-17 所示。其中工程上常用的稠度界限有液性界限 w_L 和塑性界限 w_P，国际上称为阿太堡界限（Aterberg Limit）。

液性界限（w_L）简称为液限，相当于黏性土从塑性状态转变到液性状态时的含水率。此时，土中水的形态除结合水外，已有相当数量的自由水。

塑性界限（w_P）简称为塑限，相当于黏性土从半固体状态转变为塑性状态时的含水率。此时，土中水的形态既有强结合水，也有弱结合水，并且强结合水含量达到最大值。

缩限（w_s），表示黏性土从固态转变为半固态时的含水率。通常情况下，土体体积会随着含水率的减少而发生收缩现象。从本质上看，缩限是这样的一种含水率，当实际含水率小于这个数值后，土的体积将不随含水率的变化而变化。图 2-17 很清楚地显示了这一概念。其中，V 表示土体的体积，w 表示含水率，V_s 表示不再随 w 而变化的土体的固体颗粒的体积。

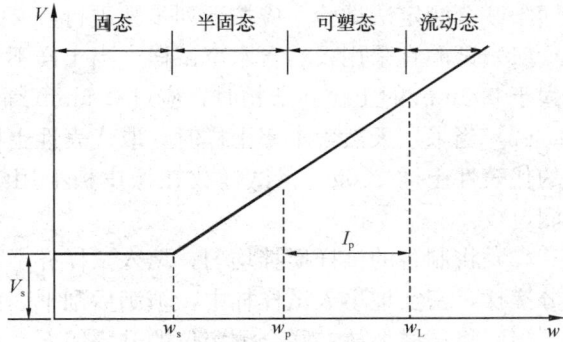

图 2-17　黏性土的体积和稠度状态
随含水率的变化示意图

土的缩限用收缩皿法测定。即将土样的含水率调配到大于土的液限，然后将试样分层填入收缩皿中，刮平表面，将收缩皿放入烘箱中，在 $105 \sim 110℃$ 中水分继续蒸发至体积不变时测定含水率，具体试验步骤详见《公路土工试验规程》（JTG E 40—2007）。

以上 3 种界限含水率均可由重塑土在室内实验室取得。

液限 w_L 在我国采用锥式液限仪（图 2-18）或光电式液塑限联合测定仪（图 2-19）测定；塑限 w_p 在国内通常采用搓条法测定，但目前较流行的光电式液塑限联合测定仪也可以测出塑限；缩限 w_s 在国内一般采用收缩皿方法测定。具体程序和步骤详见《土工试验方法标准》（GB/T 50123—1999）。国外，尤其是欧美等国家，则大多数采用碟式液限仪测定液限，详见 ASTM 试验规程（D—427）。

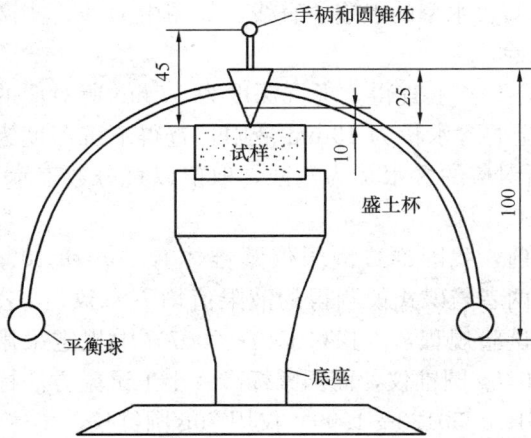

图 2-18　锥式液限仪（单位：mm）

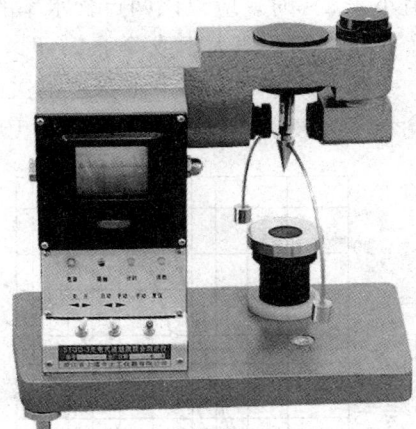

图 2-19　光电式液塑限联合测定仪

联合测定法是采用锥式液限仪以电磁放锥，利用光电方式测定锥入土中的深度，以不同的含水率土样进行 3 组以上试验，并将测定结果在双对数坐标纸上作出 76g 圆锥体的入土深度与含水率的关系曲线，它接近于一条直线。坐标上对应于圆锥体入土深度为 17mm 和 2mm 时土样的含水率分别为该土的液限和塑限，对应于圆锥体入土深度为 17mm 所对应的含水率为 17mm 液限。我国 20 世纪 50 年代以来，一直以下沉深度为 10mm 时为液限标准。但国内外研究成果表明，取下沉 17mm 时的含水率与碟式仪测出的液限值相当。

液塑限联合测定法试验，应按下列步骤进行：

（1）试验宜采用天然含水率试样，当土样不均匀时，采用风干试样。当试样中含有粒径大于 0.5mm 的土粒和杂物时，应过 0.5mm 筛。

（2）当采用天然含水率土样时，取代表性土样 250g；采用风干试样时，取 0.5mm 筛下的代表性土样 200g，将试样放在橡皮板上用纯水将土样调成均匀膏状，放入调土皿，浸润过夜。

（3）将制备的试样搅拌均匀，填入试样杯中，填样时不应留有空隙，对较干的试样应充分搓揉，密实地填入试样杯中，填满后刮平表面。

（4）将试样杯放在联合测定仪的升降座上，在圆锥上抹一薄层凡士林，接通电源，使电磁铁吸住圆锥。

（5）调节零点，将屏幕上的标尺调在零位，调整升降座，使圆锥尖接触试样表面，指示灯亮时圆锥在自重下沉入试样，经 5s 后测读圆锥下沉深度（显示在屏幕上），取出试样杯，挖去锥尖入土处的凡士林，取锥体附近的试样不少于 10g，放入称量盒内，测定含水率。

（6）将全部试样再加水或吹干并调匀，重复上述的步骤分别测定第二点、第三点试样的圆锥下沉深度及相应的含水率。液塑限联合测定应不少于三点。（注：圆锥入土深度宜为 3～4mm，7～9mm，15～17mm。）

以含水率为横坐标，圆锥入土深度为纵坐标在双对数坐标纸上绘制关系曲线（如下图 2-20），三点应在一直线，如图中 A 线。当三点不在一直线上时，通过高含水率的点与其余两点连成两条直线，在下沉深度为 2mm 处查得相应的两个含水率，当两个含水率的差值小于 2% 时，应以该两点含水率的平均值与高含水率的点连一直线，如图中 B 线。当两个含水率的差值大于或等于 2% 时，应重做试验。

在含水率与圆锥下沉深度的关系图（图 2-20）上查得，下沉深度为 17mm 所对应的含水率为液限，查得下沉深度为 10mm 所对应的含水量为 10mm 液限，查得下沉深度为 2mm 所对应的含水量为塑限，取值以百分数表示，准确至 0.1%。

目前，我国锥式液限仪圆锥体有 76g 和 100g 两种，两者与碟式仪测得的液限值均不一致。《公路土工试验规程》（JTG E40—2007）中规定采用 100g 和 76g 圆锥仪，而国家标准《土工试验方法标准》（GB/T 50123—1999）仅用 76g 圆锥仪。

应当注意，由于稠度界限值均由重塑土在实验室内得到，而现场的原状土一般未受扰动，所以有时可能会出现现场土的含水率虽比液限大，但地基并未流动，仍具有一定承载力的现象。

3. 塑性指数和液性指数

可塑性是黏性土区别于砂土的重要特征，黏性土可塑性的大小，可用土处于塑性状态的含水率变化范围来衡量，从液限到塑限含水率的变化范围愈

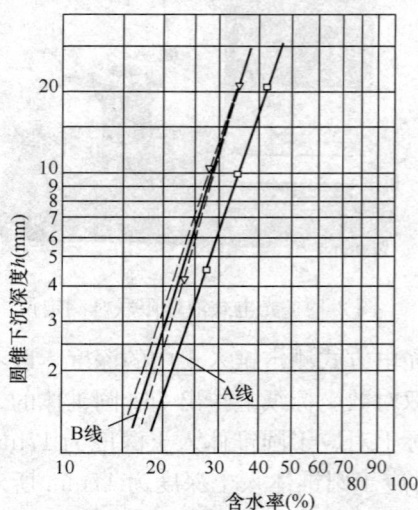

图 2-20　圆锥下沉深度与含水量关系曲线

大，土的可塑性愈好。这一范围即液限与塑限之差值，称之为塑性指数，用 I_P 表示。

$$I_P = w_L - w_p \tag{2-22}$$

塑性指数一般用不带百分数符号的数值表示。

显然，塑性指数表示黏性土处于可塑状态的含水率变化范围。塑性指数的大小与土中结合水的可能含量有关，具体表现在土粒粗细、矿物成分、水中离子成分和浓度。土粒愈细，则其比表面积愈大，结合水含量愈高，因而 I_P 也随之增大；蒙脱石类含量多，结合水含量愈高，I_P 大；水中高价阳离子的浓度增加，土粒表面吸附的反离子层中阳离子数量减少，结合水含量相应减少，I_P 也小；在一定程度上，塑性指数综合反映了黏性土及其组成的基本特性。因此，在工程上常按塑性指数对黏性土进行分类和评价。

土的天然含水率在一定程度上反映土中水量的多少。但仅仅天然含水率并不能表明土处于什么物理状态，因此还需要一个能够表示天然含水率与界限含水率关系的指标即液性指数，液性指数用 I_L 表示，是指黏性土的天然含水率和塑限的差值与塑性指数之比，即

$$I_L = \frac{w - w_p}{w_L - w_P} = \frac{w - w_p}{I_P} \tag{2-23}$$

可见，I_L 值愈大，土质愈软；反之，土质愈硬。$I_L < 0$ 时 $w < w_p$，天然土处于坚硬状态；$I_L > 1$ 时 $w > w_L$，天然土处于流动状态；$0 < I_L < 1$，时 $w_p < w < w_L$，则天然土处于可塑状态。因此，可以利用液性指数来划分黏性土的状态。《建筑地基基础设计规范》（GB 50007—2011）和《公路桥涵地基与基础设计规范》（JTG D63—2007）均如表 2-6 所示。

按液性指数值确定黏性土状态　　　　　　　　　　表 2-6

状 态	坚 硬	硬 塑	可 塑	软 塑	流 塑
液性指数	$I_L \leqslant 0$	$0 < I_L \leqslant 0.25$	$0.25 < I_L \leqslant 0.75$	$0.75 < I_L \leqslant 1$	$I_L > 1$

应当注意的是，黏性土界限含水率指标都是采用重塑土测定的，没有考虑土的结构影响，在含水率相同时，原状土比重塑土硬，故用 I_L 判断重塑土状态是合适的，但对原状土偏于保守。

2.5.3 黏性土的灵敏度和触变性

天然状态下的黏性土通常都具有一定的结构性。当土体受到外来因素的扰动时，土粒间的胶结物质以及土粒、离子、水分子所组成的平衡体系受到破坏，因此土的强度降低和压缩量增大。土的结构性对土体强度的这种影响一般用灵敏度来表示。土的灵敏度 S_t 是指原状土的无侧限抗压强度 q_u 与同一土经重塑（土样完全扰动后又将其压实成和原状土同等密实的状态，但含水率不变）的无侧限抗压强度 q'_u 之比，即

$$S_t = \frac{q_u}{q'_u} \tag{2-24}$$

式中　q_u——原状土的无侧限抗压强度，kPa；

　　　q'_u——重塑土的无侧限抗压强度，kPa。

工程中可根据灵敏度的大小，可将饱和黏性土分为三类：低灵敏土（$1 < S_t \leqslant 2$）、中灵敏土（$2 < S_t \leqslant 4$）和高灵敏土（$S_t > 4$）。土的灵敏度愈高，其结构性愈强，受扰动后土的强度降低就愈多。黏性土受扰动而强度降低的性质，一般说来对工程建设是不利的。如

在基坑开挖过程中，由于施工可能造成土的扰动而会使地基土的强度降低，因此在基础施工中应注意保护基槽，尽量减少土体结构的扰动。

饱和黏性土受扰动以后强度降低，但静置一段时间以后强度逐渐恢复的现象，称为土的触变性。土的触变性是土体结构中联结形态发生变化引起的，是土微观结构随时间变化的宏观表现。地基处理中，利用黏性土的触变性可使地基土的强度得以恢复。如采用深层挤密类等方法进行地基处理时，处理以后的地基常静置一段时间再进行上部结构的修建。

【例 2-3】 从某地基取原状土样，测得土的液限为 37.4%，塑限为 23.0%，天然含水率为 26.0%，问该地基土处于何种状态？

【解】 已知：$W_L = 37.4\%$，$W_p = 23.0\%$，$W = 16.0\%$。

$$I_p = w_L - w_p = 37.4 - 23 = 14.4$$

$$I_L = \frac{w - w_p}{I_p} = \frac{26 - 23}{14.4} = 0.21$$

$$\because \quad 0 < I_L \leqslant 0.25$$

$\therefore$ 该地基土处于硬塑状态。

2.6 土 的 压 实 性

在铁路、公路及建筑工程建设中经常会遇到需要将土按一定要求进行堆填和密实的情况，例如路堤、土坝、桥台、挡土墙、管道埋设、基础垫层以及基坑回填等。填土经挖掘、搬运之后，原状结构已被破坏，含水率亦发生变化，未经压实的填土强度低，压缩性大且不均匀，遇水易发生塌陷、崩解等。为了提高填土的高度，增加填土的密实程度，降低其透水性和压缩性，提高土体的刚度、强度和稳定性，通常采用分层压实的办法来处理填方土和地基。在室内通常采用击实试验测定扰动土的压实性指标，即土的压实度（压实系数）；在现场通过夯打、碾压或振动达到工程填土所要求的压实度。

压实就是指土体在压实能量作用下，土颗粒克服粒间阻力产生位移，从而使土的孔隙减小，密度增大。实践经验表明，压实细粒土宜用夯击机具或压强较大的碾压机具，同时必须控制土的含水率，含水率太高或太低都得不到好的压实效果；压实粗粒土时，则宜采用振动机具，同时充分洒水。

2.6.1 击实试验及土的压实特性

击实试验是在室内研究土压实性的基本方法。击实试验分重型和轻型两种。他们分别适用于粒径不大于 20mm 的土和粒径小于 5mm 的黏性土。击实仪主要包括击实筒、击实锤及导筒等。击锤质量分别为 4.5kg 和 2.5kg，落高分别为 45.7mm 和 30.5mm。试验时，将含水率 w 一定的土样分层装入击实筒，每铺一层（共 3～5 层）后均用击锤按规定的落距和击数锤击土样。试验达到规定击数后，测定被击实土样含水率和干密度 ρ_d，如此改变含水率重复上述试验（通常为 5 个），并将结果以含水率 w 为横坐标，干密度 ρ_d 为纵坐标，绘制一条曲线，该曲线即为击实曲线（见图 2-21）。

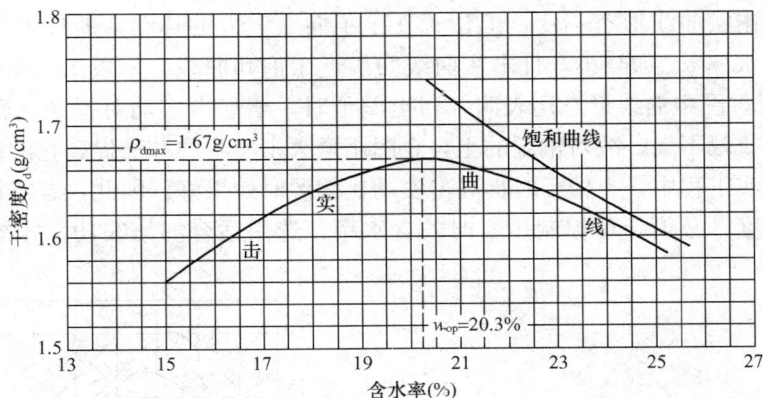

图 2-21 击实区曲线

由图 2-21 可见，击实曲线具有如下特性：

1）曲线具有峰值。峰值点所对应的纵坐标值为最大干密度 ρ_{dmax}，对应的横坐标值为最优含水率，用 w_{op} 表示。最优含水率 w_{op} 是在一定击实（压实）功能下，使土最容易压实，并能达到最大干密度的含水率。w_{op} 一般约为 w_p，工程中常按 $w_{op}=w_p+2$，选择制备土样含水率。

2）当含水率低于最优含水率时，干密度受含水率变化的影响较大，即含水率变化对干密度的影响在偏干时比偏湿时更加明显。因此，击实曲线的左段（低于最优含水率）比右段的坡度陡。

3）击实曲线必然位于饱和曲线的左下方，而不可能与饱和曲线有交点。这是因为当土的含水率接近或大于最优含水率时，孔隙中的气体越来越处于与大气不连通的状态，击实作用已不能将其排出土体之外，即击实土不可能被击实到完全饱和状态。

2.6.2 影响压实效果的因素

影响土压实性的因素主要有土的土类及级配、击实功和含水率，另外，土的毛细管压力以及孔隙压力对土的压实性也有一定影响。

1. 土类及级配的影响

在相同击实功条件下，土颗粒越粗，最大干密度就越大，最优含水率越小，土越容易击实；土中含腐殖质多，最大干密度就小，最优含水率则大，土不易击实；级配良好的土击实后比级配均匀土击实后最大干密度大，而最优含水率要小，即级配良好的土容易击实。究其原因是在级配均匀的土体内，较粗土粒形成的孔隙很少有细土粒去填充，而级配不均匀的土则相反，有足够的细土粒填充，因而可以获得较高的干密度。

对于砂性土，其干密度与含水率之间关系如图 2-22 所示。由图可见，没有单一峰值点反映在击实曲线上，且干砂和饱和砂土击实时干密度大，容易密实；而湿的砂土，因有毛细压力作用使砂土互相靠紧，阻止颗粒移动，击实效果不好。故最优含水率的概念一般不适用于砂性土等无黏性土。无黏性土的压实标准，常以相对密实度 D_r 控制，一般不进行室内击实试验。

2. 击实功的影响

图 2-23 表示同一种土样在不同击实功作用下所得到的击实曲线。由图可见，随着击

实功的增大，击实曲线形态不变，但位置发生了向左上方的移动，即最大干密度 ρ_{dmax} 增大，而最优含水率 w_{op} 却减小，且击实曲线均靠近于饱和曲线，一般土达 w_{op} 时饱和度约为 $80\% \sim 85\%$。图中曲线形态还表明，当土偏干时，增加击实功对提高干密度的影响较大，偏湿时则收效不大，故对偏湿的土，企图用增大击实功的办法提高它的密度是不经济的。所以在压实工程中，土偏干时提高击实功比偏湿时效果好。因此，若需把土压实到工程要求的干密度，必须合理控制压实时的含水率，选用适合的压实功，才能获得预期的效果。

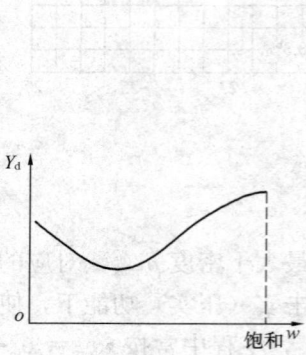

图 2-22　砂土击实曲线

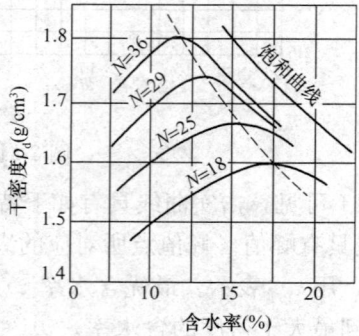

图 2-23　不同压实功的击实曲线

3. 含水率的影响

含水率的大小对土的击实效果影响极大。在同一击实功作用下，当土小于最优含水率时，随含水率增大，击实土干密度增大，而当土样大于最优含水率时，随含水率增大，击实土干密度减小。究其原因为：当土很干时，水处于强结合水状态，土样之间摩擦力、粘结力都很大，土粒的相对移动有困难，因而不易被击实。当含水率增加时，水的薄膜变厚，摩擦力和粘结力减小，土粒之间彼此容易移动。故随着含水率增大，土的击实干密度增大，至最优含水率时，干密度达最大值。当含水率超过最优含水率后，水所占据的体积增大，限制了颗粒的进一步接近。含水率愈大，水占据的体积愈大，颗粒能够占据的体积愈小，因而干密度逐渐变小。由此可见，含水率不同，在一定击实功下，改变着击实效果。

2.6.3　击实特性在现场填土中的应用

以上土的击实特性均是从室内击实试验中得到的。但工程上的填土压实如路堤施工填筑的情况与室内击实试验在条件上是有差别的，现场填筑时的碾压机械和击实试验的自由落锤的工作情况不一样，前者大都是碾压而后者则是冲击。现场填筑中，土在填方中的变形条件与击实试验时土在刚性击实筒中的也不一样，前者可产生一定的侧向变形，后者则完全受侧限。目前还未能从理论上找出两者的普遍规律。但为了把室内击实试验的结果用于设计和施工，必须研究室内击实试验和现场碾压的关系。实践表明，尽管工地试验结果与室内击实试验结果有一定差异，但用室内击实试验来模拟工地压实是可靠的。现场压实施工质量的控制，可采用压实系数 K 来表示：

$$K = \frac{\rho'_d}{\rho_d} \tag{2-25}$$

式中　ρ_d'——室内试验得到的最大干密度（g/cm^3）；

ρ_d——现场碾压时要求达到的干密度（g/cm^3）。

显然 $K \leqslant 1$，且 K 值越大，表示对压实质量的要求越高。对于路基的下层或次要工程，其值可取小些。从现场压实和室内击实试验对比可见，击实试验既是研究土的压实特性的室内基本方法，而又对于实际填方工程提供了两方面用途：一是用来判别在某一击实功作用下土的击实性能是否良好及土可能达到的最佳密实度范围与相应的含水率值，为填方设计合理选用填筑含水率和填筑密度提供依据；另一方面，是为制备试样以研究现场填土的力学特性时，提供合理的密度和含水率。

2.7　土 的 工 程 分 类

土的工程分类是把不同的土分别安排到各个具有相近性质的组合中去，目的是为了人们有可能根据同类土已知的性质去评价其工程特性，或为工程师提供一个可供采用的描述与评价土的方法。土的工程分类是工程设计的前提，也是工程地质勘察与评价的基本方法。

2.7.1　土的分类原则和标准

自然界中土的种类不同，其工程性质也必不相同。从直观上，可以粗略地把土分成两大类：一类是土体中肉眼可见松散颗粒，颗粒间连接弱，这就是无黏性土（粗粒土）；另一类是颗粒非常细微，颗粒间连接力强，就是黏土。实际工程中，这种粗略的分类远远不能满足工程的要求，还必须用更能反映土的工程特性的指标来系统分类。前面已介绍过，影响土的工程性质的主要因素是土的三相组成和土的物理状态，其中最主要的因素是三相组成中土的固体颗粒。如颗粒的粗细、颗粒的级配等。目前，国际、国内土的工程分类法并不统一。即使同一国家的各个行业、各个部门，土的分类体系也都是结合本专业的特点而制定的。

土的分类体系就是根据土的工程性质差异将土划分成一定的类别，其目的在于通过一种通用鉴别标准，以便于在不同土类间作出有价值的比较、评价、积累以及学术与经验的交流。目前国内各部门也都根据各自的工程特点和实践经验，制定有各自的分类方法，但一般遵循下列基本原则。

一是简明的原则：土的分类体系采用的指标，既要能综合反映土的主要工程性质；又要其测定方法简单，且使用方便；二是工程特性差异的原则：土的分类体系采用的指标要在一定的程度上反映不同类工程用土的不同特征。例如，当采用重塑土的测试指标，划分土的工程性质差异时，对于粗粒土，其工程性质取决于土粒的个体颗粒特征，所以常用粒度成分或颗粒级配、粒组含量进行土的分类；对于细粒土，其工程性质则采用反映土粒与水相互作用的可塑性指标。又如当考虑土的结构性对土工程性质差异的影响时，根据土粒的集合体特征，采用以成因、地质年代为基础的分类方法，因为土作为整体的存在，是自然历史的产物，土的工程性质随其成因与形成年代不同而有显著差异。

在国际上，土的统一分类系统来源于美国卡萨格兰特（Casagrande，1942）提出的一种分类体系（属于材料工程系统的分类）。其主要特点是充分考虑了土的粒度成分和可塑性指标，即粗粒土土粒的个体颗粒特征和细粒土土粒与水相互作用。为了与国际接轨，我国特制定了《土的工程分类标准》（GB/T 50145—2007），这一分类体系与一些欧美国家的土分类体系原则相近，所采用的简便易测的定量分类指标，最能反映土的基本属性和工程性质。按《土的工程分类标准》GB/T 50145—2007 分类法，土的总分类体系如图 2-24 所示。

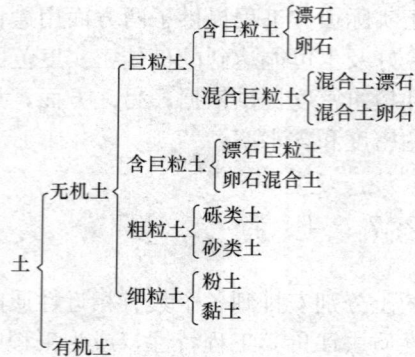

图 2-24　土的总分类体系

根据以上分类体系，对土进行分类时，首先根据有机质的含量把土分成有机土和无机土两大类。有机质含量 O_m 较高（$O_m > 10\%$），有特殊气味，压缩性高的黏土和粉土称之为有机土，通常用代号 O 来表示；在无机土中，再根据土中各粒组的相对含量把土再分为：巨粒土、含巨粒土、粗粒土和细粒土。根据土的分类标准，各粒组还可进一步细分。下面分别予以说明：

1. 巨粒类土

土体颗粒粒径在 60mm 以上的称巨粒类土。若土中巨粒含量高于 75%，该土属巨粒土；若土中巨粒含量在 50%~75% 之间，该土属混合巨粒土；若土中巨粒含量在 15%~50% 之间，该土属巨粒混合土。巨粒类土依据其中所含巨粒含量进一步划分如表 2-7。

巨粒土和含巨粒土的分类（GB/T 50145—2007）　　　　　　　　　　　　表 2-7

土　类	粒　组　含　量		土代号	土名称
巨粒土	巨粒含量>75%	漂石含量>50%	B	漂石
		漂石含量≤50%	Cb	卵石
混合巨粒土	50%<巨粒含量≤75%	漂石含量>50%	BSl	混合土漂石
		漂石含量≤50%	CbSl	混合土卵石
巨粒混合土	15%<巨粒含量≤50%	漂石含量大于卵石含量	SlB	漂石混合土
		漂石含量不大于卵石含量	SlCb	卵石混合土

2. 粗粒土

粗粒土中大于 0.075mm 的粗粒含量在 50% 以上。粗粒土分为砾类土和砂类土两类。若土中粒径大于 2mm 的砾粒含量多于 50%，则该土属砾类土；不足 50%，则属砂类土。

砾类土和砂类土再按细粒土（<0.075mm）的含量进一步细分。具体细粒含量和其

他相关指标见表 2-8、表 2-9。

砾类土的分类（砾粒组含量＞50%）（GB/T 50145—2007）

表 2-8

土　类	粒组含量		土代号	土名称
砾	细粒含量＜5%	级配 $C_u \geqslant 5$，$C_c = 1 \sim 3$	GW	级配良好砾
		级配不同时满足上述条件	GP	级配不良砾
含细粒土砾	5%≤细粒含量＜15%		GF	含细粒土砾
细粒土质砾	15%≤细粒含量＜50%	细粒组中粉粒含量不大于 50%	GC	黏土质砾
		细粒组中粉粒含量大于 50%	GM	粉土质砾

砂类土的分类（砾粒组含量≤50%）（GB/T 50145—2007）

表 2-9

土　类	粒组含量		土代号	土名称
砂	细粒含量＜5%	级配 $C_u \geqslant 5$，$C_c = 1 \sim 3$	SW	级配良好砂
		级配不同时满足上述条件	SP	级配不良砂
含细粒土砂	5%≤细粒含量＜15%		SF	含细粒土砂
细粒土质砂	15%≤细粒含量＜50%	细粒组中粉粒含量不大于 50%	SC	黏土质砂
		细粒组中粉粒含量大于 50%	SM	粉土质砂

3. 细粒土的分类

细粒土中粒径小于 0.075mm 在细粒含量在 50% 以上，且粗粒组（0.075mm＜$d \leqslant$60mm）含量少于 25%。细粒土按塑性图分类，塑性图以液限 w_L 为横坐标，塑性指数 I_P 为纵坐标，如图 2-25 所示。图中用 A、B 两条线和 $I_P = 4$ 和 $I_P = 7$ 及 $w_L <$ 26% 的两段水平线将整张图分成 5 个区域。若土的液限和塑性指数在图中 A 线以上，B 线以左，$I_P = 7$ 线之上，则该土属低液限黏土；若土的液限和塑性指数在图中 A 线以下，B 线以右，$I_P = 4$ 线之下，则该土属高液限粉土。土的具体分类和名称见表 2-10。

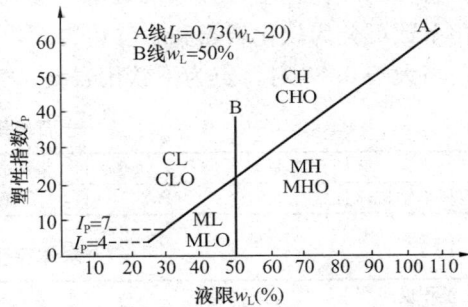

图 2-25　土的塑性图

注：1. 图中的液限 w_L 为用碟式仪测定的液限含水率或用质量 76g、锥角为 30°的液限仪锥尖入土深度 17mm 对应的含水率；

2. 图中虚线之间区域为黏土-粉土过渡区，若土中有一定有机质，则在其分类代号后缀以有机质代号 O。

细粒土的分类（GB/T 50145—2007）

表 2-10

塑性指数（I_P）	液限（w_L）	代　号	名　称
$I_P \geqslant 0.73(w_L - 20)$ 和 $I_P \geqslant 7$	≥50%	CH	高液限黏土
	＜50%	CL	低液限黏土
$I_P < 0.73(w_L - 20)$ 或 $I_P < 4$	≥50%	MH	高液限粉土
	＜50%	ML	低液限粉土

注：黏土-粉土过渡区（CL-ML）的土可按相邻土层的类别细分。

2.7.2　建筑地基土的分类

《建筑地基基础设计规范》（GB 50007—2011）和《岩土工程勘察规范》（GB 50021—2001）分类体系的主要特点是，在考虑划分标准时，注重土的天然结构特征和强度，并始终与土的主要特征——变形和强度特征紧密联系。因此，首先考虑了按沉积年代和地质成因的划分，同时将某些特殊形成条件和特殊工程性质的区域性特殊土与普通土区别开来。

这种分类方法的体系比较简单，按照土颗粒的大小、粒组的土颗粒含量把地基土分成碎石土、砂土、粉土、黏性土和人工填土。按我国《土的工程分类标准》（GB/T 50145—2007），碎石土和砂土属于粗粒土，粉土和黏性土属于细粒土。粗粒土按粒径级配分类，细粒土则按塑性指数分类。

1. 岩石

岩石为颗粒间连接牢固、呈整体或具有节理裂隙的地质体。作为建筑物地基，除应确定岩石的地质名称外，尚应按规定划分其坚硬程度、完整程度、节理发育程度、软化程度和特殊性岩石。

岩石的坚硬程度应根据岩块的饱和单轴抗压强度标准值 f_{rk} 按表 2-11 分为坚硬岩、较硬岩、较软岩、软岩和极软岩 5 个等级。当缺乏有关试验数据或不能进行该项试验时，可按表 2-12 定性分级。根据完整性指数可分为完整、较完整、较破碎、破碎和极破碎 5 个等级。岩石的风化程度可分为未风化、微风化、中风化、强风化、全风化 5 个等级。岩石按软化系数可分为软化岩石和不软化岩石，当软化系数等于或小于 0.75 时，应定为软化岩石；当大于 0.75 时，定为不软化岩石。

岩石坚硬程度分级　　　　　　　　　　　　　　　表 2-11

坚硬程度类别	坚硬岩	较硬岩	较软岩	软岩	极软岩
饱和单轴抗压强度标准值 f_{rk}（MPa）	$f_{rk}>60$	$60{\geqslant}f_{rk}>30$	$30{\geqslant}f_{rk}>15$	$15{\geqslant}f_{rk}>5$	$f_{rk}{\leqslant}5$

岩体完整程度划分　　　　　　　　　　　　　　　表 2-12

完整程度等级	完整	较完整	较破碎	破碎	极破碎
完整性指数	>0.75	0.75～0.55	0.55～0.35	0.35～0.15	<0.15

注：完整性指数为岩体纵波波速与岩块纵波波速之比的平方。

当岩石具有特殊成分、特殊结构或特殊性质时，应定为特殊性岩石，如易溶性岩石、膨胀性岩石、崩解性岩石、盐渍化岩石等。

2. 碎石土

粒径大于 2mm 的颗粒含量大于 50% 的土属碎石土。根据粒组含量及颗粒形状，可细分为漂石、块石、卵石、碎石、圆砾和角砾。具体见表 2-13。

碎石土的分类（GB 50007—2011）　　　　　　　　表 2-13

名　称	颗粒形状	粒组的颗粒含量
漂石 块石	圆形及亚圆形为主 棱角形为主	粒径大于 200mm 的颗粒含量超过全重 50%
卵石 碎石	圆形及亚圆形为主 棱角形为主	粒径大于 20mm 的颗粒含量超过全重 50%
圆砾 角砾	圆形及亚圆形为主 棱角形为主	粒径大于 2mm 的颗粒含量超过全重 50%

注：分类时应根据粒组含量由大到小以最先符合者确定。

3. 砂土

粒径大于 2mm 的颗粒含量在 50％以内，同时粒径大于 0.075mm 的颗粒含量超过 50％的土属砂土。砂土根据粒组含量不同又分为砾砂、粗砂、中砂、细砂和粉砂五类。具体见表 2-14。

砂土的分类　　　　　　　　　　　　　　表 2-14

土的名称	粒组的颗粒含量	土的名称	粒组的颗粒含量
砾砂	粒径大于 2mm 的颗粒含量占全重 25％～50％	细砂	粒径大于 0.075mm 的颗粒含量超过全重 85％
粗砂	粒径大于 0.5mm 的颗粒含量超过全重 50％	粉砂	粒径大于 0.075mm 的颗粒含量超过全重 50％
中砂	粒径大于 0.25mm 的颗粒含量超过全重 50％		

注：分类时应根据粒组含量由大到小以最先符合者确定。

4. 粉土

粒径大于 0.075mm 的颗粒含量小于 50％且塑性指数小于等于 10 的土属粉土。该类土的工程性质较差，如抗剪强度低、防水性差、黏聚力小等。

5. 黏性土

粒径大于 0.075mm 的颗粒含量在 50％以内，塑性指数大于 10 的土属黏性土。根据塑性指数的大小可细分为黏土和粉质黏土，具体如表 2-15。

黏性土的分类　　　　　　　　　　　　　表 2-15

土的名称	塑性指数	土的名称	塑性指数
黏土	$I_p > 17$	粉质黏土	$17 \geq I_p > 10$

6. 人工填土

人工填土根据其组成和成因，可分为素填土、压实填土、杂填土、冲填土。

素填土为由碎石土、砂土、粉土、黏性土等组成的填土。经过压实或夯实的素填土为压实填土。杂填土为含有建筑垃圾、工业废料、生活垃圾等杂物的填土。冲填土为由水力冲填泥砂形成的填土。

7. 其他

1）淤泥

淤泥为在静水或缓慢的流水环境中沉积，并经生物化学作用形成，其天然含水率大于液限、天然孔隙比大于或等于 1.5 的黏性土。天然含水量大于液限而天然孔隙比小于 1.5 但大于或等于 1.0 的黏性土或粉土为淤泥质土。

2）红黏土

红黏土为碳酸盐岩系的岩石经红土化作用形成的高塑性黏土。其液限一般大于 50。红黏土经再搬运后仍保留其基本特征，其液限大于 45 的土为次生红黏土。

3）膨胀土

膨胀土为土中黏粒成分主要由亲水性矿物组成，同时具有显著的吸水膨胀和失水收缩特性，其自由膨胀率大于或等于 40％的黏性土。

4）湿陷性土

湿陷性土为浸水后产生附加沉降，其湿陷系数大于或等于 0.015 的土。

2.7.3　公路路基土的分类

《公路土工试验规程》（JTG E40—2007）中提出的公路工程用土的分类标准，其分类体系参照《土的分类标准》（GBJ 145—90），将土分为巨粒土、粗粒土、细粒土和特殊土，分类总体系见表 2-16。土的颗粒根据图 2-26 所列粒组范围划分粒组。对比前面国家标准《土的工程分类标准》（GB/T 50145—2007）表 2-1 划分粒组而言，此粒组划分图的最大区别在于，黏粒与粉粒的交界粒径，目前世界上大多数国家采用 0.002mm 作为标准，《土的工程分类标准》（GB/T 50145—2007）采用 0.005mm 作为黏粒上限。但鉴于我国公路部门在过去多采用 0.002mm 作为黏粒上限，路基路面设计、施工中有关参数，例如土基回弹模量、路基填土高度等的提出，均以此作为基础，故宜采用 0.002mm 作为黏粒上限。以土的下列特征作为土的分类依据：

土分类总体系　　　　　　　　　　　　　表 2-16

土										
巨粒土		粗粒土		细粒土			特殊土			
漂石土	卵石土	砾类土	砂类土	粉质土	黏质土	有机质土	黄土	膨胀土	红黏土	盐渍土

（1）土颗粒组成特征。

（2）土的塑性指标：液限（w_L）、塑限（w_p）和塑性指数（I_P）。

（3）土中有机质存在情况。

	200		60	20	5	2	0.5	0.25	0.075	0.002 (mm)	
巨粒组			粗粒组							细粒组		
漂石		卵石	砾（角砾）			砂			粉粒		黏粒	
（块石）		（小块石）	粗	中	细	粗	中	细				

图 2-26　粒组划分图（JTG E40—2007）

试样中巨粒组质量多于总质量 50% 的土称为巨粒土，分类体系见表 2-17；试样中粗粒组质量多于总质量 50% 的土称为粗粒土，分类体系见表 2-18 和表 2-19；试样中细粒组质量多于总质量 50% 的土称为细粒土，分类体系见表 2-20。细粒土的塑性图分类采用 100g 平衡锥沉入 17mm 时测定 I_P 和 w_L。

巨粒土分类及符号　　　　　　　　　　　　表 2-17

巨粒土					
漂（卵）石 巨粒含量 75%～100%		漂（卵）石夹土 巨粒含量 50%～75%		漂（卵）石质土 巨粒含量 15%～50%	
漂石粒大于 50%	漂石粒不大于 50%	漂石粒大于 50%	漂石粒不大于 50%	漂石粒大于卵石粒	漂石粒小于卵石粒
漂石 B	卵石 Cb	漂石夹土 BSI	卵石夹土 CbSI	漂石质土 SIB	卵石质土 SICb

注：1. 巨粒土分类体系中的漂石换成块石，B 换成 B_a，即构成相应的块石分类体系。

　　2. 巨粒土分类体系中的卵石换成小块石，Cb 换成 Cb_2，即构成相应的小块石分类体系。

砾粒土分类及符号   表 2-18

砾 类 土				
砾 细粒含量 $F<5\%$		含细粒土砾 细粒含量 $F=5\%\sim15\%$	细粒土质砾 细粒含量 $15\%<F\leqslant50\%$	
$C_u\geqslant5$，且 $C_c=1\sim3$	不同时满足 $C_u\geqslant5$ 和 $C_c=1\sim3$	含细粒土砾 GF	细粒土在塑性图 A线以下	细粒土在塑性图 A线以下
级配良好砾 GW	级配不良砾 GP		粉土质砾 GM	黏土质砾 GC

注：砾类土分类体系中的砾换成角砾，G 换成 G_a，即构成相应的角砾土分类体系。

砂粒土分类及符号   表 2-19

砂 类 土				
砂 细粒含量 $F<5\%$		含细粒土砂细粒 含量 $F=5\%\sim15\%$	细粒土质砂 细粒含量 $15\%<F\leqslant50\%$	
$C_u\geqslant5$ 且 $C_c=1\sim3$	不同时满足 $C_u\geqslant5$ 和 $C_c=1\sim3$	含细粒土砂 SF	细粒土在塑性图 A线以下	细粒土在塑性图 A线以下
级配良好砂 SW	级配不良砂 SP		粉土质砂 SM	黏土质砂 SC

细粒土分类及符号   表 2-20

细粒土					
细 粒 土	粉质土	粗粒组 不大于25%		A线以下、B级以右	高液限粉土 MH
				A线以下、B线以左、$I_p=10$线以下	低液限粉土 ML
		粗粒组 25%~50%	砾粒＞砂粒	A线以下、B线以左	含砾高液限粉土 MHG
				A线以下、B线以左、$I_p=10$线以下	含砾低液限粉土 MLG
			砾粒＜砂粒	A线以下、B线以右	含砂高液限粉土 MHS
				A线以下、B线以左、$I_p=10$线以下	含砂低液限粉土 MHS
	黏质土	粗粒组 不大于25%		A线以上、B级以右	高液限黏土 CH
				A线以上、B线以左、$I_p=10$线以上	低液限黏土 CL
		粗粒组 25%~50%	砾粒＞砂粒	A线以上、B线以右	含砾高液限黏土 CHG
				A线以上、B线以左、$I_p=10$线以下	含砾低液限黏土 CLG
			砾粒＜砂粒	A线以上、B线以右	含砂高液限黏土 CHS
				A线以上、B线以左、$I_p=10$线以上	含砂低液限黏土 CHS
	有机 质土	A线以上		B线以右	有机质高液限黏土 CHO
				B线以左、$I_p=10$线以上	有机质低液限黏土 CLO
		A线以下		B线以右	有机质高液限粉土 MHO
				B线以左、$I_p=10$线以下	有机质低液限粉土 MLO

注：高、低液限分区以 $w_L=50$ 为界。

本"分类"以《土的工程分类标准》（GB/T 50145—2007）为基础，为公路岩土工程进行分类而编制，属专门分类标准。内容包括对土类进行鉴别，确定其名称和代号，并给以必要的描述。目的是统一公路工程用土的名称，并对土的工程性质加以定性。

而公路桥涵地基土的分类，目前采用《公路桥涵地基与基础设计规范》（JTG D63—

2007) 的规定，其土的分类与《建筑地基基础设计规范》（GB 50007—2011）完全相同。

思　考　题

1. 何谓土粒粒组？土粒六大粒组的划分标准是什么？
2. 在土的三相比例指标中，哪些指标是直接测定的？其余指标的导出思路主要是什么？
3. 塑性指数的定义和物理意义是什么？I_p 大小与土颗粒的粗细有何关系？I_p 大的土具有哪些特点？
4. 在土类定名时，无黏性土与黏性土各主要依据什么指标？
5. 砂土的密实度如何判别？不同指标如何使用？

习　　题

1. 如果将 1m³ 土粒相对密度为 2.72，孔隙比为 0.95，天然饱和度为 37% 的土的饱和度提高到 90%，应加多少水？
2. 已知某土粒相对密度为 2.70，绘制饱和度为 0、50%、100% 三种情况土的重度（范围 10～24kN/m³）和孔隙比（范围 0.2～1.8）的关系曲线。
3. 某原状土样经室内试验测定，指标如下：液限 $w_L = 25\%$，塑限 $w_p = 13\%$，湿重力为 2.06×10^{-3} kN，烘干后的干重力为 1.26×10^{-3} kN，其土粒相对密度为 2.70，试求该试样在下列状态时的初始总体积各是多少？
   （1）饱和度为 100%；（2）饱和度为 50%。
4. 已知两个土样的指标如下，试问下列说法正确与否？为什么？

物理性质指标	土样 A	土样 B
液限 w_L	30%	9%
塑限 w_p	12%	6%
含水率 w	15%	6%
土粒相对密度 d_s	2.70	2.68
饱和度	100%	100%

（1）A 土样中含有的黏粒比 B 土样多；
（2）A 土样的天然重度比 B 土样大；
（3）A 土样的干重度比 B 土样大；
（4）A 土样的孔隙比 B 土样大。

5. 已知原状土的含水率 $w = 28.1\%$，重度为 18.8kN/m³，土粒重度为 27.2kN/m³，土粒相对密度为 2.72，液限为 30.1%，塑限为 19%，试求：
   （1）土的孔隙比及土样完全饱和时的含水量和重度；
   （2）确定土的分类名称其及物理状态。

6. 某一施工现场需要填土，基坑的体积为 2000m³，土方来源是从附近土堆开挖，经勘察土粒相对密度为 2.70，含水率 15%，孔隙比 0.60，要求填土的含水率为 17%，干密度为 17.6kN/m³，问：
   （1）取土场的重度、干重度和饱和度是多少？
   （2）应从取土场开采多少方土？
   （3）碾压时应洒多少水？填土的孔隙比是多少？

7. 某原状土样处于完全饱和状态，测得其含水率 32.45%，密度为 1.8t/m³，土粒相对密度为 2.65，液限 36.4%，塑限 18.9%，求：
   （1）土样的名称及物理状态。

（2）若将土样密实，使其干密度达到 1.58t/m³，此时土的孔隙比将减少多少？

8. 已知某土的天然含水率为 47.2%，天然重度为 18.8kN/m³，土粒相对密度为 2.72，液限为 35.5%，塑限为 22%，试确定土的稠度状态，并根据 I_p 对土定名，然后与据塑性图对土的分类结果进行对比分析。

本 章 参 考 文 献

1. 杨位洗主编. 地基及基础（第 3 版）. 北京：中国建筑工业出版社，1998.
2. 陈仲颐等主编. 土力学. 北京：清华大学出版社，1994.
3. 东南大学等合编. 土力学（第 2 版）. 北京：中国建筑工业出版社，2005.
4. 高大钊等编著. 土质学与土力学（第 3 版）. 北京：人民交通出版社，2001.
5. 赵成刚等主编. 土力学原理. 北京：清华大学出版社，北京交通大学出版社，2004.
6. 李镜培等编著. 土力学（第 2 版）. 北京：高等教育出版社，2008.
7. 《建筑地基基础设计规范》（GB 50007—2011）. 北京：中国建筑工业出版社，2012.
8. 《公路桥涵地基与基础设计规范》（JTG D63—2007）. 北京：人民交通出版社，2007.
9. 交通部公路科学研究院主编《公路土工试验规程》（JTG E40—2007）. 北京：人民交通出版社，2007.
10. 中华人民共和国水利部主编.《土的工程分类标准》（GB/T 50145—2007）. 北京：中国计划出版社，2008.

第 3 章 土的渗透性和渗流

3.1 概 述

土是一种三相组成的多孔介质，其孔隙在空间互相连通。在饱和土中，水充满整个孔隙，当土中不同位置存在水位差时，土中水就会在水位能量作用下，从水位高（即能量高）的位置向水位低（即能量低）的位置流动。水在土体孔隙中流动的现象称为渗流。土具有被水等液体透过的性质称为土的渗透性。

研究土的渗透性，是土力学中极其重要的课题。在许多实际工程中都会遇到渗流问题。如图 3-1 （a) 为水利工程中土石坝坝身的渗流，图 3-1 （b) 建筑基础施工中开挖基坑时地下水的渗流。

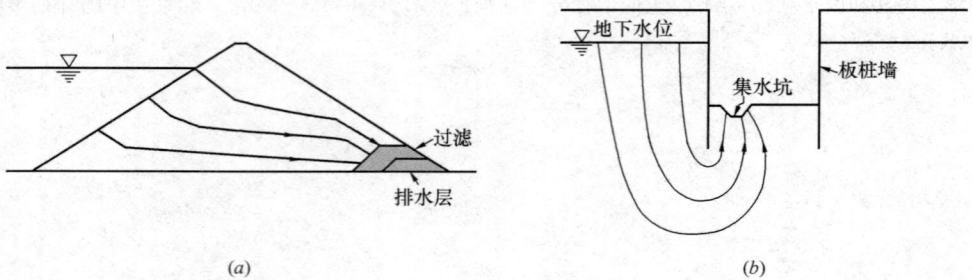

图 3-1 渗流示意图
(a) 土石坝坝身的渗流；(b) 开挖基坑时地下水的渗流

水在土体中渗透，一方面会造成水量损失（如水库），影响工程效益；另一方面，会引起土体内部应力状态的变化，影响土体稳定性，从而引发许多严重的工程或者地质灾害问题。由水的渗透引起土体边坡变形和失稳、地基变形、岩溶渗透塌陷、堤防中的管涌等等均属于土体的渗透稳定问题。为此，我们必须对土的渗透性质、水在土中的渗透规律及其与工程的关系进行很好的研究，从而为工程设计、施工和安全运行提供必要资料。

本章主要介绍土的渗透性及渗流规律、二维渗流及流网简介、渗透破坏等内容。

3.2 土 的 渗 透 性

3.2.1 渗流模型

实际土体中的渗流仅是流经土粒间的孔隙，由于土体孔隙的形状、大小及分布极为复杂，导致渗流水质点的运动轨迹很不规则，如图 3-2 （a) 所示。考虑到实际工程中并不需要了解具体孔隙中的渗流情况，可以对渗流作出如下两方面的简化：一是不考虑渗流路径的迂回曲折，只分析它的主要流向；二是不考虑土体中颗粒的影响，认为孔隙和土粒所占的空间之总和均为渗流所充满。作了这种简化后的渗流其实只是一种假想的土体渗流，称之为"渗流模型"，如图 3-2 (b) 所示。渗流模型的实质在于把实际上并不充满全部空间的液体运动，看作是连续空间内的连续介质运动。这样，研究一般工程流体力学的概念和方法，可

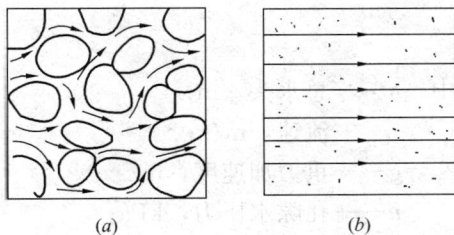

图 3-2　渗流模型
(a) 水在土孔隙中的运动轨迹；(b) 渗流模型

以引申到渗流中来，如恒定流与非恒定流、均匀流与非均匀流、流线等概念仍可适用于渗流。

为了使渗流模型在渗流特性上与真实的渗流枉一致，它还应该符合以下要求：

（1）在同一过水断面，渗流模型的流量等于真实渗流的流量；

（2）在任一界面上，渗流模型的压力与真实渗流的压力相等；

（3）在相同体积内，渗流模型所受到的阻力与真实渗流所受到的阻力相等。

根据渗流模型的概念，某一过水断面积 A 上的渗流速度定义为：

$$v = \frac{q}{A} \tag{3-1}$$

式中　A——过水断面面积，m^2。

　　　q——单位时间内流过截面积 A 的水量，m^3/s。

应当注意的是渗流速度 v 并不是土孔隙中水的实际平均流速，而是一种假想的平均流速，因为它假定水在土中的渗透是通过整个土体截面进行的，其中包括了土粒骨架所占的部分面积在内。真实的渗流仅发生在相应于断面面积 A 中所包含的孔隙面积 ΔA 内，从而实际平均流速 v_0 应大于 v，一般 v 称为假想平均流速。v 与 v_0 的关系可通过水流连续原理建立如下：

$$q = vA = v_0 \Delta A \tag{3-2}$$

若均值土样的孔隙率为 n，则 $\Delta A = nA$，有

$$v_0 = \frac{vA}{\Delta A} = \frac{vA}{nA} = \frac{v}{n} \tag{3-3}$$

由于土体中的孔隙形状和大小十分复杂，v_0 也并非渗流的真实速度。要想真正确定某一具体位置的真实流速，无论理论分析或是实验方法都很难做到，对于实际工程的意义也不是很大。故在实际应用中都是采用 v，即假想的平均流速。本书中所述渗流速度若不作特殊说明，也均指假想的平均流速。

3. 2. 2　饱和渗流的基本定理-达西（H. Darcy）定律

1. 渗流中的总水头与水力坡降

水头差或水力梯度引起水在土中的渗流。孔隙水总是从高势能处向低势能处的流动，根据 D. 伯努利（Bernoulli，1738）定理，水头即总能量可以定义为位置水头 z、压力水头 $\frac{u}{\gamma_w}$、流速水头 $\frac{v^2}{2g}$ 三者之和，即

$$h = z + \frac{u}{\gamma_w} + \frac{v^2}{2g} \qquad (3\text{-}4)$$

式中　h——总水头，m；

　　　　v——流速，m/s；

　　　　g——重力加速度，m/s²；

　　　　u——孔隙水压力，kPa；

　　　γ_w——水的重度，kN/m³；

　　　　z——基准面高程，m。

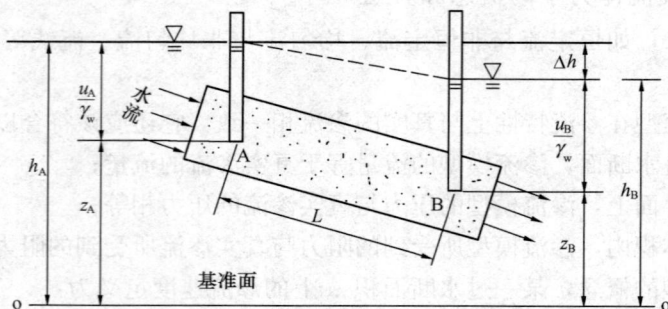

图 3-3　渗流中的位置、压力和总水头

图 3-3 表示土中渗流水流经过 A、B 两点时各种水头的关系。按照式（3-4），A、B 两点总水头可分别表示为

$$h_1 = z_A + \frac{u_A}{\gamma_w} + \frac{v_A^2}{2g} \qquad (3\text{-}5)$$

$$h_2 = z_B + \frac{u_B}{\gamma_w} + \frac{v_B^2}{2g} \qquad (3\text{-}6)$$

$$\Delta h = h_1 - h_2 \qquad (3\text{-}7)$$

Δh 表示 A、B 两点总水头差，只有当饱和土体中两点间的总水头差 $\Delta h > 0$ 时，才会出现渗流。

实际应用中常将位置水头与压力水头之和 $z + \dfrac{u}{\gamma_w}$ 称为测管水头。因为如果将两根测压管分别安装在点 A 和点 B 时，测压管中的水面将分别升至 $z_A + \dfrac{u_A}{\gamma_w}$ 和 $z_A + \dfrac{u_B}{\gamma_w}$ 的标高处。所以测管水头代表的是单位重量液体所具有的总势能。

由于水在土中渗流时受到的阻力大，其速度 v 一般都比较小，因此由速度引起的水头可以忽略不计，这样渗流中任一点的总水头就可以用测管水头来代替，式（3-4）可简化为

$$h = \frac{u}{\gamma_w} + z \qquad (3\text{-}8)$$

在图 3-3 中 A、B 两点水头损失，可用无量纲的形式来表示，即

$$i = \frac{\Delta h}{L} \qquad (3\text{-}9)$$

这里 i 称为水力梯度，也称为水力坡降，L 为 A、B 两点间的渗流途径，也就是使水头损失 Δh 的渗流长度。故水力坡降 i 的物理意义为单位渗流长度上的水头损失。

2. 达西渗透试验和达西定律

地下水在土体孔隙中渗透时，由于渗透阻力的作用，沿程必然伴随着能量的损失。为了揭示水在土体中的渗透规律，法国工程师达西（H. darcy）经过大量的试验研究，1856年总结得出渗透能量损失与渗流速度之间的相互关系，即为达西定律。

达西试验装置如图 3-4 所示，其主要部分是一个上端开口的直立圆筒，下部放碎石，碎石上放一块多孔滤板 c，滤板上面放置颗粒均匀的土样，其断面积为 A，长度为 L。筒的侧壁装有两支测压管，分别设置在土样两端的 1、2 过水断面处。水由上端进水管 a 进入圆筒，并以溢水管保持筒内为恒定水位。透过土样的水从装有控制阀门的弯管 d 流入容器 V 中。

当筒的上部水面保持恒定以后，通过砂土的渗流是恒定流，测压管中的水面将恒定不变。取图 3-4 中的 $O-O$ 面为基准面，h_1，h_2 分别为 1、2 断面处的测压水头；Δh 即为渗流流经 L 长度砂样后的水头损失。

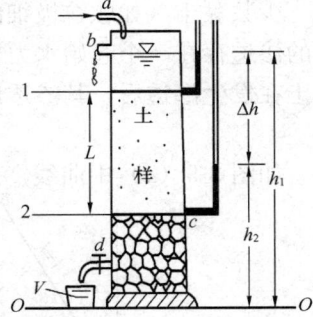

图 3-4　达西试验装置

达西分析了大量实验资料，发现土中渗透的渗流量 q 与圆筒断面积 A 及水头损失 Δh 成正比，与断面间距 L 成反比，即

$$q = kA\frac{\Delta h}{L} = kAi \tag{3-10}$$

或

$$v = \frac{q}{A} = ki \tag{3-11}$$

式中　i——水力梯度，也称水力坡降，$i = \dfrac{\Delta h}{L}$；

　　　　k——反应土的透水性放入比例系数，称为渗透系数，其值等于水力梯度为 1 时水的渗透速度，故其量纲与渗透速度相同，cm/s；

　　　　v——为平均渗流速度，cm/s。

式（3-10）和式（3-11）所表示的关系称为达西定律，它是渗透的基本定律。

达西定律表明渗流速度 v 与水力梯度 i 之间呈线性比例关系，或者单位时间的渗透流量与水力梯度呈线性比例关系。

应该指出的是，渗流速度是以整个断面积计的假想平均流速，不是空隙中水的真正流速。水力梯度也是以试样长度计的平均水力梯度，不是以实际流程计的水头损失。

3. 达西（H. Darcy）定律的适用范围

达西试验是用均匀砂土在均匀渗流条件下进行的。经过后人的大量实验研究表明，达西定律可推广应用于其他类别的土体。但进一步的研究也表明，某些情况下的渗流并不符合达西定律。因此，在实际工作中我们还要注意达西定律的适用范围。

大量试验表明，当渗透速度较小时，渗透的沿程水头损失与流速的一次方成正比。在一般情况下，砂土、黏土中的渗透速度很小，其渗流可以看作是一种水流流线互相平行的流动——层流，渗流运动规律符合达西定律，渗透速度 v 与水力梯度 i 的关系可在 $v-i$ 坐标系中表示成一条直线，如图 3-5（a）所示。粗颗粒土（如砾、卵石等）的试验结果如图 3-5（b）所示，由于其孔隙很大，当水力梯度较小时，流速不大，渗流可认为是层流，$v-i$ 关系呈线性变化，达西定律仍然适用。当水力梯度较大时，流速增大，渗流将过渡为不规则的相互混杂的流动形式——紊流，这时 $v-i$ 关系呈非线性变化，达西定律不再适用。

少数黏土（如颗粒极细的高压缩性土，可自由膨胀的黏性土等）的渗透试验表明，它们的渗透存在一个起始水力梯度 i_b，这种土只有在达到起始水力梯度后才能发生渗透。这类土在发生渗透后，其渗透速度仍可近似的用直线表示，即

$$v = k(i - i_b) \tag{3-12}$$

如图 3-5（a）中曲线②所示。

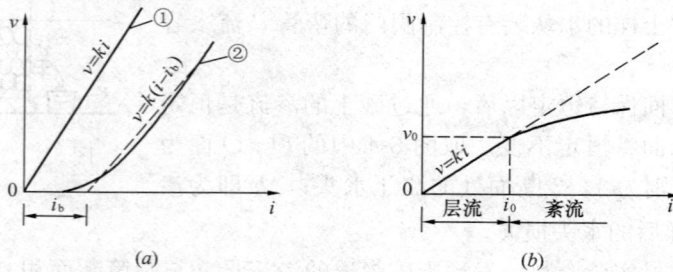

图 3-5　土的 $v-i$ 关系
（a）细粒土的 $v-i$ 关系；（b）粗粒土的 $v-i$ 关系
①砂土、一般黏土；②颗粒极细的黏土

3.2.3　渗透系数确定方法及其影响因素

1. 渗透系数确定方法

渗透系数 k 是综合反映土体渗透能力的一个指标，其数值的正确确定对渗透计算有着非常重要的意义。影响渗透系数大小的因素很多，要建立计算渗透系数 k 的精确理论公式比较困难，通常可通过试验方法或经验估算法来确定 k 值。

（1）实验室测定法

室内测定土的渗透系数的仪器和方法较多，但从试验原理上大体可分为常水头法和变水头法两种。

常水头法是在整个试验过程中，水头保持不变，其试验装置如图 3-6 所示。

设试样的高度即渗流长度为 L，截面积为 A，试验时的常水头差为 h，这三者在试验前可以直接量测或控制。试验中只要用量筒和秒表测得在某一时段 t 内经过试样的渗水量 Q，即可求出该时段内通过土体的单位渗水量

$$q = \frac{Q}{t} \tag{3-13}$$

将式（3-13）代入式（3-10）中，便可得到土的渗透系数

$$k = \frac{QL}{A\Delta h t} \tag{3-14}$$

44

黏性土由于渗透系数很小，流经试样的水量很少，难以直接准确量测，因此，应采用变水头法。变水头法在整个试验过程中，水头是随着时间而变化的，其试验装置如图 3-7 所示。

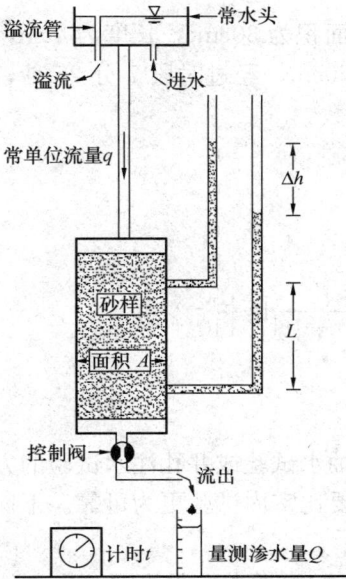

图 3-6 常水头试验装置

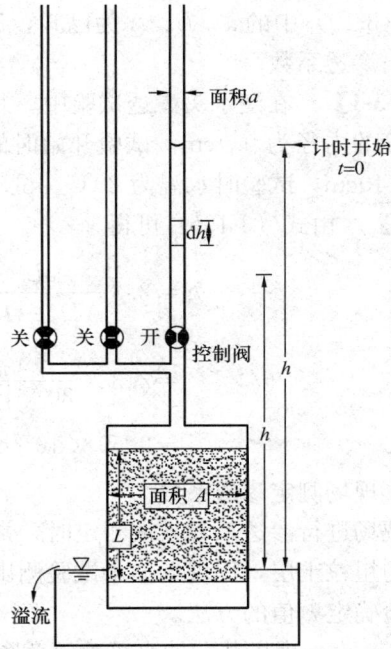

图 3-7 变水头试验装置

试样的一端与细玻璃管相接，在试验过程中量测某一时段内细玻璃管中水位的变化，就可根据达西定律，求得土的渗透系数。设细玻璃管的内截面积为 a，试验开始以后任一时刻 t 变水头的水位差为 h，经过时段 $\mathrm{d}t$，细玻璃管中水位下落 $\mathrm{d}h$，则在时段 $\mathrm{d}t$ 内经过细管的流水量：

$$\mathrm{d}Q = -a\mathrm{d}h \tag{3-15}$$

式中负号表示渗水量随 h 的减小而增加。

根据达西定律，在时段 $\mathrm{d}t$ 内流经试样的渗水量又可表示为

$$\mathrm{d}Q = k\frac{h}{L}A\mathrm{d}t \tag{3-16}$$

同一时间内经过土样的渗水量应与细管流水量相等：

$$\mathrm{d}t = -\frac{aL}{kA}\frac{\mathrm{d}h}{h} \tag{3-17}$$

将上式两边积分

$$\int_{t_1}^{t_2} \mathrm{d}t = -\int_{k_1}^{k_2} \frac{aL}{kA}\frac{\mathrm{d}h}{h} \tag{3-18}$$

即可得到土的渗透系数

$$k = \frac{aL}{A(t_2 - t_1)}\lg\frac{h_1}{h_2} \tag{3-19a}$$

或者用常用对数表示，则上式可写为：

$$k = 2.3 \frac{aL}{A(t_2 - t_1)} \lg \frac{h_1}{h_2} \tag{3-19b}$$

式（3-19）中的 a、L、A 为已知，试验时只要量测与时刻 t_1、t_2 对应的水位 h_1、h_2，就可求出渗透系数。

【例 3-1】 在变水头渗透试验中，黏土试验的截面积为 30cm^2，长度为 4cm，渗透仪细玻璃管的内径为 0.4cm，试验开始时的水位差为 150cm，经过时段 7 分 25 秒，观察水位差为 140cm，试验时水温为 20℃。试求试样渗透系数。

【解】 由式（3-19b）可得

$$
\begin{aligned}
k &= 2.3 \frac{aL}{A(t_2 - t_1)} \lg \frac{h_1}{h_2} \\
&= 2.3 \times \frac{(\pi \times 0.4^2/4) \times 4}{30 \times [(7 \times 60 + 25) - 0]} \lg \frac{150}{140} \\
&= 2.59 \times 10^{-6} \text{cm/s}
\end{aligned}
$$

（2）现场测定渗透系数

在现场进行渗透系数 k 值测定时，常用现场井孔抽水试验或井孔注水试验的方法。对于均质的粗粒土层，用现场抽水试验测出的 k 值往往要比室内试验更为可靠。下面介绍用抽水试验确定 k 值的方法。

图 3-8 为一现场井孔抽水试验示意图。在现场打一口试验井，贯穿要测定 k 值的砂土层，并在距井中心不同距离处设置一个或两个观测孔。然后自井中以不变的速率连续进行抽水。抽水造成井周围的地下水位逐渐下降，形成一个以井孔为轴心的降落漏斗状的地下水面。测定试验井和观测孔中的稳定水位，可以画出测压管水位变化图形。测定水头差形成的水力梯度，使水流向井内。假定水流是水平流向时，则流向水井的渗流过水断面应是一系列的同心圆柱面。待出水量和井中的动水位稳定一段时间后，若测得的抽水量为 q，观测孔距井轴线的距离分别为 r_1、r_2，孔内的水位高度为 h_1、h_2，通过达西定律即可求出土层的平均 k 值。

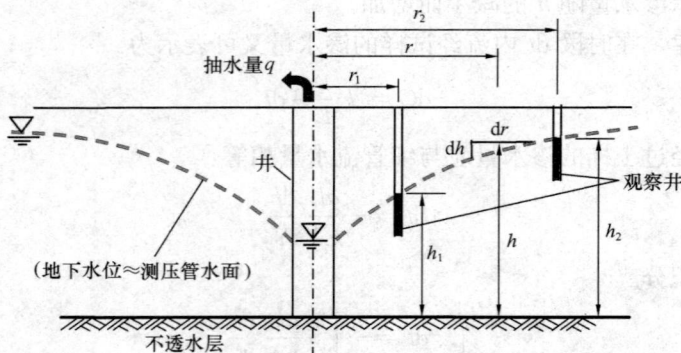

图 3-8　抽水试验

现围绕井轴取一过水断面，该断面距井中心距离为 r，水面高度为 h，则过水断面积 $A = 2\pi rh$；假设该过水断面上各处水力梯度 i 为常数，且等于地下水位线在该处的坡度

时，则 $i = \dfrac{dh}{dr}$。根据达西定律，单位时间自井内抽出的水量即单位渗水量 q 为

$$q = Aki = 2\pi rh \cdot k \frac{dh}{dr} \tag{3-20}$$

得

$$q \frac{dr}{r} = 2\pi hk \, dh \tag{3-21}$$

等式两边进行积分

$$q \int_{r_1}^{r_2} \frac{dr}{r} = 2\pi k \int_{h_1}^{h_2} h \, dh \tag{3-22}$$

得

$$q \ln \frac{r_2}{r_1} = \pi k (h_2^2 - h_1^2) \tag{3-23}$$

从而得到土的渗透系数

$$k = \frac{q}{\pi} \frac{\ln(r_2/r_1)}{(h_2^2 - h_1^2)} \tag{3-24a}$$

或用常用对数表示为

$$k = 2.3 \frac{q}{\pi} \frac{\lg(r_2/r_1)}{(h_2^2 - h_1^2)} \tag{3-24b}$$

现场渗透系数测定还可采用其他原位测试方法如静力触探试验等。

（3）经验估算法

这一方法是根据土颗粒的大小、形状、结构、孔隙率和温度等参数所组成的经验公式来估算渗透系数 k 值。这类公式很多，各有其局限性，只能作粗略估算。例如 1911 年哈森（A. Hazen）提出用有效粒径 d_{10} 计算较均匀砂土的渗透系数的公式

$$k = cd_{10}^2 \tag{3-25}$$

式中 c——为经验系数。

1955 年，太沙基（K. Terzaghi）提出了考虑土体孔隙比 e 的经验公式

$$k = 2d_{10}^2 \cdot e^2 \tag{3-26}$$

以上两式中的 d_{10} 均以 mm 计，k 值的单位是 cm/s。

在无实测资料时，还可以参照有关规范或已建成工程的资料来选定 k 值，常见土的渗透系数参考值见表 3-1。

各种土的渗透系数值 表 3-1

土的类别	渗透系数 k(cm/s)	土的类别	渗透系数 k(cm/s)
黏土	$<6 \times 10^{-6}$	中砂	$6 \times 10^{-3} \sim 2 \times 10^{-2}$
粉质黏土	$6 \times 10^{-6} \sim 1 \times 10^{-4}$	均质中砂	$4 \times 10^{-2} \sim 6 \times 10^{-2}$
粉土	$1 \times 10^{-4} \sim 6 \times 10^{-4}$	粗砂	$2 \times 10^{-2} \sim 6 \times 10^{-2}$
黄土	$3 \times 10^{-4} \sim 6 \times 10^{-4}$	均质粗砂	$7 \times 10^{-2} \sim 8 \times 10^{-2}$
粉砂	$6 \times 10^{-4} \sim 1 \times 10^{-3}$	圆砾	$6 \times 10^{-2} \sim 1 \times 10^{-1}$
细砂	$1 \times 10^{-3} \sim 6 \times 10^{-3}$	卵石	$1 \times 10^{-1} \sim 6 \times 10^{-1}$

2. 影响渗透系数的主要因素

影响土的渗透系数的因素很多，主要有两个方面，即土颗粒骨架和流体性质。

（1）颗粒骨架的影响

1）土颗粒的组成

黏土和粗粒土的渗透系数及其影响因素的机理不同。黏土颗粒表面存在结合水和可交换阳离子，其渗透系数很低。不同黏土矿物之间渗透系数相差极大，其渗透性大小的次序为：

$$高岭石＞伊利石＞蒙脱石$$

黏土矿物的片状颗粒常会使黏土渗透系数呈各向异性，有时水平向渗透系数可比垂直向大几十倍、上百倍。

对于粗粒土，影响渗透系数的因素有颗粒的大小、形状和级配。

2）土的密实度

土愈密实，k 值愈小。试验资料表明，对于砂土，k 值大致上与土的孔隙比 e 的二次方成正比。对于黏性土，孔隙比 e 对 k 的影响更大，但由于涉及结合水膜厚薄而难以建立二者之间的经验关系。

3）土的结构

细粒土在天然状态下具有复杂结构，结构一旦扰动，原有的过水通道的形状、大小及其分布就会全都改变，因而 k 值也就不同。扰动土样与击实土样的 k 值通常均比同一密度原状土样的 k 值小。

4）土的构造

土的构造因素对 k 值的影响也很大。例如，在黏性土层中有很薄的砂土夹层的层理构造，会使土在水平方向的 k_h 值比垂直方向的 k_v 值大许多倍，甚至几十倍。因此，在室内做渗透试验时，土样的代表性很重要。

（2）渗透流体的影响

试验表明，渗透系数 k 与渗流流体的重度 γ_w 及黏滞度 η 有关。而渗透流体受到的压力、温度及流体内的电解质浓度对这两项都有影响。例如，水为渗流流体时，水温不同，γ_w 相差较小，但 η 变化较大。水温愈高，η 愈低；k 与 η 基本上呈线性关系。因此，在 $T℃$ 测得的 k_T 值应加温度修正，使其成为标准温度下的渗透系数值。目前，《土工试验方法标准》（GB/T 50123—1999）及《公路土工试验规程》（JTG E40—2007）均采用 20℃ 为标准温度。在标准温度 20℃ 下的渗透系数按下式计算：

$$k_{20} = k_T \frac{\eta_T}{\eta_{20}} \tag{3-27}$$

式中　k_{20}——标准温度 20℃ 时试样的渗透系数（cm/s）；

k_T——$T℃$ 时试样的渗透系数（cm/s）；

η_T——$T℃$ 时水的动力黏滞系数（kPa·s）；

η_{20}——20℃ 时水的动力黏滞系数（kPa·s）。

粘滞系数比 η_T/η_{20} 可查阅上述规范。

3.2.4　成层土的平均渗透系数

天然沉积土往往由渗透性不同的土层所组成，宏观上具有非均质性。对于平面问题与土层层面平行和垂直的简单渗流情况，当各土层的渗透系数和厚度为已知时，即可求出整个土层与层面平行和垂直的平均渗透系数，作为进行渗流计算的依据。

1. 与层面平行的渗流情况

图 3-9（a）为在渗流场中截取的渗流长度为 L 的一段与层面平行的渗流区域，各土层的水平向渗透系数分别为 k_{1x}、$k_{2x}\cdots k_{nx}$，厚度分别为 H_1、$H_2\cdots H_n$，总厚度为 H。若通

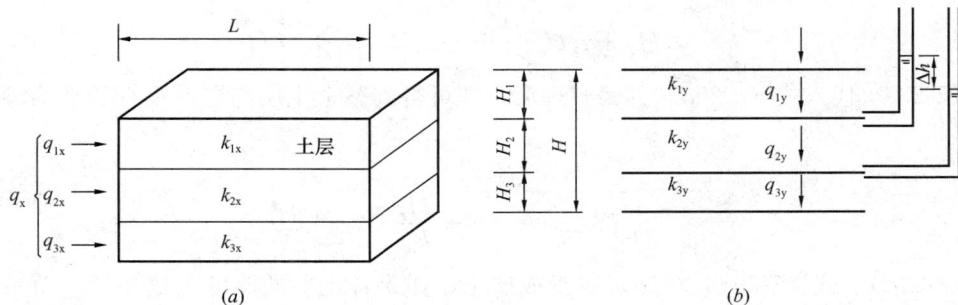

图 3-9 成层土的渗流

过各土层的单位渗水量为 q_{1x}、$q_{2x}\cdots q_{nx}$，则通过整个土层的总单位渗水量 q 应为各土层单位渗水量之总和，即

$$q_x = q_{1x} + q_{2x} + \cdots + q_{nx} = \sum_{i=1}^{n} q_{ix} \qquad (3\text{-}28a)$$

根据达西定律，总的单位渗水量又可表示为

$$q_x = k_x iH \qquad (3\text{-}28b)$$

式中　k_x——与层面平行的土层平均渗透系数；

　　　i——土层的平均水力梯度，$i = \Delta h / L$。

对于这种条件下的渗流，通过各土层相同距离的水头损失均相等。因此，各土层的水力梯度与整个土层的平均水力梯度亦应相等。于是任一土层的单位渗水量为：

$$q_{ix} = k_{ix} iH_i \qquad (3\text{-}28c)$$

将式（3-28b）和式（3-28c）代入式（3-28a）后可得

$$k_x = \frac{1}{H} \sum_{i=1}^{n} k_{ix} iH_i \qquad (3\text{-}28d)$$

2. 与层面垂直的渗流情况

如图 3-9（b）所示，可用类似的方法求解。设通过各土层的单位渗水量为 q_{1y}、$q_{2y}\cdots q_{ny}$，根据水流连续定理，通过整个土层的单位渗水量 q_y 必等于通过各土层的渗流量，即

$$q_y = q_{1y} = q_{2y} = \cdots = q_{ny} \qquad (3\text{-}29a)$$

设渗流通过任一土层的水头损失为 Δh_i，水力梯度 i_i 为 $\Delta h_i / H_i$，则通过整个土层的水头总损失 h 应为 $\sum \Delta h_i$，总的平均水力梯度 i 应为 h/H。由达西定律通过整个土层的总单位渗水量为：

$$q_y = k_y \frac{h}{H} A \qquad (3\text{-}29b)$$

式中　k_y——与层面垂直的土层平均渗透系数；

　　　A——渗流断面面积。

通过任一土层渗水量为

$$q_{iy} = k_{iy} \frac{\Delta h_i}{H_i} A = k_{iy} i_i A \qquad (3\text{-}29c)$$

将式（3-29b）、式（3-29c）两式分别代入式（3-29a），消去后可得

$$k_y \frac{h}{H} = k_{iy} i_i \qquad (3\text{-}29d)$$

而整个土层的水头总损失又可表示为

$$h = i_1 H_1 + i_2 H_2 + \cdots + i_n H_n = \sum_{i=1}^{n} i_i H_i \qquad (3\text{-}29e)$$

将式（3-29e）代入式（3-29d）并经整理后，即可得到整个土层与层面垂直的平均渗透系数为

$$k_y = \cfrac{H}{\cfrac{H_1}{k_{1y}} + \cfrac{H_2}{k_{2y}} + \cdots + \cfrac{H_n}{k_{ny}}} = \cfrac{H}{\sum\limits_{i=1}^{n} \cfrac{H_i}{k_{iy}}} \qquad (3\text{-}29f)$$

由式（3-29d）、式（3-29f）可知，对于成层土，如果各土层的厚度大致相近，而渗透系数却相差悬殊时，与层向平行的平均渗透系数将取决于最透水土层的厚度和渗透性，并可近似地表示为 $k'H'/H$，式中 k' 和 H' 分别为最透水土层的渗透系数和厚度；而与层面垂直的平均渗透系数将取决于最不透水层的厚度和渗透性，并可近似地表示为 $k''H/H''$，式中 k'' 和 H'' 分别为最不透水层的渗透系数和厚度。因此，成层土与层面平行的平均渗透系数总大于与层面垂直的平均渗透系数。

3.3　土中二维渗流及流网简介

工程中涉及渗流问题的常见构筑物有坝基、闸基及带挡墙（或板桩）的基坑等。这类构筑物有一个共同的特点是轴线长度远大于其横向尺寸，因而可以认为渗流仅发生在横断面内（严格地说，只有当轴向长度为无限长时才能成立）。因此，对这类问题只要研究任一横断面的渗流特性，也就掌握了整个渗流场的渗流情况。如取 xoz 平面与横断面重合，则渗流的速度 v 即是点的位置坐标 (x, z) 的二元函数，这种渗流称为二维渗流或平面渗流。

在实际工程中，渗流问题的边界条件往往比较复杂，其严密的解析解一般都很难求得。因此，对渗流问题的求解除采用解析解法外，还有数值解法、图解法和模型试验法等，其中最常用的是图解法（即流网解法）。

3.3.1　二维渗流的基本方程

现在从稳定渗流场中任意点处取一微元土体，面积为 $\mathrm{d}x \cdot \mathrm{d}z$，厚度为 $\mathrm{d}y = 1$，在 x 和 z 方向各有流速 v_x、v_z 如图 3-10 所示。单位时间内流入这个微元体的水量为 $\mathrm{d}q_e$

$$\mathrm{d}q_e = v_x \mathrm{d}z \cdot 1 + v_z \mathrm{d}x \cdot 1 \qquad (3\text{-}30)$$

单位时间内流出这个微元体的水量为 dq_0

$$\mathrm{d}q_0 = \left(v_x + \frac{\partial v_x}{\partial x}\mathrm{d}x\right)\mathrm{d}z \cdot 1 + \left(v_z + \frac{\partial v_z}{\partial z}\mathrm{d}z\right)\mathrm{d}x \cdot 1 \qquad (3\text{-}31)$$

根据不可压缩流体的假设和水流连续条件，在图 3-10 中，在体积不变的条件下，对于饱和土流入微单元的水量必须等于流出的水量

即

$$\mathrm{d}q_e = \mathrm{d}q_0 \qquad (3\text{-}32)$$

从而

$$\frac{\partial v_x}{\partial x} + \frac{\partial v_z}{\partial z} = 0 \qquad (3\text{-}33)$$

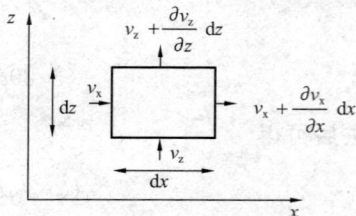

图 3-10　二维土单元的渗流　　根据达西定律，得

$$\begin{cases} v_x = k_x i_x = k_x \dfrac{\partial h}{\partial x} \\[2mm] v_z = k_z i_z = k_z \dfrac{\partial h}{\partial z} \end{cases} \tag{3-34}$$

式中 k_x, k_z——分别为 x 和 z 方向的渗透系数;

$\qquad\quad$ h——总水头或测压管水头。

将式(3-34)代入式(3-33)中有

$$k_x \frac{\partial^2 h}{\partial x^2} + k_z \frac{\partial^2 h}{\partial z^2} = 0 \tag{3-35}$$

对于各向同性的均质土,$k_x = k_z$,则

$$\frac{\partial^2 h}{\partial x^2} + \frac{\partial^2 h}{\partial z^2} = 0 \tag{3-36}$$

式(3-36)为著名的拉普拉斯(Laplace)方程,也就是饱和各向同性的均质土中二维渗流的基本微分方程。通过求解一定边界条件下的拉普拉斯方程,即可求得该条件下的渗流场。

3.3.2 流网及其性质

在实际工程中,渗流问题的边界条件往往比较复杂,其严密的解析解一般都很难求得。因此,对渗流问题的求解除采用解析解法外,还有数值解、图解法和模型试验法等,其中最常用的是图解法(即流网解法)。

平面稳定渗流基本微分方程的解可以用渗流区平面内两簇相互正交的曲线来表示。其中一簇为流线,它代表水流的流动路径,另一簇为等势线。在任一条等势线上,各点的测压水位或总水头都在同一水平线上。工程上把这种等势线簇和流线簇交织成的网格图形称为流网,如图 3-11。

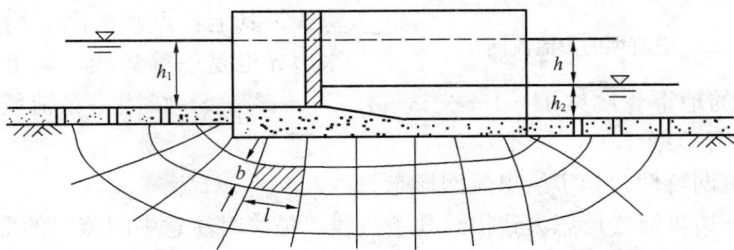

图 3-11 闸基的渗流流网

各向同性土的流网具有如下性质:

(1)流网是相互正交的网格;

由于流线与等势线具有相互正交的性质,故流网为正交网格。

(2)流网为曲边正方形;

在流网网格中,网格的长度 l 与宽度 b 之比通常取为定值,一般取 1.0,使方格网成为曲边正方形。

(3)任意两相邻等势线间的水头损失相等;

渗流区内水头依等势线等量变化,相邻等势线的水头差相同。

（4）任意两相邻流线间的单位渗流量相等。

相邻流线间的渗流区域称为流槽，每一流槽的单位渗流量与总水头 h、渗透系数 k 及等势线间隔数有关，与流槽位置无关。

3.3.3 流网的绘制

1. 绘制的方法

流网的绘制方法大致有三种：一种是解析法，即用解析的方法求出流速势函数及流函数，再令其函数等于一系列的常数，就可以描绘出一簇流线和等势线。第二种方法是实验法，常用的有水电比拟法。此方法利用水流与电流在数学上和物理上的相似性，通过测绘相似几何边界电场中的等电位线，获取渗流的等势线与流线，再根据流网性质补绘出流网。第三种方法是近似作图法也称手描法，系根据流网性质和确定的边界条件，用作图方法逐步近似画出流线和等势线。在上述方法中，解析法虽然严密，但数学上求解还存在较大困难。实验法在操作上比较复杂，不易在工程中推广应用。目前常用的方法还是近似作图法，故下面主要对这一方法作一些介绍。

近似作图法的步骤大致为：先按流动趋势画出流线，然后根据流网正交性画出等势线，形成流网。如发现所画的流网不成曲边正方形时，需反复修改等势线和流线直至满足要求。

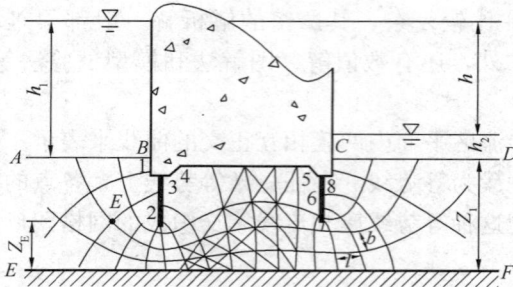

图 3-12　溢流坝的渗流流网

2. 流网绘制实例

如图 3-12 为一带板桩的溢流坝，其流网可按如下步骤绘出：

（1）首先将建筑物及土层剖面按一定的比例绘出，并根据渗流区的边界，确定边界线及边界等势线。

如图中的上游透水边界 AB 是一条等势线，其上各点水头高度均为 h_1，下游透水边界也是一等势线，其上各点水头高度均为 h_2。坝基的地下轮廓线 $B—1—2—3—4—5—6—7—8—C$ 为一条流线，渗流区边界 EF 为另一条边界流线。

（2）根据流网特性，初步绘出流网形态。

可先按上下边界流线形态大致描绘几条流线，描绘时注意中间流线的形状由坝基轮廓线形状逐步变为不透水层面 EF 相接近。中间流线数量越多，流网越准确，但绘制与修改工作量也越大，中间流线的数量应视工程的重要性而定，一般中间流线可绘 3～4 条。流线绘好后，根据曲边正方形网格要求，描绘等势线。绘制时应注意等势线与上、下边界流线应保持垂直，并且等势线与流线都应是光滑的曲线。

（3）逐步修改流网。

初绘的流网，可以加绘网格的对角线来检验其正确性。如果每一网格的对角线都正交，且成正方形，则流网是正确的，否则应作进一步修改。但是，由于边界通常是不规则的，在形状突变处，很难保证网格为正方形，有时甚至成为三角形或五角形。对此应从整个流网来分析，只要绝大多数网格满足流网特征，个别网格不符合要求，对计算结果影响不大。

流网的修改过程是一项细致的工作，常常是改变一个网格便带来整个流网图的变化。因此，只有通过反复的实践演练，才能做到快速、正确地绘制流网。

3.3.4 流网的应用

正确的绘制出流网以后，便可以用它来求解渗流量、渗流速度、渗流区的孔隙水压力等。

下面以图 3-12 为例说明流网的应用。

1. 渗流速度计算

如图 3-12，计算渗流区中某一网格内的渗流速度，可先从流网图中量出该网格的流线长度 l。根据流网的特性，在任意两条等势线之间的水头损失相等，设流网中的等势线的数量为 n（包括边界等势线），上下游总水头差为 h，则任意两等势线间的水头差为：

$$\Delta h = \frac{h}{n-1} \tag{3-37}$$

而所求网格内的渗流速度为：

$$v = k \cdot i = k \cdot \frac{\Delta h}{l} = \frac{kh}{(n-1)\,l} \tag{3-38}$$

2. 渗透流量计算

由于任意两相邻流线间的单位渗流量相等，设整个流网的流线数量为 m（包括边界流线），则单位宽度内总的渗流量 q 为：

$$q = (m-1) \cdot \Delta q \tag{3-39}$$

这里 Δq 为任意两相邻流线间的单位渗流量，q、Δq 的单位均为 $m^3/(d \cdot m)$。其值可根据某一网格的渗流速度及网格的过水断面宽度求得，设网格的过水断面宽度（即相邻两条流线的间距）为 b，网格的渗透速度为 v，则

$$\Delta q = v \cdot b = \frac{kh}{(n-1)l} \cdot b \tag{3-40}$$

而单宽内的总渗流量 q 为：

$$q = \frac{kh(m-1)}{(n-1)} \cdot \frac{b}{l} \tag{3-41}$$

3. 孔隙水压力计算

一点的空隙水压力 u 等于该点测压管水柱高度 H 与水的重度 γ_w 的乘积，即 $u = \gamma_w \cdot H$，任意点的测压管水柱高度 H_i 可根据该点所在等势线的水头确定。

如图 3-12，设 E 点处于上游开始起算的第 i 条等势线上，若从上游入渗的水流达到 E 点所损失的水头为 h_f，则 E 点的总水头 h_E（以不透水层面 EF 为 Z 坐标起始点）应为入渗边界上的总水头减去这段流程的水头损失，即

$$h_E = (Z_1 + h_1) - h_f \tag{3-42}$$

而 h_f 可由等势线间的水头差 Δh 求得：

$$h_f = (i-1) \cdot \Delta h \tag{3-43}$$

E 点测压管水柱高度 H_E 为 E 点总水头与其位置坐标值 Z_E 之差，即

$$H_E = h_E - Z_E = h_1 + (Z_1 - Z_E) - (i-1) \cdot \Delta h \tag{3-44}$$

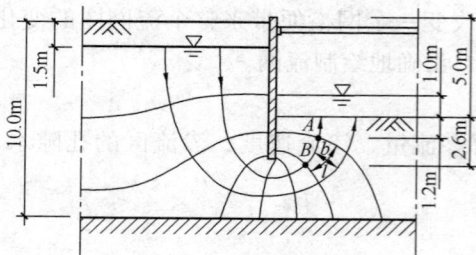

图 3-13 [例 3-2]附图

【例 3-2】 板桩支挡结构如图 3-13 所示，由于基坑内外土层存在水位差而发生渗流，渗流流网如图中所示。已知土层渗透系数 $k=2.6\times10^{-3}$ cm/s，A 点、B 点分别位于基坑底面以下 1.2m 和 2.6m。试求：

（1）整个渗流区的单位宽度流量 q；

（2）AB 段的平均渗透速度 v_{AB}；

（3）图中 A 点和 B 点的孔隙水压力 u_A，u_B。

【解】 （1）基坑内外的总水头差：

$$h=（10.0-1.5）-（10.0-5.0+1.0）=2.5m$$

流网图中共有 4 条流线，9 条等势线，即 $n=9$，$m=4$。在流网中选取一网格，如 A、B 点所在的网格，其长度与宽度为 $l=b=1.5$m，则整个渗流区的单宽流量 q 为：

$$q=\frac{kh(m-1)}{(n-1)}\cdot\frac{b}{l}$$

$$=\frac{2.6\times10^{-3}\times10^{-2}\times2.5\times(4-1)}{(9-1)}\times\frac{1.5}{1.5}$$

$$=2.44\times10^{-5}\text{m}^3/(\text{s}\cdot\text{m})$$

$$=2.11\text{m}^3/(\text{d}\cdot\text{m})$$

（2）任意两等势线间的水头差：

$$\Delta h=\frac{h}{(n-1)}=\frac{2.5}{(9-1)}=0.31\text{m}$$

AB 段的平均渗透速度：

$$v_{AB}=k\cdot i_{AB}=k\frac{\Delta h}{l}=2.6\times10^{-3}\times\frac{0.31}{1.5}=0.54\times10^{-3}\text{cm/s}$$

（3）A 点和 B 点的测压水柱高度分别为：

$$H_A=(Z_1+h_1)-Z_A-(8-1)\cdot\Delta h$$

$$=(10.0-1.5)-(10.0-5.0-1.2)-7\times0.31$$

$$=2.53\text{m}$$

$$H_B=(Z_1+h_1)-Z_B-(7-1)\cdot\Delta h$$

$$=(10.0-1.5)-(10.0-5.0-2.6)-6\times0.31$$

$$=4.24\text{m}$$

A 点和 B 点的孔隙水压力分别为：

$$u_A=H_A\cdot\gamma_w=2.53\times10.0=25.3\text{kPa}$$

$$u_B=H_B\cdot\gamma_w=4.24\times10.0=42.4\text{kPa}$$

3.4 渗透力及渗透稳定性

3.4.1 渗透力

在许多水工建筑物、土坝及基坑工程中，渗透力的大小是影响工程安全的重要因素之一。实际工程中，也有过不少发生渗透变形（流土或管涌）的事例，严重的会使工程施工中断，甚至危及邻近建筑物与设施的安全。因此，在进行工程设计与施工时，对渗透力可能给地基土稳定性带来的不良后果应该具有足够的重视。

图 3-14 为一定水头试验装置，土样长度为 L，面积 $A=1$，土样两端测压管水头分别为 h_1 和 h_2。当 $h_1=h_2$ 时，土中水处于静止状态，无渗流发生。若将左侧的贮水器向上提升，使 $h_1>h_2$，则由于存在水头差，土中将产生向上的渗流。水头差 Δh 是渗流穿过 L 长土体时所损失的能量。能量损失，说明土颗粒对水流有阻力作用；反之，渗流必然对每个土颗粒有推动、摩擦或是拖拽的作用力，如图 3-15 所示。为了计算方便，称每单位土体内土颗粒所受的渗流作用力为渗透力，用 j 表示。

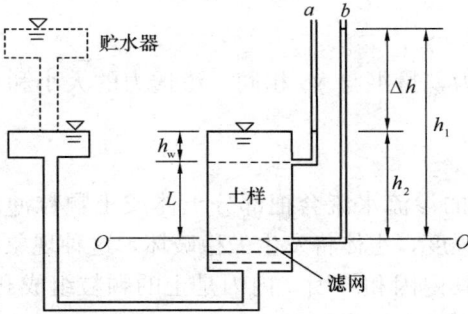

图 3-14　渗流破坏示意图

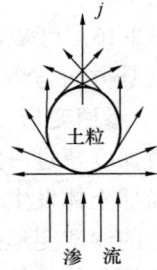

图 3-15　渗流力

为了进一步研究渗透力的大小和性质，首先对图 3-14 中所示的经受稳定渗流的土柱进行受力分析。分析时可以采用两种不同方法。

方法一：取土-水为整体作为隔离体。

如图 3-16（a）所示，则作用在土柱上的力有：

（1）土-水总重量 $W=\gamma_{sat}\cdot L$；

（2）土柱两端的边界水压力：$\gamma_w h_w$ 和 $\gamma_w h_1$；

（3）土柱下部滤网的支承反力 R；

在此种条件下，土颗粒与水之间的作用力为内力，在土柱的受力分析中不出现。

方法二：把土骨架和水分开来取隔离体。

如图 3-16（b）所示。对于土骨架隔离体来说，

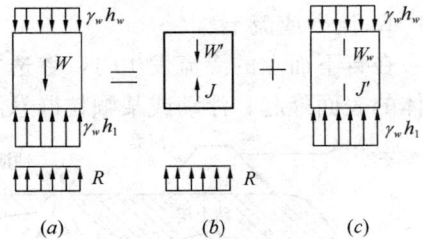

图 3-16　渗流时的两种隔离体取法
（a）水土整体；（b）土骨架；（c）水体

土颗粒受浮力作用，其值等于排开同体积水重，故计算重量时采用有效重度（浮重度）γ'。另外，由于将土骨架与水体分开，则土颗粒上受到的水流作用力——渗透力，即成为外力。因此，作用在土柱内土骨架上的作用力有：

（1）土的有效重量 $W'=\gamma'\cdot L$；

（2）总渗透力 $J=jL$，方向竖直向上；

（3）下部支承反力 R。

再看土柱中孔隙水隔离体（图 3-16c）。作用在其上的力有：

（1）孔隙水重量和土浮力的反力之和，后者应等于与土颗粒同体积的水重。故，

$$W_w=V_V\gamma_w+V_s\gamma_w=V\gamma_w=L\gamma_w$$

可以看出 W_w 即为 L 长度的水柱重量。

（2）水柱上下两端面的边界水压力，$\gamma_w h_w$ 和 $\gamma_w h_1$；

（3）土柱内土颗粒对水流的阻力，其大小应和渗透力相等，方向相反。设单位土体内土颗粒对水流的阻力为 j'，则总阻力 $J'=j'L=J$，方向竖直向下。

显然，上述两种隔离体的取法的总效果是一样的，即图 3-16 中 $(a)=(b)+(c)$。

现在考虑水体隔离体（图 3-16c）的平衡条件，有

$$\gamma_w h_w + W_w + J' = \gamma_w h_1 \qquad (3\text{-}45a)$$

则

$$\gamma_w h_w + L\gamma_w + j'L = \gamma_w h_1 \qquad (3\text{-}45b)$$

$$j' = \frac{\gamma_w(h_1 - h_w - L)}{L} = \frac{\gamma_w \Delta h}{L} = \gamma_w i \qquad (3\text{-}46a)$$

故渗透力

$$j = j' = \gamma_w i \qquad (3\text{-}46b)$$

从式（3-46）可知，渗透力是一种体积力，量纲与 γ_w 相同。渗透力的大小和水力坡降成正比，其方向与渗流方向一致。

3.4.2 渗透变形

当水力梯度超过一定的界限值后，土中的渗流水流会把部分土体或土颗粒冲出、带走，导致局部土体发生位移。位移达到一定程度，土体将发生失稳破坏，这种现象称为渗透变形。土的渗透变形的发生和发展过程有其内因和外因。内因是土的颗粒组成和结构，即常说的几何条件；外因是水力条件，即作用于土体渗透力的大小。

根据渗透破坏的机理将破坏形式分为流土、管涌、接触流失和接触冲刷四种形式，称为土的渗透破坏的四种模式。前两种模式发生在单一岩土层中，后两种模式则发生在成层土中。

1. 流砂或流土

在自下而上的渗流发生时，渗透力的大小超过土重度，致使土粒间的有效应力为 0，土体的表面隆起、浮动或某颗粒群悬浮、移动的现象称为流砂或流土。流砂或流土多发生于颗粒级配均匀的饱和细砂、粉砂和粉土层中，主要发生在渗流出口无任何保护的部位。流土一般破坏过程比较短，可使土体完全丧失强度，危及其上建筑物（或构筑物）的安全。其发生一般是突发的，危害极大。图 3-17 为河堤下游覆盖层下流砂涌出的现象。

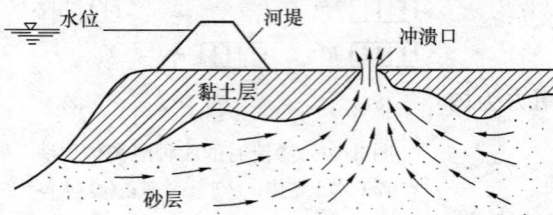

图 3-17　河堤下游覆盖层下流砂涌出的现象

渗流方向与土重力方向相反时，渗透力的作用将使土体重力减小，当单位渗透力 j 等于土体的单位有效重度 γ' 时，土体处于流土的临界状态。如果水力梯度继续增大，土中的单位渗透力将大于土的单位有效重力（有效重度），此时土体将被冲出而发生流土。据此，可得到发生流土的条件为：

$$j > \gamma' \qquad (3\text{-}47a)$$

或

$$\gamma_w i > \gamma' \qquad (3\text{-}47b)$$

流土的临界状态对应的水力梯度 i_c 可用下式表示：

$$i_c = \frac{\gamma'}{\gamma_w} = \frac{\dfrac{(d_s - 1)\gamma_w}{(1+e)}}{\gamma_w} = \frac{(d_s - 1)}{(1+e)} \qquad (3\text{-}48)$$

式中 d_s——地基土的土粒相对密度。

在自下而上的渗流逸出处，任何土，包括黏性土或无黏性土，只要满足渗透水力梯度大于临界水力梯度 i_c 这一水力条件，均要发生流土。

工程中将临界水力梯度 i_c 除以安全系数 K 作为容许水力梯度 $[i]$，设计时渗流逸出处的水力梯度 i 应满足如下要求：

$$i \leqslant [i] = \frac{i_c}{K} \tag{3-49}$$

对流土安全性进行评价时，K 一般可取 $2.0 \sim 2.5$。渗流逸出处的水力梯度 i 可以通过相应流网单元的平均水力梯度来计算。

流砂现象的防治原则是：①减小或消除水头差，如采取基坑外的井点降水法降低地下水位；②增长渗流路径，如打板桩；③在向上渗流出口处地表用透水材料覆盖压重以平衡渗流力；④土层加固处理，如冻结法、注浆法等。

2. 管涌

渗流过程中，土体中的化合物不断溶解、细小颗粒在大颗粒间的孔隙中移动，以至流失；随着土的孔隙不断扩大，渗透流速不断增加，较粗的颗粒也相继被水流逐渐带走，最终导致土体内形成贯通的渗流通道，造成土体塌陷或溃口，这种现象称为管涌，如图3-18所示。可见，管涌破坏一般有一个时间发展过程，是一种渐进性的破坏。管涌一般发生在一定级配的无黏性土或分散性黏土中，发生的部位可以在渗流逸出处，也可以在土体内部，故也有人称之为渗流的潜蚀现象。

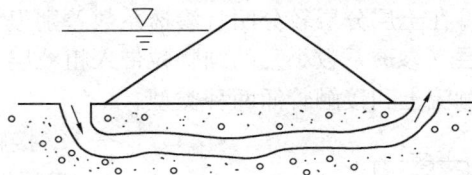

图 3-18 通过坝基的管涌图

产生管涌的条件比较复杂，土是否发生管涌，首先取决于土的性质，管涌多发生在砂性土中，其特征是颗粒大小差别较大，往往缺少某种粒径，孔隙直径大且相互连通。无黏性土产生管涌必须具备两个条件：

1) 几何条件：土中粗颗粒所构成的孔隙直径必须大于细颗粒的直径，这是必要条件，一般不均匀系数 $C_u > 10$ 的土才会发生管涌。

2) 水力条件：渗流力能够带动细颗粒在空隙间滚动或移动是管涌的水力条件，可用管涌的水力梯度来表示。但管涌的临界水力梯度的计算至今尚未成熟。从单个土粒来看，如果只计土粒的重量，则当土粒四周边界上水压力合力的垂直分量大于土粒的重量时，土粒即可被向上冲出。实际上管涌可能在水平方向发生，土粒之间还有摩擦力等的作用，它们很难计算确定。因此，发生管涌的临界水力梯度 i_c 一般通过试验确定。

测定管涌临界水力梯度 i_c 的试验装置如图3-19（a）所示。抬高储水容器，水头差 h 增大，渗透速度随之增大。当水头差增大到一定程度后，可观察到试样中细小土粒的移动现象，此时的水力梯度即为发生管涌的临界水力梯度。在试验中可测定出不同水力梯度 i 下对应的渗透速度 v，绘制出 $i\text{-}v$ 关系曲线，如图3-19（b）所示。从 $i\text{-}v$ 关系曲线上可以发现，渗透速度随水力梯度的变化率在发生管涌前后有明显不同，在发生管涌前后分成两条直线，这两条直线的交点对应的水力梯度即为发生管涌的临界水力梯度 i_c。

工程中在对管涌安全性进行评价时，通常可取 $K = 1.5 \sim 2.0$。

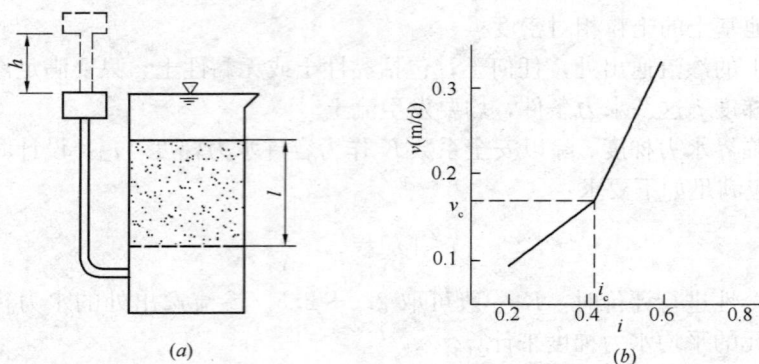

图 3-19 管涌试验

(a) 管涌试验装置图；(b) 管涌试验 v-i 关系曲线

防治管涌现象，一般可从下列两个方面采取措施：①改变几何条件，在渗流逸出部位铺设反滤层是防治管涌破坏的有效措施。②改变水力条件，降低水力梯度，如打板桩。

3. 接触流失

在土层分层较分明且渗透系数差别很大的两土层中，当渗流垂直于层面运动时，将细粒层（渗透系数小）的细颗粒带入粗粒层（渗透系数较大层）的现象称为接触流失。包括接触流土和接触管涌两种类型。

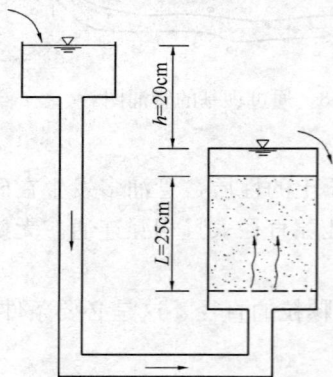

图 3-20　[例 3-3] 图

4. 接触冲刷

渗流沿着两种不同粒径组成的土层层面发生带走细颗粒的现象。在自然界中，沿两种介质界面诸如建筑物与地基、土坝与涵管等接触面流动促成的冲刷，均属于此破坏类型。

【例 3-3】　在图 3-20 所示的装置中，砂样受自下而上的渗流水作用，已知砂样厚度 $L = 25\text{cm}$，水头差 $h = 20\text{cm}$。（1）计算作用在砂样上渗透力的大小。（2）若砂土的孔隙比 $e = 0.72$，试验测得其土粒相对密度 $d_s = 2.68$，试判断该砂样是否会发生流砂现象。（3）若砂样发生流砂时，计算所需的最小水头差。

【解】　（1）渗透力

$$J = \gamma_w i = \gamma_w \frac{h}{L} = 10 \times \frac{20}{25} \text{kN/m}^3 = 8.0 \text{ kN/m}^3$$

（2）先计算砂土的浮重度

$$\gamma' = \frac{(d_s - 1)\gamma_w}{1 + e} = \frac{(2.68 - 1) \times 10.0}{1 + 0.72} \text{kN/m}^3 = 9.76 \text{ kN/m}^3$$

因为 $J < \gamma'$，所以不会出现流砂现象。

也可求得临界水力梯度

$$i_{cr} = \frac{\gamma'}{\gamma_w} = \frac{9.76}{10.0} = 0.976$$

而实际水力梯度为

$$i = \frac{h}{L} = \frac{20}{25} = 0.8$$

由于 $i < i_c$，所以不会出现流砂现象。

（3）令 $i_1 = i_c$，即

$$\frac{h_1}{L} = i_c$$

故 $\qquad\qquad h_1 = i_c \cdot L = 0.976 \times 25\mathrm{cm} = 24.4\mathrm{cm}$

所以，若砂样发生流砂时，所需的最小水头差为 24.4cm。

思 考 题

1. 为什么要提出渗流模型的概念？它与实际渗流有什么区别？

2. 达西定律的适用条件是什么？为什么？

3. 渗透系数 k 值与哪些因素有关，式中各项的含义是什么？

4. 什么是渗透力？其大小和方向如何确定？

5. 渗透变形有哪几种形式？各有何特征？其产生机理和条件是什么？采用何种工程措施来防治渗透变形？

习 题

1. 某渗透试验装置如图 3-21 所示。砂Ⅰ的渗透系数 $k_1 = 2 \times 10^{-1}\mathrm{cm/s}$；砂Ⅱ的渗透系数 $k_2 = 1 \times 10^{-1}\mathrm{cm/s}$，砂样断面积 $A = 200\mathrm{cm}^2$，试问：

（1）若在砂Ⅰ与砂Ⅱ分界面处安装一测压管，则测压管中水面将升至右端水面以上多高？

（2）砂Ⅰ与砂Ⅱ分界面处的单位渗流量 q 多大？

（答案：20cm，20cm^3/s）

2. 砂土试验 $L = 200\mathrm{mm}$，在常水头渗透仪中进行试验，渗透仪直径 $d = 75\mathrm{mm}$，经过 60s 后流出的水量为 $Q = 71.6\mathrm{cm}^3$，测压管中的水位差 $h = 83\mathrm{mm}$。求砂土的渗透系数。

（答案：$6.5 \times 10^{-2}\mathrm{cm/s}$）

3. 设做变水头渗透试验的黏土试样的截面积 $A = 30\mathrm{cm}^2$，厚度为 $L = 4\mathrm{cm}$，渗透仪细玻璃管的内径为 $d = 0.4\mathrm{cm}$，试验开始时的水位差 $h = 145\mathrm{cm}$，经过时段 7 分 25 秒观察水位差为 100cm，试验时的水温为 20℃，试求试样的渗透系数。

（答案：$1.4 \times 10^{-5}\mathrm{cm/s}$）

图 3-21　某渗透试验装置

4. 图 3-22 为一板桩打入透水土层后形成的流网。已知透水土层深 18.0m，渗透系数 $k = 3 \times 10^{-5}\mathrm{cm/s}$，板桩打入土层表面以下 9.0m，板桩前后水深如图中所示。试求：（1）图中所示 a、b、c、d、e 各点的孔隙水压力；（2）地基的单位宽度渗流量。

［答案：（1）0、88.2、137.2、9.8、0kPa；（2）$q = 12 \times 10^{-7}\mathrm{m}^3/\mathrm{s}$］

5. 某试验装置如图 3-23 所示，已知土样长 $L = 30\mathrm{cm}$，$d_s = 2.72$，$e = 0.63$，

（1）若水头差 $h = 20\mathrm{cm}$，土样单位体积上的渗透力为多少？

（2）判断土样是否发生流土。

（3）求土样发生流土的水头差。

（答案：6.53kN/m^3；不发生；31.66m）

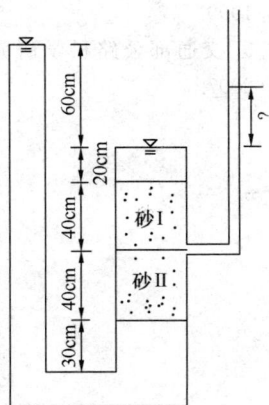

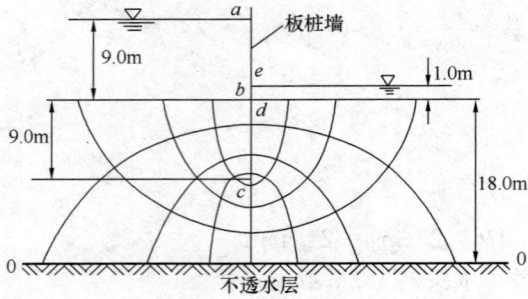

图 3-22　板桩墙下的渗流

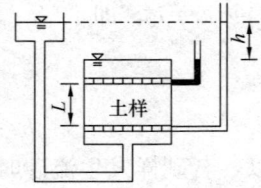

图 3-23　某试验装置

本 章 参 考 文 献

1. 高大钊. 土力学与基础工程. 北京：中国建筑工业出版社，1999.

2. 张孟喜. 土力学原理. 武汉：华中科技大学出版社，2007.

3. 李广信. 高等土力学. 北京：清华大学出版社，2004.

4. 陈仲颐，周景星，王洪瑾. 土力学. 北京：清华大学出版社，2003.

5. 王惠民，赵振兴. 工程流体力学. 南京：河海大学出版社，2005.

6. 张克恭，刘松玉. 土力学. 北京：中国建筑工业出版社，2001.

7. 张向东，李章珍，李萍. 土力学. 北京：人民交通出版社，2006.

8. 中华人民共和国水利部主编.《土工试验方法标准》(GB/T 50123—1999)北京：中国计划出版社，1999.

9. 交通部公路科学研究院主编.《公路土工试验规程》(JTG E40—2007)北京：人民交通出版社，2007.

第 4 章 土体中应力的计算

4.1 概 述

　　土体承受着上部建筑物传来的荷载，使土体中原有的应力状态发生变化，从而引起地基土的变形，导致建筑物的沉降，倾斜或水平位移。当建筑物的荷重超过地基土所能承受的能力时，地基就会因丧失稳定性而破坏，造成建筑物倒塌。因此，必须首先研究土中的应力及其分布。由于土是由大小不同颗粒堆积而成的不连续介质，所以土中应力分布是一个十分复杂的课题。

　　目前，计算土中的应力分布仍按弹性理论的方法求解，即假定地基土为连续均匀的、各向同性的、半无限的直线变形体。这对工程实用上来说，已经完全满足设计的要求。

　　土中的应力按引起的原因来分，可分成由土本身自重引起的自重应力和由建筑物荷载引起的附加应力。因为土体是由固体颗粒构成的骨架以及由水和气充填的孔隙所组成。所以，土中的应力又可分成由骨架所承受的有效应力和由孔隙承受的孔隙应力（如果土是完全饱和，孔隙应力即为孔隙水应力）。孔隙水应力会促使孔隙水从压力高的部位向压力低的部位流动，因此，孔隙水应力会随着时间而逐渐消失，消散了的孔隙水应力向土骨架转移，有效应力随着时间慢慢增高。

　　研究地基的应力和变形，必须从土的应力与应变的基本关系出发。根据土样的单轴压缩试验资料，当应力很小时，土的应力—应变关系曲线就不是一根直线（图4-1），亦即土的变形具有明显的非线性特征。然而，考虑到一般建筑物荷载作用下地基中应力的变化范围（应力增量 $\Delta\sigma$）还不是很大，可以用一条割线来近似地代替相应的曲线段，这样，就可以把土体看成是一种线性变形体，从而进行简化计算。

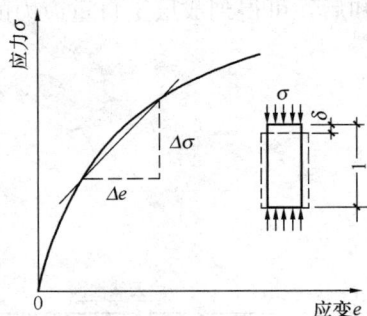

图 4-1　土的应力—应变关系曲线

4.2 土体的自重应力的计算

　　土是由土粒、水和气所组成非连续介质。若把土体简化为连续体，而应用连续体力学（例如弹性力学）来研究土中应力的分布时，应注意到土中任意截面上都包括有骨架和孔隙的面积在内，所以在地基应力计算时，都只考虑土中某单位面积上的平均应力。

　　在计算土中自重应力时，假设天然地面是一个无限大的水平面，因而在任意竖直面和水平面上均无剪应力存在。如果地面下土质均匀，天然重度为 γ，则在天然地面下任意深度 z 处 $a-a$ 水平面上的竖向自重应力 σ_{cz}，可取作用于该水平面上任一单位面积的土柱体自重 $\gamma z \times 1$ 计算（图4-2），即

$$\sigma_{cz} = \gamma z \tag{4-1}$$

σ_{cz} 沿水平面均匀分布，且与 z 成正比，即随深度按直线规律分布图 4-2(a)。

地基中除有作用于水平面上的竖向自重应力外，在竖直面上还作用有水平向的侧向自重应力。由于 σ_{cz} 沿任一水平面上均匀地无限分布，所以地基土在自重作用下只能产生竖向变形，而不能有侧向变形和剪切变形。从这个条件出发，根据弹性力学，侧向自重应力 σ_{cx} 和 σ_{cy} 应与 σ_{cz} 成正比，而剪应力均为零，即：

$$\sigma_{cx} = \sigma_{cy} = K_0 \sigma_{cz} \tag{4-2}$$

$$\tau_{xy} = \tau_{yz} = \tau_{zx} = 0 \tag{4-3}$$

式中，比例系数 K_0 称为土的侧压力系数或静止土压力系数，其实测资料见 5.3 节表 5-1。

必须指出，只有通过土粒接触点传递的粒间应力，才能使土粒彼此挤紧，从而引起土体的变形，而且粒间应力又是影响土体强度的一个重要因素，所以粒间应力又称为有效应力（详见 5.5 节）。土的自重应力一般均指有效自重应力，计算时，对地下水位以下土层必须以有效重度 γ' 代替天然重度 γ。此外，以上 K_0 为侧向与竖向的有效应力之比。以后为了简便起见，常把竖向有效自重应力 σ_{cz} 简称为自重应力，并改用符号 σ_c 表示。

地基土往往是成层的，各层土的重度也不相同。如地下水位位于同一土层中，计算自重应力时，地下水位面也应作为分层的界面。如图 4-3 所示，天然地面下深度 z 范围内各层土的厚度自上而下分别为 h_1、h_2、$\cdots h_i$、$\cdots h_n$，计算出高度内的土柱体中各层土重的总和后，可得到成层土自重应力的计算公式：

$$\sigma_{cz} = \sum_{i=1}^{n} \gamma_i \cdot h_i \tag{4-4}$$

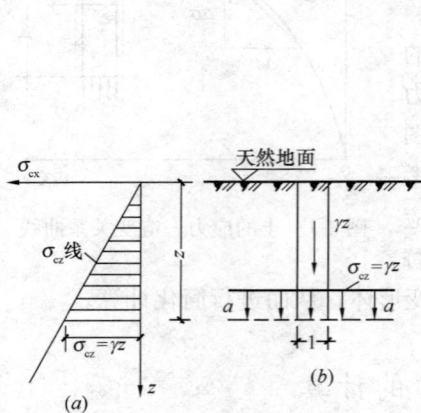

图 4-2　均质土中竖向自重应力

(a) 沿深度的分布；(b) 任意水平面上的分布

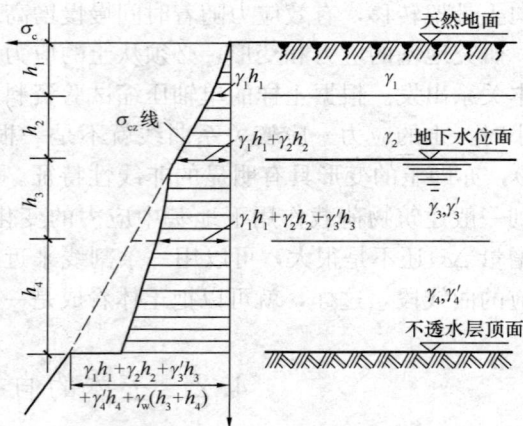

图 4-3　成层土中竖向自重应力沿深度的分布

式中　σ_{cz}——天然地面下任意深度 z 处的自重应力；

　　　n——深度 z 范围内的土层总数；

　　　h_i——第 i 层土的厚度；

　　　γ_i——第 i 层土的天然重度，对地下水位以下的土层取有效重度 γ'_i。

在地下水位以下，如埋藏有不透水层（例如岩层或只含结合水的坚硬黏土层），由于不透水层中不存在水的浮力，层面以下的自重应力应按上覆土层的水土总重计算（如图4-3中虚线所示）。这样，紧靠上覆土层与不透水层界面上下的自重应力突变，使层面处具有两个自重应力值。

自然界中的天然土层，一般形成至今已有很长的地质年代，它在自重作用下的变形早已稳定。但对于近期沉积或堆积的土层，应考虑它在自重应力作用下的变形。

此外，地下水位的升降会引起土中自重应力的变化（图4-4）。例如在软土地区，常因大量抽取地下水，以致地下水位长期大幅度下降，使地基中原水位以下的有效自重应力增加（图4-4a），而造成地表大面积下沉的严重后果。至于地下水位的长时期上升（图

图4-4 地下水位升降对土中自重应力的影响
(a)0−1−2 线—水位变动前；
(b)0−1′−2′线—水位变动后

4-4b），常发生在人工抬高蓄水水位地区（如筑坝蓄水）或工业用水大量渗入地下的地区，如果该地区土层具有遇水后发生湿陷的性质，必须引起注意。

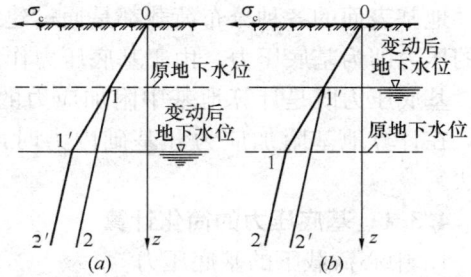

【例4-1】 某建筑场地的地质柱状图和土的有关指标列于图4-5中。试计算地面下深度为2.5m、5m和9m处的自重应力，并绘出分布图。

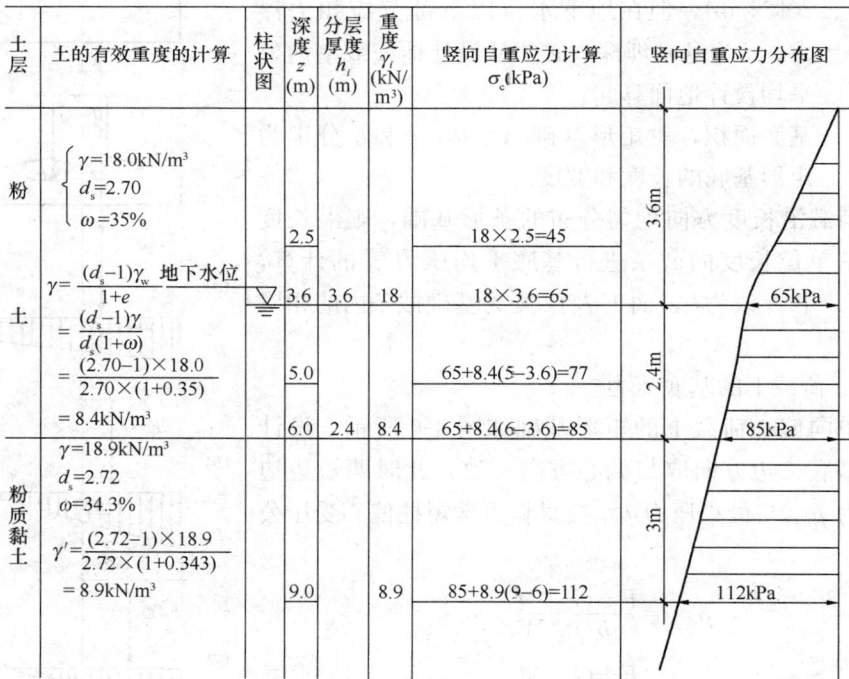

土层	土的有效重度的计算	柱状图	深度 z (m)	分层厚度 h_i (m)	重度 γ_i (kN/m³)	竖向自重应力计算 σ_c(kPa)	竖向自重应力分布图
粉 土	$\gamma=18.0\text{kN/m}^3$ $d_s=2.70$ $\omega=35\%$ $\gamma'=\dfrac{(d_s-1)\gamma_w}{1+e}$ 地下水位 $=\dfrac{(d_s-1)\gamma}{d_s(1+\omega)}$ $=\dfrac{(2.70-1)\times18.0}{2.70\times(1+0.35)}$ $=8.4\text{kN/m}^3$		2.5 3.6 5.0 6.0	 3.6 2.4	 18 8.4	$18\times2.5=45$ $18\times3.6=65$ $65+8.4(5-3.6)=77$ $65+8.4(6-3.6)=85$	65kPa 85kPa
粉质黏土	$\gamma=18.9\text{kN/m}^3$ $d_s=2.72$ $\omega=34.3\%$ $\gamma'=\dfrac{(2.72-1)\times18.9}{2.72\times(1+0.343)}$ $=8.9\text{kN/m}^3$		9.0		8.9	$85+8.9(9-6)=112$	112kPa

图4-5 ［例4-1]附图

【解】 本例天然地面下第一层粉土厚6m，其中地下水位以上和以下的厚度分别为3.6m和2.4m；第二层为粉质黏土层。依次计算2.5m、3.6m、5m、6m、9m各深度处的土中竖向自重应力，计算过程及自重应力分布图一并列于图4-5中。

4.3 基底压力的计算

地基表面的各种分布荷载都是通过建筑物的基础传到地基中的,由基础底面传递给地基的压力即为基底压力。由于基底压力作用于基础与地基的接触面上,故也称基底接触压力。基底压力既是计算地基中附加应力的外荷载,也是计算基础结构内力的外荷载,因此,在计算地基附加应力和基础内力时,都必须首先研究基底压力的分布规律和计算方法。

4.3.1 基底压力的简化计算

1. 中心荷载下的基底压力

中心荷载下的基础,其所受荷载的合力通过基底的形心。基底压力假定为均匀分布,此时基底平均压力按下式计算:

$$p = \frac{F+G}{A} \tag{4-5}$$

式中　F——作用在基础上的竖向力;

　　　G——基础自重及其上回填土重的总重;$G = \gamma_G A d$,其中 γ_G 为基础及回填土的平均重度,一般取 $20 \mathrm{kN/m^3}$,但在地下水位以下部分应扣去浮力;d 为基础埋深,必须从设计地面或室内外平均设计地面算起;

　　　A——基底面积,对矩形基础 $A = lb$,l 和 b 分别为矩形基底的长度和宽度。

对于荷载沿长度方向均匀分布的条形基础,则沿长度方向截取一单位长度的截条进行基底平均压力 p 的计算,此时式(4-5)中 A 改为 b,而 F 及 G 则为基础截条内的相应值(kN/m)。

2. 偏心荷载下的基底压力

对于单向偏心荷载下的矩形基础如图 4-6 所示。设计时,通常基底长边方向取与偏心方向一致,此时两短边边缘最大压力 $p_{\max}$ 与最小压力 $p_{\min}$ 按材料力学短柱偏心受压公式计算:

$$p_{\max} = \frac{F+G}{lb} + \frac{M}{W}$$

$$p_{\min} = \frac{F+G}{lb} - \frac{M}{W} \tag{4-6}$$

式中　F、G、l、b 符号意义同式(4-5);

　　　M——作用于矩形基底的力矩,kN·m;

　　　W——基础底面的抵抗矩,$W = \dfrac{bl^2}{6}$,m³。

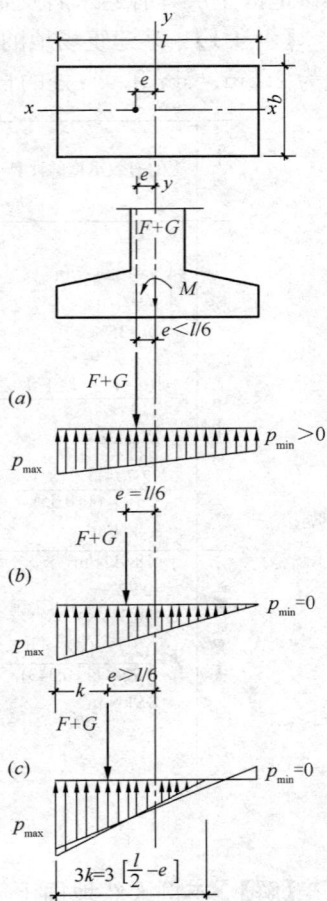

图 4-6　单向偏心荷载下矩形基础的基底压力分布图

把偏心荷载(如图中虚线所示)的偏心距 $e=\dfrac{M}{F+G}$ 引入式(4-6)得:

$$\left.\begin{array}{l}p_{\max}\\p_{\min}\end{array}\right\}=\frac{F+G}{lb}\left(1\pm\frac{6e}{l}\right) \tag{4-7}$$

由上式可见,当 $e<l/6$ 时,基底压力分布图呈梯形(图 4-6a);当 $e=l/6$ 时,则呈三角形(图 4-6b);当 $e>l/6$ 时,按式(4-7)计算结果,距偏心荷载较远的基底边缘反力为负值,即 $p_{\min}<0$(如图 4-6c 中虚线所示)。由于基底与地基之间不能承受拉力,此时基底与地基局部脱开,而使基底压力重新分布。因此,根据偏心荷载应与基底反力相平衡的条件,荷载合力 $F+G$ 应通过三角形反力分布图的形心(见图 4-6c 中实线所示分布图形),由此可得基底边缘的最大压力 $p_{\max}$ 为:

$$p_{\max}=\frac{2(F+G)}{3bk} \tag{4-8}$$

式中 k——单向偏心荷载作用点至具有最大压力的基底边缘的距离。

矩形基础在双向偏心荷载作用下,如果基底最小压力 $p_{\min}\geqslant 0$,则矩形基底边缘四个角点处的压力 $p_{\max}$、$p_{\min}$、p_1、p_2,可按下列公式计算(图 4-7):

$$\left.\begin{array}{l}p_{\max}\\p_{\min}\end{array}\right\}=\frac{F+G}{lb}\pm\frac{M_{\mathrm{x}}}{W_{\mathrm{x}}}\pm\frac{M_{\mathrm{y}}}{W_{\mathrm{y}}} \tag{4-9}$$

$$\left.\begin{array}{l}p_1\\p_2\end{array}\right\}=\frac{F+G}{lb}\mp\frac{M_{\mathrm{x}}}{W_{\mathrm{x}}}\pm\frac{M_{\mathrm{y}}}{W_{\mathrm{y}}} \tag{4-10}$$

图 4-7 双向偏心荷载下矩形基础的基底压力分布图

式中 M_{x}、M_{y}——荷载合力分别对矩形基底 x、y 对称轴的力矩;

W_{x}、W_{y}——基础底面分别对 x、y 轴的抵抗矩。

4.3.2 基底压力的分布规律

精确地确定基底压力的数值与分布形式是一个很复杂的问题,它涉及上部结构、基础、地基三者间的共同作用问题,与三者的变形特性(如建筑物和基础的刚度、土层的压缩性等)有关,因此有较多的影响因素。

(一)基础刚度的影响

为了便于分析,把各种基础按照与地基土的相对抗弯刚度(EI)分成三种类型。

1. 弹性地基上的完全柔性基础($EI=0$)

当基础上作用如图 4-8(a)所示的均布条形荷载时,假定经过基础传至基底的压力也是均布的,当地表面作用有均布条形荷载(基底压力)时,地基中任意深度水平面上引起的附加应力 σ_z,都是中间大、两边小,如图 4-8(b)所示。显然,由此均布荷载引起的地面沉降也应是中间大两边小的凹形曲面。由于基础完全柔性,抗弯刚度 $EI=0$,像个放在地上的柔软橡皮板,可以完全适应地基的变形(图 4-8c)。所以,基底压力的分布与作用在基础上的荷载分布完全一致。荷载是均布时,基底压力也将是均布的。当然,实际上没有 $EI=0$ 的完全柔性的基础。工程中,常把土坝(堤)及以钢板做成的储油罐底板等视为柔性基础。因此,在计算土坝底部的接触压力分布时,可认为与土坝的外形轮廓相同,其大小等于各点以上的土柱重量,如图 4-9 所示。

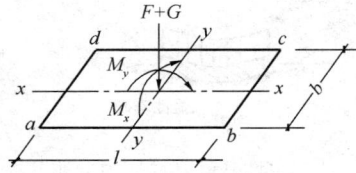

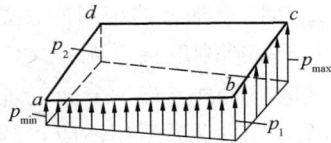

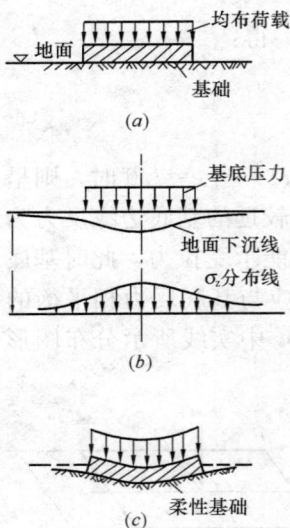

图 4-8　柔性基础基底压力分布　　图 4-9　土坝(堤)的接触压力分布　　图 4-10　刚性基础的基底压力分布

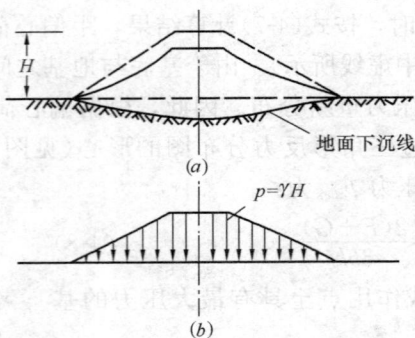

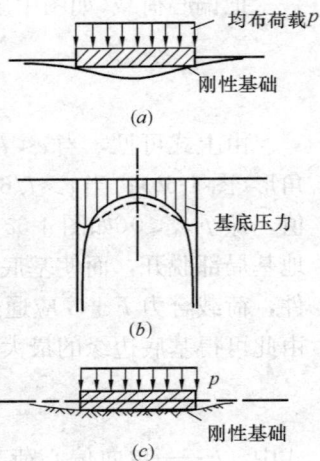

2. 弹性地基上的绝对刚性基础($EI=\infty$)

由于基础刚度接近无穷大，在均布荷载作用下，基础只能保持平面下沉而不能弯曲。但是对地基而言，均匀分布的基底压力将产生不均匀沉降，如图 4-10(a)所示。其结果基础变形与地基变形不相适应，基底中部将会与地面脱开，出现应力架桥作用。为使基础与地基的变形保持协调和相容(图 4-10c)，必然要重新调整基底压力的分布形式，使两端应力加大，中间应力减小，从而使地面保持均匀下沉，以适应绝对刚性基础的变形。如果地基是完全弹性体，根据弹性理论解得到的基底压力分布如图 4-10(b)中实线所示，基础边缘处的压力将为无穷大。

通过以上分析可以看出，对于刚性基础来说，基底压力的分布形式与作用在它上面的荷载分布形式不相一致。

3. 弹塑性地基上有限刚性的基础

这是工程实践中最常见的情况。由于绝对刚性基础只是一种理想情况，地基也不是完全弹性体，因此上述弹性理论解的基底压力分布图形实际上是不可能出现的。因为当基底两端的压力足够大，超过土的极限强度后，土体就会形成塑性区，这时基底两端处地基土所承受的压力不能再增大，多余的应力自行调整向中间转移；又因基础并不是绝对刚性，可以稍为弯曲。因此，应力重分布的结果导致基底压力分布可以成为各种更加复杂的形式，例如可以成为马鞍形分布，这时基底两端应力不会是无穷大，而中间部分应力将比理论值大些，如图 4-10(b)中虚线所示。具体的压力分布形状与地基、基础的材料特性以及基础尺寸、荷载形状、大小等因素有关。

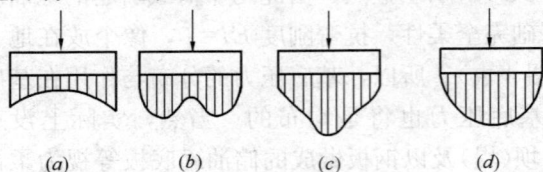

图 4-11　实测刚性基础底面上的压应力分布
(a)荷载较小时；(b)马鞍形；(c)倒钟形；(d)抛物线形

(二) 荷载及土性的影响

实测资料表明，刚性基础底面上的压力分布形状大致有图 4-11 所示的几种情况。当荷载较小时，基底压力分布

66

形状如图 4-11(a)，接近于弹性理论解；荷载增大后，基底压力可呈前述的马鞍形（图 4-11b）；荷载再增大时，边缘塑性破坏区逐渐扩大，所增加的荷载必须靠基底中部力的增大来平衡，基底压力图形可变为抛物线形（图 4-11d）以至倒钟形分布（图 4-11c）。

实测资料还表明，当刚性基础放在砂土地基表面时，由于砂颗粒之间无粘结力，其基底压力分布更易发展成如图 4-11(d）所示的抛物线形；而在黏性土地基表面上的刚性基础，其基底压力分布易成图 4-11(b）所示的马鞍形。

从以上分析可见，基底压力分布形式是十分复杂的，但由于基底压力都是作用在地表面附近，根据弹性理论中的圣维南原理可知，其具体分布形式对地基中应力计算的影响将随深度的增加而减少，至一定深度后，地基中应力分布几乎与基底压力的分布形状无关，而只决定于荷载合力的大小和位置。因此，目前在地基计算中，允许采用简化方法，即假定基底压力按直线分布的材料力学方法。但要注意，简化方法用于计算基础内力会引起较大的误差。

4.3.3 基底附加压力

建筑物建造前，土中早已存在着自重应力。如果基础砌置在天然地面上，那么全部基底压力就是新增加于地基表面的基底附加压力。一般天然土层在自重作用下的变形早已结束，因此只有基底附加压力才能引起地基的附加应力和变形。

实际上，一般浅基础总是埋置在天然地面下一定深度处，该处原有的自重应力由于开挖基坑而卸除。因此，由建筑物建造后的基底压力中扣除基底标高处原有的土中自重应力后，才是基底平面处新增加于地基的基底附加压力，基底平均附加压力 p_0 值按下式计算（图 4-8）：

$$p_0 = p - \sigma_c = p - \gamma_0 d \tag{4-11}$$

式中　p——基底平均压力；

　　　σ_c——土中自重应力，基底处 $\sigma_c = \gamma_0 d$；

　　　γ_0——基础底面标高以上天然土层的加权平均重度，$\gamma_0 = \dfrac{\gamma_1 h_1 + \gamma_2 h_2 + \cdots\cdots}{h_1 + h_2 + \cdots\cdots}$，其中地下水位下的重度取有效重度；

　　　d——基础埋深，必须从天然地面算起，对于新填土场地则应从老天然地面起算，$d = h_1 + h_2 + \cdots\cdots$。

有了基底附加压力，即可把它作为作用在弹性半空间表面上的局部荷载，由此根据弹性力学求算地基中的附加应力（见 4.4 节）。必须指出，实际上，基底附加压力一般作用在地表下一定深度（指浅基础的埋深）处，因此，假设它作用在半空间表面上，而运用弹性力学解答所得的结果只是近似的。不过，对于一般浅基础来说，这种假设所造成的误差可以忽略不计。

必须指出，当基坑的平面尺寸和深度较大时，坑底回弹是明显的，且基坑中点的回弹大于边缘点。在沉降计算中，为了适当考虑这种坑底的回弹和再压缩而增加的沉降，改取 $p_0 = p - \alpha\sigma_c$，其中，α 为 0~1 的系数。此外，式（4-11）尚应保证坑底土质不发生浸水膨胀的条件。

4.4 地基附加应力

地基附加应力是指建筑物荷重在土体中引起的附加于原有应力之上的应力。其计算方法一般假定地基土是各向同性、均质的线性变形体，而且在深度和水平方向上都是无限延伸的，即把地基看成是均质的线性变形半空间，这样就可以直接采用弹性力学中关于弹性半空间的理论解答。

计算地基附加应力时，都把基底压力看成是柔性荷载，而不考虑基础刚度的影响。按照弹性力学，将地基附加应力计算分为空间问题和平面问题两类。本节先介绍属于空间问题的集中力、矩形荷载和圆形荷载作用下的解答，然后介绍属于平面问题的线荷载和条形荷载作用下的解答。最后，再概要介绍一些非均质地基附加应力的弹性力学解答。

4.4.1 竖向集中力作用下的地基附加应力

1. 布辛奈斯克解

在弹性半空间表面上作用一个竖向集中力时，半空间内任意点处所引起的应力和位移的弹性力学解答是由法国 J·布辛奈斯克（Boussinesq，1885）作出的，如图 4-12 所示。

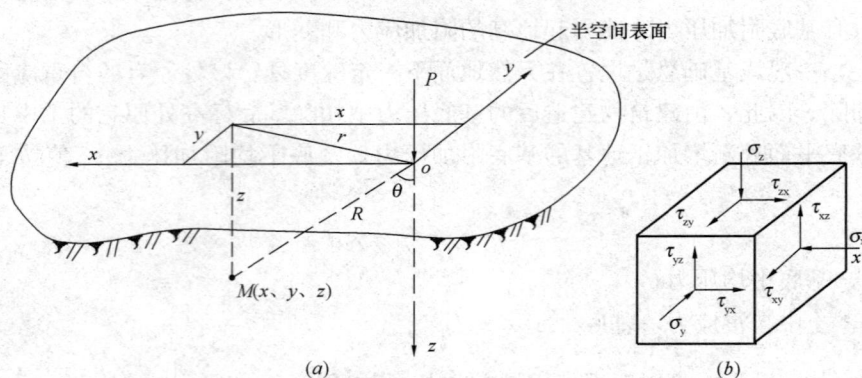

图 4-12 一个竖向集中力作用下所引起的应力
(a) 半空间中任意点 $M(x、y、z)$；(b) M 点处的微单元体

在半空间中任意点 $M(x、y、z)$ 处的六个应力分量和三个位移分量的解答如下：

$$\sigma_x = \frac{3P}{2\pi}\left[\frac{x^2 z}{R^5} + \frac{1-2\mu}{3}\left(\frac{R^2-Rz-z^2}{R^3(R+z)} - \frac{x^2(2R+z)}{R^3(R+z)^2}\right)\right] \tag{4-12a}$$

$$\sigma_y = \frac{3P}{2\pi}\left[\frac{y^2 z}{R^5} + \frac{1-2\mu}{3}\left(\frac{R^2-Rz-z^2}{R^3(R+z)} - \frac{y^2(2R+z)}{R^3(R+z)^2}\right)\right] \tag{4-12b}$$

$$\sigma_z = \frac{3P}{2\pi} \cdot \frac{z^3}{R^5} = \frac{3P}{2\pi R^2}\cos^3\theta \tag{4-12c}$$

$$\tau_{xy} = \tau_{yx} = -\frac{3P}{2\pi}\left[\frac{xyz}{R^5} - \frac{1-2\mu}{3} \cdot \frac{xy(2R+z)}{R^3(R+z)^2}\right] \tag{4-13a}$$

$$\tau_{yz} = \tau_{zy} = -\frac{3P}{2\pi} \cdot \frac{yz^2}{R^5} = -\frac{3Py}{2\pi R^3}\cos^2\theta \tag{4-13b}$$

$$\tau_{zx} = \tau_{xz} = -\frac{3P}{2\pi} \cdot \frac{xz^2}{R^5} = -\frac{3Px}{2\pi R^3}\cos^2\theta \tag{4-13c}$$

$$u = \frac{P(1+\mu)}{2\pi E}\left[\frac{xz}{R^3} - (1-2\mu)\frac{x}{R(R+z)}\right] \tag{4-14a}$$

$$v = \frac{P(1+\mu)}{2\pi E}\left[\frac{yz}{R^3} - (1-2\mu)\frac{y}{R(R+z)}\right] \tag{4-14b}$$

$$w = \frac{P(1+\mu)}{2\pi E}\left[\frac{z^2}{R^3} + 2(1-\mu)\frac{1}{R}\right] \tag{4-14c}$$

式中　σ_x、σ_y、σ_z——分别表示平行于 x、y、z 坐标轴的正应力；

τ_{xy}、τ_{yz}、τ_{zx}——剪应力，其中前一下标表示与它作用的微面的法线方向平行的坐标轴，后一下标表示与它作用方向平行的坐标轴；

u、v、w——M 点分别沿坐标轴 x、y、z 方向的位移；

P——作用于坐标原点 o 的竖向集中力；

R——M 点至坐标原点 o 的距离，$R = \sqrt{x^2+y^2+z^2} = \sqrt{r^2+z^2} = z/\cos\theta$；

θ——R 线与 z 坐标轴的夹角；

r——M 点与集中力作用点的水平距离；

E——弹性模量（或土力学中专用的地基变形模量，以 E_0 代之）；

μ——泊松比。

若用 $R=0$ 代入以上各式所得出的结果均为无限大，因此，所选择的计算点不应过于接近集中力的作用点。

建筑物作用于地基上的荷载，总是分布在一定面积上的局部荷载，因此理论上的集中力实际是没有的。但是，根据弹性力学的叠加原理利用布辛奈斯克解答，可以通过积分或等代荷载法求得各种局部荷载下地基中的附加应力。

以上六个应力分量和三个位移分量的公式中，竖向正应力 σ_z 和竖向位移 w 最为常用，以后有关地基附加应力计算主要是针对 σ_z 而言的。

2. 等代荷载法

如果地基中某点 M 与局部荷载的距离比荷载面尺寸大很多时，就可以用一个集中力 P 代替局部荷载，然后直接应用式（4-12c）计算该点的 σ_z。为了计算的方便，以 $R = \sqrt{r^2+z^2}$ 代入式（4-12c），则：

$$\sigma_z = \frac{3P}{2\pi} \cdot \frac{z^3}{(r^2+z^2)^{5/2}} = \frac{3}{2\pi}\frac{1}{[(r/z)^2+1]^{5/2}}\frac{P}{z^2} \tag{4-15}$$

令　$K = \frac{3}{2\pi}\dfrac{1}{[(r/z)^2+1]^{5/2}}$，则上式改写为：

$$\sigma_z = K\frac{P}{z^2} \tag{4-16}$$

式中　K——集中力作用下的地基竖向附加应力系数，简称集中应力系数，按 r/z 值由表 4-1 查用。

$\dfrac{r}{z}$	K	$\dfrac{r}{z}$	K	$\dfrac{r}{z}$	K	$\dfrac{r}{z}$	K	$\dfrac{r}{z}$	K
0	0.4775	0.5	0.2733	1.00	0.0844	1.50	0.0251	2.00	0.0085
0.05	0.4745	0.55	0.2466	1.05	0.0744	1.55	0.0224	2.20	0.0058
0.10	0.4657	0.60	0.2214	1.10	0.0658	1.60	0.0200	2.40	0.0040
0.15	0.4516	0.65	0.1978	1.15	0.0581	1.65	0.0179	2.60	0.0029
0.20	0.4329	0.70	0.1762	1.20	0.0513	1.70	0.0160	2.80	0.0021
0.25	0.4103	0.75	0.1565	1.25	0.0454	1.75	0.0144	3.00	0.0015
0.30	0.3849	0.80	0.1386	1.30	0.0402	1.80	0.0129	3.50	0.0007
0.35	0.3577	0.85	0.1226	1.35	0.0357	1.85	0.0116	4.00	0.0004
0.40	0.3294	0.90	0.1083	1.40	0.0317	1.90	0.0105	4.50	0.0002
0.45	0.3011	0.95	0.0956	1.45	0.0282	1.95	0.0095	5.00	0.0001

若干个竖向集中力 $P_i(i=1、2、\cdots\cdots n)$ 作用在地基表面上，按叠加原理，则地面下 z 深度处某点 M 的附加应力 σ_z 应为各集中力单独作用时在 M 点所引起的附加应力之总和，即：

$$\sigma_z = \sum_{i=1}^{n} K_i \frac{P_i}{z^2} = \frac{1}{z^2} \sum_{i=1}^{n} K_i P_i \qquad (4\text{-}17)$$

式中　K_i——第 i 个集中应力系数，按 $\dfrac{r_i}{z}$ 由表 4-1 查得，其中 r_i 是第 i 个集中荷载作用点到 M 点的水平距离。

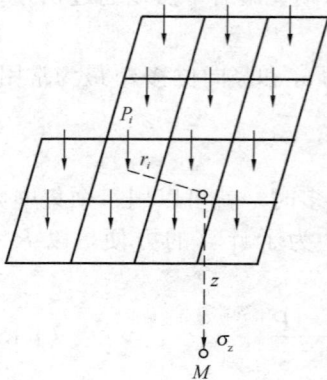

当局部荷载的平面形状或分布情况不规则时，可将荷载面(或基础底面)分成若干个形状规则(如矩形)的面积单元(图 4-13)，每个单元上的分布荷载近似地以作用在单元面积形心上的集中力来代替，这样就可以利用式(4-17)求算地基中某点 M 的附加应力。由于集中力作用点附近的 σ_z 为无限大，所以这种方法不适用于过于靠近荷载面的计算点。它的计算精确度取决于单元面积的大小。一般当矩形单元面积的长边小于面积形心到计算点的距离的 1/2、1/3 或 1/4 时，所算得的附加应力的误差一般分别不大于 6%、3%或 2%。

图 4-13　以等代荷载法计算 σ_z

【例 4-2】　在地基上作用一集中力 $P=100\text{kN}$，要求确定：(1)在地基中 $z=2\text{m}$ 的水平面上，水平距离 $r=0、1、2、3、4\text{m}$ 处各点的附加应力 σ_z 值，并绘出分布图；(2)在地基中 $r=0$ 的竖直线上距地基表面 $z=0、1、2、3、4\text{m}$ 处各点的 σ_z 值，并绘出分布图；(3)取 $\sigma_z=10、5、2、1\text{kPa}$，反算在地基中 $z=2\text{m}$

的水平面上的 r 值和在 $r=0$ 的竖直线上的 z 值，并绘出相应于该四个应力值的 σ_z 等值线图。

【解】（1）σ_z 的计算资料列于表 4-2；σ_z 分布图绘于图 4-14。

（2）σ_z 的计算资料列于表 4-3；σ_z 分布图绘于图 4-15。

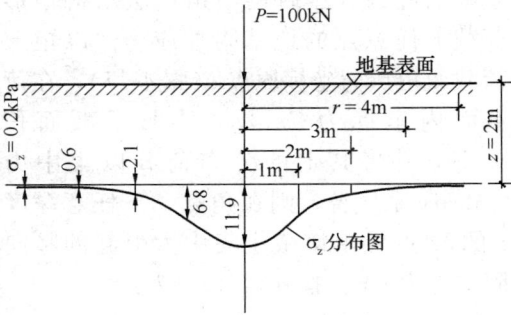

图 4-14 【例 4-2】附图一

σ_z 计算资料 表 4-2

z (m)	r (m)	$\dfrac{r}{z}$	K (查表 4-1)	$\sigma_z = K\dfrac{P}{z^2}$ (kPa)
2	0	0	0.4775	$0.4775\dfrac{100}{2^2}=11.9$
2	1	0.5	0.2733	6.8
2	2	1.0	0.0844	2.1
2	3	1.5	0.0251	0.6
2	4	2.0	0.0085	0.2

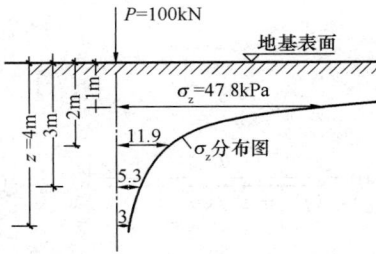

图 4-15 【例 4-2】附图二

σ_z 计算资料 表 4-3

z (m)	r (m)	$\dfrac{r}{z}$	K (查表 4-1)	$\sigma_z = K\dfrac{P}{z^2}$ (kPa)
0	0	0	0.4775	∞
1	0	0	0.4775	47.8
2	0	0	0.4775	11.9
3	0	0	0.4775	5.3
4	0	0	0.4775	3.0

（3）反算资料列于表 4-4；σ_z 等值线图绘于图 4-16。

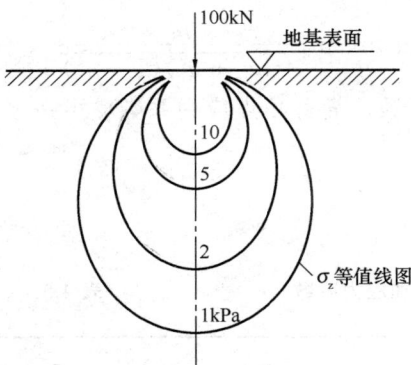

图 4-16 【例 4-2】附图三

反算资料 表 4-4

z (m)	r (m)	r/z	K	σ_z (kPa)
2	0.54	0.27	0.4000	10
2	1.30	0.65	0.2000	5
2	2.00	1.00	0.0800	2
2	2.60	1.30	0.0400	1
2.19	0	0	0.4775	10
3.09	0	0	0.4775	5
5.37	0	0	0.4775	2
6.91	0	0	0.4775	1

4.4.2　矩形荷载和圆形荷载下的地基附加应力

1. 均布的矩形荷载

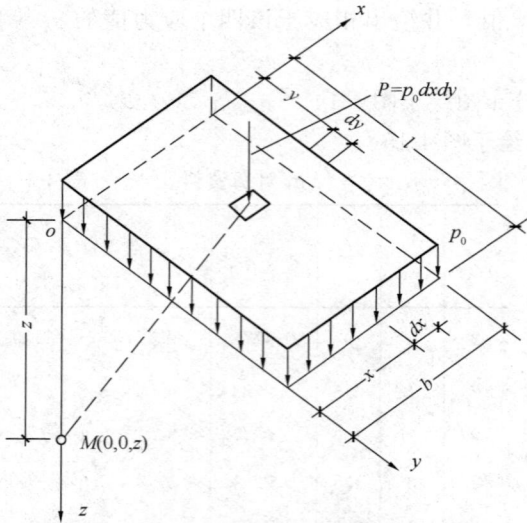

图 4-17 均布矩形荷载角点下的附加应力 σ_z

设矩形荷载面的长度和宽度分别为 l 和 b，作用于地基上的竖向均布荷载（例如中心荷载下的基底附加应力）为 p_0。现在先以积分法求矩形荷载面角点下的地基附加应力，然后运用角点法求得矩形荷载下任意点的地基附加应力。以矩形荷载面角点为坐标原点 o（图 4-17），在荷载面内坐标为 (x, y) 处取一微面积 $\mathrm{d}x\mathrm{d}y$，并将其上的分布荷载以集中力 $p_0\mathrm{d}x\mathrm{d}y$ 来代替，则在角点 o 下任意深度 z 的 M 点处由该微小集中力引起的竖向附加应力 $\mathrm{d}\sigma_z$，按式（4-12c）为：

$$\mathrm{d}\sigma_z = \frac{3}{2\pi}\frac{p_0 z^3}{(x^2+y^2+z^2)^{5/2}}\mathrm{d}x\mathrm{d}y \quad (4\text{-}18)$$

将它对整个矩形荷载面 A 积分，即得均布矩形荷载角点下的竖向附加应力表达式如下：

$$\sigma_z = \iint\limits_A \mathrm{d}\sigma_z = \frac{3p_0 z^3}{2\pi}\int_0^l\int_0^b \frac{1}{(x^2+y^2+z^2)^{5/2}}\mathrm{d}x\mathrm{d}y$$

$$= \frac{p_0}{2\pi}\left[\frac{lbz(l^2+b^2+2z^2)}{(l^2+z^2)(b^2+z^2)\sqrt{l^2+b^2+z^2}} + \arcsin\frac{lb}{\sqrt{(l^2+z^2)(b^2+z^2)}}\right] \quad (4\text{-}19)$$

令

$$K_c = \frac{1}{2\pi}\left[\frac{lbz(l^2+b^2+2z^2)}{(l^2+z^2)(b^2+z^2)\sqrt{l^2+b^2+z^2}} + \arcsin\frac{lb}{\sqrt{(l^2+z^2)(b^2+z^2)}}\right]$$

得：

$$\sigma_z = K_c p_0 \quad (4\text{-}20)$$

又令 $m = l/b, n = z/b$（b 为荷载面的短边宽度），则：

$$K_c = \frac{1}{2\pi}\left[\frac{mn(m^2+2n^2+1)}{(m^2+n^2)(1+n^2)\sqrt{m^2+n^2+1}} + \arcsin\frac{m}{\sqrt{(m^2+n^2)(1+n^2)}}\right]$$

K_c——均布矩形荷载角点下的竖向附加应力系数，简称角点应力系数，可按 m 及 n 值由表 4-5 查得。

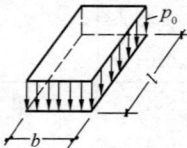

均布的矩形荷载角点下的竖向附加应力系数　　　　　　　　　　表 4-5

z/b	l/b											条形
	1.0	1.2	1.4	1.6	1.8	2.0	3.0	4.0	5.0	6.0	10.0	
0.0	0.250	0.250	0.250	0.250	0.250	0.250	0.250	0.250	0.250	0.250	0.250	0.250
0.2	0.249	0.249	0.249	0.249	0.249	0.249	0.249	0.249	0.249	0.249	0.249	0.249
0.4	0.240	0.242	0.243	0.243	0.244	0.244	0.244	0.244	0.244	0.244	0.244	0.244

z/b	l/b											条形
	1.0	1.2	1.4	1.6	1.8	2.0	3.0	4.0	5.0	6.0	10.0	
0.6	0.223	0.228	0.230	0.232	0.232	0.233	0.234	0.234	0.234	0.234	0.234	0.234
0.8	0.200	0.207	0.212	0.215	0.216	0.218	0.220	0.220	0.220	0.220	0.220	0.220
1.0	0.175	0.185	0.191	0.195	0.198	0.200	0.203	0.204	0.204	0.204	0.205	0.205
1.2	0.152	0.163	0.171	0.176	0.179	0.182	0.187	0.188	0.189	0.189	0.189	0.189
1.4	0.131	0.142	0.151	0.157	0.161	0.164	0.171	0.173	0.174	0.174	0.174	0.174
1.6	0.112	0.124	0.133	0.140	0.145	0.148	0.157	0.159	0.160	0.160	0.160	0.160
1.8	0.097	0.108	0.117	0.124	0.129	0.133	0.143	0.146	0.147	0.148	0.148	0.148
2.0	0.084	0.095	0.103	0.110	0.116	0.120	0.131	0.135	0.136	0.137	0.137	0.137
2.2	0.073	0.083	0.092	0.098	0.104	0.108	0.121	0.125	0.126	0.127	0.128	0.128
2.4	0.064	0.073	0.081	0.088	0.093	0.098	0.111	0.116	0.118	0.118	0.119	0.119
2.6	0.057	0.065	0.072	0.079	0.084	0.089	0.102	0.107	0.110	0.111	0.112	0.112
2.8	0.050	0.058	0.065	0.071	0.076	0.080	0.094	0.100	0.102	0.104	0.105	0.105
3.0	0.045	0.052	0.058	0.064	0.069	0.073	0.087	0.093	0.096	0.097	0.099	0.099
3.2	0.040	0.047	0.053	0.058	0.063	0.067	0.081	0.087	0.090	0.092	0.093	0.094
3.4	0.036	0.042	0.048	0.053	0.057	0.061	0.075	0.081	0.085	0.086	0.088	0.089
3.6	0.033	0.038	0.043	0.048	0.052	0.056	0.069	0.076	0.080	0.082	0.084	0.084
3.8	0.030	0.035	0.040	0.044	0.048	0.052	0.065	0.072	0.075	0.077	0.080	0.080
4.0	0.027	0.032	0.036	0.040	0.044	0.048	0.060	0.067	0.071	0.073	0.076	0.076
4.2	0.025	0.029	0.033	0.037	0.041	0.044	0.056	0.063	0.067	0.070	0.072	0.073
4.4	0.023	0.027	0.031	0.034	0.038	0.041	0.053	0.060	0.064	0.066	0.069	0.070
4.6	0.021	0.025	0.028	0.032	0.035	0.038	0.049	0.056	0.061	0.063	0.066	0.067
4.8	0.019	0.023	0.026	0.029	0.032	0.035	0.046	0.053	0.058	0.060	0.064	0.064
5.0	0.018	0.021	0.024	0.027	0.030	0.033	0.043	0.050	0.055	0.057	0.061	0.062
6.0	0.013	0.015	0.017	0.020	0.022	0.024	0.033	0.039	0.043	0.046	0.051	0.052
7.0	0.009	0.011	0.013	0.015	0.016	0.018	0.025	0.031	0.035	0.038	0.043	0.045
8.0	0.007	0.009	0.010	0.011	0.013	0.014	0.020	0.025	0.028	0.031	0.037	0.039
9.0	0.006	0.007	0.008	0.009	0.010	0.011	0.016	0.020	0.024	0.026	0.032	0.035
10.0	0.005	0.006	0.007	0.007	0.008	0.009	0.013	0.017	0.020	0.022	0.028	0.032
12.0	0.003	0.004	0.005	0.005	0.006	0.006	0.009	0.012	0.014	0.017	0.022	0.026
14.0	0.002	0.003	0.004	0.004	0.004	0.005	0.007	0.009	0.011	0.013	0.018	0.023
16.0	0.002	0.002	0.003	0.003	0.003	0.004	0.005	0.007	0.009	0.010	0.014	0.020
18.0	0.001	0.002	0.002	0.002	0.003	0.003	0.004	0.006	0.007	0.008	0.012	0.018
20.0	0.001	0.001	0.002	0.002	0.002	0.002	0.004	0.005	0.006	0.007	0.010	0.016
25.0	0.001	0.001	0.001	0.001	0.001	0.002	0.002	0.003	0.004	0.004	0.007	0.013
30.0	0.001	0.001	0.001	0.001	0.001	0.001	0.002	0.002	0.003	0.003	0.005	0.011
35.0	0.000	0.000	0.001	0.001	0.001	0.001	0.001	0.002	0.002	0.002	0.004	0.009
40.0	0.000	0.000	0.000	0.000	0.001	0.001	0.001	0.001	0.001	0.002	0.003	0.008

对于均布矩形荷载下的附加应力计算点不位于角点下的情况，可利用式(4-20)以角点法求得。图 4-18 中列出计算点不位于角点下的四种情况(在图中 o 点以下任意深度 z 处)。计算时，通过 o 点把荷载面分成若干个矩形面积，这样，o 点就必然是划分出的各个矩形的公共角点，然后再按式(4-20)计算每个矩形角点下同一深度 z 处的附加应力 σ_z，并求其代数和。四种情况的算式分别如下：

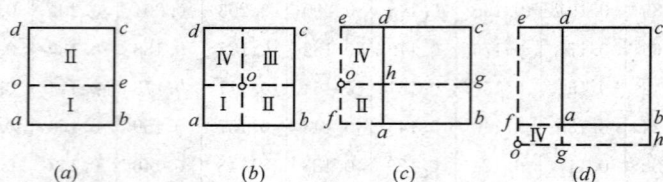

图 4-18 以角点法计算均布矩形荷载下的地基附加应力

计算点 o 在：(a) 荷载面边缘；(b) 荷载面内；(c) 荷载面边缘外侧；(d) 荷载面角点外侧

（a）o 点在荷载面边缘

$$\sigma_z = (K_{cI} + K_{cII}) p_0$$

式中 K_{cI} 和 K_{cII} 分别表示相应于面积 I 和 II 的角点应力系数。必须指出，查表 4-5 时所取用边长 l 应为任一矩形荷载面的长度，而 b 则为宽度，以下各种情况相同，不再赘述。

（b）o 点在荷载面内

$$\sigma_z = (K_{cI} + K_{cII} + K_{cIII} + K_{cIV}) p_0$$

如果 o 点位于荷载面中心，则 $K_{cI} = K_{cII} = K_{cIII} = K_{cIV}$，得 $\sigma_z = 4K_{cI} p_0$，此即利用角点法求均布的矩形荷载面中心点下 σ_z 的解，亦可直接查中点应力系数表(略)。

（c）o 点在荷载面边缘外侧

此时荷载面 $abcd$ 可看成是由 I ($ofbg$) 与 II ($ofah$) 之差和 III ($oecg$) 与 IV ($oedh$) 之差合成的，所以

$$\sigma_z = (K_{cI} - K_{cII} + K_{cIII} - K_{cIV}) p_0$$

（d）o 点在荷载面角点外侧

把荷载面看成由 I ($ohce$)、IV ($ogaf$) 两个面积中扣除 II ($ohbf$) 和 III ($ogde$) 而成的，所以

$$\sigma_z = (K_{cI} - K_{cII} - K_{cIII} + K_{cIV}) p_0$$

【例 4-3】 以角点法计算图 4-19 所示矩形基础甲的基底中心点垂线下不同深度处的地基附加应力 σ_z 的分布，并考虑两相邻基础乙的影响(两相邻柱距为 6m，荷载同基础甲)。

【解】 (1) 计算基础甲对应于荷载标准值时(用于计算地基变形)的基底平均附加压力如下：

基础及其上回填土的总重 $G = \gamma_G A d = 20 \times 5 \times 4 \times 1.5 = 600 \text{kN}$

基底平均压力 $p = \dfrac{F+G}{A} = \dfrac{1940+600}{5 \times 4} = 127 \text{kPa}$

基底处土中自重应力　　　　$\sigma_c = \gamma_0 d = 18 \times 1.5 = 27\text{kPa}$

基底平均附加压力　　　　$p_0 = p - \sigma_c = 127 - 27 = 100\text{kPa}$

（2）计算基础甲中心点 o 下由本基础荷载引起的 σ_z，基底中心点 o 可看成是四个相等小矩形荷载 Ⅰ（$oabc$）的公共角点，其长宽比 $l/b = 2.5/2 = 1.25$，取深度 $z = 0$、1、2、3、4、5、6、7、8、10m 各计算点，相应的 $z/b = 0$、0.5、1、1.5、2、2.5、3、3.5、4、5，利用表 4-5 即可查得地基附加应力系数 K_{cz}。σ_z 的计算列于例表 4-6，根据计算资料绘出 σ_z 分布图，见图 4-20。

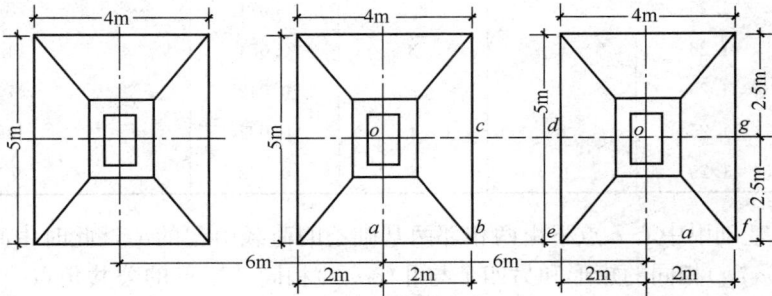

图 4-19　【例 4-3】附图

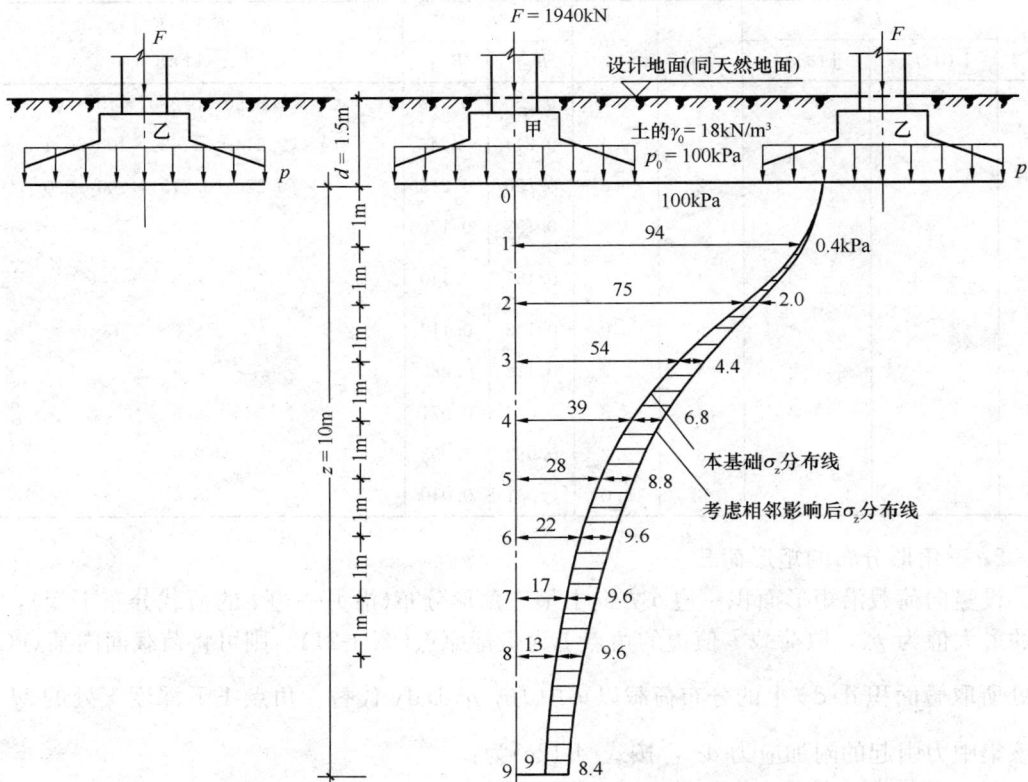

图 4-20　σ_z 分布图

表 4-6

点	l/b	z(m)	z/b	K_{cI}	$\sigma_z = 4K_{cI}p_0$ (kPa)
0	1.25	0	0	0.250	$4 \times 0.250 \times 100 = 100$
1	1.25	1	0.5	0.235	$4 \times 0.235 \times 100 = 94$
2	1.25	2	1	0.187	$4 \times 0.187 \times 100 = 75$
3	1.25	3	1.5	0.135	54
4	1.25	4	2	0.097	39
5	1.25	5	2.5	0.071	28
6	1.25	6	3	0.054	21
7	1.25	7	3.5	0.042	17
8	1.25	8	4	0.032	13
9	1.25	10	5	0.022	9

（3）计算基础甲中心 o 点下由两相邻两基础乙的荷载引起的 σ_z，此时中心点 o 可看成是四个与 I $(oafg)$ 相同的矩形和另四个与 II $(oaed)$ 相同的矩形的公共角点，其长宽比 l/b 分别为 8/2.5＝3.2 和 4/2.5＝1.6。同样，利用表 4-5 即可分别查得 K_{cI} 和 K_{cII}，σ_z 的计算结果和分布图见表 4-7 和图 4-20。

表 4-7

点	l/b I $(oafg)$	l/b II $(oaed)$	z (m)	z/b	K_c K_{cI}	K_c K_{cII}	$\sigma_z = (K_{cI} - K_{cII})p_0$ (kPa)
0			0	0	0.250	0.250	$4 \times (0.250 - 0.250) \times 100 = 0$
1			1	0.4	0.244	0.243	$4 \times (0.244 - 0.243) \times 100 = 0.4$
2			2	0.8	0.220	0.215	$4 \times (0.220 - 0.215) \times 100 = 2.0$
3			3	1.2	0.187	0.176	4.4
4	$\dfrac{8}{2.5} = 3.2$	$\dfrac{4}{2.5} = 1.6$	4	1.6	0.157	0.140	6.8
5			5	2.0	0.132	0.110	8.8
6			6	2.4	0.112	0.088	9.6
7			7	2.8	0.095	0.071	9.6
8			8	3.2	0.082	0.058	9.6
9			10	4.0	0.061	0.040	8.4

2. 三角形分布的矩形荷载

设竖向荷载沿矩形面积一边 b 方向上呈三角形分布（沿另一边 l 的荷载分布不变），荷载的最大值为 p_0，取荷载零值边的角点 1 为坐标原点（图 4-21），则可将荷载面内某点 (x, y) 处所取微面积 $\mathrm{d}x\mathrm{d}y$ 上的分布荷载以集中力 $\dfrac{x}{b}p_0\mathrm{d}x\mathrm{d}y$ 代替。角点 1 下深度 z 处的 M 点由该集中力引起的附加应力 $\mathrm{d}\sigma_z$，按式（4-12c）为：

$$\mathrm{d}\sigma_z = \frac{3}{2\pi b} \frac{p_0 x z^3}{(x^2 + y^2 + z^2)^{5/2}} \mathrm{d}x\mathrm{d}y \tag{4-21}$$

在整个矩形荷载面积进行积分后得角点 1 下任意深度 z 处竖向附加应力 σ_z：

$$\sigma_z = K_{t1} p_0 \qquad (4\text{-}22)$$

式中　$K_{t1} = \dfrac{mn}{2\pi}\left[\dfrac{1}{\sqrt{m^2+n^2}} - \dfrac{n^2}{(1+n^2)\sqrt{m^2+n^2+1}}\right]$

同理，还可求得荷载最大值边的角点 2 下任意深度 z 处的竖向附加应力 σ_z 为：

$$\sigma_z = K_{t2} p_0 = (K_c - K_{t1}) p_0 \qquad (4\text{-}23)$$

K_{t1} 和 K_{t2} 均为 $m = l/b$ 和 $n = z/b$ 的函数，可由表4-8查用。必须注意 b 是沿三角形分布荷载方向的边长。

应用上述均布和三角形分布的矩形荷载角点下的附加应力系数 K_c、K_{t1}、K_{t2}，即可用角点法求算梯形分布时地基中任意点的竖向附加应力 σ_z 值，亦可求算条形荷载面时 ($m = 10$) 的地基附加应力。

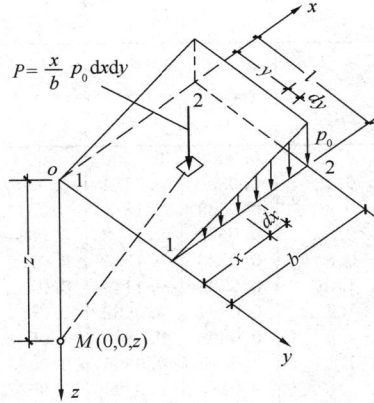

图 4-21　三角形分布矩形荷载角点下的 σ_z

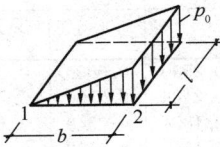

三角形分布的矩形荷载角点下的竖向附加应力系数 K_{t1} 和 K_{t2}　表 4-8

z/b \ 点	l/b = 0.2		0.4		0.6		0.8		1.0	
	1	2	1	2	1	2	1	2	1	2
0.0	0.0000	0.2500	0.0000	0.2500	0.0000	0.2500	0.0000	0.2500	0.0000	0.2500
0.2	0.0223	0.1821	0.0280	0.2115	0.0296	0.2165	0.0301	0.2178	0.0304	0.2182
0.4	0.0269	0.1094	0.0420	0.1604	0.0487	0.1781	0.0517	0.1844	0.0531	0.1870
0.6	0.0259	0.0700	0.0448	0.1165	0.0560	0.1405	0.0621	0.1520	0.0654	0.1575
0.8	0.0232	0.0480	0.0421	0.0853	0.0553	0.1093	0.0637	0.1232	0.0688	0.1311
1.0	0.0201	0.0346	0.0375	0.0638	0.0508	0.0852	0.0602	0.0996	0.0666	0.1086
1.2	0.0171	0.0260	0.0324	0.0491	0.0450	0.0673	0.0546	0.0807	0.0615	0.0901
1.4	0.0145	0.0202	0.0278	0.0386	0.0392	0.0540	0.0483	0.0661	0.0554	0.0751
1.6	0.0123	0.0160	0.0238	0.0310	0.0339	0.0440	0.0424	0.0547	0.0492	0.0628
1.8	0.0105	0.0130	0.0204	0.0254	0.0294	0.0363	0.0371	0.0457	0.0435	0.0534
2.0	0.0090	0.0108	0.0176	0.0211	0.0255	0.0304	0.0324	0.0387	0.0384	0.0456
2.5	0.0063	0.0072	0.0125	0.0140	0.0183	0.0205	0.0236	0.0265	0.0284	0.0318
3.0	0.0046	0.0051	0.0092	0.0100	0.0135	0.0148	0.0176	0.0192	0.0214	0.0233
5.0	0.0018	0.0019	0.0036	0.0038	0.0054	0.0056	0.0071	0.0074	0.0088	0.0091
7.0	0.0009	0.0010	0.0019	0.0019	0.0028	0.0029	0.0038	0.0038	0.0047	0.0047
10.0	0.0005	0.0004	0.0009	0.0010	0.0014	0.0014	0.0019	0.0019	0.0023	0.0024

z/b \ l/b	1.2		1.4		1.6		1.8		2.0	
点	1	2	1	2	1	2	1	2	1	2
0.0	0.0000	0.2500	0.0000	0.2500	0.0000	0.2500	0.0000	0.2500	0.0000	0.2500
0.2	0.0305	0.2184	0.0305	0.2185	0.0306	0.2185	0.0306	0.2185	0.0306	0.2185
0.4	0.0539	0.1881	0.0543	0.1886	0.0545	0.1889	0.0546	0.1891	0.0547	0.1892
0.6	0.0673	0.1602	0.0684	0.1616	0.0690	0.1625	0.0694	0.1630	0.0696	0.1633
0.8	0.0720	0.1355	0.0739	0.1381	0.0751	0.1396	0.0759	0.1405	0.0764	0.1412
1.0	0.0708	0.1143	0.0735	0.1176	0.0753	0.1202	0.0766	0.1215	0.0774	0.1225
1.2	0.0664	0.0962	0.0698	0.1007	0.0721	0.1037	0.0738	0.1055	0.0749	0.1069
1.4	0.0606	0.0817	0.0644	0.0864	0.0672	0.0897	0.0692	0.0921	0.0707	0.0937
1.6	0.0545	0.0696	0.0586	0.0743	0.0616	0.0780	0.0639	0.0806	0.0656	0.0826
1.8	0.0487	0.0596	0.0528	0.0644	0.0560	0.0681	0.0585	0.0709	0.0604	0.0730
2.0	0.0434	0.0513	0.0474	0.0560	0.0507	0.0596	0.0533	0.0625	0.0553	0.0649
2.5	0.0326	0.0365	0.0362	0.0405	0.0393	0.0440	0.0419	0.0469	0.0440	0.0491
3.0	0.0249	0.0270	0.0280	0.0303	0.0307	0.0333	0.0331	0.0359	0.0352	0.0380
5.0	0.0104	0.0108	0.0120	0.0123	0.0135	0.0139	0.0148	0.0154	0.0161	0.0167
7.0	0.0056	0.0056	0.0064	0.0066	0.0073	0.0074	0.0081	0.0083	0.0089	0.0091
10.0	0.0028	0.0028	0.0033	0.0032	0.0037	0.0037	0.0041	0.0042	0.0046	0.0046

z/b \ l/b	3.0		4.0		6.0		8.0		10.0	
点	1	2	1	2	1	2	1	2	1	2
0.0	0.0000	0.2500	0.0000	0.2500	0.0000	0.2500	0.0000	0.2500	0.0000	0.2500
0.2	0.0306	0.2186	0.0306	0.2186	0.0306	0.2186	0.0306	0.2186	0.0306	0.2186
0.4	0.0548	0.1894	0.0549	0.1894	0.0549	0.1894	0.0549	0.1894	0.0549	0.1894
0.6	0.0701	0.1638	0.0702	0.1639	0.0702	0.1640	0.0702	0.1640	0.0702	0.1640
0.8	0.0773	0.1423	0.0776	0.1424	0.0776	0.1426	0.0776	0.1426	0.0776	0.1426
1.0	0.0790	0.1244	0.0794	0.1248	0.0795	0.1250	0.0796	0.1250	0.0796	0.1250
1.2	0.0774	0.1096	0.0779	0.1103	0.0782	0.1105	0.0783	0.1105	0.0783	0.1105
1.4	0.0739	0.0973	0.0748	0.0982	0.0752	0.0986	0.0752	0.0987	0.0753	0.0987
1.6	0.0697	0.0870	0.0708	0.0882	0.0714	0.0887	0.0715	0.0888	0.0715	0.0889
1.8	0.0652	0.0782	0.0666	0.0797	0.0673	0.0805	0.0675	0.0806	0.0675	0.0808
2.0	0.0607	0.0707	0.0624	0.0726	0.0634	0.0734	0.0636	0.0736	0.0636	0.0738
2.5	0.0504	0.0559	0.0529	0.0585	0.0543	0.0601	0.0547	0.0604	0.0548	0.0605
3.0	0.0419	0.0451	0.0449	0.0482	0.0469	0.0504	0.0474	0.0509	0.0476	0.0511
5.0	0.0214	0.0221	0.0248	0.0256	0.0283	0.0290	0.0296	0.0303	0.0301	0.0309
7.0	0.0124	0.0126	0.0152	0.0154	0.0186	0.0190	0.0204	0.0207	0.0212	0.0216
10.0	0.0066	0.0066	0.0084	0.0083	0.0111	0.0111	0.0128	0.0130	0.0139	0.0141

3. 均布的圆形荷载

设圆形荷载面积的半径为 r_0，作用于地基表面上的竖向均布荷载为 p_0，如以圆形荷载面的中心点为坐标原点 o（图 4-22），并在荷载面积上取微面积 $\mathrm{d}A = r\mathrm{d}\theta\mathrm{d}r$，以集中力 $p_0\mathrm{d}A$ 代替微面积上的分布荷载，则可运用式（4-12c）以积分法求得均布圆形荷载中点下任意深度 z 处 M 点的 σ_z 如下：

$$\sigma_z = \iint\limits_{A} \mathrm{d}\sigma_z = \frac{3p_0 z^3}{2\pi} \int_0^{2\pi}\int_0^{r_0} \frac{r\mathrm{d}\theta\mathrm{d}r}{(r^2+z^2)^{5/2}} = p_0\left[1 - \frac{z^3}{(r_0^2+z^2)^{3/2}}\right]$$

$$= p_0\left[1 - \frac{1}{\left(\frac{1}{z^2/r_0^2}+1\right)^{3/2}}\right] = K_r p_0 \tag{4-24}$$

式中，K_r 为均布的圆形荷载中心点下的附加应力系数，它是 z/r_0 的函数，由表 4-9 查得。

z/r_0	K_r	z/r_0	K_r	z/r_0	K_r	z/r_0	K_r	z/r_0	K_r	z/r_0	K_r
0.0	1.000	0.8	0.756	1.6	0.390	2.4	0.213	3.2	0.130	4.0	0.087
0.1	0.999	0.9	0.701	1.7	0.360	2.5	0.200	3.3	0.124	4.2	0.079
0.2	0.992	1.0	0.646	1.8	0.332	2.6	0.187	3.4	0.117	4.4	0.073
0.3	0.976	1.1	0.595	1.9	0.307	2.7	0.175	3.5	0.111	4.6	0.067
0.4	0.949	1.2	0.547	2.0	0.285	2.8	0.165	3.6	0.106	4.8	0.062
0.5	0.911	1.3	0.502	2.1	0.264	2.9	0.155	3.7	0.101	5.0	0.057
0.6	0.864	1.4	0.461	2.2	0.246	3.0	0.146	3.8	0.096	6.0	0.040
0.7	0.811	1.5	0.424	2.3	0.229	3.1	0.138	3.9	0.091	10.0	0.015

三角形分布的圆形荷载边点下的附加应力系数值，参见《建筑地基基础设计规范》。

4.4.3 线荷载和条形荷载下的地基附加应力

设在地基表面上作用有无限长的条形荷载，且荷载沿宽度可按任何形式分布，但沿长度方向则不变，此时地基中产生的应力状态属于平面问题。在工程建筑中，当然没有无限长的受荷面积；不过，当荷载面积的长宽比 $l/b \geqslant 10$ 时，计算的地基附加应力值与按 $l/b = \infty$ 时的解相比误差甚少。因此，对于条形基础，如墙基、挡土墙基础、路基、坝基等，常可按平面问题考虑。为了求算条形荷载下的地基附加应力，下面先介绍线荷载作用下的解答。

图 4-22 均布圆形荷载中点下的 σ_z

1. 线荷载

线荷载是在半空间表面上一条无限长直线上的均布荷载。如图 4-23 (a) 所示，设一个竖向线荷载 $\bar{p}$（kN/m）作用在 y 坐标轴上，则沿 y 轴某微分段 $\mathrm{d}y$ 上的分布荷载以集中力 $P = \bar{p}\,\mathrm{d}y$ 代替，从而利用式 (4-12c) 求得地基中任意点 M 处由 P 引起的附加应力 $\mathrm{d}\sigma_z$。此时，设 M 点位于与 y 轴垂直的 xoz 平面内，直线 $oM = R_1 = \sqrt{x^2 + z^2}$ 与 z 轴的夹角为 β，则 $\sin\beta = x/R_1$ 和 $\cos\beta = z/R_1$。于是，可以用下列积分求得 M 点的 σ_z：

$$\sigma_z = \int_{-\infty}^{+\infty} \mathrm{d}\sigma_z = \int_{-\infty}^{+\infty} \frac{3z^3 \bar{p}\,\mathrm{d}y}{2\pi R^5} = \frac{2\bar{p}z^3}{\pi R_1^4} = \frac{2\bar{p}}{\pi R_1}\cos^3\beta \tag{4-25}$$

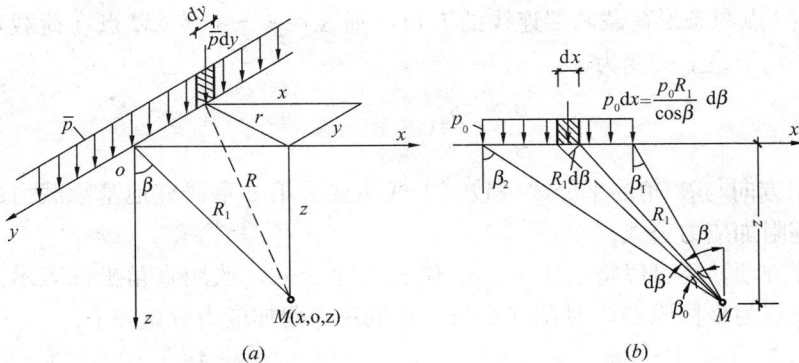

图 4-23 地基附加应力的平面问题
(a) 线荷载作用下；(b) 均布条形荷载作用下

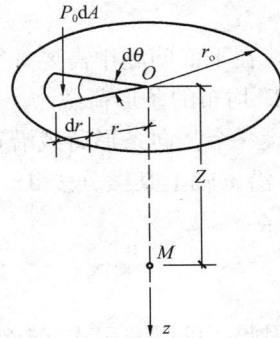

同理得：

$$\sigma_x = \frac{2\bar{p}x^2z}{\pi R_1^4} = \frac{2\bar{p}}{\pi R_1}\cos\beta\sin^2\beta \qquad (4\text{-}26)$$

$$\tau_{xz} = \tau_{zx} = \frac{2\bar{p}xz^2}{\pi R_1^4} = \frac{2\bar{p}}{\pi R_1}\cos^2\beta\sin\beta \qquad (4\text{-}27)$$

由于线荷载沿 y 坐标轴均匀分布而且无限延伸，因此与 y 轴垂直的任何平面上的应力状态都完全相同。这种情况就属于弹性力学中的平面问题，此时

$$\tau_{xy} = \tau_{yx} = \tau_{yz} = \tau_{zy} = 0 \qquad (4\text{-}28)$$

$$\sigma_y = \mu(\sigma_x + \sigma_z) \qquad (4\text{-}29)$$

因此，在平面问题中需要计算的应力分量只有 σ_z、σ_x 和 τ_{xz} 三个。

2. 均布的条形荷载

设一个竖向条形荷载沿宽度方向（图 4-23b 中 x 轴方向）均匀分布，则均布的条形荷载 p_0 沿 x 轴上某微分段 dx 上的荷载可以用线荷载 $\bar{p}$ 代替，并引入 oM 线与 z 轴线的夹角 β，得：

$$\bar{p} = p_0 dx = \frac{p_0 R_1}{\cos\beta}d\beta$$

因此，可以利用式（4-25）求得地基中任意点 M 处的附加应力，用极坐标表示如下：

$$\sigma_z = \int_{\beta_1}^{\beta_2} d\sigma_z = \int_{\beta_1}^{\beta_2}\frac{2p_0}{\pi}\cos^2\beta d\beta = \frac{p_0}{\pi}\left[\sin\beta_2\cos\beta_2 - \sin\beta_1\cos\beta_1 + (\beta_2 - \beta_1)\right] \qquad (4\text{-}30)$$

同理得：

$$\sigma_x = \frac{p_0}{\pi}\left[-\sin(\beta_2 - \beta_1)\cos(\beta_2 + \beta_1) + (\beta_2 - \beta_1)\right] \qquad (4\text{-}31)$$

$$\tau_{xz} = \tau_{zx} = \frac{p_0}{\pi}\left[\sin^2\beta_2 - \sin^2\beta_1\right] \qquad (4\text{-}32)$$

各式中，当 M 点位于荷载分布宽度两端点竖直线之间时，β_1 取负值。

将式（4-30）、式（4-31）和式（4-32）代入下列材料力学公式，可以求得 M 点的大主应力 σ_1 与小主应力 σ_3：

$$\begin{array}{c}\sigma_1\\\sigma_3\end{array} = \frac{\sigma_z + \sigma_x}{2} \pm \sqrt{\left(\frac{\sigma_z - \sigma_x}{2}\right)^2 + \tau_{xz}^2} = \frac{p_0}{\pi}\left[(\beta_2 - \beta_1) \pm \sin(\beta_2 - \beta_1)\right] \qquad (4\text{-}33)$$

设 β_0 为 M 点与条形荷载两端连线的夹角，则 $\beta_0 = \beta_2 - \beta_1$，（$M$ 点在荷载宽度范围内时，为 $\beta_2 + \beta_1$）于是上式变为

$$\begin{array}{c}\sigma_1\\\sigma_3\end{array} = \frac{p_0}{\pi}(\beta_0 \pm \sin\beta_0) \qquad (4\text{-}34)$$

σ_1 的作用方向与 β_0 角的平分线一致。上式主要为第 9 章研究地基承载力的平面问题时提供的地基附加应力公式。

为了计算方便，还可以将上述 σ_z、σ_x 和 τ_{xz} 三个公式，改用直角坐标表示。此时，取条形荷载的中点为坐标原点，则 $M(x, z)$ 点的三个附加应力分量如下：

$$\sigma_z = \frac{p_0}{\pi}\left[\arctan\frac{1-2n}{2m} + \arctan\frac{1+2n}{2m} - \frac{4m(4n^2 - 4m^2 - 1)}{(4n^2 + 4m^2 - 1)^2 + 16m^2}\right] = K_{sz}p_0$$

$$(4\text{-}35)$$

$$\sigma_{\mathrm{x}} = \frac{p_0}{\pi}\left[\arctan\frac{1-2n}{2m} + \arctan\frac{1+2n}{2m} + \frac{4m(4n^2-4m^2-1)}{(4n^2+4m^2-1)^2+16m^2}\right] = K_{\mathrm{sx}}p_0 \tag{4-36}$$

$$\tau_{\mathrm{xz}} = \tau_{\mathrm{zx}} = \frac{p_0}{\pi}\frac{32m^2n}{(4n^2+4m^2-1)^2+16m^2} = K_{\mathrm{sxz}}p_0 \tag{4-37}$$

以上式中 K_{sz}、K_{sx} 和 K_{sxz} 分别为均布条形荷载下相应的三个附加应力系数,都是 $m=z/b$ 和 $n=x/b$ 的函数,可由表 4-13 查得。

表 4-10

x/b	z/b	z（m）	K_{sz}	$\sigma_z = K_{\mathrm{sz}}p_0$（kPa）
0	0	0	1.00	$1.00\times200=200$
0	0.5	0.7	0.82	164
0	1	1.4	0.55	110
0	1.5	2.1	0.40	80
0	2	2.8	0.31	62
0	3	4.2	0.21	42
0	4	5.6	0.16	32

【例 4-4】 某条形基础底面宽度 $b=1.4\mathrm{m}$,作用于基底的平均附加压力 $p_0=200\mathrm{kPa}$,要求确定:(1)均布条形荷载中点 o 下的地基附加应力 σ_z 分布;(2)深度 $z=1.4\mathrm{m}$ 和 $2.8\mathrm{m}$ 处水平面上的 σ_z 分布;(3)在均布条形荷载边缘以外 $1.4\mathrm{m}$ 处 o_1 点下的 σ_z 分布。

【解】 (1)计算 σ_z 时选用表 4-13 列出的 $z/b=0.5$、1、1.5、2、3、4 等反算出深度 $z=0.7$、1.4、2.1、2.8、4.2、5.6m 等处的 σ_z 值,并绘出分布图,列于表 4-10 及图 4-24 中。

(2)及(3)的 σ_z 计算结果分别列于表 4-11 及表 4-12。

此外,在图 4-24 中还以虚线绘出 $\sigma_z=0.2p_0=40\mathrm{kPa}$ 的等值线图。

表 4-11

z（m）	z/b	x/b	K_{sz}	σ_z（kPa）
1.4	1	0	0.55	110
1.4	1	0.5	0.41	82
1.4	1	1	0.19	38
1.4	1	1.5	0.07	14
1.4	1	2	0.03	6
2.8	2	0	0.31	62
2.8	2	0.5	0.28	56
2.8	2	1	0.20	40
2.8	2	1.5	0.13	26
2.8	2	2	0.08	16

表 4-12

z（m）	z/b	x/b	K_{sz}	σ_z（kPa）
0	0	1.5	0	0
0.7	0.5	1.5	0.02	4
1.4	1	1.5	0.07	14
2.1	1.5	1.5	0.11	22
2.8	2	1.5	0.13	26
4.2	3	1.5	0.14	28
5.6	4	1.5	0.12	24

从上例计算成果中,可见均布条形荷载下地基中附加应力 σ_z 的分布规律如下:

(1) σ_z 不仅发生在荷载面积之下,而且分布在荷载面积以外相当大的范围之下,这就是所谓地基附加应力的扩散分布;

(2) 在离基础底面(地基表面)不同深度 z 处各个水平面上,以基底中心点下轴线处的 σ_z 为最大,随着距离中轴线愈远愈小;

(3) 在荷载分布范围内任意点沿垂线的 σ_z 值,随深度愈向下愈小。

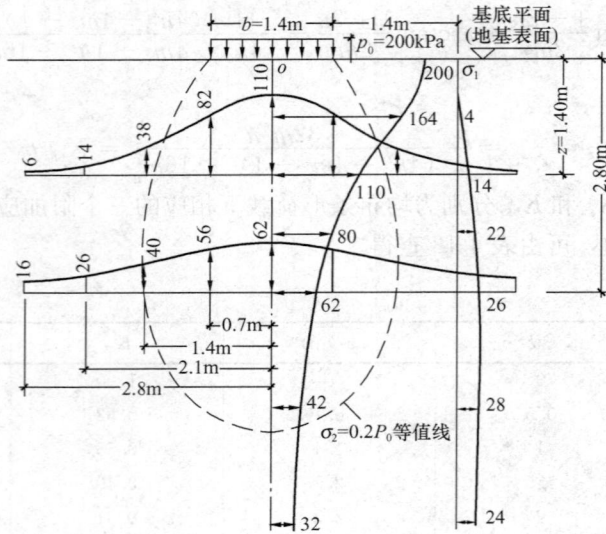

图 4-24 σ_z 分布图

地基附加应力的分布规律，还可以用上面已经使用过的"等值线"的方式完整地表示出来。例如，如图 4-25 所示，附加应力等值线的绘制方法是在地基剖面中划分许多方形网格，使网格结点的坐标恰好是均布条形荷载半宽（0.5b）的整倍数，查表 4-13 可得各结点的附加应力 σ_z、σ_x 和 τ_{xz}，然后以插入法绘成均布条形荷载下三种附加应力的等值线图（图 4-25a、c、d）。此外，还附有均布方形荷载下 σ_z 等值线图（图 4-25b）以资比较。

由图 4-25 （a）及（b）可见，方形荷载所引起的 σ_z，其影响深度要比条形荷载小得多，例如，方形荷载中心下 $z=2b$ 处 $\sigma_z \approx 0.1 p_0$，而在条形荷载下 $\sigma_z = 0.1\,p_0$ 的等值线则约在中心下 $z \approx 6b$ 处通过。

由条形荷载下的 σ_x 和 τ_{xz} 的等值线图可见，σ_x 的影响范围较浅，所以基础下地基土的侧向变形主要发生于浅层；而 τ_{xz} 的最大值出现于荷载边缘，所以位于基础边缘下的土容易发生剪切滑动而出现塑性变形区（详见第 9 章）。

均布条形荷载下的附加应力系数   表 4-13

z/b	x/b																	
	0.00			0.25			0.50			1.00			1.50			2.00		
	K_{sz}	K_{sx}	K_{sxz}	K_{sz}	K_{sx}	K_{sxz}	K_{sz}	K_{sx}	K_{sxz}	K_{sz}	K_{sx}	K_{sxz}	K_{sz}	K_{sx}	K_{sxz}	K_{sz}	K_{sx}	K_{sxz}
0.00	1.00	1.00	0	1.00	1.00	0	0.50	0.50	0.32	0	0	0	0	0	0	0	0	0
0.25	0.96	0.45	0	0.90	0.39	0.13	0.50	0.35	0.30	0.02	0.17	0.05	0.00	0.07	0.01	0	0.04	0
0.50	0.82	0.18	0	0.74	0.19	0.16	0.48	0.23	0.26	0.08	0.21	0.13	0.02	0.12	0.04	0	0.07	0.02
0.75	0.67	0.08	0	0.61	0.10	0.13	0.45	0.14	0.20	0.15	0.22	0.16	0.04	0.14	0.07	0.02	0.10	0.04
1.00	0.55	0.04	0	0.51	0.05	0.10	0.41	0.09	0.16	0.19	0.15	0.16	0.07	0.14	0.10	0.03	0.13	0.05
1.25	0.46	0.02	0	0.44	0.03	0.07	0.37	0.06	0.12	0.20	0.11	0.14	0.10	0.12	0.10	0.04	0.11	0.07
1.50	0.40	0.01	0	0.38	0.02	0.06	0.33	0.04	0.10	0.21	0.08	0.11	0.11	0.11	0.10	0.06	0.10	0.07
1.75	0.35	—	0	0.34	0.01	0.04	0.30	0.03	0.08	0.21	0.06	0.11	0.13	0.09	0.10	0.07	0.09	0.08

z/b	x/b																	
	0.00			0.25			0.50			1.00			1.50			2.00		
	K_{sz}	K_{sx}	K_{sxz}	K_{sz}	K_{sx}	K_{sxz}	K_{sz}	K_{sx}	K_{sxz}	K_{sz}	K_{sx}	K_{sxz}	K_{sz}	K_{sx}	K_{sxz}	K_{sz}	K_{sx}	K_{sxz}
2.00	0.31	—	0	0.31	—	0.03	0.28	0.02	0.06	0.20	0.05	0.10	0.14	0.07	0.10	0.08	0.08	0.08
3.00	0.21	—	0	0.21	—	0.02	0.20	0.01	0.03	0.17	0.02	0.06	0.13	0.03	0.07	0.10	0.04	0.07
4.00	0.16	—	0	0.16	—	0.01	0.15	—	0.02	0.14	0.01	0.03	0.12	0.02	0.05	0.10	0.03	0.05
5.00	0.13	—	0	0.13	—		0.12	—		0.12	—		0.11	—		0.09		
6.00	0.11	—	0	0.10	—		0.10	—		0.10	—		0.10					

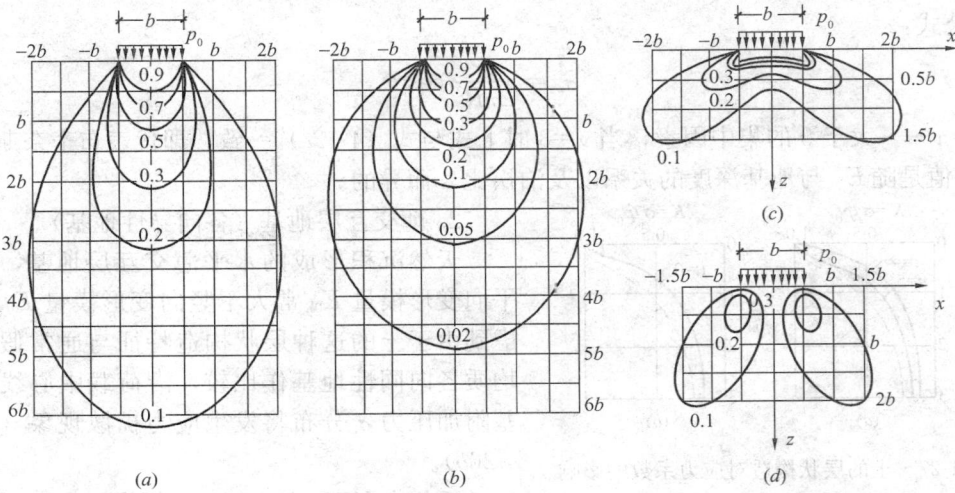

图 4-25 地基附加应力等值线

（a）等 σ_z 线（条形荷载）；（b）等 σ_z 线（方形荷载）；
（c）等 σ_x 线（条形荷载）；（d）等 τ_{xz} 线（条形荷载）

4.4.4 非均质和各向异性地基中的附加应力

以上介绍的地基附加应力计算都是考虑柔性荷载和均质各向同性土体的情况，而实际上往往并非如此，如地基中土的变形模量常随深度而增大，有的地基土具有较明显的薄交互层状构造，有的则是由不同压缩性土层组成的成层地基等等。对于这样一些问题的考虑是比较复杂的，目前也未得到完全的解答。但从一些简单情况的解答中可以知道：把非均质或各向异性地基与均质各向同性地基相比较，可以看出，其对地基竖向正应力 σ_z 的影响，不外乎有两种情况：一种是发生应力集中现象（图 4-26a），另一种则是发生应力扩散现象（图 4-26b）。

1. 变形模量随深度增大的地基（非均质地基）

在地基中，土的变形模量 E_0 值常随地基深度增大而增大。这种现象在砂土中尤其显著。与通常假定的均质地基（E_0 值不随深度变化）相比较，沿荷载中心线下，前者的地基附加应力 σ_z 将发生应力集中（图 4-26a）。这种现象从实验和理论上都得到了证实。对于一个集中力 P 作用下地基附加应力 σ_z 的计算，可采用费洛列希（Frohlich）等建议的半

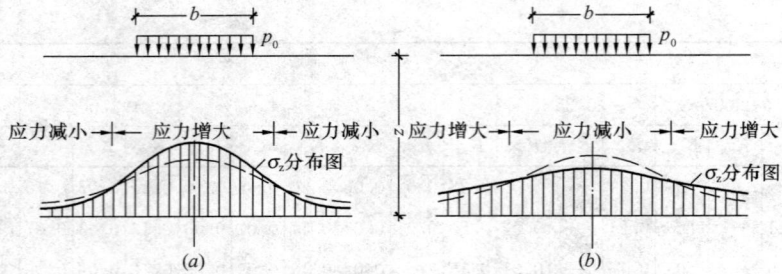

图 4-26　非均质和各向异性地基对附加应力的影响

（虚线表示均质地基中水平面上的附加应力分布）

(a) 发生应力集中；(b) 发生应力扩散

经验公式：

$$\sigma_z = \frac{\nu P}{2\pi R^2} \cos^\nu \theta \tag{4-38}$$

式中　ν——大于 3 的集中因素，当 $\nu=3$ 时上式与式（4-12c）一致，即代表布辛奈斯克解答，ν 值是随 E_0 与地基深度的关系以及泊松比 μ 而异的。

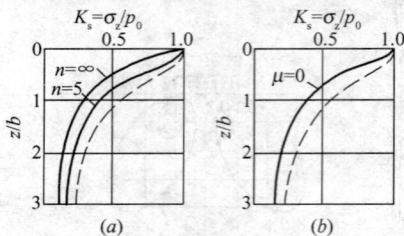

图 4-27　土的层状构造对应力系数的影响

－－－－按均质各向同性的解；

——考虑到土的层状构造的解；

(a) $E_{0h}=E_{0v}$ $(n>1)$；

(b) 根据韦斯脱加特的解（取 $\mu=0$）

2. 薄交互层地基（各向异性地基）

天然沉积形成的水平薄交互层地基，其水平向变形模量 E_{0h} 常大于竖向变形模量 E_{0v}。考虑到由于土的这种层状构造特征与通常假定的均质各向同性地基作比较，沿荷载中心线下地基附加压力 σ_z 分布将发生应力扩散现象（见图 4-26b）。

沃尔夫（Wvolf，1935）假设 $n=E_{0h}/E_{0v}$ 为一大于 1 的经验常数，而得出了完全柔性均布条形荷载 p_0 中心线下竖向附加应力系数 K_z 与相对深度 z/b 的关系，如图 4-27（a）中实线所示，而图中虚线则表示相应于均质各向同性时的解答。可见，考虑到 $E_{0h}>E_{0v}$ 的因素，附加应力系数 K_s 将随着 n 值的增加而变小。

韦斯脱加特（Westergaard，1938）假设半空间体内夹有间距极小、完全柔性的水平薄层，这些薄层只允许产生竖向变形，从而得出了集中荷载 P 作用下地基中附加应力 σ_z 的公式：

$$\sigma_z = \frac{C}{2\pi} \frac{1}{\left[C^2 + \left(\frac{r}{z} \right)^2 \right]^{3/2}} \frac{P}{z^2} \tag{4-39}$$

把上式与布辛奈斯克解［式（4-15）］相比较，它们在形式上有相似之处，其中

$$C = \sqrt{\frac{1-2\mu}{2(1-\mu)}} \tag{4-40}$$

式中，μ 为柔性薄层的泊松比，如取 $\mu=0$，则 $C=\frac{1}{\sqrt{2}}$。图 4-27（b）中给出了均布条形荷载 P_0 中心线下的竖向附加应力系数 K_s 与 z/b 的关系。必须指出，土的泊松比 μ 均大

于零，一般 $\mu=0.3\sim0.4$。μ 值愈大，所得的附加应力系数 K_s 愈小。

3. 双层地基（非均质地基）

天然形成的双层地基有两种可能的情况：一种是岩层上覆盖着不厚的可压缩土层；另一种则是上层坚硬、下层软弱的双层地基。前者在荷载作用下将发生应力集中现象（见图 4-26a），而后者则将发生应力扩散现象（见图 4-26b）。

图 4-28 所示均布荷载中心线下竖向应力分布的比较，图中曲线 1（虚线）为均质地基中的附加应力分布图，曲线 2 为岩层上可压缩土层中的附加应力分布图，而曲线 3 则表示上层坚硬下层软弱的双层地基中的附加应力分布图。

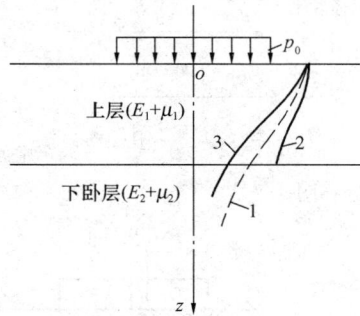

由于下卧刚性岩层的存在而引起的应力集中的影响与岩层的埋藏深度有关，岩层埋藏愈浅，应力集中的影响愈显著。

图 4-28 双层地基竖向
应力分布的比较

在坚硬的上层与软弱下卧层中引起的应力扩散随上层厚度的增大而更加显著；它还与双层地基的变形模量 E_0、泊松比 μ 有关，即随下列参数 f 的增加而显著：

$$f=\frac{E_{01}}{E_{02}}\frac{1-\mu_2^2}{1-\mu_1^2} \tag{4-41}$$

式中　E_{01}、μ_1——上层的变形模量和泊松比；

　　　E_{02}、μ_2——软弱下卧层的变形模量和泊松比。

由于土的泊松比变化不大（一般 $\mu=0.3\sim0.4$），故参数 f 值的大小主要取决于变形模量的比值 E_{01}/E_{02}。

思　考　题

1. 计算由土的自重引起的水平向应力 σ_{cx} 时，只要把竖向应力 σ_{cz} 乘一个静止侧向压力系数 K_0 就可以了。为什么 σ_{cz} 一定要采用扣除浮力后的有效应力来计算？如果要求由基底附加应力引起的水平向应力时，是否可以采用同样的方法来计算？为什么？

2. 基础底面下什么部位的剪应力最大？这在工程上有哪些实用意义？

3. 在计算地基中自重应力和荷载作用下附加应力时，作了哪些假设？请谈谈这些假设可能带来的影响。

4. 地基中附加应力的传播、扩散有什么规律？各种荷载、不同形状基础下地基中各点附加应力计算有何异同？

习　题

1. 某建筑场地的地层分布均匀，第一层杂填土厚 1.5m，$\gamma=17kN/m^3$；第二层粉质黏土厚 4m，$\gamma=19kN/m^3$，$d_s=2.73$，$w=31\%$，地下水位在地面下 2m 深处；第三层淤泥质黏土厚 8m，$\gamma=18.2kN/m^3$，$d_s=2.74$，$w=41\%$；第四层粉土厚 3m，$\gamma=19.5kN/m^3$，$d_s=2.72$，$w=27\%$；第五层砂岩（透水）未钻穿。试计算各层交界处的竖向自重应力 σ_{cz}，并绘出 σ_{cz} 沿深度的分布图。

2. 按图 4-29 给出的资料，计算并绘制地基中的自重应力 σ_{cz} 沿深度的分布曲线。

如地下水位因某种原因骤然下降至高程 35m 以下，问此时地基中的自重应力分布有何改变？并用图

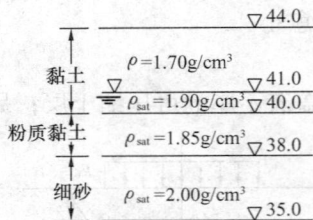

图 4-29 习题 2 附图

表示之。(提示：地下水位骤然下降时，细砂层成为非饱和状态，其密度 $\rho=1.82\text{g/cm}^3$，黏土和粉质黏土均因渗透性小，排水不多，含水情况不变)。

3. 已知长条形基础宽 6m，集中荷载 1200kN/m，偏心距 $e=0.25$m。求 A 点的附加应力，如图 4-30 所示。

4. 某构筑物基础如图 4-31 所示，在设计地面标高处作用有偏心荷载 680kN，偏心距 1.31m，基础埋深为 2m，底面尺寸为 4m×2m。试求基底平均压力 p 和边缘最大压力 p_{max}，并绘出沿偏心方向的基底压力分布图。

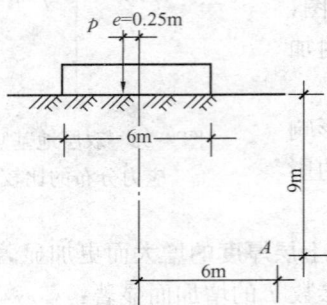

图 4-30 习题 3 附图

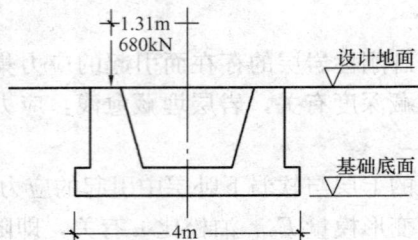

图 4-31 习题 4 附图

5. 某条形基础的宽度为 2m，在梯形分布的条形荷载（附加应力）作用下，基底边缘附加应力 $p_{0max}=200$kPa，$p_{0min}=100$kPa。试求基底宽度中点下和边缘两点下 3m 深度处的 σ_z 值。

6. 有甲乙两幢整体基础的相邻建筑物，如图 4-32 所示，相距 15m。建筑物甲基底压力为 100kN/m²，建筑物乙为 150kN/m²。试求 A 点下 20m 处的 σ_z。(答案 27.6)

7. 一土堤的截面如图 4-33 所示。堤身土体重度 $\gamma=18.0$kN/m³，试按一般应力计算方法，计算土堤轴线上黏土层中 A、B、C 三点的竖直向附加应力 σ_z、σ_x 和 τ_{xz} 的分布。

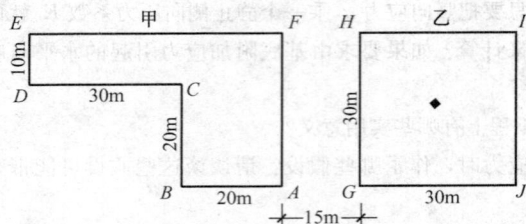

图 4-32 习题 6 附建筑物平面图

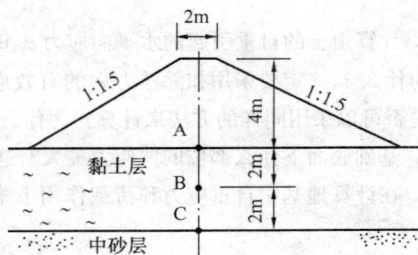

图 4-33 习题 7 附图

本 章 参 考 文 献

1. 华南理工大学等编. 地基及基础. 北京：中国建筑工业出版社，2001

2. 赵树德主编. 土力学. 北京：高等教育出版社，2005

3. 陈仲颐等主编. 土力学. 北京：清华大学出版社，2000

4. 蔡伟铭、胡中雄编. 土力学与基础工程. 北京：中国建筑工业出版社，1991

5. 龚晓南主编. 土力学. 北京：中国建筑工业出版社，2004

第5章 土的压缩性和固结理论

5.1 概 述

1. 土的压缩性的概念

土在压力作用下，土体积会缩小。土体积的缩小，从土的组成来看，无外乎表现在以下三个方面：一是土粒的压缩变形；二是土体孔隙中的水和气的压缩变形；三是土孔隙中的水和气排出，土孔隙的体积减小。试验研究表明，在一般压力荷载（100～600kPa）作用下，土粒和水的压缩与总的压缩量之比很微小；而土孔隙中的气体的压缩变形，只有在土的饱和度很高，气体以封闭的气泡形式出现时才会发生，但因量很少，其压缩量一般忽略不计。这样完全可以把土的压缩看成是土中孔隙体积的减少，即孔隙中的水和气在压力作用下排出。与此同时，土粒调整位置、重新排列，土颗粒相互挤紧。因而，在研究和计算土在压力荷载作用下的压缩变形量时，可从孔隙体积随压力荷载的变化分析；由于土粒体积不变，孔隙比的改变就反映了孔隙体积的变化；所以，目前在土的压缩性研究时研究的是土孔隙比随压力荷载的变化情况。土体这种在压力荷载作用下体积缩小的特性称为土的压缩性（compressibility）。

2. 土的变形特性

研究地基土体在建筑物荷载作用下的变形，需要根据荷载在土体内部引起的内力以及土体在应力作用下的变形特性，通过土体的压缩性指标，从而计算出相应的地基土体的压缩变形量。压缩性指标可以通过试验取得，包括室内试验或原位测试。室内试验测定土的压缩性指标，通常采用的是侧限条件下的固结试验。土的固结试验得到的压缩性指标，是在土体没有侧向变形条件下得到的，而实际工程中土体存在着侧向变形。可以通过原位测试，比较实际地反映出土体的压缩变形特性。原位测试常用的有现场载荷试验、旁压试验等，原位测试可以确定出土体的变形模量。相比较，原位测试避免了室内试验因取土而产生的试验土体的应力释放和扰动的影响；但是，原位测试时间比较长，需要比较重的设备，而且操作复杂、费用较昂贵。

3. 饱和土的固结

土体的压缩存在一个过程。对于饱和土体，随着土体的压缩，土中孔隙的体积逐渐缩小。饱和土体在压力作用下，土的体积逐渐减小的过程称为土的固结（consolidation）。通过对土的固结理论的分析，可以得到某一时期的土体的压缩变形。

5.2 固结试验和土的压缩性指标

5.2.1 固结试验和压缩曲线

室内侧限压缩试验亦称固结试验。所谓侧限就是使土样在竖向压力作用下只能发生竖向变形，而无侧向变形。侧限压缩试验采用的试验装置为压缩仪或固结仪。固结仪由固结容器、加压设备和测量设备组成（图 5-1）。试验时取原状土样置于压缩仪的刚性护环中，在土样上下各放置透水石，土样受压后通过上下两个界面排出孔隙水。土样由于金属环刀及刚性护环的限制，使得土样在竖向压力作用下只能发生竖向变形，而无侧向变形。压缩过程中竖向压力通过加压上盖刚性板施加给土样，土样产生的压缩量可通过百分表量测。试验时逐级加压，可以测出每级压力作用下土样竖向压缩变形稳定后的竖向变形量，根据压缩过程中土样变形与土的三相指标的关系，可以计算出每级压力下土样变形稳定时对应的孔隙比 e，孔隙比按下面方法计算。

如图 5-2 所示，设土样的初始高度为 H_0，在荷载 p_i 作用下土样压缩变形稳定后的高度 H_i，土粒体积在压缩过程中不变化，令 $V_s=1$。根据土的孔隙比的定义，则受压前后土孔隙体积 V_v 分别为 e_0 和 e_i。根据荷载作用下土样压缩稳定后的土样高度 H_i，可求出相应的孔隙比 e_i 的计算公式（因为受压前后土粒体积不变，土样横截面积 $A=1$，受压前后不变化，所以试验前后试样中固体颗粒所占的高度不变）：

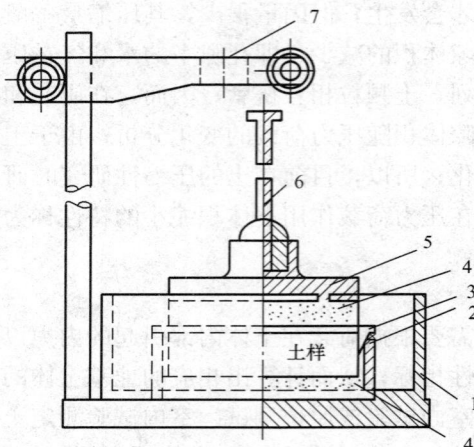

图 5-1　侧限压缩试验固结仪示意图
1—水槽；2—刚性护环；3—环刀；4—透水石；
5—加压上盖；6—量表导杆；7—量表架

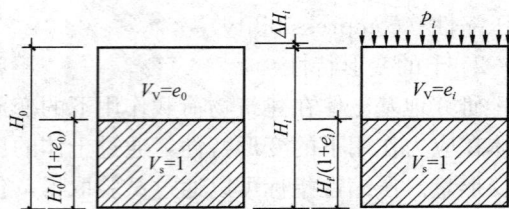

图 5-2　侧限条件下土样孔隙比的变化

$$\frac{H_0}{1+e_0} = \frac{H_0 - \Delta H_i}{1+e_i} \qquad (5\text{-}1a)$$

$$\frac{\Delta H_i}{H_0} = \frac{e_0 - e_i}{1+e_0} \qquad (5\text{-}1b)$$

$$e_i = e_0 - \frac{\Delta H_i}{H_0}(1+e_0) \qquad (5\text{-}2)$$

公式中土样初始孔隙比 $e_0 = d_s(1+w_0)\rho_w/\rho_0 - 1$，其中 d_s、w_0、ρ_0、ρ_w 分别为土粒相对密度、初始含水量、土样初始密度和水的密度。因此只要测得土样在荷载 p_i 作用下压缩变形稳定后的高度 H_i，就可按上式算得相应的孔隙比 e_i，从而绘制出土的压缩曲线。

常规压缩试验通过逐级加荷进行试验，常用的分级加荷量 p 为：50kPa，100kPa，200kPa，300kPa，400kPa。在每级荷载作用下土样压缩变形稳定以后，测取土样的竖向压缩变形量 H_i，计算出相应的孔隙比 e_i，从而得出孔隙比随压力荷载的变化曲线：$e\text{-}p$ 曲

线和 e-lg$p$ 曲线，即土的压缩曲线如图 5-3 所示为密实砂土和软黏土的压缩曲线。

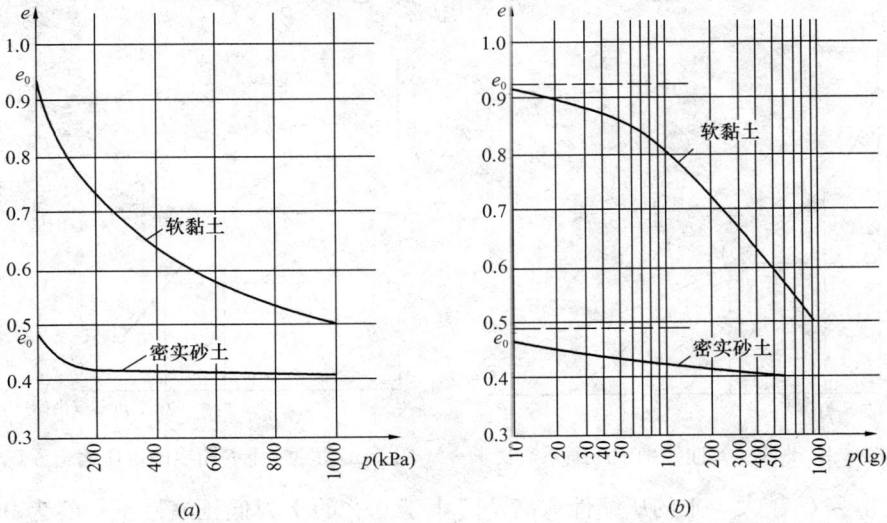

图 5-3　土的压缩曲线
(a) e-p 曲线；(b) e-lg$p$ 曲线

5.2.2　侧限压缩性指标

通过室内侧限压缩试验得到的侧限压缩性指标有：压缩系数、压缩指数、压缩模量以及体积压缩系数等，用于分析土的压缩性和计算地基的变形。

1. 压缩系数

土压缩系数的定义是：土体在侧限条件下土的孔隙比的减少值和有效应力增量之比（MPa^{-1}），即由室内侧限压缩试验的 e-p 曲线上一点的斜率。压缩系数用 a 表示。

$$a = -\frac{\mathrm{d}e}{\mathrm{d}p} \tag{5-3}$$

式中的负号表示随着压力 p 的增加，孔隙比 e 的减少。实用上可以用某一压力间隔 $p_1 \sim p_2 = (p_1 + \Delta p)$，对应的 e-p 曲线的割线的斜率来描述土压缩性（图 5-4）。这样压缩系数 a 表示为：

$$a = \frac{\Delta e}{\Delta p} = \frac{e_1 - e_2}{p_2 - p_1} \quad (\mathrm{MPa}^{-1}) \tag{5-4}$$

工程上取建造建筑物以前地基土某一点土的自重应力为 p_1，建造建筑物以后地基土中该点的自重应力与附加应力之和为 p_2，来计算地基的变形和分析地基土的压缩性。为了评价地基土的压缩性，规范规定以 $p_1 = 100\mathrm{kPa}$、$p_2 = 200\mathrm{kPa}$ 相应的压缩系数 a_{1-2} 作为评价标准。压缩系数 a_{1-2} 的值愈大，土的压缩性愈高。

当 $a_{1-2} < 0.1\mathrm{MPa}^{-1}$ 时，为低压缩性土；$0.1\mathrm{MPa}^{-1} \leqslant a_{1-2} < 0.5\mathrm{MPa}^{-1}$ 时，为中等压缩性土；$a_{1-2} \geqslant 0.5\mathrm{MPa}^{-1}$ 时，为高压缩性土。

2. 压缩指数

土的压缩指数的定义是：土体在侧限条件下孔隙比的减小量与有效应力常用对数的增量的比值，即土的压缩曲线 e-lg$p$ 曲线直线段的斜率（图 5-5），用 C_c 表示，称为压缩指数。

$$C_c = \frac{e_1 - e_2}{\lg p_2 - \lg p_1} = \Delta e / \lg \frac{p_2}{p_1} \qquad (5\text{-}5)$$

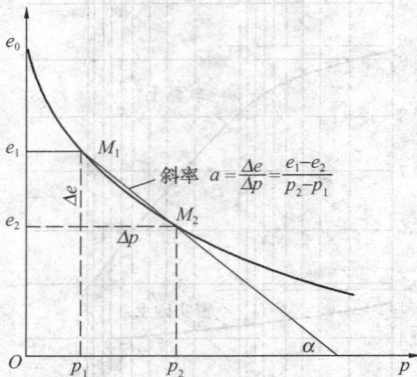

图 5-4　根据 $e\text{-}p$ 曲线确定压缩系数 α　　图 5-5　根据 $e\text{-}\lg p$ 曲线确定压缩指数 C_e

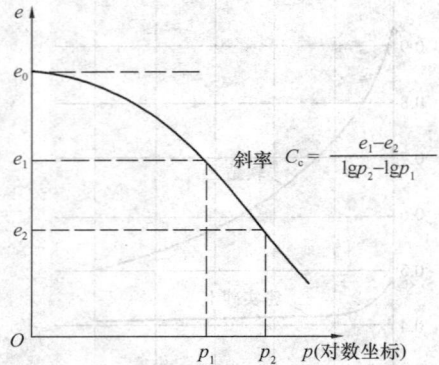

压缩指数 C_c 越大，土的压缩性愈高；C_c 小于 0.2 的土为低压缩性土；C_c 为 0.2～0.4 的土为中等压缩性土；C_c 大于 0.4 的土为高压缩性土。

3. 压缩模量

土的压缩模量的定义：土的压缩模量 E_s 是指土体在完全侧限条件下竖向附加应力与相应竖向应变增量的比值（MPa）。

$$E_s = \frac{\Delta p}{\varepsilon_z} = \frac{\sigma_z}{\varepsilon_z} \qquad (5\text{-}6)$$

压缩模量可根据下式进行计算：

$$E_s = \frac{1 + e_1}{a} \qquad (5\text{-}7)$$

式中　E_s——土的压缩模量（kPa 或 MPa）；

　　　a——土的压缩系数（kPa^{-1} 或 MPa^{-1}）；

　　　e_1——土在 p_1 荷载作用下变形稳定后的孔隙比。

上式的推导：

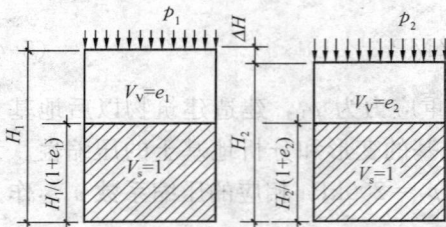

图 5-6　侧限条件下土样高度变化与孔隙比变化的关系

图 5-6 所示，土样在侧限条件下压力从 p_1 增加到 p_2，受压过程中土粒体积不变，土样无侧向变形，受压前后土样上下底面积 A 不改变，则有：

$$H_1 \cdot A = V_s + V_v = 1 + e_1$$
$$H_2 \cdot A = V_s + V_v = 1 + e_2$$

则有：

$$\frac{H_1}{H_2} = \frac{1 + e_1}{1 + e_2} \qquad (5\text{-}8a)$$

或

$$\frac{\Delta H}{H_1} = \frac{e_1 - e_2}{1 + e_1} \qquad (5\text{-}8b)$$

根据压缩模量的定义：

90

$$E_s = \frac{\Delta p}{\frac{\Delta H}{H_1}} = \frac{\Delta p}{\frac{(e_1 - e_2)}{(1 + e_1)}} = \frac{1 + e_1}{a} \quad (5\text{-}9)$$

土的压缩模量是反应土的特性的一个重要指标，压缩模量 E_s 值越大，土的压缩性越小；反之，土的压缩性越高。参照压缩系数评价土的压缩性的高低，当 $a_{1-2} < 0.1 \text{MPa}^{-1}$ 时，近似取 $e = 0.6$ 时（低压缩性土），有 $E_{s,1-2} > 16 \text{MPa}$；当 $a_{1-2} \geqslant 0.5 \text{MPa}^{-1}$ 时，高压缩性土近似取 $e = 1.0$，有 $E_{s,1-2} < 4 \text{MPa}$。

4. 体积压缩系数 m_v

体积压缩系数 m_v 是指土体在单位应力作用下单位体积的体积变化。无侧限条件下，即为单位厚度的压缩量。土的体积压缩系数是根据侧限压缩试验的 e-p 曲线求得的又一个压缩性指标。

$$m_v = \frac{a}{1 + e_1} \quad (5\text{-}10)$$

体积压缩系数与压缩模量有如下关系：

$$m_v = \frac{1}{E_s} \quad (5\text{-}11)$$

同压缩系数一样，土的体积压缩系数 m_v 值越大，土的压缩性越高。

5.2.3 土的回弹与再压缩

在进行室内试验过程中，当对土样施加的压力加到某一数值后，逐渐卸压，土样将发生回弹，土体膨胀，孔隙比增大。若测得回弹稳定后的孔隙比，则可绘制相应的孔隙比与压力的关系曲线称为回弹曲线。图 5-7 所示为试验室测得的土体的回弹和再压缩 e-p 曲线和 e-$\lg p$ 曲线。

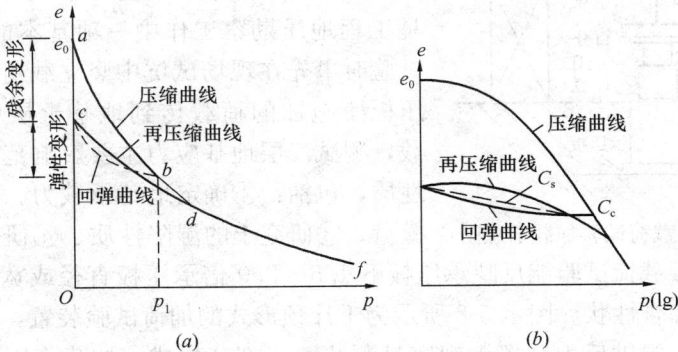

图 5-7 土的回弹和再压缩曲线
(a) e-p 曲线；(b) e-$\lg p$ 曲线

根据土的压缩、回弹和再压缩曲线，可以用于分析某些大型基础开挖后，基础沉降的计算。对于一些开挖面积比较大、开挖深度比较深的基础，由于开挖后卸去的土的重量比较大，当比较大的自重应力解除后，基坑地基土回弹；当建造基础以后，由于基础荷载的施加，地基土体进行再压缩。因此，在预估基础的沉降时，应考虑到基础的回弹和再压缩过程，从而利用回弹和再压缩曲线计算基础的沉降量。

5.3 土的变形模量与弹性模量

5.3.1 土的变形模量

变形模量：土体在无侧限条件下竖向应力与相应应变的比值，称为土的变形模量，用 E_0 表示。土体的变形包括弹性变形和残余变形两部分，且残余变形为多，所以，区别于一般弹性材料，土体的应力与应变之比称为变形模量，其大小反映了土体抵抗弹塑性变形的能力。

变形模量可以通过现场原位试验——载荷试验或旁压试验测定，通过载荷试验或旁压试验测得地基沉降（或土体变形）与压力之间近似的比例关系，然后利用地基沉降的弹性力学公式计算出土的变形模量。

5.3.2 以载荷试验测定土的变形模量

平板载荷试验（PLT：plate-load-test），简称载荷试验，是指在现场保持地基土天然状态下，通过一定面积的承压板向地基土逐级施加荷载，来测定承压板下应力主要影响范围内岩土的承载力，观测每级荷载下地基土的变形特性；它是工程地质勘察的一项原位测试方法。载荷试验可分为浅层平板载荷试验、深层平板载荷试验和螺旋板载荷试验三种。浅层平板载荷试验适用于浅层地基土；深层平板载荷试验适用于埋深大于 3m 和地下水位以上的地基土；螺旋板载荷试验适用于深层地基土或地下水位以下的地基土。

《岩土工程勘察规范》（GB 50021—2001）规定，载荷试验应布置在有代表性的地点，每个场地不宜小于 3 个点。当场地内岩土体不均匀时，应适当增加试验点。浅层平板载荷试验应布置在基础底面标高处。

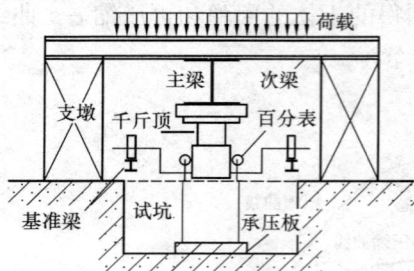

图 5-8　浅层平板载荷试验加载示意图

1. 浅层平板载荷试验

浅层平板载荷试验（shallow-plate-load-test）是工程地质勘察工作中一项基本的原位测试方法，试验时事先在现场试坑中竖立载荷架，然后通过承压板使施加的荷载传到地基土层中，通过逐级加载，测试浅层地基应力主要影响范围内的土的力学性质，包括：①确定地基承载力、②测定土的变形模量、③研究土的湿陷性质、④研究地基土的变形特征等。浅层平板载荷试验能反映承压板下 1.5～2.0 倍承压板直径或宽度范围内，地基土强度、变形的综合性状。图示 5-8 所示为千斤顶形式的加荷试验装置，试验装置构造包括加荷稳压装置、提供反力装置和观察量测装置三部分构成。加荷稳压装置包括有承压板、立柱、加荷千斤顶和稳压器等，提供反力装置包括地锚系统或者堆重系统等；观测系统包括固定支架和百分表等。承压板采用刚性承压板，《建筑地基基础设计规范》（GB 50007）规定承压板的形状宜采用圆形，浅层平板载荷试验的承压板底面积不应小于 0.25m²，对软土及粒径较大的填土则不应小于 0.5m²（正方形边长 0.707m×0.707m 或圆形直径 0.798m）。为模拟半空间地基表面的局部荷载，基坑宽度不应小于承压板宽度或直径的 3 倍。

载荷试验测试点通常布置在取试样的技术钻孔附近，当地质构造简单时，距离不应超过 10m，在其他情况下则不应超过 5m，但也不宜小于 2m。必须注意保持试验土层的原状结构和天然湿度，在承压板下用不超过 20mm 厚的粗、中砂层找平。为避免扰动，需尽快安装试验设备。

载荷试验所施加的总荷载，应尽量接近预计地基极限荷载。第一级荷载（包括设备重）宜接近开挖浅试坑所卸除的土重，与其相应的沉降量不计；其后每级荷载增量，对较松软的土可采用 10～25kPa，对较硬密的土则用 50～100kPa；加荷等级不应少于 8 级。最后一级荷载是判定承载力的关键，应细分二级加荷，以提高结果的精确度，最大加载量不应小于设计要求的两倍。

载荷试验的观测标准：每级加载后，按间隔 10、10、10、15、15min，以后为每隔半小时读一次沉降量；当连续两小时内，每小时的沉降量小于 0.1mm 时，则认为已趋稳定，可加下一级荷载。

当出现下列情况之一时，即可终止加载：①承压板周围的土有明显的侧向挤出（砂土）或发生裂纹（黏性土和粉土）；②沉降急骤增大，荷载-沉降曲线出现陡降段；③在某一级荷载下，24h 内沉降速率不能达到稳定标准；④沉降量与承压板宽度或直径之比大于等于 0.06。

满足终止加载的前三种情况之一时，其对应的前一级荷载定为极限荷载。

根据各级荷载及其相应的相对稳定沉降的观测数值，即可采用适当的比例尺绘制荷载与稳定沉降的关系曲线，必要时还可绘制各级荷载下的沉降与时间的关系曲线。图 5-9 所示为不同土类的荷载-沉降关系曲线，即 p-s 曲线。

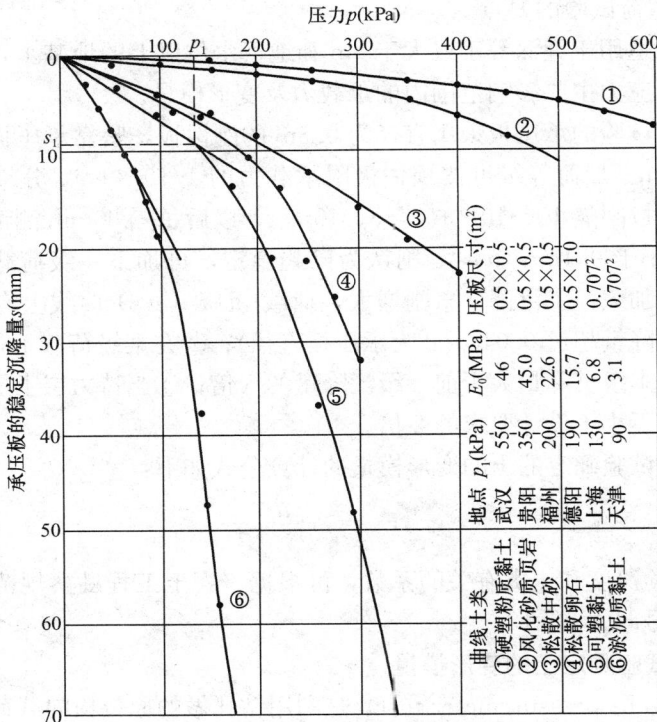

图 5-9　不同土的 p-s 曲线

土的变形模量应根据载荷试验得到的 $p\text{-}s$ 曲线来确定。由 $p\text{-}s$ 曲线初始直线段对应的压力 p（如图5-10所示），可根据均质各向同性半无限弹性介质的弹性理论计算浅层平板载荷试验的变形模量 E_0。

$$E_0 = I_0(1-\mu^2)\frac{pd}{s} \qquad (5\text{-}12)$$

式中　I_0——刚性承压板的形状系数，圆形承压板取 0.785；方形承压板取 0.886；

μ——土的泊松比（碎石土取 0.27，砂土取 0.30，粉土取 0.35，粉质黏土取 0.38，黏土取 0.42）；

p——$p\text{-}s$ 曲线直线段对应的压力（kPa）；

d——承压板的尺寸（直径或边长，m）；

s——$p\text{-}s$ 曲线上与 p 对应的沉降值（mm）。

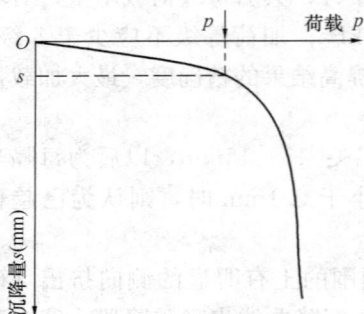

图 5-10　荷载-沉降 $p\text{-}s$ 曲线

在应用载荷试验的成果时，应考虑到其影响深度的问题，加荷后影响深度可达 1.5～2 倍承压板边长或直径，能够反映出较大一部分土体的特性。但是也要认识到该影响范围的局限性，对于分层成土，特别是当表面有一层"硬壳层"，其下为软土层，软土层对建筑物沉降起主要作用，它却不受到承压板的影响，因此试验结果和实际情况有很大的差异。所以对于地基压缩范围内土层，应该用不同尺寸的承压板或进行不同深度的静力载荷实验，也可以采用其他的原位测试和室内土工试验。载荷试验工作量大，较费时。

2. 深层平板载荷试验的要点

深层平板试验适用于埋深等于或大于 3m 和地下水位以上的地基土，以及大直径桩桩端土层在承压板下应力主要影响范围内的承载力及变形模量。

深层平板载荷试验的承压板采用直径为 0.8m 的刚性板，紧靠承压板周围外侧的土层高度应不少于 0.8m。加荷等级可按预估极限承载力的 1/10～1/15 分级施加，每级加荷后，第一个小时内按间隔 10、10、10、15、15min，以后每隔 30min 测读一次沉降。当在连续 2h 内沉降量小于 0.1mm/h 时，则认为已趋稳定，可加下一级荷载。当出现下列情况之一时，可终止加载：①沉降 s 急剧增大，荷载-沉降（$p\text{-}s$）曲线上有可判定极限承载力的陡降段，且沉降量超过 0.04d（d 为承压板直径）；②在某级荷载下，24h 内沉降速率不能达到稳定；③本级沉降量大于前一级沉降量的 5 倍；④当持力层土层坚硬，沉降量很小时，最大加载量不小于设计要求的 2 倍。

深层平板载荷试验确定的土的变形模量的计算公式如下：

$$E_0 = \omega\frac{pd}{s} \qquad (5\text{-}13)$$

式中　ω——与试验深度和土类有关的系数，可根据《岩土工程勘察规范》表格选用。其余符号同式（5-12）。

5.3.3　旁压试验测定土的变形模量

旁压测试（PMT：pressuremeter test）是利用钻孔做的原位横向载荷试验，是工程勘察中的一种常用原位测试技术。旁压试验适用于黏性土、粉土、砂土、碎石土、残积土、极软岩和软岩等。

旁压试验应在有代表性的位置和深度进行，旁压器的量测腔应在同一土层内。试验点的垂直间距应根据地层条件和工程要求确定，但不宜小于1m，试验孔与已有钻孔的水平距离不宜小于1m。

旁压测试的仪器设备分为两类：预钻式旁压仪和自钻式旁压仪。预钻式旁压仪由四部分组成：①旁压器；②压力和体积控制箱；③管路系统；④成孔工具。旁压器是旁压仪中的最重要部件，由圆形金属骨架和包在其外的橡皮膜组成，分为三个腔，中间为主腔（测试腔），上、下为护腔（如图5-11所示）。

旁压试验通过旁压器在竖直的孔内加压，使旁压膜膨胀，并由旁压膜将压力传给周围土体，使土体产生变形直至破坏，并通过量测装置测出施加的压力和土体变形之间的关系，然后绘制应力-应变关系曲线。根据这种关系对孔周所测土体的承载力、变形性质等进行评价。

旁压试验具有可在不同深度上进行测试，所求基本承载力精度高的优点；同时，它受成孔质量影响大，在软土中测试精度不高。

旁压试验的技术要求应符合下列规定：①预钻式旁压试验应保证成孔质量，钻孔直径与旁压器直径应良好配合，防止孔壁坍塌；自钻式旁压试验的自钻钻头、钻头转速、钻进速率、刃口距离、泥浆压力和流量等应符合有关规定；②加荷等级可采用预期临塑压力的$1/5\sim1/7$，初始阶段加荷等级可取小值；必要时，可作卸荷再加荷试验，测定再加荷旁压模量；③每级压力应维持1min或2min后再施加下一级压力，维持1min时，加荷后15s、30s、60s测读变形量；维持2min时，加荷后15s、30s、60s、120s测读变形量；④当量测腔的扩张体积相当于量测腔的固有体积时，或压力达到仪器的容许最大压力时，应终止试验。

通过旁压试验可以根据各级压力和相应的扩张体积（或换算为半径增量），绘制压力与体积曲线，根据压力与体积曲线，结合蠕变曲线确定初始压力、临塑压力和极限压力；根据压力与体积曲线的直线段斜率，计算旁压模量。

旁压试验的成果主要是压力和扩张体积（p-V）曲线、压力和半径增量（p-r）曲线。典型的p-V曲线见图5-12，可将它分为三段：第一阶段，第一曲线段初级阶段；第二阶

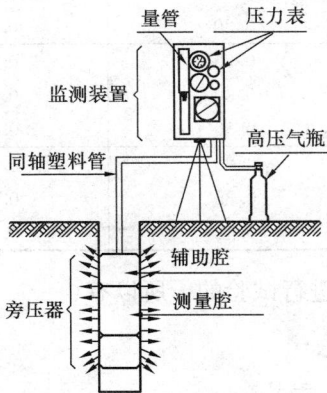

图 5-11　预钻式旁压试验示意图

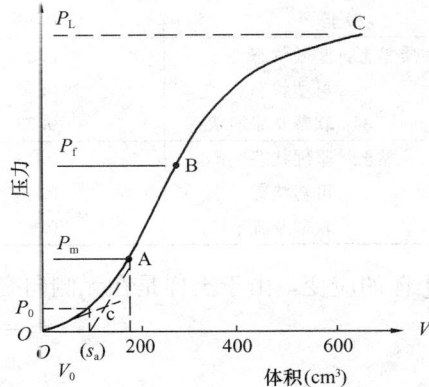

图 5-12　旁压试验测试曲线

段，似弹性阶段，压力与体积变化量大致呈线性关系；第三阶段，塑性阶段。

Ⅰ～Ⅱ段的界限压力相当于初始水平应力 p_0；Ⅱ～Ⅲ段的界限压力相当于临塑压力 p_f，Ⅲ阶段末尾渐近线的压力为极限压力 p_1。

根据压力与体积曲线的直线段的斜率，可以计算旁压模量：

$$E_m = 2(1+\mu)\left(V_c + \frac{V_0 + V_f}{2}\right)\frac{\Delta p}{\Delta V} \tag{5-14}$$

式中　E_m——旁压模量，kPa；

V_c——旁压器量测腔（中腔）初始固有体积（cm³）；

V_0——与初始压力 p_0 对应的体积（cm³）；

V_f——与临塑压力 p_f 对应的体积（cm³）；

$\Delta p/\Delta V$——旁压曲线上直线段的斜率；

μ——土的泊松比。

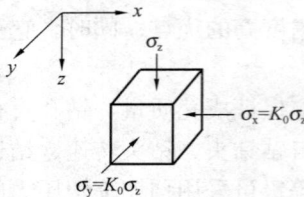

图 5-13　微单元土体

5.3.4　变形模量与压缩模量的关系

土的变形模量和土的压缩模量分别是土体在无侧限和有侧限条件下的应力与应变的比值，理论上两者存在一定的关系，是可以相互换算的。

根据二者的定义，现在土样中取一微单元土体（图 5-13）。考虑固结试验中土样无侧向变形，在竖向正应力 σ_z 作用下，试样受力属于轴对称的情况，相应的侧向正应力：

$$\sigma_x = \sigma_y = K_0\sigma_z \tag{5-15}$$

式中　K_0——土的侧压力系数或静止侧压力系数，可通过侧限条件下的试验测定，通常可以采用单向固结仪的侧限试验测定；当无试验条件时，可采用表 5-1 所列的经验值。其值一般小于 1，如果地面是经过剥蚀后遗留下来的，或者所考虑的土层曾受过其他超固结作用，则其值可大于 1。

K_0、μ、β 的经验值　　　　　　　　　　　　表 5-1

土的种类和状态		K_0	μ	β
碎石土		0.18～0.33	0.15～0.25	0.95～0.83
砂土		0.33～0.43	0.25～0.30	0.83～0.74
粉土		0.43	0.30	0.74
粉质黏土：	坚硬状态	0.33	0.25	0.83
	可塑状态	0.43	0.30	0.74
	软塑及流塑状态	0.53	0.35	0.62
黏土：	坚硬状态	0.33	0.25	0.83
	可塑状态	0.53	0.35	0.62
	软塑及流塑状态	0.72	0.42	0.39

再考虑土体的应变，由于土样是在无侧向变形条件下进行试验的，所以有：

$$\varepsilon_x = \varepsilon_y = 0 \tag{5-16}$$

$$\varepsilon_x = \frac{\sigma_x}{E_0} - \mu\frac{\sigma_y}{E_0} - \mu\frac{\sigma_z}{E_0} = 0 \tag{5-17}$$

将式（5-15）代入上式，得出土的侧压力系数与泊松比的关系式：

$$K_0 = \frac{\sigma_x}{\sigma_z} = \mu/(1-\mu) \tag{5-18}$$

考虑 z 轴的竖向应变：

$$\varepsilon_z = \frac{\sigma_z}{E_0} - \mu \frac{\sigma_y}{E_0} - \mu \frac{\sigma_x}{E_0} = \frac{\sigma_z}{E_0}(1-2\mu K_0) \tag{5-19}$$

根据压缩模量的定义 $E_s = \sigma_z/\varepsilon_z$，导出土的压缩模量与变形模量理论上存在如下的关系：

$$E_0 = \beta \cdot E_s \tag{5-20}$$

式中：$\beta = 1 - 2\mu \cdot K_0 = 1 - \dfrac{2\mu^2}{1-\mu}$

应该说明的是，上式给出的仅仅是 E_0 和 E_s 之间的理论关系，事实上，由于在 E_0 和 E_s 的试验中都有一些无法考虑的因素，使得 E_0 和 $\beta \cdot E_s$ 实际值与上述理论关系是有差别的。这些因素包括压缩试样的土体扰动、载荷试验与压缩试验的加荷速率、压缩变形稳定的标准，土的泊松比 μ 值不易准确确定等。统计资料表明，E_0 可能是 $\beta \cdot E_s$ 值的几倍。通常，愈坚硬的土则差的倍数越大，软土的 E_0 可能与 $\beta \cdot E_s$ 值比较接近。

5.3.5 土的弹性模量

弹性模量是指正应力 σ 与弹性正应变（即可恢复应变）ε_d 的比值。它是表示土体无侧限条件下瞬时压缩的应力应变模量。弹性半空间理论解答了竖向力作用下弹性半空间体内任一点的应力分量和位移分量，位移分量包括了土的弹性模量和泊松比两个参数。土体是一种弹塑性体，在外力作用下，土体发生变形；当外力卸去后，有一部分变形得到恢复，这一部分变形称为弹性变形，不能恢复的变形称为塑性变形。静荷载作用下计算土的变形时采用的土的参数为土的压缩模量和变形模量，通常地基沉降计算采用的分层总和法是利用土的侧限条件下的压缩模量进行计算，而用弹性力学公式计算时利用土的变形模量或弹性模量进行计算。

弹性模量是采用弹塑性本构模型计算土体应力应变时所必需的。一般采用三轴仪进行三轴重复压缩试验得到的应力-应变曲线上的初始切线模量 E_i 或再加荷模量 E_r 作为弹性模量（图 5-14）。在计算饱和黏性土地基上瞬时加荷所产生的瞬时沉降时，一般应采用弹性模量。

根据上述三种模量的定义可看出：压缩模量和变形模量的应变为总的应变，既包括可恢复的弹性应变，又包括不可恢复的塑性应变。而弹性模量的应变只包含弹性应变。

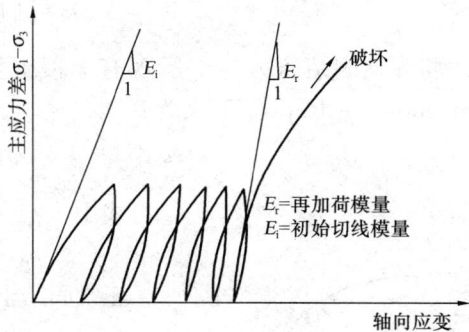

图 5-14　三轴压缩试验确定土的弹性模量

土的弹性模量要比变形模量、压缩模量大得多，可能是它们的十几倍或者更大。

5.4　应力历史对土的压缩性的影响

5.4.1　应力历史的概念

应力历史是指土层中在此以前固结过程的应力状态，以及对现时土层应力状态的影响。

土层历史上固结过程中所曾经承受过的最大固结压力，称为先期固结压力，用 p_c 表示。根据土层的应力历史，可以将土层划分为正常固结土、超固结土和欠固结土三类沉积土层。

正常固结土：在历史上所经受的先期固结压力等于现有覆盖土重；该类覆盖土层是逐渐沉积到现在地面的，由于经历了漫长的地质年代，在土的自重作用下已经达到固结稳定状态，是正常固结土（图 5-15a 所示）。

超固结土：土层历史上曾经受过大于现有覆盖土重的先期固结压力；该类覆盖土层在历史上本是相当厚的覆盖沉积层，在土的自重作用下也已达到了固结稳定状态，后来由于流水或冰川等的剥蚀作用而形成现在的地表，是超固结土（图 5-15b 所示）。

欠固结土：土层的先期固结压力小于现有覆盖土重。该类土层也和正常固结土层一样是逐渐沉积到现在地面的，但不同的是没有达到固结稳定状态。如新近沉积黏性土、人工填土等，由于沉积后经历年代时间不久，在土自重作用下还没有完全固结，是欠固结土（图 5-15c 所示）。

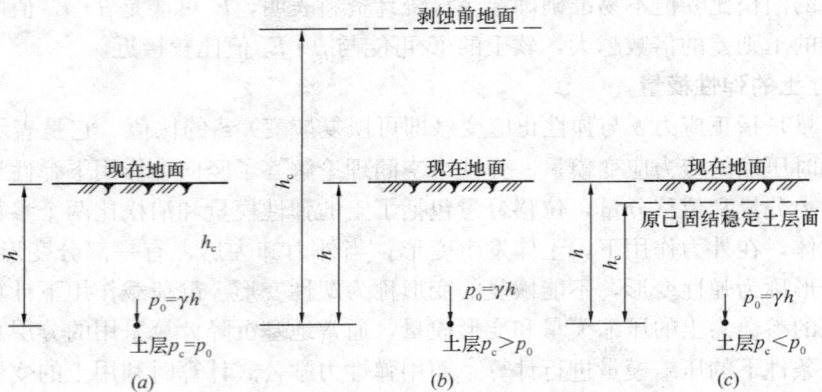

图 5-15　沉积土层按先期固结压力 p_c 分类

将先期固结压力与土层现有上覆土重的比值称为超固结比。超固结比 OCR（Over Consolidation Ratio）定义为：

$$OCR = \frac{p_c}{p_0} \qquad (5-21)$$

式中　p_c——土的先期固结压力，kPa；

p_0——土层现有上覆土重，kPa 或 MPa。

正常固结土：先期固结压力 p_c 等于现时上覆土重 p_0，$OCR = 1.0$；

超固结土：先期固结压力 p_c 大于现时上覆土重 p_0，$OCR > 1.0$；

欠固结土：先期固结压力 p_c 小于现时上覆土重 p_0，$OCR < 1.0$。

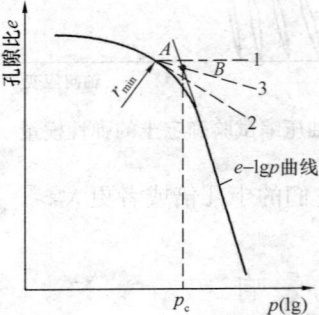

图 5-16　确定先期固结压力的卡萨格兰德法

先期固结压力 p_c 通常是根据室内压缩试验获得的 e-$\lg p$ 曲线来确定，较简便明了的方法是卡萨格兰德（A. Cassagrande，1936）提出的经验作图法（图 5-16）：

1）在 e-$\lg p$ 曲线弯处找出曲率半径最小的点 A，过 A 点作水平线 $A1$ 和切线 $A2$；

2）作 $\angle 1A2$ 的平分线 $A3$，与 e-$\lg p$ 曲线直线段的延长线交于 B 点；

3）B 点所对应的有效应力即为先期固结压力。

必须指出，采用这种简易的经验作图法，要求取土质量较高，绘制 e-$\lg p$ 曲线时还应注意选用合适的比例；否则，很难找到曲率半径最小的点 A，就不一定能得出可靠的结果。同时，先期固结压力的确定还应结合现场的调查资料综合分析确定。

5.4.2 原始压缩曲线及压缩性指标

在进行地基固结沉降计算时要考虑应力历史对土层压缩性的影响，需要解决两个问题，其一是要确定该土层的先期固结压力 p_c 和现有有效固结应力 p_0，并判别该土层是属于正常固结、欠固结、还是超固结；其二是要求得到能够反映土体的真实压缩特性的现场原始压缩曲线。

现场原始压缩曲线是指现场地基土层在其沉积过程中由土自重原始压缩过程所形成的压缩曲线，称为原始压缩曲线。在计算地基固结沉降时，考虑应力历史的影响，土的压缩性指标应从原始压缩曲线中确定。原始压缩曲线，可以通过对室内压缩曲线 e-$\lg p$ 曲线的修正得到。首先找出现场压缩曲线的特征，然后根据室内试验压缩曲线，建立室内压缩曲线和现场压缩曲线的关系。

图 5-17 是取自现场的原状试样的室内压缩曲线、回弹和再压缩曲线。

图 5-18 显示了初始孔隙比相同，但扰动程度不同（由不同试样厚度来反映）的试样的室内 e-$\lg p$ 压缩曲线。由图可见，当把压缩试验结果用 e-$\lg p$ 曲线表示时，该曲线具有以下特征：

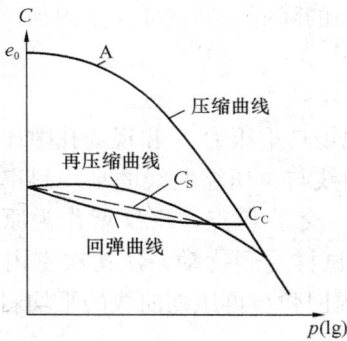

图 5-17　土的压缩、回弹和再压缩曲线　　图 5-18　室内压缩曲线和现场原始压缩曲线的特征

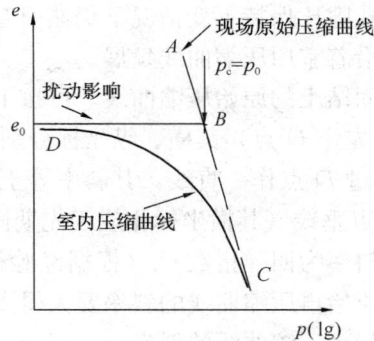

（1）室内压缩曲线开始相对比较平缓，随着压力的增大明显地向下弯曲。当压力接近先期固结应力时，出现曲率最大点 A，然后曲线急剧变陡，继而近平直线向下延伸；

（2）不管试样的扰动程度如何，当压力较大时，它们的压缩曲线最后都近乎直线，且大致交于 C 点，而 C 点的纵坐标约为 $0.42e_0$，e_0 为试样的初始孔隙比；

（3）扰动愈剧烈，压缩曲线愈低，曲率愈小。

对于正常固结土的压缩曲线，根据 J. H. Schmertmam（J. H. 施默特曼，1955）的方法，按下述步骤，将室内压缩曲线进行修正得到原始压缩曲线。

对于正常固结土，假定取样过程中，试样不发生体积变化，那么实验室测定的试样初始孔隙比 e_0 就是取土深度处的天然孔隙比。由 e_0 和 p_c 的值，在 e-$\lg p$ 坐标上定出 B 点，如

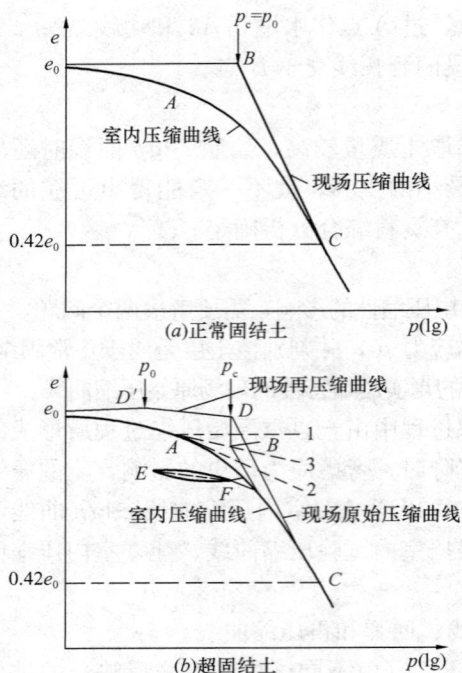

图 5-19 原始压缩曲线的推求

图 5-19 (a) 所示，此即土在现场压缩的起点；也就是说，(e_0, p_c) 反映了原位土的应力—孔隙比的状态。然后，从纵坐标 $0.42e_0$ 处作一水平线，交室内压缩曲线于 C 点。根据前述的压缩曲线特征 2，现场压缩曲线亦通过 C 点。故连接 B 点和 C 点；即得现场压缩曲线。

对于超固结土，土层在先期固结压力 p_c 下已经固结，后由于卸载，土层有效应力减少到现有压力 p_0；土层在由 p_c 到 p_0 间出现了回弹。如图 5-19 (b) 所示，相应于原始压缩曲线 DBC 中 D 点的压力是土样在应力历史上曾经受到的最大压力，后来由于卸载，有效应力减少到现有土自重应力 p_0 (相当于原始回弹曲线 $D'D$ 上 D' 点的压力)。与 D 点相应的压力就是先期固结压力 p_c ($p_c > p_0$)；与 D' 点相应的压力则是现在的土自重压力 p_0。在现场应力增量的作用下，孔隙比将沿着原始再压缩曲线 DC 变化。当压力超过先期固结压力后，曲线将与原始压缩曲线的延伸线重新连接。同样，由于土样扰动的影响，在孔隙比保持不变情况下仍然引起了有效应力的降低。当试样在室内加压时，孔隙比变化将沿着室内压缩曲线发展。

超固结土的原始压缩曲线，可按下列步骤求得：

① 先作 D' 点，其横、纵坐标分别为试样的现场自重压力 p_0 和现场孔隙比 e_0；

② 过 D' 点作一直线，其斜率等于室内回弹曲线与再压缩曲线的平均斜率，该直线与通过 B 点垂线 (其横坐标相应于先期固结压力值) 交于 D 点，$D'D$ 就作为原始再压缩曲线，其斜率为回弹指数 C_s (根据经验得知，因为试样受到扰动，使初次室内压缩曲线的斜率比原始再压缩曲线的斜率要大得多，而从室内回弹与再压缩曲线的平均斜率则比较接近于原始再压缩曲线的斜率)。

③ 作 C 点，由室内压缩曲线上孔隙比等于 $0.42e_0$ 处确定；

④ 连接 DC 直线，即得原始压缩曲线的直线段，取其斜率作为压缩指数 C_c。

若 $p_0' = p_c < p_0$，则试样是欠固结的。欠固结土的现场压缩曲线的推求方法与正常固结土相同，现场压缩曲线与图 5-19 (a) 相似，但压缩的起始点较高。

5.5 饱和土的单向固结理论

工程实践中，对于由砂土和碎石土组成的地基，其固结变形稳定所经历的时间比较短，通常认为当外荷载施加完毕时，其固结变形基本就完成了；而对于黏性土和粉土，固结稳定需要的时间就比较长；对于比较厚的饱和的软黏土层，其固结变形往往需要几年甚至更长时间才能完成。

因而，对于在建筑物荷载作用下要经过相当长时间才能达到沉降稳定的饱和黏性土地基，为了建筑物的安全与正常使用，需要在工程实践和分析研究中掌握地基变形与时间关系的规律性，并通过变形与时间的关系，确定施工期间和完工后某一时间的基础的沉降量，以便考虑建筑物使用中的措施或者建筑物相关部分预留的净空及连接等。工程中一般只考虑黏性土和粉土的变形与时间的关系。

5.5.1 饱和土的有效应力原理

1. 饱和土的有效应力原理

组成建筑物地基的土体是一个三相体系，土体受外力作用时，在土体内部的力，一部分由孔隙中的水和气承受，一部分由固体颗粒形成的土的骨架承受。分析土体中任一截面的应力，如图 5-20（a）所示土体中任意水平面 a-a 截面，该截面包括土孔隙和土颗粒面积。通过土颗粒接触面传递的粒间应力，称为土的有效应力，它影响土体变形和强度。通过土孔隙传递的应力称为孔隙应力，通常称为孔隙压力，它包括孔隙水压力和孔隙气压力。对于饱和土体孔隙被水所充满，孔隙压力就是孔隙水压力。孔隙水压力有静水压力和超静水压力两种。当土体在自重作用下变形稳定后，由土体的自重应力所引起

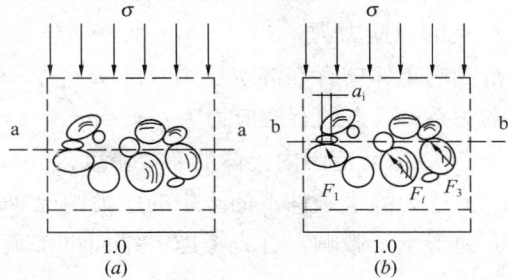

图 5-20　土中单位面积上的
总应力和有效应力示意图

的孔隙水压力称为孔隙静水压力，由于土体内部附加应力所引起的孔隙水压力称为超静孔隙水压力。

为了研究有效应力，在饱和土单元体中取任意水平面，但并不切断任何一个固体土粒，而只是通过土粒之间的那些接触面，图中横截面取一单位面积为 1，应力 σ 为该单元体以上土、水自重和外荷，此应力称为总应力。在 b-b 截面上，作用在孔隙面积上的孔隙水压力 u，以及作用在各个土粒接触面上的各力为 F_1、F_2、F_3、F_i……，相应的各接触面积为 a_1、a_2、a_3、a_i……，而各力的竖向分量之和称为有效应力 σ'，即：

$$\sigma' = F_{1v} + F_{2v} + F_{3v} + \cdots = \sum F_{iv} \tag{5-22}$$

于是得出平衡方程式：$\sum F_{iv} + u\,(1 - \sum a_i) = \sigma \cdot 1$

其中，$\sum a_i = a_1 + a_2 + \cdots$，它是土单位面积内土粒的接触面积总量，$a$ 值不会大于土的横截面面积的百分之几，试验研究表明，一般 a 值小于土的截面面积的 3%。因此，可近似认为，上式可以写成：

$$\sigma = \sigma' + u \tag{5-23a}$$

或者
$$\sigma' = \sigma - u \tag{5-23b}$$

得出结论：饱和土中任意点的总应力 σ 总是等于有效应力 σ' 与孔隙水压力 u 之和，或有效应力等于总应力与孔隙水压力之差。上式是由 Terzaghi 最早提出的，称为饱和土的有效应力原理。由于任意点的孔隙水压力 u 在各个方向上的作用是相等的，它使固体土粒受到各个方向的压缩，因为土粒的变形模量很大，土力学问题中这个压缩量常可略去。所以，土的强度的变化和变形取决于土中有效应力的变化。

有效应力 σ' 作用于土颗粒骨架之间，实践中难于测定其值，通常是根据已知的总应力 σ 和测出的孔隙水压力 u，根据上式计算有效应力值。

上式是对饱和土体得出的结论，一般认为当土中孔隙体积的 80% 以上为水充满时，土中虽有少量气体存在，但大都是封闭气体，就可视为饱和土。对于非饱和土体，孔隙中有水、也有气，孔隙中除了孔隙水压力外，还有孔隙气压力。

2. 渗流对土中有效应力的影响

土体中发生渗流时，对土体的因土自重产生的孔隙水压力和有效应力产生影响。图 5-21（a）所示为一土层剖面，地下水位位于地面以下深度为 h_1 处，则作用于该深度处，即 B 点的总应力为 $\sigma = \gamma \cdot h_1$，$\gamma$ 为地下水位以上土的重度；作用在地面下 $h_1 + h_2$ 深度处，即 C 点的总应力为：$\sigma = \gamma \cdot h_1 + \gamma_{sat} \cdot h_2$，式中 γ_{sat} 为 h_2 深度范围内土的饱和重度。在 h_2 深度范围内土体中存在静水压力 u_w：$u_w = \gamma_w \cdot h_2$，根据静水条件下的孔隙水压力和有效应力的关系，C 点的有效应力为：$\sigma' = \sigma - u = \gamma \cdot h_1 + \gamma_{sat} \cdot h_2 - \gamma_w \cdot h_2 = \gamma \cdot h_1 + \gamma' \cdot h_2$，式中 γ' 为 h_2 深度范围内土体的有效重度。

上述为静水条件下的土中的应力情况。对于土体中存在渗流的情况下，渗流对土体中的应力产生了影响，首先考虑一维向下渗流作用下多层地基有效应力的计算，图 5-21 所

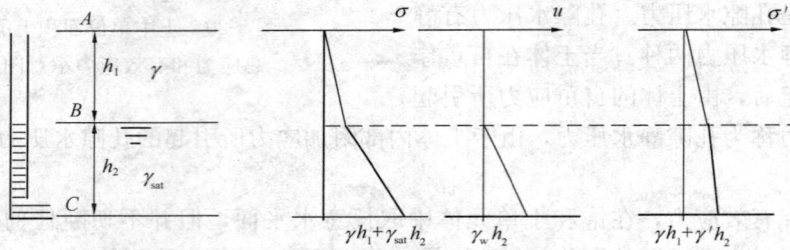

(a)静水条件下的分布

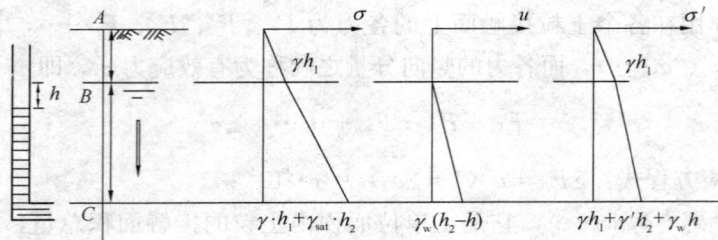

(b)土中水自上而下渗流

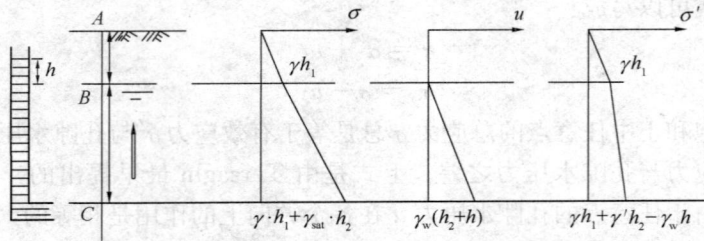

(c)土中水自下而上渗流

图 5-21 土中渗流时总应力、孔隙水压力、有效应力的分布

示（b）为土体中自上而下的渗流情况；图 5-21（c）所示为土体中自下而上的渗流情况。图中给出了渗流情况下土层中的有效应力值，从 C 点可以看出，在土体中发生渗流时，由于流动的水对土颗粒产生了渗流（动水）力，使得土中有效应力发生了变化。

渗流作用下土层有效应力由两部分组成：一部分是自重有效应力，它由重力引起，体现了静水压力的影响；另一部分是渗透有效应力，由土层水头差产生，体现超静水压力的影响。土中水自上而下发生渗流时，渗流力与土体重力方向一致，于是使土层中有效应力增加。而一维向上渗流作用使土层的有效应力减小，孔隙水压力增加。一维向上渗流作用下多层地基有效应力沿土层厚度呈线性分布，在土层层面处发生转折。多层地基有效应力计算的关键是确定土层层面处的有效应力，而确定土层层面处的有效应力的关键是计算各土层的水头差。

3. 饱和土体的渗透固结模型

在外加荷载作用下，土体产生变形，变形随着时间而发展，从开始逐渐到稳定的过程，称为土的固结。土体在固结过程中，土中的应力也发生变化，开始时，土中应力全部由孔隙水承担。随着孔隙水的挤出，孔隙水压力逐步转变为由土骨架承受的有效应力。研究这两种应力的相互消长以及土体变形达到最终值的过程，称为土的固结理论。

碎石土和砂类土的变形在外加荷载施加以后很快完成，而黏性土由于透水性低，其变形的发展在外加荷载作用以后还要延滞很长时间。因此，研究固结是针对黏性土，而且首先是针对饱和黏性土的。

饱和土的固结包括主固结（渗透固结）和次固结两部分，前者由土孔隙中自由水的排出而出现；后者由土骨架的蠕变所产生。饱和土在附加压力作用下，孔隙中的自由水随时间而逐渐被排出，同时孔隙体积也随着缩小，土体被压密，这个过程称为饱和土的渗透固结。饱和土的渗透固结，可借助弹簧—活塞模型来说明。如图 5-22 所示，在一个盛满水的容器中安装着一个带有弹簧的活塞，弹簧上下端连接活塞和容器的底部，活塞上有透水的小孔。弹簧和水分别表示土骨架和孔隙水，小孔的大小则象征土透水性的高低。当在活塞上施加外压力的一瞬间，水还来不及从小孔中排出，弹簧没有受压而全部压力由容器内的水所承担。水受到孔隙水压力后开始经活塞孔逐渐排出，活塞也随之下降，弹簧被压缩，弹簧受压后所承

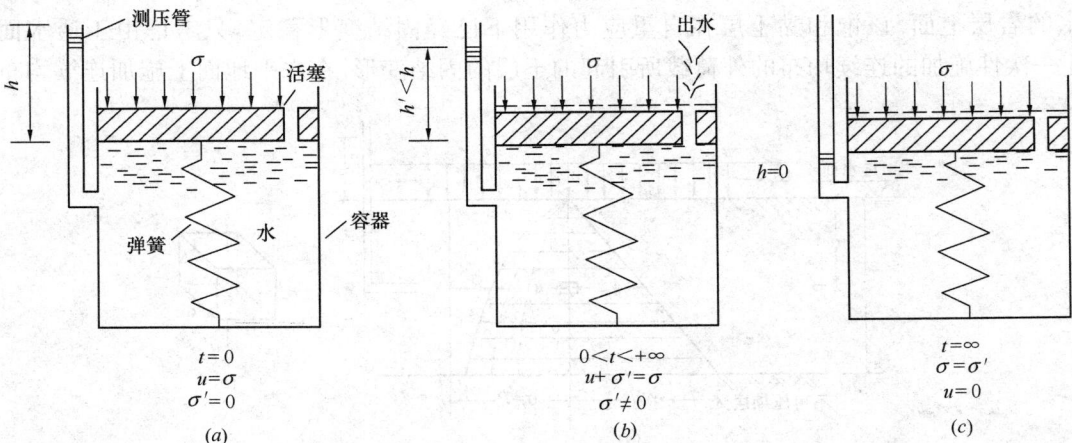

图 5-22 饱和土体渗透固结简单模型

担的压力逐渐增加，直到外压力全部由弹簧承担时为止。设想以弹簧模拟土骨架，容器内的水就相当于土孔隙中的水，则此模拟可以用来说明饱和土在渗透固结中，土骨架和孔隙水对压力的分担作用，即施加在饱和土上的外压力开始时全部由土中水承担，随着土孔隙中一些自由水的挤出，外压力逐渐转移给土的骨架，直到全部由土的骨架承担。

根据有效应力原理，饱和土中任意点的总压力总是等于有效应力与孔隙水压力之和。饱和土渗透固结时，土中的总应力通常是指作用在土中的竖向附加应力 σ'_z，故而有

$$\sigma = \sigma'_z + u$$

饱和土在压力作用下，孔隙中的一些自由水随时间而排出，孔隙体积随着减小，土产生固结。在压力施加的一瞬，孔隙中的水来不及排出，总压力由孔隙水压力承担，$\sigma = u$；随着土体的固结，孔隙中的水排出，孔隙水压力减小，有效应力增加，$\sigma = \sigma'_z + u$；当 $t \to \infty$，土体固结稳定后，总压力完全由有效应力承担，孔隙水压力减小为零，$\sigma = \sigma'_z$。这个过程即饱和土的固结过程。

5.5.2 单向固结理论

单向固结只考虑土体沿竖向的固结变形，采用太沙基（K. Terzaghi，1925）提出的一维固结理论进行计算。它适用于工程中荷载面积远大于土层厚度的薄压缩土层地基，此时，地基中的孔隙水主要沿竖向发生渗流。高层建筑地基土体应考虑三维固结的情况，而堤坝地基属于二维固结的情况。

1. 基本假设

太沙基固结理论考虑的是饱和土的一维渗透固结，即渗流沿一个方向发生，适用条件是荷载面积远大于可压缩土层的厚度，假设：

1）土是匀质的、各向同性和完全饱和的；

2）土颗粒及孔隙水都是不可压缩的，土的压缩完全是由于孔隙体积的减小；

3）土层的压缩固结和土中水的渗流仅在竖向发生；

4）土中的渗流服从达西定律；

5）在整个固结过程中，土的渗透系数 k 与压缩系数 a 都是不变的常数；

6）荷载是无限均匀分布，一次瞬时施加的。

如图 5-23 所示为一均质、各向同性的饱和黏土层，厚度为 H 的饱和黏土层位于不透水的岩层上面。该饱和黏土层在自重应力作用下已经固结变形稳定，只考虑由于透水面上一次性施加的连续均布的外荷载所引起的土层的固结变形。在水平地面上施加连续均布

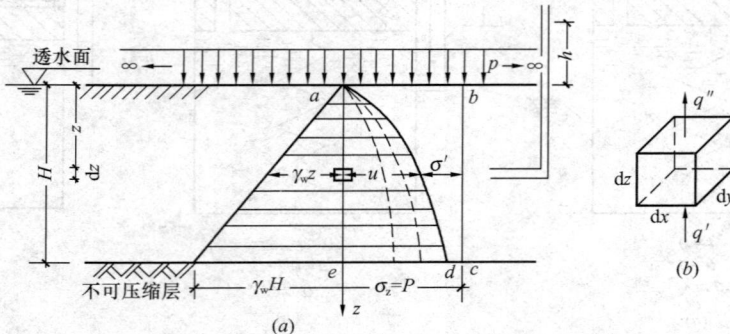

图 5-23 饱和土层中孔隙水压力

的外荷载 p，则在土层内引起的地基竖向附加应力沿深度均匀分布且等于外加均布荷载，即 $\sigma_z = p$。分析土层中超静孔隙水压力和有效应力的分布和消散情况，在时间 $t = 0$ 时外荷载产生的竖向附加应力全部由孔隙水压力承担，土层中的超静孔隙水压力沿深度的分布为 $u = \sigma_z = p$。在 $t > 0$ 时，孔隙水由于土层向上渗流，土层上部超静孔隙水压力首先消散，同时有效应力开始增长。随着时间的增加，超静孔隙水压力逐渐减小，土层中某点的有效应力相应的逐渐增长。由于土层底部为不透水层，随着深度增加超静孔隙水压力消散程度较小，沿深度土层底面超静孔隙水压力值最大，有效应力值最小。

2. 太沙基一维渗透固结微分方程

太沙基一维固结理论在上述假设的前提下，利用下述三大定律：

达西定律：
$$q = k \cdot i \cdot A \tag{5-24}$$

压缩定律：
$$a = \frac{\Delta e}{\Delta p} \tag{5-25}$$

有效应力原理：
$$\sigma = \sigma' + u \tag{5-26}$$

分析图 5-23 所示地基饱和土层，从任一深度 z 处取一微单元土体 $dx \times dy \times dz$。在外荷载一次性施加后 t 时间流经该微分土体的水量，根据达西定律有

单位单元体的流入水量：
$$q' = kiA = k\left(-\frac{\partial h}{\partial z}\right)dxdy \tag{5-27}$$

流出水量：
$$q'' = k\left(-\frac{\partial h}{\partial z} - \frac{\partial^2 h}{\partial z^2}dz\right)dxdy \tag{5-28}$$

水量变化为：
$$q' - q'' = k\frac{\partial^2 h}{\partial z^2}dxdydz \tag{5-29}$$

式中　k——土的竖向渗透系数，cm/s（$1cm/s \approx 3 \times 10^7 cm/$年）；

i——土层的水头梯度；

h——土层某一深度 z 处的水头高度，cm；

a——土的压缩系数，cm^2/N；

A——微单元土体的过水面积，cm^2，$A = dx \times dy$。

单元土体由于压缩、孔隙体积 $V_V = V_w$ 的改变而发生体积变化，微单元体中孔隙体积变化率（减少）为

$$\frac{\partial V_w}{\partial t} = -\frac{\partial}{\partial t}\left(\frac{e}{1+e}dxdydz\right) \tag{5-30}$$

式中　e——土层固结前的初始孔隙比；

根据饱和土固结渗流的连续条件，单元体在某一时间的水量变化应等于单元体中孔隙体积的变化，比较式（5-29）和（5-30），并考虑到单元体内土粒体积 $\frac{1}{1+e}dxdydz$ 为不变的常数，因此可知：

$$k\frac{\partial^2 h}{\partial z^2} = \frac{1}{1+e}\frac{\partial e}{\partial t} \tag{5-31}$$

根据土的应力-应变关系的侧限条件，即压缩定律有：$de = -adp = -ad\sigma'$，并将此公式代入上式，则有

$$\frac{\partial e}{\partial t} = -a \frac{\partial \sigma'}{\partial t} \tag{5-32}$$

$$\frac{k(1+e)}{a} \frac{\partial^2 h}{\partial z^2} = -\frac{\partial \sigma'}{\partial t} \tag{5-33}$$

用体积压缩系数表示为：
$$k \frac{1}{m_v} \frac{\partial^2 h}{\partial z^2} = -\frac{\partial \sigma'}{\partial t} \tag{5-34}$$

又由于只有有效应力才能使土体产生压缩和变形，土体压缩过程就是孔隙水压力和有效应力的转化过程，根据有效应力原理：$\sigma = \sigma' + u$，有

$$\frac{\partial \sigma'}{\partial t} = -\frac{\partial u}{\partial t} \tag{5-35}$$

且有单元体中的孔隙水压力为 $u = \gamma_w h$，所以得

$$\frac{\partial^2 h}{\partial z^2} = \frac{1}{\gamma_w} \frac{\partial^2 u}{\partial z^2} \tag{5-36}$$

以 $\dfrac{\partial^2 h}{\partial z^2} = \dfrac{1}{\gamma_w} \dfrac{\partial^2 u}{\partial z^2}$ 和 $\dfrac{\partial \sigma'}{\partial t} = -\dfrac{\partial u}{\partial t}$ 代入式（5-33）即可得到

$$\frac{k(1+e)}{\gamma_w a} \frac{\partial^2 u}{\partial z^2} = \frac{\partial u}{\partial t} \tag{5-37a}$$

$$\frac{k}{\gamma_w} \frac{\partial^2 u}{\partial z^2} = m_v \frac{\partial u}{\partial t} \tag{5-37b}$$

令 $c_v = \dfrac{k(1+e)}{\gamma_w a} = \dfrac{k}{\gamma_w m_v}$，称为土的竖向固结系数（coefficient of consolidation）。

$$c_v \frac{\partial^2 u}{\partial z^2} = \frac{\partial u}{\partial t} \tag{5-38}$$

式中 k——土的渗透系数（cm/yr）；

e——土层固结前的初始孔隙比；

γ_w——水的重度（9.8kN/m³）；

a——土的压缩系数（cm²/N）；

c_v——土的固结系数（cm²/yr）。

上式即为饱和土的一维渗透固结微分方程。

3. 一维渗透固结微分方程式的解答

根据一定的初始条件和边界条件，可以求解一维渗透固结微分方程，求得任一深度 z 在任一时间的孔隙水压力 u 的表示式。

初始条件和边界条件如下：

$t = 0$ 和 $0 \leqslant z \leqslant H$ 时， $u = u_0 = p$

$0 < t < \infty$ 和 $z = 0$ 时，$u = 0$

$0 < t < \infty$ 和 $z = H$ 时，$\dfrac{\partial u}{\partial z} = 0$

$t = \infty$ 和 $0 \leqslant z \leqslant H$ 时，$u = 0$

根据以上初始条件和边界条件采用分离变量法，可求得满足初始条件和边界条件的解答如下：

106

$$u_{z,t} = \frac{4}{\pi}\sigma_z \sum_{m=1}^{\infty} \frac{1}{m}\sin\left(\frac{m\pi z}{2H}\right)e^{-m^2\frac{\pi^2}{4}T_v} \tag{5-39}$$

式中 m——正整奇数（1，3，5……）；

e——自然对数的底；

H——固结土层中最远的排水距离，以 cm 计。当土层为单面排水时，H 即为土层的厚度；当土层上下双面排水时，水由土层中间向上和向下同时排出，则 H 为土层厚度之半；

T_v——时间因数，无因次。

$$T_v = \frac{C_v t}{H^2} \tag{5-40}$$

式中 t——固结时间。

5.5.3 地基固结度及其应用

1. 地基固结度的概念

固结度指的是地基土在固结过程中某一时间 t 时，土体发生固结的程度，亦即孔隙水压力的消散或有效应力的增加的程度。对于地基土层某一深度 z 处经历时间 t 时的固结度，可以用 U_t 表示为：

$$U_t = \frac{u_0 - u}{u_0} = 1 - \frac{u}{u_0} \tag{5-41}$$

或用某一时刻的地基固结变形量 s_{ct} 与地基最终固结变形量 s_c 之比表示为

$$U_t = \frac{s_{ct}}{s_c} \tag{5-42a}$$

或

$$s_{ct} = U_t s_c \tag{5-42b}$$

式中 s_{ct}——在某一时刻的地基固结变形量；

s_c——地基的最终固结变形量；

u_0——$t=0$ 时的起始孔隙水压力；

u——t 时刻的孔隙水压力。

上述两式如果考虑土的非线性，两者并不是完全等价的。

2. 地基平均固结度

计算土层中某点的固结度对于实际工程来说意义不大，引入平均固结度的概念，应用于工程实践。当考虑竖向排水的情况，由于固结沉降与有效应力成正比；故以某一时刻有效应力图面积与最终时刻有效应力图面积的比值表示，称为竖向排水的平均固结度 U_z。

如图 5-23 所示，t 时刻固结度 U_t 用土层各点土骨架承担的有效应力图面积与起始超孔隙水压力（或附加应力）图面积表示为：

$$U_t = \frac{\text{有效应力图面积}}{\text{起始超孔隙水压力面积}} = 1 - \frac{t\text{时刻超孔隙水压力图面积}}{\text{起始超孔隙水压力图面积}} \tag{5-43}$$

亦即

$$U_t = \frac{\int_0^H \sigma'_{z,t}\,dt}{\int_0^H \sigma_z\,dz} = 1 - \frac{\int_0^H u_{z,t}\,dz}{\int_0^H \sigma_z\,dz} \tag{5-44}$$

式中 $u_{z,t}$——t 时刻深度 z 处的孔隙水压力；

$\sigma'_{z,t}$——t 时刻深度 z 处的有效应力；

σ_z——深度 z 处的竖向附加应力，在连续均布荷载作用下有 $\int_0^H \sigma_z \mathrm{d}z = p \cdot H$，$P$ 与 H 均为已知，将式（5-39）代入式（5-44）中，通过积分并简化便可求得地基土层某一时间 t 的固结度 U_t 的表达式为

$$\overline{U_t} = 1 - \frac{8}{\pi^2}(e^{-\frac{\pi^2}{4}T_v} + \frac{1}{9}e^{-9\frac{\pi^2}{4}T_v} + \cdots\cdots) \tag{5-45}$$

由于式（5-45）中的级数收敛得很快，当 $U > 30\%$ 时，可只取其第一项，上式即简化为

$$\overline{U_t} = 1 - \frac{8}{\pi^2}e^{-\frac{\pi^2}{4}T_v} \tag{5-46}$$

由此可见，固结度 U_t 仅为时间因数 T_v 的函数

$$U_t = f(T_v) \tag{5-47}$$

为了便于应用，可根据上式绘出不同排水情况及不同孔隙水压力分布的 $U_t - T_v$ 曲线，如图 5-24 所示。计算出 T_v 后，可以查得相应的固结度 U_t，从而计算出任一时间地基的固结沉降。

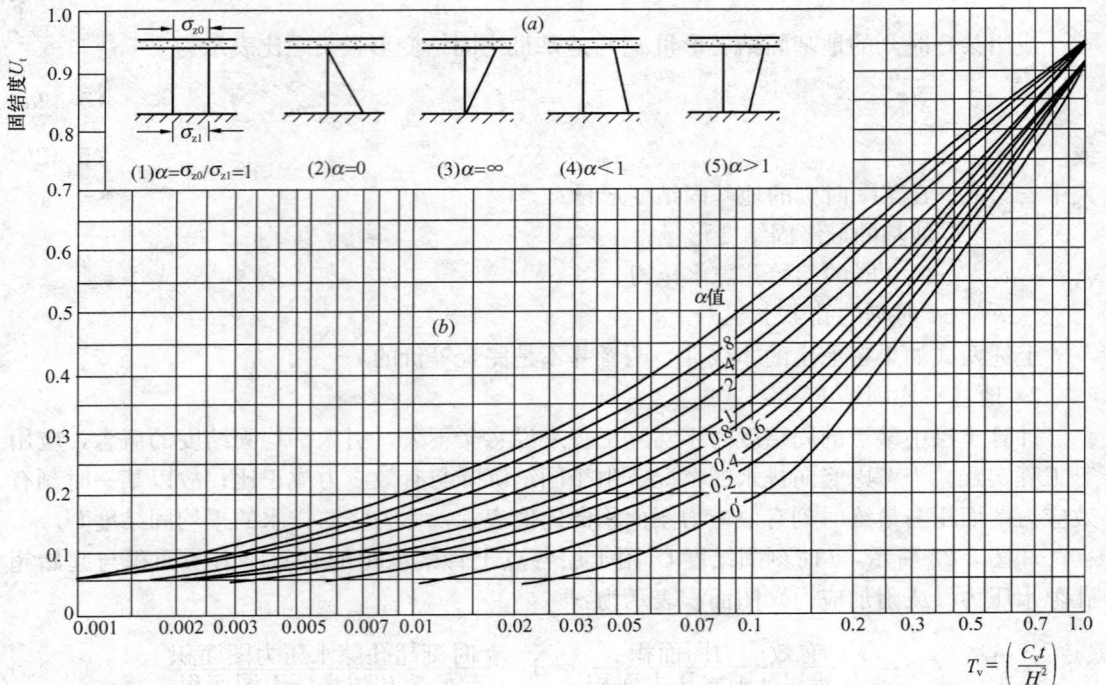

图 5-24 平均固结度 U_t 与时间因数 T_v 的关系曲线

3. 固结度及其应用

在地基固结分析中，通常有两类问题：一是已知土层固结条件时可求出某一时间对应的固结度，从而计算出地基固结过程中某一时刻的变形量；二是推算达到某一固结度（或

某一沉降 s_t）所需的时间 t。计算公式：

$$s_{ct} = U s_c$$

其计算步骤：

（1）计算地基固结沉降量；

（2）计算地基中的附加应力；

（3）根据土层情况计算竖向固结系数和时间医数；

（4）确定某一时刻的固结度；

（5）计算某一时间的固结变形量。

【例 5-1】 已知某饱和黏土层厚 10m，在土层表面瞬时施加大面积均匀堆载 $p_0 =$ 150kPa，若干年后，土层固结变形稳定时压缩变形量达到 250mm，已知土层的压缩模量 E_s 为 6.0MPa，渗透系数 k 为 5.36×10^{-8} cm/s，初始孔隙比 $e = 0.92$，压缩系数 $a = 0.32$ MPa^{-1}。试计算该黏土层分别在单面和双面排水条件下：（1）加荷一年后的压缩变形量；（2）压缩变形量达到 195mm 时所需的时间。

【解】（1）求 $t = 1$ 年时土层的变形量

已知土层最终固结变形量 $s_c = 250$mm；

求竖向固结系数：

$$C_v = \frac{k(1+e_0)}{\gamma_w a} = \frac{5.36 \times 10^{-8}(1+0.92)}{9.8 \times 10^{-5} \times 0.32} = 3.282 \times 10^{-3} \text{cm}^2/\text{s} \approx 1.035 \times 10^5 \text{cm}^2/\text{yr}$$

单面排水时，则竖向固结时间因数

$$T_v = \frac{c_v}{H^2}t = \frac{1.035 \times 10^5 \times 1}{1000^2} = 0.1035$$

根据 T_v 值，查图 $U\text{-}T$ 曲线可以得到相应固结度 $U_z = 0.35$，则得一年时的变形量：

$$s_{ct} = U s_c = 0.35 \times 250 = 87.5 \text{mm}$$

在双面排水的情况下，压缩土层厚度取一半，时间因数为

$$T_v = \frac{C_v}{H^2}t = \frac{1.035 \times 10^5 \times 1}{500^2} = 0.414$$

查得固结度为 $U_t = 0.67$，则 1 年后土层变形量为：$s_{ct} = U_t s_c = 0.67 \times 250 = 167.5$mm。

（2）求压缩变形量达到 195mm 时所需的时间

平均固结度 $U = \dfrac{s_{ct}}{s_c} = \dfrac{195}{250} = 0.78$，由曲线查得相应的时间因数为 $T_v = 0.61$

在单向排水条件下 $t = \dfrac{T_v H^2}{C_v} = \dfrac{0.61 \times 1000^2}{1.035 \times 10^5} = 5.9$ 年

在双向排水条件下 $t = \dfrac{T_v H^2}{C_v} = \dfrac{0.61 \times 500^2}{1.035 \times 10^5} \approx 1.5$ 年

思 考 题

1. 土的压缩性指标有哪些？如何通过固结试验求得土的压缩性指标？

2. 何谓土的变形模量，如何通过原位试验测定其值？

3. 试比较土的压缩模量、变形模量、弹性模量的概念及其区别和联系。

4. 如何根据土的压缩性指标评价土的压缩性？

5. 叙述测定土的回弹和再压缩曲线的工程意义。

6. 解释应力历史、先期固结压力的概念。如何根据先期固结压力划分三类沉积土层？

7. 解释超固结比、正常固结土、超固结土和欠固结土的概念。

8. 应力历史对土的压缩性有何影响？工程中如何考虑？

9. 解释土的固结度的概念。

10. 如何运用固结度的概念计算地基的沉降量？

11. 简述土的有效应力原理的基本概念，说明饱和黏性土固结过程中土中有效应力的变化过程。

习 题

1. 下表为某工程土样的压缩试验数据，试绘制出土样的压缩曲线，并计算出 a_{1-2}，根据所得到 a_{1-2} 的值评价土样的压缩性。

垂直压力（kPa）		0	50	100	200	300	400
孔隙比	土样 1	0.670	0.635	0.620	0.605	0.590	0.583
	土样 2	1.065	0.970	0.905	0.835	0.760	0.715

2. 某饱和黏土层地基，承受大面积荷载 $p_0 = 100$kPa，土层厚 10m，土层平均渗透系数 $k = 1.9$cm/yr（厘米／年），$E_s = 7.8$MPa。土层固结变形量为 232mm。试分别计算在单面和双面排水条件下：（1）加荷 $t=1$ 年后的平均固结度；（2）固结沉降量 125mm 时所需的时间。

本 章 参 考 文 献

1. 华南理工大学等编. 地基及基础. 北京：中国建筑工业出版社，2001.

2. 中国建筑科学研究院. 建筑地基基础设计规范（GB 50007—2011）. 北京：中国建筑工业出版社，2012.

3. 建设部综合勘察研究设计院. 岩土工程勘察规范（GB 50021—2001，2009 年版）. 北京：中国建筑工业出版社，2010.

4. 钱家欢主编. 土力学. 南京：河海大学出版社，1994.

5. 孔宪立、石振明主编. 工程地质学. 北京：中国建筑工业出版社，2001.

6. 东南大学等合编，土力学（第二版）. 北京：中国建筑工业出版社，2005.

第6章 地基最终沉降量的计算

6.1 概　　述

地基沉降主要是由于地基土在建筑物荷载下产生压缩而引起的，因此，地基最终沉降量计算是指土体在建筑荷载下达到压缩稳定时地基表面的沉降量。人们在生产实践中逐渐认识到沉降问题的重要性，尤其是不均匀沉降的危害性，例如：由于地基不均匀沉降导致出现上部结构的附加应力和变形，如倾斜、弯曲、墙身开裂等，直接影响到建筑物的安全和正常使用（图6-1a）。因此，对于松软的、不均匀的地基，对于那些在使用要求、结构性能上只允许很小沉降和不均匀沉降的建筑物，以及对于重型的、特殊的建筑物，通常要求设计时，预先计算可能发生的沉降和不均匀沉降。如果超过允许限度时，就得修改地基基础的设计方案。

土的压缩通常由三部分组成：①固体土颗粒被压缩；②土中水及封闭气体被压缩；③水和气体从孔隙中被挤出。试验研究表明：固体颗粒和水的压缩量是微不足道的，在一般压力作用下，固体颗粒和水的压缩量与土的总压缩量之比完全可忽略不计。所以土的压缩可看作是土中水和气体从孔隙中被挤出，与此同时，土颗粒发生相对移动和重新排列并被挤密，从而使孔隙体积减小。对于只有两相的饱和土体来说，主要是孔隙水的挤出。

图6-1地基沉降的两个实例。图6-1（a）为楔状淤泥夹层地基上某实验楼，中部四层，两侧三层，由于地基不均匀沉降，纵向墙体呈正向挠曲，导致东侧三层部分出现斜向于四层的斜裂缝，而西侧三层部分由于地下淤泥层较厚，其沉降值与四层接近；但西侧三

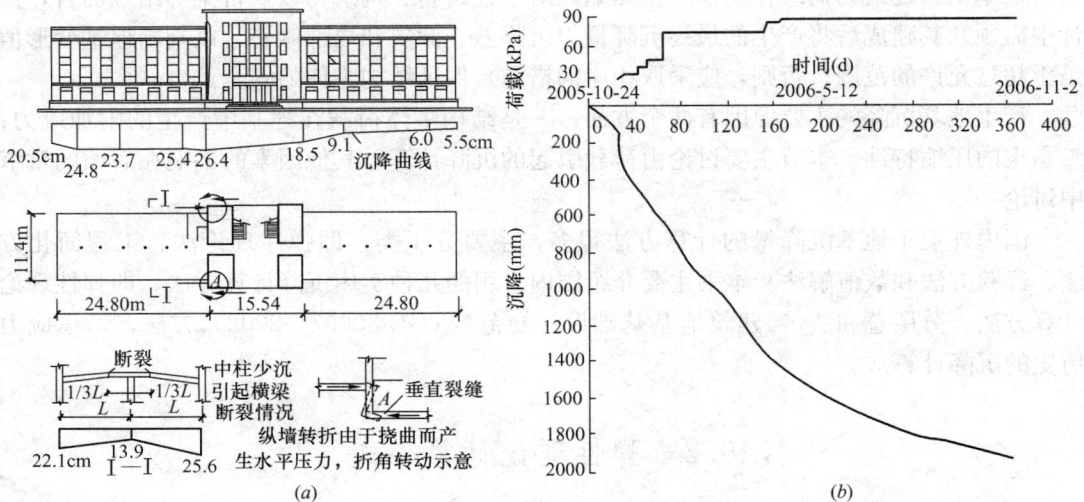

图6-1　地基沉降实例

(a) 不均匀地基上某实验楼的沉降事故；(b) 地基沉降-时间及荷载-时间的关系曲线

层与四层连接处上部挠曲受压很大，产生水平向力偶弯矩，导致四层横墙内侧和纵墙外侧出现垂直裂缝；另外，两侧三层内框架中柱少沉（荷载轻）引起横梁的顶部开裂。图 6-1 (b) 是某市政道路位于滨海滩，场地标高为 2.7m，地基土层自上而下依次为：人工吹填淤泥层，厚度 2.7m；淤泥层，厚度约 5.9m；砂层，厚度约 2.1m；下卧淤泥层，厚度约 1.8m。道路红线宽度 50m，采用排水固结法进行地基处理。通过在该软土地基上加载，经过一年多时间的沉降观测，绘出了荷载-时间及沉降-时间的关系曲线。

从图 6-1 (b) 地基沉降与时间的关系曲线上可以看出，研究地基的沉降，主要包括两大方面，第一，如何来计算建筑物的最终沉降量；第二，如何来分析计算建筑物的沉降与时间的关系。这两大问题是土力学中最重要的基本课题之一。地基的最终沉降量和沉降与时间关系的计算方法很多。特别是电子计算机的发展，在计算技术上有了长足的进步，可以采用有限单元法等各种数值计算方法。但在实用上，目前仍采用半经验的方法进行估算，即：通过室内或现场试验取得地基土的压缩性指标，再根据第 4 章所介绍的土中应力分布理论，提出合适的计算方法。前者虽然在理论上比较严密，但由于必须要通过计算机编排程序以及对土性试验要求很高，因此在实用上还不是很普遍。所以在工程设计时，仍普遍采用半经验的简单计算方法。

无论是复杂的或是简单的计算方法，最关键的是必须正确掌握土的应力-应变特性和它的变形指标。由于土是一种十分复杂的材料，土的应力-应变关系又受到多种因素制约，包括：

（1）土体本身成因的复杂性，它不是一种理想的弹性材料，在成分和结构上呈现不均匀性，即使同一种土也会有很大的差异；

（2）取样试验等人为的扰动影响；

（3）地基土受力情况的复杂性，它不像上部结构梁、板、柱，荷载传递很清楚；

（4）地基中的边界条件很模糊，因为有限的钻探勘察资料不可能把地质情况全部查明。因此，这些问题都是土力学的研究课题之一。

地基土在建筑物荷载作用下产生压缩，对于建筑物、构筑物以及桥梁等结构而言，设计中需预知其建成后将产生的最终沉降量、沉降差、倾斜和局部倾斜，以判断地基变形值是否超过允许的范围；否则，应采取相应的措施，保证结构主体的安全。

产生地基沉降的主要原因有两个方面：一是结构主体荷载在地基中产生的附加应力；二是土的压缩特性。本节主要讨论由荷载引起的沉降计算，其他因素的影响在后面的章节中讨论。

国内外关于地基沉降量的计算方法很多，主要分 4 类，即弹性理论法、工程简化方法、经验方法和数值解法。本书主要介绍国内常用的几种实用沉降计算方法，即弹性理论计算方法、分层总和法、《建筑地基基础设计规范》（GB 50007—2002）方法、考虑应力历史的沉降计算法。

6.2 弹性理论计算公式

6.2.1 柔性荷载下的地基沉降

弹性半空间表面作用着一个竖向集中力 P 时，在半空间内任意点 $M(x, y, z)$ 处产生

竖向位移 $w(x,y,z)$ 的解答为：

$$w = \frac{P(1+\mu)}{2\pi E}\left[\frac{z^2}{R^3} + 2(1-\mu)\frac{1}{R}\right] \tag{6-1}$$

如取 M 点坐标 $z=0$，则所得的半空间表面任意点的竖向位移 $w(x,y,0)$ 就是地基表面的沉降 s（图 6-2）：

$$s = w(x,y,0) = \frac{P(1-\mu^2)}{\pi E_0 r} \tag{6-2}$$

式中　s——竖向集中力 P 作用下地基表面任意点的沉降；

$\quad\quad r$——地基表面任意点到竖向集中力作用点的距离，$r = \sqrt{x^2+y^2}$；

$\quad\quad E_0$——地基土的变形模量；

$\quad\quad \mu$——地基土的泊松比。

对于局部柔性荷载（相当于基础抗弯刚度为零时的基底压力）作用下的地基沉降，则可利用上式，根据叠加原理求得。如图 6-3（a）所示，设荷载面 A 内 $N(\xi,\eta)$ 点处的分布荷载为 $p_0(\xi,\eta)$，则该点微面积 $\mathrm{d}\xi\mathrm{d}\eta$ 上的分布荷载可由集中力 $P = p_0(\xi,\eta)\mathrm{d}\xi\mathrm{d}\eta$ 代替。于是，地面上与 N 点相距为 $r = \sqrt{(x-\xi)^2+(y-\eta^2)}$ 的 $M(x,y)$ 点的沉降 $s(x,y)$，可按式（6-2）积分求得：

$$s(x,y) = \frac{1-\mu^2}{\pi E_0}\iint_A \frac{p_0(\xi,\eta)\mathrm{d}\xi\mathrm{d}\eta}{\sqrt{(x-\xi)^2+(y-\eta)^2}} \tag{6-3}$$

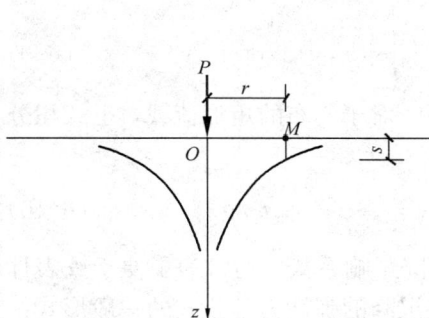

图 6-2　集中力作用下地基表面
　　　　的沉降曲线

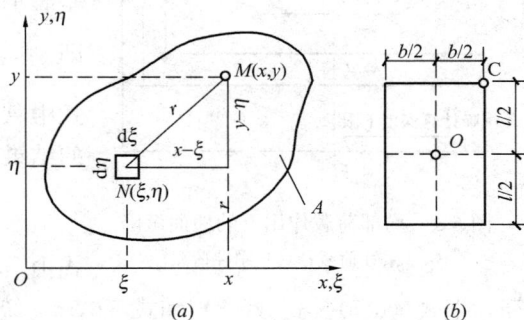

图 6-3　局部荷载下的地面沉降计算
（a）任意荷载面；（b）矩形荷载面

对均布矩形荷载 $p_0(\xi,\eta) = p_0 = $ 常数，其角点 C 的沉降按上式积分的结果为：

$$s = \delta_c p_0 \tag{6-4}$$

式中，δ_c 是单位均布矩形荷载 $p_0 = 1$ 在角点 C 处引起的沉降，称为角点沉降系数。它是矩形荷载面长度 l 和宽度 b 的函数，即

$$\delta_c = \frac{1-\mu^2}{\pi E_0}\left[l\ln\frac{b+\sqrt{l^2+b^2}}{l} + b\ln\frac{l+\sqrt{l^2+b^2}}{b}\right] \tag{6-5}$$

以 $m=l/b$ 代入上式，则式（6-4）可写成：

$$s = \frac{(1-\mu^2)b}{\pi E_0}\left[m\ln\frac{1+\sqrt{m^2+1}}{m} + \ln(m+\sqrt{m^2+1})\right]p_0 \tag{6-6}$$

令 $\omega_c = \dfrac{1}{\pi}\left[m\ln\dfrac{1+\sqrt{m^2+1}}{m}+\ln\left(m+\sqrt{m^2+1}\right)\right]$，称为角点沉降影响系数，则上式改为：

$$s = \dfrac{1-\mu^2}{E_0}\omega_c b p_0 \qquad (6\text{-}7)$$

利用上式，以角点法容易求得均布矩形荷载下地基表面任意点的沉降。例如矩形中心点 o 的沉降是图 6-3 (b) 中以虚线划分的四个相同小矩形的角点沉降量之和，由于小矩形的长宽比 $m = (l/2)/(b/2) = l/b$ 等于原矩形的长宽比，所以中心点 o 的沉降为：

$$s = 4\dfrac{1-\mu^2}{E_0}\omega_c(b/2)p_0 = 2\dfrac{1-\mu^2}{E_0}\omega_c b p_0$$

即矩形荷载中心点沉降为角点沉降的两倍，如令 $\omega_0 = 2\omega_c$ 为中心沉降影响系数，则：

$$s = \dfrac{1-\mu^2}{E_0}\omega_0 b p_0 \qquad (6\text{-}8)$$

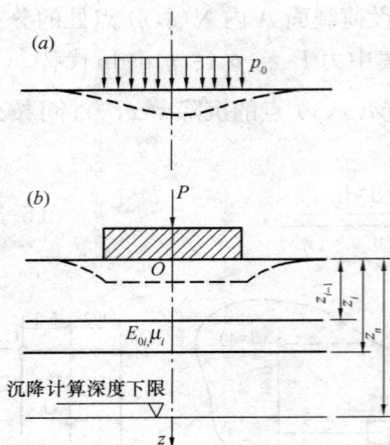

图 6-4　局部荷载作用下的地面沉降
(a) 柔性荷载；(b) 刚性荷载

以上角点法的计算结果和实践经验都表明，柔性荷载下地面的沉降不仅产生于荷载面范围之内，而且还影响到荷载面以外，沉降后的地面呈碟形（图 6-4a）。但一般基础都具有一定的抗弯刚度，因而基底沉降依基础刚度的大小而趋于均匀（图 6-4b），所以中心荷载作用下的基础沉降可以近似地按柔性荷载下基底平均沉降计算，

即

$$s = \left(\iint\limits_A s(x,y)\mathrm{d}x\mathrm{d}y\right)/A \qquad (6\text{-}9)$$

式中 A 为基底面积。对于均布的矩形荷载，上式积分的结果为：

$$s = \dfrac{1-\mu^2}{E_0}\omega_m b p_0 \qquad (6\text{-}10)$$

式中，ω_m 为平均沉降影响系数。通常为了便于查表计算，把式（6-7）、式（6-8）和式（6-10）统一成为地基沉降的弹性力学公式的一般形式：

$$s = \dfrac{1-\mu^2}{E_0}\omega b p_0 \qquad (6\text{-}11)$$

式中　b——矩形荷载（基础）的宽度或圆形荷载（基础）的直径；

　　　ω——沉降影响系数，按基础的刚度、底面形状及计算点位置而定。

沉降影响系数 ω 值   表 6-1

基底形状	圆形	方形	矩形（l/b）										
			1.5	2.0	3.0	4.0	5.0	6.0	7.0	8.0	9.0	10.0	100.0
基底角点 ω_c 圆形周边	0.64	0.56	0.68	0.77	0.89	0.98	1.05	1.11	1.16	1.20	1.24	1.27	2.00
基底中心 ω_0	1.00	1.12	1.36	1.5	1.78	1.96	2.10	2.22	2.32	2.40	2.48	2.54	4.00
基底平均 ω_m	0.85	0.95	1.15	1.30	1.50	1.70	1.83	1.96	2.04	2.12	2.19	2.25	3.70
刚性基础 ω_r	0.79	0.88	1.08	1.22	1.44	1.61	1.72	—	—	—	—	2.12	3.40

ω 按表 6-1 采用。表中 ω_c、ω_0 和 ω_m 分别为完全柔性基础（均布荷载）角点、中点和平均值的沉降影响系数。ω_r 为刚性基础在轴心荷载下的沉降影响系数。

6.2.2 刚性基础的地基沉降

对于中心荷载下的刚性基础，由于它具有无限大的抗弯刚度，受荷沉降后基础不发生挠曲，因而，基底的沉降量处处相等，即在基底范围内，式（6-3）中，$s(x,y) = s = $ 常数，将该式与基础的静力平衡条件 $\iint\limits_A p_0(\xi,\eta)\mathrm{d}\xi\mathrm{d}\eta = P$ 联合求解后可得基底反力 $p_0(x,y)$ 和沉降 s。其中，s 也可以表达为式（6-11）的形式，但式中 $p_0 = P/A$（P 和 A 分别为中心荷载合力和基底面积），ω 则取刚性基础的沉降影响系数 ω_r，由表 6-1 查得，其值与柔性荷载的 ω_m 接近。

以表 6-1 中的系数计算，所得的是均质地基中无限深度土的变形引起的沉降。事实上，由于地基深部附加应力扩散衰减且土质一般更为密实、或有基岩埋藏，所以超过基底下一定深度，土的变形当可略而不计。这个深度称为地基沉降计算深度（z_n），可按 6.4.2 节的方法确定。只考虑有限深度 z 范围内土的变形的沉降影响系数与土的泊松比（μ）有关，表 6-2 只给出 $\mu = 0.3$ 时，刚性基础的沉降影响系数 ω_z 值，并按基底形状及比值 z/b 查取后仍用式（6-11）计算沉降。

利用沉降影响系数 ω_z 可以作出刚性基础下成层地基沉降的简化计算方法。设地基在沉降计算深度范围内含有 n 个水平天然土层，其中层底深度为 z_i 的第 i 层土（图 6-4b）的变形引起的基础沉降量可表示为 $\Delta s_i = s_i - s_{i-1}$，$s_i$ 和 s_{i-1} 是相应于计算深度为 z_i 和 z_{i-1} 时的刚性基础沉降。计算 s_i 和 s_{i-1} 时，假设整个弹性半空间是具有与第 i 层土相同的变形参数（E_{0i}, μ_i）的均质地基。于是，利用式（6-11），可得刚性基础沉降等于各分层竖向变形量之和的算式如下：

$$S = \sum_{i=1}^{n} \Delta s_i = bp_0 \sum_{i=1}^{n} \frac{1 - \mu_i^2}{E_{0i}}(\omega_{zi} - \omega_{zi-1}) \tag{6-12}$$

式中基础沉降影响系数 ω_{zi} 及 ω_{zi-1} 分别按深宽比 z_i/b 及 z_{i-1}/b 查表 6-2。这种计算方法可称为"线性变形分层总和法"，以与 6.3 节中的"单向压缩分层总和法"相区别。

刚性基础沉降影响系数 ω_z 值（$\mu = 0.3$）　　　　　　　表 6-2

z/b	圆形基础 （b＝直径）	矩形基础长宽比 l/b					
		1.0	1.5	2.0	3.0	5.0	∞
0.0	0.000	0.000	0.000	0.000	0.000	0.000	0.000
0.2	0.090	0.100	0.100	0.100	0.100	0.100	0.104
0.4	0.179	0.200	0.200	0.200	0.200	0.200	0.208
0.6	0.266	0.299	0.300	0.300	0.300	0.300	0.311
0.8	0.348	0.381	0.395	0.397	0.397	0.397	0.412
1.0	0.411	0.446	0.476	0.484	0.484	0.484	0.511
1.2	0.461	0.499	0.543	0.561	0.566	0.566	0.605
1.4	0.501	0.542	0.601	0.625	0.640	0.640	0.687
1.6	0.532	0.577	0.647	0.682	0.706	0.708	0.763
1.8	0.558	0.606	0.688	0.730	0.764	0.772	0.831
2.0	0.579	0.630	0.722	0.773	0.816	0.830	0.892
2.2	0.596	0.651	0.751	0.808	0.861	0.883	0.949
2.4	0.611	0.668	0.776	0.841	0.902	0.932	1.001

z/b	圆形基础 (b=直径)	矩形基础长宽比 l/b					
		1.0	1.5	2.0	3.0	5.0	∞
2.6	0.624	0.683	0.798	0.868	0.939	0.977	1.050
2.8	0.635	0.697	0.818	0.893	0.971	1.018	1.095
3.0	0.645	0.709	0.836	0.913	1.000	1.057	1.138
3.2	0.652	0.719	0.850	0.934	1.027	1.091	1.178
3.4	0.661	0.728	0.853	0.951	1.051	1.123	1.215
3.6	0.668	0.736	0.875	0.967	1.073	1.152	1.251
3.8	0.674	0.744	0.887	0.981	1.099	1.180	1.285
4.0	0.679	0.781	0.897	0.995	1.111	1.205	1.316
4.2	0.684	0.757	0.906	1.007	1.128	1.229	1.347
4.4	0.689	0.763	0.914	1.017	1.144	1.251	1.376
4.6	0.693	0.768	0.922	1.027	1.158	1.272	1.404
4.8	0.697	0.772	0.929	1.036	1.171	1.291	1.431
5.0	0.700	0.777	0.935	1.045	1.183	1.309	1.456

6.2.3 刚性基础的倾斜

刚性基础承受偏心荷载时，沉降后基底为一倾斜平面，基底形心处的沉降（即平均沉降）可按式（6-12）计算。对均质弹性半空间上的刚性基础，只考虑地基有限深度范围内土的变形时，基础倾斜可按以下公式表达；其中刚性基础倾斜影响系数 k 值已绘成曲线（图 6-5），以备查用。

$$\theta \approx \tan\theta = k \cdot \frac{1-\mu^2}{E_0} \cdot \frac{P \cdot e}{b^3} \tag{6-13}$$

式中　θ——基础倾斜角；

　　P、e——基础偏心荷载合力及其偏心距；

　　b、l——荷载偏心方向的矩形基底边长（或圆形基底直径）和矩形基底另一边长；

　　k——刚性基础倾斜影响系数，当地基沉降计算深度为 z 时，对矩形基础，按 z/b 和 l/b 值查图 6-5（a）；对圆形基础，按 z/b 查图 6-5（b）；

　　E_0、μ——沉降计算深度范围内土的变形模量和泊松比。

对水平成层地基上的刚性基础，可仿照上述分层总和法作出倾斜计算表达式如下：

$$\theta = \sum_{i=1}^{n} \Delta\theta_i = \frac{P \cdot e}{b^3} \cdot \sum_{i=1}^{n} \frac{1-\mu_i^2}{E_{0i}}(k_i - k_{i-1}) \tag{6-14}$$

式中，符号下标 i 为地基自上而下的分层编号；倾斜影响系数 k_i 和 k_{i-1} 分别按深宽比 z_i/b、z_{i-1}/b 和矩形基础的边长比 l/b 查图 6-5。第 n 层底深度（地基沉降计算深度 z_n）按 6.4.2 节的方法确定。

计算地基沉降（含基础倾斜）的弹性力学公式，均以集中力作用于均质弹性半空间表面的竖向位移解答为基础，因而能考虑局部荷载（基础荷载）在地基中引起的三维（三向）应力状态，可用于计算地基的最终沉降（采用排水条件下土的变形模量 E_0 和泊松比 μ）以及瞬时沉降（采用不排水条件下土的弹性模量 E 和泊松比 $\mu=0.5$）。有关地基沉降的概念和计算，以及土变形参数的选用和测定等问题将随后逐步阐明。

【例 6-1】　计算直径 $b=5m$ 的圆形刚性基础在竖向偏心荷载 $P=2MN$（偏心距 $e=0.3m$）长期作用下的倾斜。设从基底至基岩的 8m 深度范围内计有三个水平可压缩土层，

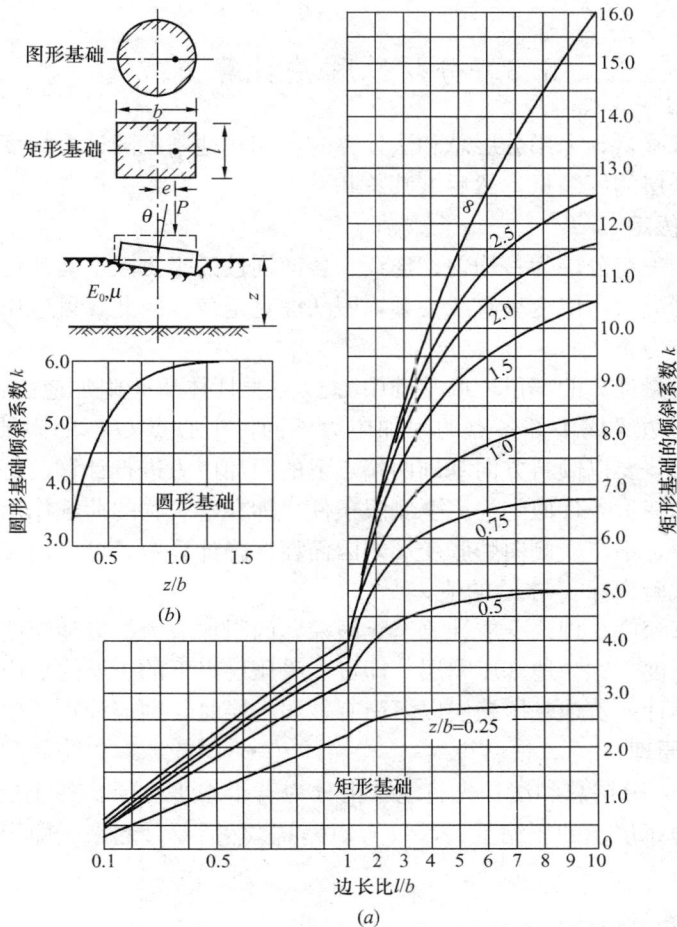

图 6-5 刚性基础倾斜影响系数 k 值（杨位洸，1991）

各层底面距基底的深度 z_i、变形模量 E_{0i} 和泊松比 μ_i 依次为：$z_1=2m$，$E_{01}=8MPa$，$\mu_1=0.35$；$z_2=4m$，$E_{02}=10MPa$，$\mu_2=0.30$；$z_3=8m$，$E_{03}=15MPa$，$\mu_3=0.25$。

【解】 按层底深径比 $z_1/b=2/5=0.4$，$z_2/b=4/5=0.8$，$z_3/b=1.6$，查图 6-5（b）曲线，得相应的倾斜影响系数，$k_1=4.65$，$k_2=5.70$，$k_3=6.00$，代入式（6-14）得基础倾斜：

$$\theta=\frac{2\times0.3}{5^3}\times\left[\frac{1-0.35^2}{8}\times(4.65-0.0)+\frac{1-0.3^2}{10}\times(5.7-4.65)\right.$$

$$\left.+\frac{1-0.25^2}{15}\times(6.0-5.7)\right]=0.003$$

弹性理论方法计算沉降的正确性，往往取决于 E 的选取是否正确。一般都假定 E 在整个地基土层中不变，这只有当地基土层比较均匀时才是近似的，实际地基土的 E 值是随着深度变化的。弹性理论方法的压缩层厚度理论上是无穷大，这与实际不符。但由于它的计算过程简单，所以通常用于一般地基沉降估算或计算瞬时沉降。

6.3 分层总和法计算公式

地基的最终沉降量，采用分层总和法计算时，应在地基沉降计算深度范围内划分为若干分层来计算各分层的压缩量，然后求其总和。

6.3.1 基本假定

（1）地基土的一个分层为一均匀、连续、各向同性的半无限空间弹性体。在建筑物荷载作用下，土中的应力与应变呈直线关系，服从虎克定律。因此，可应用弹性理论方法计算地基中的附加应力。

（2）地基沉降量计算的部位，取基础中心 O 点土柱体所受附加应力 σ_z 进行计算。实际上这与基础底面边缘或中部各点的附加应力不同，中心点 O 下的附加应力为最大值。计算基础的倾斜时，要以倾斜方向基础两端点下的附加应力进行计算。

（3）地基土的变形条件假定为完全侧限条件，即在建筑物的荷载作用下，地基土层只产生竖向压缩变形，不产生侧向膨胀变形，因而在沉降计算中，可应用实验室测定的完全侧限条件下压缩试验指标 a 与 E_s 的值。

（4）沉降计算深度，理论上应计算至无限深，因附加应力扩散随深度而减小，工程上只要计算至某一深度（称为地基压缩层）即可。受压层以下的土层附加应力很小，所产生的沉降量可忽略不计。若地基压缩层以下尚有软弱土层时，则应计算至软弱土层底部。

6.3.2 计算原理

如图 6-6 所示，分层总和法是先将地基土分为若干水平土层，各土层厚度分别为 h_1，h_2，$h_3\cdots$，h_n。计算每层土的压缩量 s_1，s_2，s_3，$\cdots$，s_n。然后累计起来，即为总的地基沉降量 s。

即
$$s = s_1 + s_2 + s_3 + \cdots + s_n = \sum_{i=1}^{n} s_i \tag{6-15}$$

6.3.3 计算方法与步骤

（1）用坐标纸按比例绘制地基土层分布剖面图，如图 6-7 所示。

（2）计算地基土的自重应力 σ_{ci}，土层变化处为计算点。计算结果按力的比例尺（如 1cm 代表 100kPa），绘于基础中心线的左侧。注意自重应力分布曲线的横坐标只表示该点

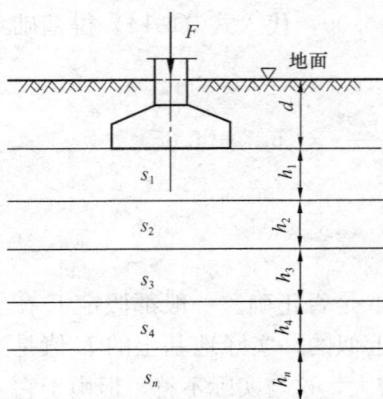

图 6-6 分层总和法计算原理

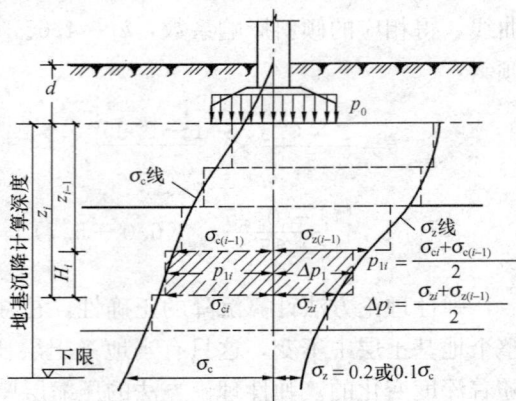

图 6-7 分层总和法计算地基沉降

的自重应力数值，应力的方向都是竖直方向。

（3）计算基础底面的接触压力

中心荷载
$$p = \frac{F+G}{A}$$

偏心荷载
$$p_{\min}^{\max} = \frac{F+G}{A}\left(1 \pm \frac{6e}{l}\right)$$

（4）计算基础底面平均附加应力
$$p_0 = p - \gamma_0 d$$

式中　　p——基础底面接触压力，kPa；

$\gamma_0 d$——基础埋置深度 d 处的自重应力，kPa。

（5）沉降计算分层。为使地基沉降计算比较精确，除按 $0.4b$（b 为基础宽度）的厚度分层以外，还需考虑下列因素：

①地质剖面中，不同性质的土层，因压缩性不同应作为分层界面；

②地下水位应作为分层面；

③基础底面附近附加应力数值大且曲线变化大，分层厚度应小些，使各计算分层的附加应力分布的曲线以直线代替计算，误差不大。

（6）计算地基中的附加应力分布。按分层情况将附加应力数值按比例尺绘于基础中心线的右侧。

（7）确定地基受压层深度 z_n。由图 6-7 中自重应力和附加应力分布两条曲线，可以找到某一深度处附加应力 σ_z 为自重应力 σ_{cz} 的 20% 或 10%，此深度称为地基受压层深度 z_n。此处，对于

一般土　$\sigma_z = 0.2\sigma_{cz}$

软土　$\sigma_z = 0.1\sigma_{cz}$

式中，σ_z 为基础底面中心 O 点下深度 z 处的附加应力，kPa；σ_{cz} 为同一深度 z 处的自重应力，kPa。

（8）计算各土层的沉降量 s_i，即
$$\varepsilon_i = \frac{\Delta p_i}{E_{si}} = \frac{a_i(p_{2i}-p_{1i})}{1+e_{1i}} = \frac{e_{1i}-e_{2i}}{1+e_{1i}}$$

$$s_i = \frac{\Delta p_i}{E_{si}}h_i = \frac{a_i(p_{2i}-p_{1i})}{1+e_{1i}}h_i = \left(\frac{e_{1i}-e_{2i}}{1+e_{1i}}\right)h_i \tag{6-16}$$

式中，Δp_i 为第 i 层土的平均附加应力，kPa；E_{si} 为第 i 层土的侧限压缩模量，MPa；h_i 为第 i 层土的厚度，m；a 为第 i 层土的压缩系数，MPa^{-1}；e_1 为第 i 层土的自重应力平均值（即 p_{1i}）从土的压缩曲线上得到的相应孔隙比；e_2 为第 i 层土的自重应力平均值与附加应力平均值之和（即 $p_{2i} = p_{1i} + \Delta p_i$）从土的压缩曲线上得到的相应孔隙比（见图 6-7）。

（9）计算地基最终沉降量

将地基受压层 z_n 范围内各土层压缩量相加可得
$$s = s_1 + s_2 + s_3 + \cdots + s_n = \sum_{i=1}^{n} s_i$$

【例题 6-2】　某厂房为框架结构，柱基底面为正方形，边长 $l = b = 4.0\text{m}$，基础埋置深度为 $d = 1.0\text{m}$。上部结构传至基础顶面荷重 $F = 1440\text{kN}$。地基为粉质黏土，土的天然

重度 $\gamma = 16.0\text{kN/m}^3$，土的天然孔隙比 $e = 0.97$。地下水位埋深 3.4m，地下水位以下土的饱和重度 $\gamma_{\text{sat}} = 18.2\text{kN/m}^3$，土的压缩系数：地下水位以上为 $a_1 = 0.3\text{MPa}^{-1}$，地下水位以下为 $a_2 = 0.25\text{MPa}^{-1}$。计算柱基中点的沉降量。

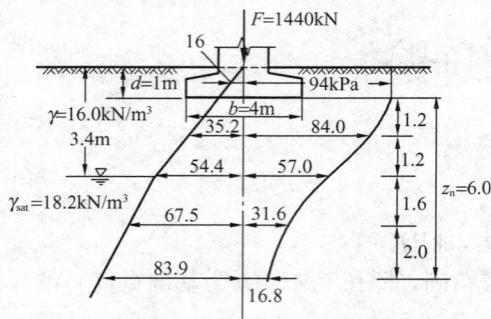

图 6-8　地基应力分布图

【解】　（1）绘制柱基剖面图与地基土的剖面图，如图 6-8 所示。

（2）计算地基土的自重应力

基础底面

$$\sigma_{cd} = \gamma_0 d = 16\text{kPa}$$

地下水面

$$\sigma_{cw} = 3.4\gamma = 54.4\text{kPa}$$

地面下 $2b$ 处

$$\sigma_{c8} = 3.4\gamma + 4.6\gamma' = 92.1\text{kPa}$$

（3）基础底面接触压力 p

基础与基础上回填土的平均重度 $\gamma_G = 20\text{kN/m}^3$

则

$$p = \frac{F}{lb} + \gamma_G d = 110\text{kPa}$$

（4）基础底面附加应力 p_0　　$p_0 = p - \gamma_0 d = 94\text{kPa}$

（5）地基中的附加应力

基础底面为正方形，用角点法计算，分成相等的 4 小块，计算边长 $l = b = 2\text{m}$。附加应力为：

$$\sigma_z = 4\alpha_c p_0$$

其中，附加应力系数 α_c 按矩形面积均布荷载下的表 4-5 查出，计算结果列表如下。

附加应力计算　　　　　　　　　　　　　　　　　　　表 6-3

深度 z（m）	l/b	z/b	应力系数 α_c	附加应力 $\sigma_z = 4\alpha_c p_0$（kPa）
0	1.0	0	0.2500	94.0
1.2	1.0	0.6	0.2229	84.0
2.4	1.0	1.2	0.1516	57.0
4.0	1.0	2.0	0.0840	31.6
6.0	1.0	3.0	0.0447	16.8

（6）确定地基受压层深度 z_n

由图 6-8 中自重应力分布与附加应力分布两条曲线，寻找 $\sigma_z = 0.2\sigma_{cz}$ 的深度 z。

当深度 $z = 6.0\text{m}$ 时，$\sigma_z = 16.8\text{kPa}$，$\sigma_{cz} = 83.9\text{kPa}$，$\sigma_z \approx 0.2\sigma_{cz} = 16.8\text{kPa}$。故受压层深度 $z_n = 6.0\text{m}$。

（7）确定分层厚度

计算层每层厚度 $h_i \leqslant 0.4b = 1.6\text{m}$。地下水位以上 2.4m 分两层，每层 1.2m，第 3 层 1.6m，第四层因附加应力很小，可取 2.0m。

（8）地基沉降量的计算

因已知压缩系数 a 和初始孔隙比 e_1，故采用公式 $s_i = \dfrac{a_i}{1 + e_{1i}}\overline{\sigma}_{zi} h_i$。计算过程见表 6-4。

沉降量的计算   表 6-4

土层编号	土层厚度 h_i （mm）	土的压缩系数 a （MPa^{-1}）	孔隙比 e_1	平均附加应力 $\bar{\sigma}_z$ （kPa）	沉降量 s_i （mm）
1	1.20	0.30	0.97	89.0	16.3
2	1.20	0.30	0.97	70.5	12.9
3	1.60	0.25	0.97	44.3	9.0
4	2.00	0.25	0.97	24.2	6.1

（9）柱基中点总沉降量

$$s = \Sigma s_i = 44.3\text{mm}$$

【**例 6-3**】 某厂房为框架结构，柱基采用正方形独立基础，基础底面尺寸 $b \times l = 4\text{m} \times 4\text{m}$，上部结构传至基础顶面荷载 $F = 1440\text{kN}$，基础埋深 $d = 1\text{m}$。地基为粉质黏土，土的天然重度 $\gamma = 16.1\text{kN/m}^3$，地下水位深度为 3.4m，水下饱和重度 $\gamma_{\text{sat}} = 18.2\text{kN/m}^3$。土的压缩试验结果 $e-p$ 曲线，如图 6-9 所示，计算柱基中点的沉降量。

【**解**】 计算步骤（1）～（7）同［例 6-2］。

（8）地基沉降量的计算

采用沉降计算公式为

$$s_i = \frac{e_{1i} - e_{2i}}{1 + e_{1i}} h_i$$

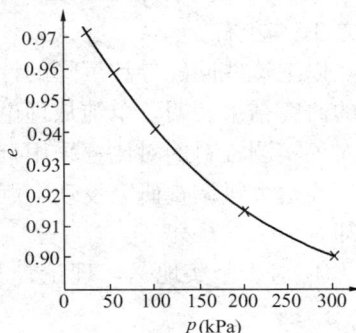

图 6-9　地基土的压缩曲线

根据图 6-9 中地基土的压缩曲线，由各层土的平均自重应力 $\bar{\sigma}_{ci}$ 作为 p_{1i}，查出相应的孔隙比 e_{1i}。再由各层土的平均自重应力与平均附加应力之和 $\bar{\sigma}_{ci} + \bar{\sigma}_{zi}$ 作为 p_{2i}，查出相应的孔隙比 e_2，再由上述公式计算出各层土的沉降量 s_i。列表计算如表 6-5 所示。

沉降量的计算   表 6-5

土层编号	土层厚度 h_i （mm）	平均自重应力 $\bar{\sigma}_{cz}$ （kPa）	平均附加应力 $\bar{\sigma}_{zi}$ （kPa）	$(\bar{\sigma}_{cz} + \bar{\sigma}_{zi})$ （kPa）	由 $\bar{\sigma}_{ci}$ 查 e_1	由 $\bar{\sigma}_{ci} + \bar{\sigma}_{zi}$ 查 e_2	$\left(\frac{e_1 - e_2}{1 + e_1}\right)_i$	沉降量 s_i （mm）
1	1200	25.6	89.0	114.6	0.97	0.937	0.0168	20.16
2	1200	44.8	70.5	115.3	0.96	0.936	0.0122	14.64
3	1600	61.0	44.3	105.3	0.954	0.940	0.00716	11.46
4	2000	75.7	24.2	99.9	0.948	0.941	0.00359	7.18

（9）厂房柱基中点的总沉降量

$$s = \Sigma s_i = 53.4\text{mm}$$

6.3.4　问题讨论

分层总和法计算沉降的优点是概念比较明确，计算过程及变形指标的选取比较简便，易于掌握，它还适用于不同地基土层的情况。虽然通常情况下只计算基础中心点的沉降代替基础的沉降，但对基础形状和计算点位置并无限制条件，而只由应力计算来决定沉降。

例如，计算荷载面积以外点的沉降可用角点法计算应力；计算基础倾斜时，只要分别求出基础两边缘角点的不同沉降值，以其沉降差值除以基础宽度即可得到倾斜角；在旧桥加宽时，为考虑加宽部分对原有墩台的附加影响，也可用角点法，这些优点使得分层总和法在工程设计中得到广泛应用。

但分层总和法尚存在如下几个方面的问题：

（1）分层总和法是采用弹性理论计算地基中的竖向应力 σ_z，用单向固结压缩的 $e-p$ 曲线求变形，这与实际地基受力情况有出入。

（2）压缩变形指标的选取，直接影响到沉降量的计算结果。计算中只能取压缩指标为常数，但根据试验曲线，我们知道压缩性指标是随压力大小而变化的。

（3）压缩层厚度的确定方法没有严格的理论依据，是半经验性的方法，其正确性只能从工程实测数据中得到验证。研究表明，上述不同的确定压缩层厚度的方法，使计算结果相差 10%左右。

以上这些问题导致沉降的计算值与工程中实测值不完全相符。多年来，改进分层总和法的研究结果表明，单纯从理论上去解决这些问题是有困难的，因此更多的是通过不同工程对象实测资料的对比，采用合理的经验修正系数进行修正的办法以满足工程上的精度要求。经过大量调查研究发现，沉降计算值和实测值虽然有出入，但两者的差值和土质的关系却有一定的规律：

① 对于坚实地基，理论计算的沉降量远大于实测的沉降量，最多竟相差 5 倍，即 $s_{计} \gg s_{实}$；

② 对于软弱地基，计算的沉降量小于实测沉降量，最多可相差 40%，即 $s_{计} < s_{实}$；

③ 对于中等地基，计算沉降量与实际沉降量相近，即 $s_{计} \approx s_{实}$。

因此，我国《铁路桥涵地基和基础设计规范》（TB 10002.5—2005）中根据统计分析提出了经验修正系数 m_s，将计算结果按公式（6-17）进行修正

$$s = \sum_{i=1}^{n} m_s \Delta s_i \tag{6-17}$$

式中 m_s——与土质有关的沉降计算经验系数，可参考表 6-6。经应用表明，经过修正后的沉降量比较接近实测结果。

m_s 表　　　　　　　　　　　　　　　　　　　　　　　　表 6-6

压缩模量 E_s（MPa）	$E_s \leqslant 4$	$4 < E_s \leqslant 7$	$7 < E_s \leqslant 15$	$15 < E_s \leqslant 20$	$E_s > 20$
m_s	1.8~1.1	1.1~0.8	0.8~0.4	0.4~0.2	0.2

我国《建筑地基基础设计规范》（GB 50007—2011）（以下有时简称《地基基础规范》）为了使地基沉降量的计算值与实测值相符合，简化了分层总和法的计算方法，提出了《地基基础规范》方法。

6.4　《建筑地基基础设计规范》法计算沉降量

《建筑地基基础设计规范》GB 50007—2002 提出的地基沉降计算方法，是一种简化了

的分层总和法，引入了平均附加应力系数的概念，并在总结大量实践经验的前提下，重新规定了地基沉降计算深度的标准及地基沉降计算经验系数 ψ_s。此经验系数 ψ_s 就是考虑地基的计算值与实测值出入较大的系数，凡软弱地基，$\psi_s > 1.0$；坚实地基，$\psi_s < 1.0$。

6.4.1 《建筑地基基础设计规范》法沉降计算公式的推导

（1）采用分层总和法计算第 i 层土的沉降量公式为

$$s_i = \frac{\bar{\sigma}_{zi} h_i}{E_{si}}$$

由图 6-10 可见，上式右边分子 $\bar{\sigma}_{zi} h_i$ 等于第 i 层土的附加应力的面积 $A_{aa'bb'}$。

（2）附加应力面积

$$A_{aa'bb'} = A_{oKbb'} - A_{oKaa'}$$

其中

$$A_{oKbb'} = \int_0^{z_i} \sigma_z \mathrm{d}z = \bar{\sigma}_{zi} z_i$$

$$A_{oKaa'} = \int_0^{z_{i-1}} \sigma_z \mathrm{d}z = \bar{\sigma}_{zi-1} z_{i-1}$$

故

$$s_i' = \frac{A_{aa'bb'}}{E_{si}} = \frac{A_{oKb'b} - A_{oKa'a}}{E_{si}} = \frac{\bar{\sigma}_{zi} z_i - \bar{\sigma}_{zi-1} z_{i-1}}{E_{si}} \qquad (a)$$

（3）平均附加应力系数 $\bar{\alpha}$

为了计算方便，引入一个新的平均附加应力系数 $\bar{\alpha}$，用平均附加应力 $\bar{\sigma}_z$ 除以基础底面处的附加应力 p_0，可得

$$\bar{\alpha}_i = \frac{\bar{\sigma}_{zi}}{p_0} \qquad (b)$$

$$\bar{\alpha}_{i-1} = \frac{\bar{\sigma}_{zi-1}}{p_0} \qquad (c)$$

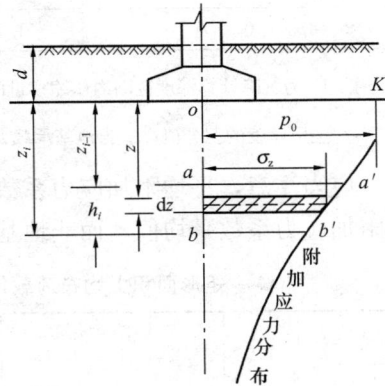

图 6-10　《地基基础规范》法公式推导

（4）计算第 i 层土的沉降量

将式（b）和式（c）代入式（a）得

$$s_i' = \frac{1}{E_{si}}(p_0 \bar{\alpha}_i z_i - p_0 \bar{\alpha}_{i-1} z_{i-1}) = \frac{p_0}{E_{si}}(\bar{\alpha}_i z_i - \bar{\alpha}_{i-1} z_{i-1})$$

（5）计算地基总沉降量

$$s' = \sum_{i=1}^n s_i' = \sum_{i=1}^n \frac{p_0}{E_{si}}(\bar{\alpha}_i z_i - \bar{\alpha}_{i-1} z_{i-1}) \qquad (6\text{-}18)$$

（6）《建筑地基基础设计规范》法沉降量计算公式

由应力面积法推导而得到的式（6-18）乘以沉降计算经验系数 ψ_s，即为

$$s = \psi_s s' = \psi_s \sum_{i=1}^n \frac{p_0}{E_{si}}(\bar{\alpha}_i z_i - \bar{\alpha}_{i-1} z_{i-1}) \qquad (6\text{-}19)$$

式中　s——《建筑地基基础设计规范》法经修正后计算的地基最终沉降量，mm；

　　　s'——分层总和法计算的地基最终沉降量，mm；

　　　n——地基沉降计算深度（即受压层）范围内所划分的土层数（如图 6-11 所示）；

p_0 ——对应于荷载效应准永久组合时的基础底面处的附加压力，kPa；

z_i, z_{i-1} ——基础底面至第 i 层土、第 $i-1$ 层土底面的距离，m；

$\overline{\alpha}_i, \overline{\alpha}_{i-1}$ ——基础底面计算点至第 i 层土、第 $i-1$ 层土底面范围内平均附加应力系数，可查表 6-8 至表 6-12。

当地基为一均匀土层时，用该土层的压缩模量 E_s 值，直接查表 6-7 即可得到 ψ_s 值。E_s 介于表中系数之间时，可采用内插法计算 ψ_s。若地基为多层土，E_s 为不同数值，则先计算 E_s 的当量值 $\overline{E}_s$ 来查表 6-7，即 E_s 按附加应力面积 A 的加权平均值查表。

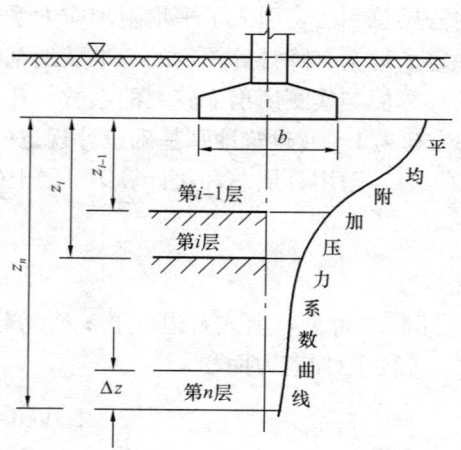

图 6-11 《地基基础规范》法沉降计算分层

沉降计算经验系数 ψ_s 表 6-7

压缩模量 $\overline{E}_s$ （MPa） 基底附加应力 p_0 （kPa）	2.5	4.0	7.0	15.0	20.0
$p_0 \geqslant f_k$	1.40	1.30	1.00	0.40	0.20
$p_0 \leqslant 0.75 f_k$	1.10	1.00	0.70	0.40	0.20

注：$\overline{E}_s$ 为沉降计算深度范围内压缩模量的当量值，应按下式计算 $\overline{E}_s = \dfrac{\sum A_i}{\sum A_i/E_{si}}$，$A_i$ 为第 i 层土的附加应力系数沿土层厚度的积分值；f_k 为地基承载力标准值。

应当注意，平均附加应力系数 $\overline{\alpha}_i$ 系指基础底面计算点至第 i 层土底面范围内全部土层的附加应力系数平均值，而非地基中第 i 层土本身的附加应力系数。

矩形面积上均布荷载作用下通过中心点竖线上的平均附加应力系数 $\overline{\alpha}$ 表 6-8

$\dfrac{z}{b}$ ＼ $\dfrac{l}{b}$	1.0	1.2	1.4	1.6	1.8	2.0	2.4	2.8	3.2	3.6	4.0	5.0	>10（条形）
0.0	1.000	1.000	1.000	1.000	1.000	1.000	1.000	1.000	1.000	1.000	1.000	1.000	1.000
0.1	0.997	0.998	0.998	0.998	0.998	0.998	0.998	0.998	0.998	0.998	0.998	0.998	0.998
0.2	0.987	0.990	0.991	0.992	0.992	0.992	0.993	0.993	0.993	0.993	0.993	0.993	0.993
0.3	0.967	0.973	0.976	0.978	0.979	0.979	0.980	0.980	0.981	0.981	0.981	0.981	0.981
0.4	0.936	0.947	0.953	0.956	0.958	0.965	0.961	0.962	0.962	0.963	0.963	0.963	0.963
0.5	0.900	0.915	0.924	0.929	0.933	0.935	0.937	0.939	0.939	0.940	0.940	0.940	0.940
0.6	0.858	0.878	0.890	0.898	0.903	0.906	0.910	0.912	0.913	0.194	0.914	0.915	0.915
0.7	0.816	0.840	0.855	0.865	0.871	0.876	0.881	0.884	0.885	0.886	0.887	0.887	0.888
0.8	0.775	0.801	0.819	0.831	0.839	0.844	0.851	0.855	0.857	0.858	0.859	0.860	0.860
0.9	0.735	0.764	0.784	0.797	0.806	0.813	0.821	0.826	0.829	0.830	0.831	0.832	0.833
1.0	0.698	0.728	0.749	0.764	0.775	0.783	0.792	0.798	0.801	0.803	0.804	0.806	0.807
1.1	0.663	0.694	0.717	0.733	0.744	0.753	0.764	0.771	0.775	0.777	0.779	0.780	0.782
1.2	0.631	0.663	0.686	0.703	0.715	0.725	0.737	0.744	0.749	0.752	0.754	0.756	0.758
1.3	0.601	0.633	0.657	0.674	0.688	0.698	0.711	0.719	0.725	0.728	0.730	0.733	0.735
1.4	0.573	0.605	0.629	0.648	0.661	0.672	0.687	0.696	0.701	0.705	0.708	0.711	0.714

$\dfrac{z}{b}$ \ $\dfrac{l}{b}$	1.0	1.2	1.4	1.6	1.8	2.0	2.4	2.8	3.2	3.6	4.0	5.0	>10（条形）
1.5	0.548	0.580	0.604	0.622	0.637	0.648	0.664	0.673	0.679	0.683	0.686	0.690	0.693
1.6	0.524	0.556	0.580	0.599	0.613	0.625	0.641	0.651	0.658	0.663	0.666	0.670	0.676
1.7	0.502	0.533	0.558	0.577	0.591	0.603	0.620	0.631	0.638	0.643	0.646	0.651	0.656
1.8	0.482	0.513	0.537	0.556	0.571	0.583	0.600	0.611	0.619	0.624	0.629	0.633	0.638
1.9	0.463	0.493	0.517	0.536	0.551	0.563	0.581	0.593	0.601	0.606	0.610	0.616	0.622
2.0	0.446	0.475	0.499	0.518	0.533	0.545	0.563	0.575	0.584	0.590	0.594	0.600	0.606
2.1	0.429	0.459	0.482	0.500	0.515	0.528	0.546	0.559	0.567	0.574	0.578	0.585	0.591
2.2	0.414	0.443	0.466	0.484	0.499	0.511	0.530	0.543	0.552	0.558	0.563	0.570	0.577
2.3	0.400	0.428	0.451	0.469	0.484	0.496	0.515	0.528	0.537	0.544	0.548	0.556	0.564
2.4	0.387	0.414	0.436	0.454	0.469	0.481	0.500	0.513	0.523	0.530	0.535	0.543	0.551
2.5	0.374	0.401	0.423	0.441	0.455	0.468	0.486	0.500	0.509	0.516	0.522	0.530	0.539
2.6	0.362	0.389	0.410	0.428	0.442	0.455	0.473	0.487	0.496	0.504	0.509	0.518	0.528
2.7	0.351	0.377	0.398	0.416	0.430	0.442	0.461	0.474	0.484	0.492	0.497	0.506	0.517
2.8	0.341	0.366	0.387	0.404	0.418	0.430	0.449	0.463	0.472	0.480	0.486	0.495	0.506
2.9	0.331	0.356	0.377	0.393	0.407	0.419	0.438	0.451	0.461	0.469	0.475	0.485	0.496
3.0	0.322	0.346	0.366	0.383	0.397	0.409	0.427	0.441	0.451	0.459	0.465	0.474	0.487
3.1	0.313	0.337	0.357	0.373	0.387	0.398	0.417	0.430	0.440	0.448	0.454	0.464	0.477
3.2	0.305	0.328	0.348	0.364	0.377	0.389	0.407	0.420	0.431	0.439	0.445	0.455	0.468
3.3	0.297	0.320	0.339	0.355	0.368	0.379	0.397	0.411	0.421	0.429	0.436	0.446	0.460
3.4	0.289	0.312	0.331	0.346	0.359	0.371	0.388	0.402	0.412	0.420	0.427	0.437	0.452
3.5	0.282	0.304	0.323	0.338	0.351	0.362	0.380	0.393	0.403	0.412	0.418	0.429	0.444
3.6	0.276	0.297	0.315	0.330	0.343	0.354	0.372	0.385	0.395	0.403	0.410	0.421	0.436
3.7	0.269	0.290	0.308	0.323	0.335	0.346	0.364	0.377	0.387	0.395	0.402	0.413	0.429
3.8	0.263	0.284	0.301	0.316	0.328	0.339	0.356	0.369	0.379	0.388	0.394	0.405	0.422
3.9	0.257	0.277	0.294	0.309	0.321	0.332	0.349	0.362	0.372	0.380	0.387	0.398	0.415
4.0	0.251	0.271	0.288	0.302	0.314	0.325	0.342	0.355	0.365	0.373	0.379	0.391	0.408
4.1	0.246	0.265	0.282	0.296	0.308	0.318	0.335	0.348	0.358	0.366	0.372	0.384	0.402
4.2	0.241	0.260	0.276	0.290	0.302	0.312	0.328	0.341	0.352	0.359	0.366	0.377	0.396
4.3	0.236	0.255	0.270	0.284	0.296	0.306	0.322	0.335	0.345	0.353	0.359	0.371	0.390
4.4	0.231	0.250	0.265	0.278	0.290	0.300	0.316	0.329	0.339	0.347	0.353	0.365	0.384
4.5	0.226	0.245	0.260	0.273	0.285	0.294	0.310	0.323	0.333	0.341	0.347	0.359	0.378
4.6	0.222	0.240	0.255	0.268	0.279	0.289	0.305	0.317	0.327	0.335	0.341	0.353	0.373
4.7	0.218	0.235	0.250	0.263	0.274	0.284	0.299	0.312	0.321	0.329	0.336	0.347	0.367
4.8	0.214	0.231	0.245	0.258	0.269	0.279	0.294	0.306	0.316	0.324	0.330	0.342	0.362
4.9	0.210	0.227	0.241	0.253	0.265	0.274	0.289	0.301	0.311	0.319	0.325	0.337	0.357
5.0	0.206	0.223	0.237	0.249	0.260	0.269	0.284	0.296	0.306	0.313	0.320	0.332	0.352

注：b 为矩形的短边；l 为矩形的长边；z 为从荷载作用平面起算的深度。

矩形面积上均布荷载作用下角点的平均附加应力系数 $\overline{\alpha}$　　　　表 6-9

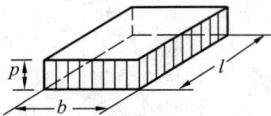

$\dfrac{z}{b}$ \ $\dfrac{l}{b}$	1.0	1.2	1.4	1.6	1.8	2.0	2.4	2.8	3.2	3.6	4.0	5.0	10.0
0.0	0.2500	0.2500	0.2500	0.2500	0.2500	0.2500	0.2500	0.2500	0.2500	0.2500	0.2500	0.2500	0.2500
0.2	0.2496	0.2497	0.2497	0.2498	0.2498	0.2498	0.2498	0.2498	0.2498	0.2498	0.2498	0.2498	0.2498
0.4	0.2474	0.2479	0.2481	0.2483	0.2483	0.2484	0.2485	0.2485	0.2485	0.2485	0.2485	0.2485	0.2485

$\dfrac{z}{b}$ \ $\dfrac{l}{b}$	1.0	1.2	1.4	1.6	1.8	2.0	2.4	2.8	3.2	3.6	4.0	5.0	10.0
0.6	0.2423	0.2437	0.2444	0.2448	0.2451	0.2452	0.2454	0.2455	0.2455	0.2455	0.2455	0.2455	0.2456
0.8	0.2346	0.2372	0.2387	0.2395	0.2400	0.2403	0.2407	0.2408	0.2409	0.2409	0.2410	0.2410	0.2410
1.0	0.2252	0.2291	0.2313	0.2326	0.2335	0.2340	0.2346	0.2349	0.2351	0.2352	0.2352	0.2353	0.2353
1.2	0.2149	0.2199	0.2229	0.2248	0.2260	0.2268	0.2278	0.2282	0.2285	0.2286	0.2287	0.2288	0.2289
1.4	0.2043	0.2102	0.2140	0.2164	0.2180	0.2191	0.2204	0.2211	0.2215	0.2217	0.2218	0.2220	0.2221
1.6	0.1939	0.2000	0.2409	0.2079	0.2099	0.2113	0.2310	0.2138	0.2143	0.2146	0.2148	0.2150	0.2152
1.8	0.1840	0.1912	0.1900	0.1994	0.2108	0.2034	0.2055	0.2066	0.2073	0.2077	0.2079	0.2092	0.2084
2.0	0.1746	0.1822	0.1875	0.1912	0.1938	0.1958	0.1982	0.1996	0.2004	0.2009	0.2012	0.2015	0.2018
2.2	0.1659	0.1737	0.1793	0.1833	0.1862	0.1883	0.1911	0.1927	0.1937	0.1943	0.1947	0.1952	0.1955
2.4	0.1578	0.1657	0.1715	0.1757	0.1789	0.1812	0.1843	0.1862	0.1873	0.1880	0.1885	0.1890	0.1895
2.6	0.1503	0.1583	0.1642	0.1686	0.1719	0.1745	0.1779	0.1799	0.1812	0.1820	0.1825	0.1832	0.1838
2.8	0.1433	0.1514	0.1574	0.1619	0.1654	0.1680	0.1717	0.1739	0.1753	0.1763	0.1769	0.1777	0.1734
3.0	0.1369	0.1449	0.1510	0.1556	0.1592	0.1619	0.1658	0.1682	0.1698	0.1708	0.1715	0.1725	0.1733
3.2	0.1310	0.1390	0.1450	0.1497	0.1533	0.1562	0.1602	0.1628	0.1645	0.1657	0.1664	0.1675	0.1685
3.4	0.1256	0.1334	0.1394	0.1441	0.1478	0.1508	0.1550	0.1577	0.1595	0.1607	0.1616	0.1628	0.1639
3.6	0.1205	0.1282	0.1342	0.1389	0.1427	0.1456	0.1500	0.1528	0.1548	0.1561	0.1570	0.1583	0.1595
3.8	0.1158	0.1234	0.1293	0.1340	0.1378	0.1408	0.1452	0.1482	0.1502	0.1516	0.1526	0.1541	0.1554
4.0	0.1114	0.1189	0.1248	0.1294	0.1332	0.1362	0.1408	0.1438	0.1459	0.1474	0.1485	0.1500	0.1516
4.2	0.1073	0.1147	0.1205	0.1251	0.1289	0.1319	0.1365	0.1396	0.1418	0.1434	0.1445	0.1462	0.1479
4.4	0.1035	0.1107	0.1164	0.1210	0.1248	0.1279	0.1325	0.1357	0.1379	0.1396	0.1407	0.1425	0.1444
4.6	0.1000	0.1070	0.1127	0.1172	0.1209	0.1240	0.1287	0.1319	0.1342	0.1359	0.1371	0.1390	0.1410
4.8	0.0967	0.1036	0.1091	0.1136	0.1173	0.1204	0.1250	0.1283	0.1307	0.1324	0.1337	0.1357	0.1379
5.0	0.0935	0.1003	0.1057	0.1102	0.1139	0.1169	0.1216	0.1249	0.1273	0.1291	0.1304	0.1325	0.1348
5.2	0.0906	0.0972	0.1026	0.1070	0.1106	0.1136	0.1183	0.1217	0.1241	0.1259	0.1273	0.1295	0.1330
5.4	0.0878	0.0943	0.0996	0.1039	0.1075	0.1105	0.1152	0.1186	0.1211	0.1229	0.1243	0.1265	0.1292
5.6	0.0852	0.0916	0.0968	0.1010	0.1046	0.1076	0.1122	0.1156	0.1181	0.1200	0.1215	0.1238	0.1266
5.8	0.0828	0.0890	0.0941	0.0983	0.1018	0.1047	0.1094	0.1128	0.1153	0.1172	0.1187	0.1211	0.1240
6.0	0.0805	0.0866	0.0916	0.0957	0.0991	0.1021	0.1067	0.1101	0.1126	0.1146	0.1161	0.1185	0.1216
6.2	0.0783	0.0842	0.0891	0.0932	0.0966	0.0995	0.1041	0.1075	0.1101	0.1120	0.1136	0.1161	0.1193
6.4	0.0762	0.0820	0.0869	0.0909	0.0942	0.0971	0.1016	0.1050	0.1076	0.1096	0.1111	0.1137	0.1171
6.6	0.0742	0.0799	0.0847	0.0886	0.0919	0.0948	0.0993	0.1027	0.1053	0.1073	0.1088	0.1114	0.1149
6.8	0.0723	0.0779	0.0826	0.0865	0.0898	0.0926	0.0970	0.1004	0.1030	0.1050	0.1066	0.1092	0.1129
7.0	0.0705	0.0761	0.0806	0.0844	0.0877	0.0904	0.0949	0.0982	0.1008	0.1028	0.1044	0.1071	0.1109
7.2	0.0688	0.0742	0.0787	0.0825	0.0857	0.0884	0.0928	0.0962	0.0987	0.1008	0.1023	0.1051	0.1090
7.4	0.0672	0.0725	0.0769	0.0806	0.0838	0.0865	0.0908	0.0942	0.0967	0.0988	0.1004	0.1031	0.1071
7.6	0.0656	0.0709	0.0752	0.0789	0.0820	0.0846	0.0889	0.0922	0.0948	0.0963	0.0984	0.1012	0.1054
7.8	0.0642	0.0693	0.0736	0.0771	0.0802	0.0828	0.0871	0.0904	0.0929	0.0950	0.0966	0.0994	0.1036
8.0	0.0627	0.0678	0.0720	0.0755	0.0785	0.0811	0.0753	0.0886	0.0912	0.0932	0.0948	0.0976	0.1020
8.2	0.0614	0.0663	0.0705	0.0739	0.0769	0.0795	0.0837	0.0869	0.0894	0.0914	0.0931	0.0959	0.1004

$\dfrac{z}{b}$ \ $\dfrac{l}{b}$	1.0	1.2	1.4	1.6	1.8	2.0	2.4	2.8	3.2	3.6	4.0	5.0	10.0
8.4	0.0601	0.0649	0.0690	0.0724	0.0754	0.0779	0.0820	0.0852	0.0878	0.898	0.0914	0.0943	0.0988
8.6	0.0588	0.0636	0.0676	0.0710	0.0739	0.0764	0.0805	0.0836	0.0862	0.0882	0.0898	0.0927	0.0973
8.8	0.0756	0.0623	0.0663	0.0696	0.0724	0.0749	0.0790	0.0821	0.0846	0.0866	0.0882	0.0912	0.0959
9.2	0.0554	0.0599	0.0637	0.0670	0.0697	0.0721	0.0761	0.0792	0.0817	0.0837	0.0853	0.0882	0.0931
9.6	0.0533	0.0577	0.0614	0.0645	0.0672	0.0696	0.0734	0.0765	0.0789	0.0809	0.0825	0.0855	0.0905
10.0	0.0514	0.0556	0.0592	0.0622	0.0649	0.0672	0.0710	0.0739	0.0763	0.0783	0.0799	0.0829	0.0880
10.4	0.0496	0.0537	0.0572	0.0601	0.0627	0.0649	0.0686	0.0716	0.0739	0.0759	0.0775	0.0804	0.0857
10.8	0.0479	0.0519	0.0553	0.0581	0.0606	0.0628	0.0664	0.0693	0.0717	0.0736	0.0751	0.0781	0.0834
11.2	0.0463	0.0502	0.0535	0.0563	0.0587	0.0609	0.0644	0.0672	0.0695	0.0714	0.0730	0.0759	0.0813
11.6	0.0448	0.0486	0.0518	0.0545	0.0569	0.0590	0.0625	0.0652	0.0675	0.0694	0.0709	0.0738	0.0793
12.0	0.0435	0.0471	0.0502	0.0529	0.0552	0.0573	0.0606	0.0634	0.0656	0.0674	0.0690	0.0719	0.0774
12.8	0.0409	0.0444	0.0474	0.0499	0.0521	0.0541	0.0573	0.0599	0.0621	0.0639	0.0654	0.0682	0.0739
13.6	0.0387	0.0420	0.0448	0.0472	0.0493	0.0512	0.0543	0.0568	0.0589	0.0607	0.0621	0.0649	0.0707
14.4	0.0367	0.0398	0.0425	0.0448	0.0468	0.0486	0.0516	0.0540	0.0561	0.0577	0.0592	0.0691	0.0677
15.2	0.0349	0.0379	0.0404	0.0426	0.0446	0.0463	0.0492	0.0515	0.0535	0.0551	0.0565	0.0592	0.0650
16.0	0.0332	0.0361	0.0385	0.0407	0.0425	0.0442	0.0469	0.0492	0.0511	0.0527	0.0540	0.0567	0.0625
18.0	0.0297	0.0323	0.0345	0.0364	0.0381	0.0396	0.0422	0.0442	0.0460	0.0475	0.0487	0.0512	0.0570
20.0	0.0269	0.0292	0.0312	0.0330	0.0345	0.0359	0.0383	0.0402	0.0418	0.0432	0.0444	0.0468	0.0524

矩形面积上三角形分布荷载作用下角点的平均附加应力系数 $\bar{\alpha}$　　　表 6-10

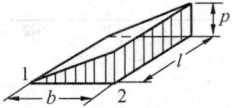

l/b	0.2		0.4		0.6		0.8		1.0		1.2		1.4	
点 \ z/b	1	2	1	2	1	2	1	2	1	2	1	2	1	2
0.0	0.0000	0.2500	0.0000	0.2500	0.0000	0.2500	0.0000	0.2500	0.0000	0.2500	0.0000	0.2500	0.0000	0.2500
0.2	0.0112	0.2161	0.0140	0.2308	0.0148	0.2333	0.0151	0.2339	0.0152	0.2341	0.0153	0.2342	0.0153	0.2343
0.4	0.0179	0.1810	0.0245	0.2084	0.0270	0.2153	0.0280	0.2175	0.0285	0.2184	0.0288	0.2187	0.0289	0.2189
0.6	0.0207	0.1505	0.0308	0.1851	0.0355	0.1966	0.0376	0.2011	0.0388	0.2030	0.0394	0.2039	0.0397	0.2043
0.8	0.0217	0.1277	0.0340	0.1640	0.0405	0.1787	0.0440	0.1852	0.0459	0.1883	0.0470	0.1899	0.0476	0.1907
1.0	0.0217	0.1104	0.0351	0.1461	0.0430	0.1624	0.0476	0.1704	0.0502	0.1746	0.0518	0.1769	0.0528	0.1781
1.2	0.0212	0.0970	0.0351	0.1312	0.0439	0.1480	0.0492	0.1571	0.0525	0.1621	0.0546	0.1649	0.0560	0.1666
1.4	0.0204	0.0865	0.0344	0.1187	0.0436	0.1356	0.0495	0.1451	0.0534	0.1507	0.0559	0.1541	0.0575	0.1562
1.6	0.0195	0.0779	0.0333	0.1082	0.0427	0.1247	0.0490	0.1345	0.0533	0.1405	0.0561	0.1443	0.0580	0.1467
1.8	0.0186	0.0709	0.0321	0.0993	0.0415	0.1153	0.0480	0.1252	0.0525	0.1313	0.0556	0.1354	0.0578	0.1381
2.0	0.0178	0.0650	0.0308	0.0917	0.0401	0.1071	0.0467	0.1169	0.0513	0.1232	0.0547	0.1274	0.0570	1.1303
2.5	0.0157	0.0538	0.0276	0.0769	0.0365	0.0908	0.0429	0.1000	0.0478	0.1063	0.0513	0.1107	0.0540	0.1139
3.0	0.0140	0.0458	0.0248	0.0661	0.0330	0.0786	0.0392	0.0871	0.0439	0.0931	0.0476	0.0976	0.0503	0.1008
5.0	0.0097	0.0289	0.0175	0.0424	0.0236	0.0476	0.0285	0.0576	0.0324	0.0624	0.0356	0.0661	0.0382	0.0690
7.0	0.0073	0.0211	0.0133	0.0311	0.0180	0.0352	0.0219	0.0427	0.0251	0.0465	0.0277	0.0496	0.0299	0.0520
10.0	0.0053	0.0150	0.0097	0.0222	0.0133	0.0253	0.0162	0.0308	0.0186	0.0336	0.0207	0.0359	0.0224	0.0376

z/b	1.6 点1	1.6 点2	1.8 点1	1.8 点2	2.0 点1	2.0 点2	3.0 点1	3.0 点2	4.4 点1	4.4 点2	6.0 点1	6.0 点2	10.0 点1	10.0 点2
0.0	0.0000	0.2500	0.0000	0.2500	0.0000	0.2500	0.0000	0.2500	0.0000	0.2500	0.0000	0.2500	0.0000	0.2500
0.2	0.0153	0.2343	0.0153	0.2343	0.0153	0.2343	0.0153	0.2343	0.0153	0.2343	0.0153	0.2343	0.0153	0.2343
0.4	0.0290	0.2190	0.0290	0.2190	0.0290	0.2191	0.0290	0.2192	0.0291	0.2192	0.0291	0.2192	0.0291	0.2192
0.6	0.0399	0.2046	0.0400	0.2047	0.0401	0.2048	0.0402	0.2050	0.0402	0.2050	0.0402	0.2050	0.0402	0.2050
0.8	0.0480	0.1912	0.0482	0.1915	0.0483	0.1917	0.0486	0.1920	0.0487	0.1920	0.0487	0.1921	0.0487	0.1921
1.0	0.0534	0.1789	0.0538	0.1794	0.0540	0.1797	0.0545	0.1803	0.0546	0.1803	0.0546	0.1804	0.0546	0.1804
1.2	0.0568	0.1678	0.0574	0.1684	0.0577	0.1689	0.0584	0.1697	0.0586	0.1699	0.0587	0.1700	0.0587	0.1700
1.4	0.0586	0.1576	0.0594	0.1585	0.0596	0.1591	0.0609	0.1603	0.0612	0.1605	0.0613	0.1606	0.0613	0.1606
1.6	0.0594	0.1484	0.0603	0.1494	0.0609	0.1502	0.0623	0.1517	0.0626	0.1521	0.628	0.1523	0.0628	0.1523
1.8	0.0593	0.1400	0.0604	0.1413	0.0611	0.1422	0.0628	0.1441	0.0633	0.1445	0.0635	0.1447	0.0635	0.1448
2.0	0.0587	0.1324	0.0599	0.1338	0.0608	0.1348	0.0629	0.1371	0.0634	0.1377	0.0637	0.1380	0.0638	0.1380
2.5	0.0560	0.1163	0.0575	0.1880	0.0586	0.1193	0.0614	0.1223	0.0623	0.1233	0.0627	0.1237	0.0628	0.1239
3.0	0.0525	0.1033	0.0541	0.1052	0.0554	0.1067	0.0589	0.1104	0.060	0.1116	0.0607	0.1123	0.0609	0.1125
5.0	0.0403	0.0714	0.0421	0.0734	0.0435	0.0749	0.0480	0.0797	0.0500	0.0817	0.0515	0.0833	0.0521	0.0839
7.0	0.0318	0.0541	0.0333	0.0558	0.0347	0.0572	0.0391	0.0619	0.0414	0.0642	0.0435	0.0663	0.0445	0.0674
10.0	0.0239	0.0395	0.0252	0.0409	0.0263	0.0403	0.0302	0.0462	0.0325	0.0485	0.0349	0.0509	0.0364	0.0526

圆形面积上均布荷载作用下中点的平均附加应力系数 $\bar{\alpha}$ 表 6-11

z/R	中 点	z/R	中 点
0.0	1.000	2.3	0.606
0.1	1.000	2.4	0.590
0.2	0.998	2.5	0.574
0.3	0.993	2.6	0.560
0.4	0.986	2.7	0.546
0.5	0.974	2.8	0.532
0.6	0.960	2.9	0.519
0.7	0.942	3.0	0.507
0.8	0.923	3.1	0.495
0.9	0.901	3.2	0.484
1.0	0.878	3.3	0.473
1.1	0.855	3.4	0.463
1.2	0.831	3.5	0.453
1.3	0.808	3.6	0.443
1.4	0.784	3.7	0.434
1.5	0.762	3.8	0.425
1.6	0.739	3.9	0.417
1.7	0.718	4.0	0.409
1.8	0.697	4.2	0.393
1.9	0.677	4.4	0.379
2.0	0.658	4.6	0.365
2.1	0.640	4.8	0.353
2.2	0.623	5.0	0.341

注：R 为半径。

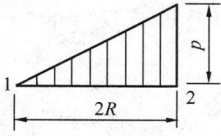

点 z/R	1	2	点 z/R	1	2
0.0	0.000	0.500	2.3	0.073	0.242
0.1	0.008	0.483	2.4	0.073	0.236
0.2	0.016	0.466	2.5	0.072	0.230
0.3	0.023	0.450	2.6	0.072	0.225
0.4	0.030	0.435	2.7	0.071	0.219
0.5	0.035	0.420	2.8	0.071	0.214
0.6	0.041	0.406	2.9	0.070	0.209
0.7	0.045	0.393	3.0	0.070	0.204
0.8	0.050	0.380	3.1	0.069	0.200
0.9	0.054	0.368	3.2	0.069	0.196
1.0	0.057	0.356	3.3	0.068	0.192
1.1	0.061	0.344	3.4	0.067	0.188
1.2	0.063	0.333	3.5	0.067	0.184
1.3	0.065	0.323	3.6	0.066	0.180
1.4	0.067	0.313	3.7	0.065	0.177
1.5	0.069	0.303	3.8	0.065	0.173
1.6	0.070	0.294	3.9	0.064	0.170
1.7	0.071	0.286	4.0	0.063	0.167
1.8	0.072	0.278	4.2	0.062	0.161
1.9	0.072	0.270	4.4	0.061	0.155
2.0	0.073	0.263	4.6	0.059	0.150
2.1	0.073	0.255	4.8	0.058	0.145
2.2	0.073	0.249	5.0	0.057	0.140

6.4.2　地基沉降计算深度 z_n

地基沉降计算深度，即受压层厚度的计算，分两种情况：

（1）无相邻荷载的基础中点下

$$z_n = b(2.5 - 0.4\ln b) \tag{6-20}$$

（2）存在相邻荷载的影响

该情况下，应符合下式要求：

$$\Delta s'_n \leqslant 0.025 \sum_{i=1}^{n} \Delta s'_i \tag{6-21}$$

式中　　$\Delta s'_n$——在计算深度 z_n 处，向上取计算厚度为 Δz 薄土层的沉降计算值。Δz 如图 6-11 所示，并按表 6-13 确定。

　　　　$\Delta s'_i$——在计算深度范围内，第 i 层土的计算沉降量。

计算层厚度 Δz 值　　　　表 6-13

基础宽度 b（m）	$\leqslant 2$	$2<b\leqslant 4$	$4<b\leqslant 8$	$8<b\leqslant 15$	$15<b\leqslant 30$	>30
Δz（m）	0.3	0.6	0.8	1.0	1.2	1.5

如计算深度 z_n 以下，仍有较软弱土层，应继续计算，直到再次符合公式（6-21）为止。若在计算深度 z_n 内，某一深度下都是压缩性很小的碎石土或水平分布的基岩，则受压层只需计算到基岩或碎石土层顶面即可。

6.4.3 《地基基础规范》法与分层总和法的比较

《地基基础规范》法与分层总和法在计算原理、计算公式、计算结果及计算深度的确定等方面与实测值的比较见表 6-14。

两种地基沉降计算方法的比较 表 6-14

项　目	分层总和法	《地基基础规范》法
计算原理	分层计算沉降，叠加 $s = \sum_{i=1}^{n} s_i$，物理概念明确	采用附加应力面积系数法
计算公式	$s = \sum_{i=1}^{n} \dfrac{\bar{\sigma}_{zi}}{E_{si}} h_i$; $s = \sum_{i=1}^{n} \left(\dfrac{a}{1+e_1}\right)_i \bar{\sigma}_{zi} h_i$	$s = \psi_s \sum_{i=1}^{n} \dfrac{p_0}{E_{si}} (z_i \bar{\alpha}_i - z_{i-1} \bar{\alpha}_{i-1})$
计算结果与实测值关系	中等地基　$s_{计} \approx s_{实}$ 软弱地基　$s_{计} < s_{实}$ 坚实地基　$s_{计} \gg s_{实}$	引入沉降计算经验系数 ψ_s，使 $s_{计} \approx s_{实}$
地基沉降计算深度 z_n	一般土　$\sigma_z = 0.2\sigma_{cz}$ 软　土　$\sigma_z = 0.1\sigma_{cz}$ $\Big\}$ 的深度 z 即 z_n	① 无相邻荷载影响 　$z_n = b(2.5 - 0.4\ln b)$ ② 存在相邻荷载影响 　$\Delta s'_n \leqslant 0.025 \sum_{i=1}^{n} \Delta s'_i$
计算工作量	① 绘制土的自重应力曲线 ② 绘制地基中的附加应力曲线 ③ 沉降计算，每层厚度 $h_i \leqslant 0.4b$，计算工作量大	应用积分法，如为均质土无论厚度多大，只一次计算，简便

【例 6-4】　某厂房柱传至基础顶面的荷载为 $F = 1190\text{kN}$，基础埋深 $d = 1.5\text{m}$，基础底面尺寸 $l \times b = 4\text{m} \times 2\text{m}$，地基土层如图 6-12 所示。试采用《地基基础规范》法求该柱基中点的最终沉降量。

【解】　（1）求基底压力和基底附加应力

$$p = \frac{F+G}{A} = 178.75\text{kPa} \approx 179\text{kPa}$$

基础底面处土的自重应力

$$\sigma_{cz} = \gamma d = 29.25\text{kPa} \approx 29\text{kPa}$$

基底附加应力为

$$p_0 = p - \gamma d = 150\text{kPa} \approx 0.15\text{MPa}$$

（2）确定沉降计算深度 z_n

本题中不存在相邻荷载的影响，故可按式（6-20）估算

$$z_n = b(2.5 - 0.4\ln b) = 4.445\text{m} \approx 4.5\text{m}$$

根据该深度，沉降量计算至粉质黏土层底面即可。

（3）计算沉降量

见表 6-15。

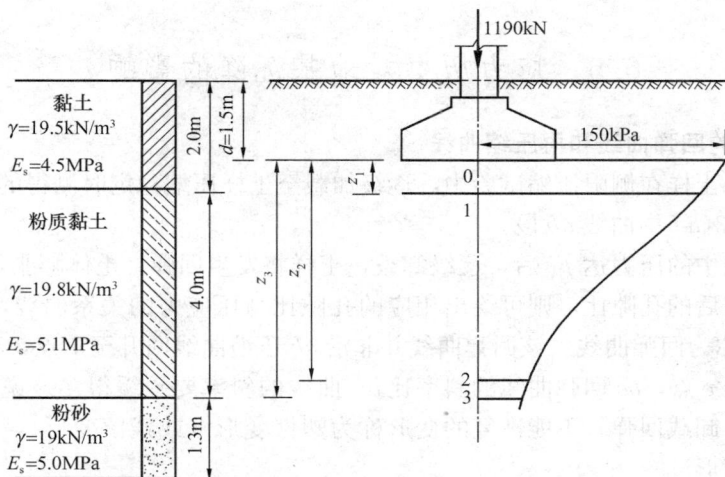

图 6-12　[例 6-4] 示意图

[例 6-4] 按《地基基础规范》法计算的基础沉降量　　　　表 6-15

点号	z_i (m)	l/b	z/b	$\bar{\alpha}_i$	$z_i\bar{\alpha}_i$ (mm)	$z_i\bar{\alpha}_i -$ $z_{i-1}\bar{\alpha}_{i-1}$ (mm)	$\dfrac{p_0}{E_{si}}$	Δs_i (mm)	$\Sigma\Delta s_i$ (mm)	$\dfrac{\Delta s_n}{\Sigma\Delta s_i}$
0	0	2.0	0	1.00	0					
1	0.5	2.0	0.25	0.9872	493.60	493.6	0.033	16.29	16.29	
2	4.2	2.0	2.1	0.5276	2215.92	1722.32	0.029	49.95	66.24	
3	4.5	2.0	2.25	0.5038	2267.71	52.08	0.029	1.51	67.72	0.0223

① 查表 6-9 可直接查得矩形面积均布荷载作用下角点下的平均附加应力系数 $\bar{\alpha}$，必要时进行线性内插。

② z_n 校核

根据《地基基础规范》规定，先由表 6-13 确定 $\Delta z = 0.3$m，计算出 $\Delta s_n = 1.51$mm，并除以 $\Sigma\Delta s_i$(67.72mm)，得 0.022≤0.025，表明 $z_n = 4.5$m 符合要求。

(4) 确定沉降经验系数 ψ_s

① 计算 $\bar{E}_s$ 值

$$\bar{E}_s = \frac{\Sigma A_i}{\Sigma(A_i/E_{si})} = \frac{p_0\Sigma(z_i\bar{\alpha}_i - z_{i-1}\bar{\alpha}_{i-1})}{p_0\Sigma[(z_i\bar{\alpha}_i - z_{-1}\bar{\alpha}_{i-1})/E_{si}]} = 5\text{MPa}$$

② ψ_s 值确定

假设 $p_0 = f_k$，按表 6-7 插值求得 $\psi_s = 1.2$。

(5) 基础最终沉降量

$$s = \psi_s\Sigma\Delta s_i = 81.26\text{mm}$$

从计算中我们可以看到，土质种类较少时，《地基基础规范》法比分层总和法计算工作量小，使计算得以简化。

6.5　应力历史对地基沉降的影响

6.5.1　土的回弹曲线和再压缩曲线

如前所述，土样在侧限压缩试验中，逐级加载至土样压缩稳定时测得的曲线称为压缩曲线，如图 6-13(a) 中曲线 ab 段。

当压缩曲线中的压力达 $\bar{p}_i$ 后，逐级卸载，土样将发生回弹，土体膨胀，孔隙比增大。若测得回弹稳定后的孔隙比，则可绘出相应的孔隙比与压应力的关系曲线，即图 6-13(a) 中的 bc 虚线，称为回弹曲线。该回弹曲线并非沿 ab 压缩曲线回升至 a 点，而是沿 bc 虚线与纵坐标轴交于 c 点，bc 回弹曲线的斜率比 ab 曲线的斜率要平缓得多。说明土体加载产生压缩变形后，卸载回弹，不能恢复的变形称为塑性变形（或残留变形），其中可恢复的变形称为弹性变形。

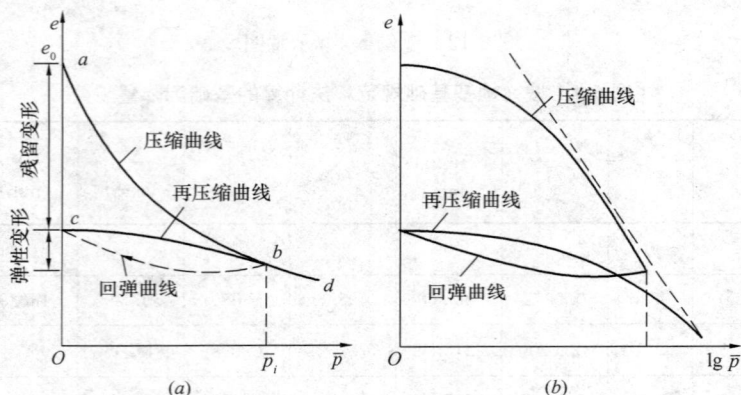

图 6-13　土的回弹曲线和再压缩曲线
(a) e-$\bar{p}$ 曲线；(b) e-lg$\bar{p}$ 曲线

当荷载全部卸除后，再重新加载，则土体产生再压缩，这一过程的孔隙比与压力的关系曲线称为再压缩曲线，如图 6-13(a) 中的 cb 实线。当 cb 实线至 b 点后，与原始压缩曲线相重合。

由此可见，土在重复加载、卸载与再加载的每一循环过程中，都将行走新的路径，形成新的滞后环。其中残留变形与弹性变形的数值将逐渐减小，前者减小更多。当反复次数足够多时，土体的变形接近于纯弹性，达到弹性压密状态。

由图 6-13(a) 可见，当土体在相同压力 $\bar{p}_i$ 时，与压缩曲线 ab、回弹曲线（虚线）bc 和再压缩曲线（实线）cb 三条曲线分别相交，得到三个不同的孔隙比 e 值，说明土体的压缩变形量受应力历史的影响。同理，这种规律通过半对数曲线 e-lg$\bar{p}$ 也明显地反映出来，如图 6-13(b) 所示。

6.5.2　考虑应力历史影响的地基最终沉降量计算

考虑应力历史影响的地基最终沉降量的计算方法仍为分层总和法，只是将土的压缩性指标改为从原始压缩曲线（e-lg$p$）确定即可。对三种固结状态下的黏性土，分别按下列公式计算。

1. 正常固结土（$p_c = p_1$）的沉降计算

计算正常固结土的沉降时，由原始压缩曲线（图 6-14）确定压缩指数 C_c 后，按下列公式计算最终沉降量

$$C_c = \frac{\Delta e}{\lg \Delta p}, \quad \Delta e = C_c \lg \frac{p_1 + \Delta p}{p_1}$$

$$s = \sum_{i=1}^{n} \frac{\Delta e_i}{1 + e_{0i}} H_i = \sum_{i=1}^{n} \frac{H_i}{1 + e_{0i}} \left(C_{ci} \lg \frac{p_{1i} + \Delta p_i}{p_{1i}} \right) \tag{6-22}$$

式中 Δe_i——由原始压缩曲线确定的第 i 层土的孔隙比的变化；

Δp_i——第 i 层土附加应力的平均值（有效应力增量）；

p_{1i}——第 i 层土自重应力的平均值；

e_{0i}——第 i 层土的初始孔隙比；

C_{ci}——从原始压缩曲线确定的第 i 层土的压缩指数。

2. 超固结土（$p_c > p_1$）的沉降计算

计算超固结土的沉降时，由原始压缩曲线和原始再压缩曲线分别确定土的压缩指数 C_c 和回弹指数 C_e（图 6-15）。

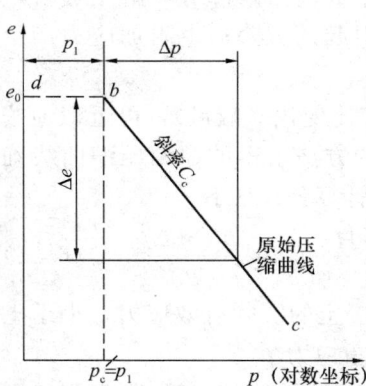

图 6-14　正常固结土的孔隙比变化　　　　图 6-15　超固结土的孔隙比变化

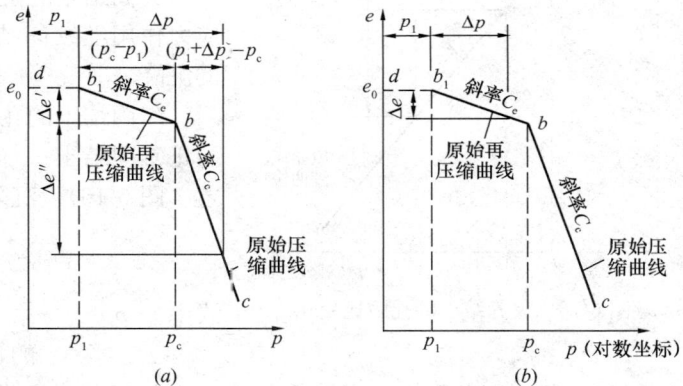

如果某分层土的有效应力增量 Δp 大于（$p_c - p_1$），则分层土的孔隙比将先沿着原始再压缩曲线 $b_1 b$ 段减少 $\Delta e'$，然后沿着原始压缩曲线 bc 段减少 $\Delta e''$，即相应于应力增量 Δp 的孔隙比变化 Δe 应等于这两部分之和（图 6-15a）。其中第一部分（相应的有效应力由现有的土自重应力 p_1 增大到先期固结压力 p_c）的孔隙比变化 $\Delta e'$ 为：

$$\Delta e' = C_e \lg \left(\frac{p_c}{p_1} \right)$$

第二部分［相应的有效应力由 p_c 增大到（$p_1 + \Delta p$）］的孔隙比变化 $\Delta e''$ 为

$$e'' = C_c \lg \left(\frac{p_1 + \Delta p}{p_c} \right)$$

总的孔隙比为：　　　　　　　　$\Delta e = \Delta e' + \Delta e''$

计算中分别按附加应力的大小按下列两种情况计算后叠加。

（1）当附加应力 $\Delta p > (p_c - p_1)$ 时的各分层的总固结沉降量（图 6-15a）：

$$s_n = \sum_{i=1}^{n} \frac{H_i}{1+e_{0i}} \left(C_{ei} \lg \frac{p_{ci}}{p_{1i}} + C_{ci} \lg \frac{p_{1i} + \Delta p_i}{p_{ci}} \right) \tag{6-23}$$

式中　n——分层计算沉降时，压缩土层中有效应力增量 $\Delta p > (p_c - p_1)$ 的分层数；

　　　p_{ci}——第 i 层土的先期固结压力。

（2）当附加应力 $\Delta p \leqslant (p_c - p_1)$，则分层土的孔隙比 Δe 只沿着再压缩曲线发生，相应的各分层的总沉降（图 6-15b）量为：

$$\Delta e = C_e \lg \left(\frac{p_1 + \Delta p}{p_1} \right)$$

$$s_m = \sum_{i=1}^{m} \frac{H_i}{1+e_{0i}} C_{ei} \lg \frac{p_{1i} + \Delta p_i}{p_{1i}} \tag{6-24}$$

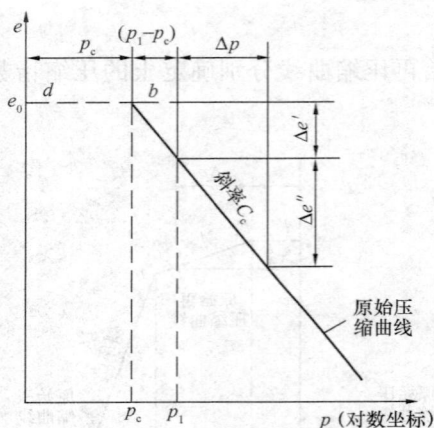

式中　m——分层计算沉降时，压缩土层中具有 $\Delta p \leqslant (p_c - p_1)$ 的分层数。

3. 欠固结土（$p_c < p_1$）的沉降计算

欠固结土的沉降量包括两部分：由土的自重应力作用继续固结引起的沉降；由附加应力产生的沉降。

欠固结土的孔隙比变化（减量），可近似地按与正常固结土一样的方法求得的原始压缩曲线确定（图 6-16）。沉降计算公式如下：

$$s = \sum_{i=1}^{n} \frac{H_i}{1+e_{0i}} C_{ci} \lg \frac{p_{1i} + \Delta p_i}{p_{ci}} \tag{6-25}$$

式中　p_{ci}——第 i 层土的实际有效应力，小于土的自重应力 p_{1i}。

图 6-16　欠固结土的孔隙比变化

可见，若按正常固结土层计算欠固结土的沉降，所得结果可能远小于实际观测的沉降量。

6.6　地基最终沉降量的组成

在荷载作用下，黏性土地基沉降随时间的变化如图 6-17 所示，经历着三个不同的发展阶段，或者说，总沉降量 s 由三部分组成，即：

$$s = s_d + s_c + s_s \tag{6-26}$$

式中　s_d——瞬时沉降（不排水沉降、畸变沉降）；

　　　s_c——固结沉降（主固结沉降）；

　　　s_s——次固结沉降。

6.6.1　瞬时沉降

瞬时沉降是指加荷瞬间土中孔隙水来不及排出，孔隙体积尚未变化，地基在荷载作用下仅发生剪切变形时的沉降，即土体体积保持不变、体积形状发生改变引起的地基沉降。

瞬时沉降一般历时不长，视土质情况不同，加载后几天内或几个星期内可以完成，少数情况可达几个月。因时间短，影响不大，随时间发展规律研究甚少。

黏性土地基的瞬时沉降 s_d 可用弹性力学公式计算，即：

$$s_d = \frac{p(1-\mu^2)}{E}\omega b p_0$$

应采用土的弹性模量 E，因为这一变形

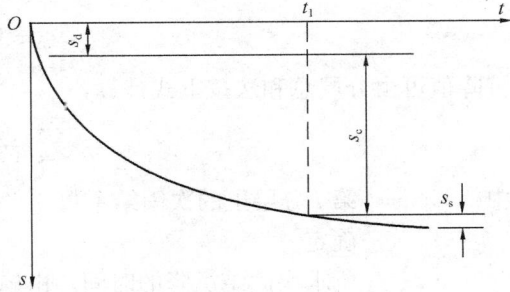

图 6-17　地基沉降的三个组成部分

阶段体积变化为零，泊松比 $\mu = 0.5$。弹性模量可通过室内三轴反复加卸载的不排水试验求得，也可近似采用 $E = (500 \sim 1000)c_u$ 估算，c_u 为不排水抗剪强度。

6.6.2　固结沉降

固结沉降是指在荷载作用下，随着土中孔隙水的逐渐挤出，孔隙体积相应减少，土体逐渐压密而产生的沉降，通常采用分层总和法计算。

固结沉降开始于荷载施加之时，但在施工期之后的恒载作用下继续随土中孔隙水的排出而不断发展，直至施加荷载引起的初始孔隙水压力完全消散，固结过程才终止。此时地基固结度为 100%，相应的固结历时以 t_{100} 表示。固结沉降通常是地基沉降的主要分量。

地基的最终固结沉降量取决于初始孔隙水压力的分布。三维应力状态下地基中的初始孔压与正应力增量和偏应力增量有关，所以其分布与一维固结理论大不相同。就以圆形荷载中心点下的初始孔压而言，若地基为严重的超固结黏土，其 A 值可低至零或负值，而使最终固结沉降量大为减少。故若分别计算瞬时和固结沉降后按上式求得最终沉降时，其中固结沉降计算应考虑三维应力状态的影响。

固结沉降历时较长，视土层厚度、排水条件和渗透性等因素确定。深厚软黏土地基中深处超孔隙水压力消散历时很长，有时需几年，或几十年，甚至更长。根据固结理论，固结沉降随时间发展规律可通过固结度来计算。设固结完成时土层的固结压缩量为 s_c，在某一时刻 t，土体的固结度为 U_t，则此时该土层的压缩量 s_{ct} 可表示为

$$s_{ct} = U_t s_c$$

这样就得到了固结沉降随时间发展的计算式。

6.6.3　次固结沉降

次固结沉降是指土中孔隙水已经消散，有效应力增长基本不变之后土体变形仍随时间而缓慢增长所引起的沉降，即土颗粒产生蠕变而发生的沉降。

次固结沉降虽然在固结沉降稳定之前就可以开始，但一般可认为在 $t = t_{100}$ 时才出现。次固结沉降速率与土体孔隙中自由水排出速率无关，也与发生次固结的土层厚度无关。次固结沉降量常比主固结沉降量小得多而可以忽略；但对深厚的软土而言，尤其是含有胶态腐殖质等有机质或地基深部可压缩土层中的附加应力与自重应力之比较小等情况，则应予以重视。蠕变沉降持续时间较长，根据对长期观测资料的分析（章胜南，1985；刘世明，1988），浙江沿海地区饱和软黏土地基一般情况下蠕变沉降约占总沉降的 10%。

在次固结过程中，孔隙比与时间的关系在半对数坐标图上接近于一条直线，如图6-18所示。由次固结引起的孔隙比变化可近似地表示为：

$$\Delta e = C_\alpha \lg \frac{t}{t_1}$$

其沉降值可由分层总和法按下式计算：

$$s_s = \sum_{i=1}^{n} \frac{H_i}{1+e_{1i}} C_{\alpha i} \lg \frac{t}{t_{1i}}$$

式中　　C_α——第 i 分层土的次固结系数［半对数图上直线段的斜率（见图 6-18），由试验确定］；

　　　　t——所求次固结沉降的时间，由施加荷载瞬间算起，$t > t_1$；

　　　　t_1——相当于主固结度为 100% 的时间，根据 e-$\lg t$ 曲线主固结段和次固结段切线外推而得（见图 6-18）。

根据许多室内和现场试验结果，C_α 值主要取决于土的天然含水量，近似计算时可取 $C_\alpha = 0.018\omega$。

综合上述分析饱和软黏土地基沉降随时间变化规律主要取决于固结沉降和次固结沉降两部分，固结沉降随时间的发展取决于固结度，即取决于地基中超孔隙水压力的消散。超孔隙水压力消散快，固结完成快，超孔隙水压力消散慢，固结沉降历时长。次固结沉降随时间发展规律可用对数曲线表示。

上述考虑不同变形阶段的沉降计算方法，

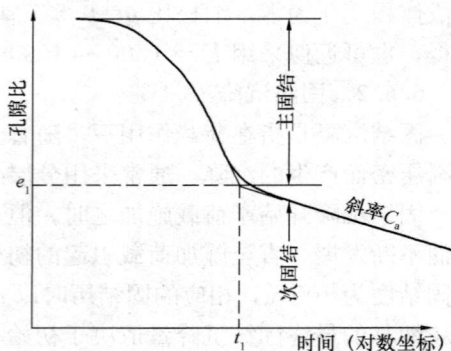

图 6-18　次压缩沉降计算时的孔隙比与时间关系曲线

对黏性土地基是合适的，特别是饱和软黏土。根据国外一些实测资料表明，应考虑瞬时变形。对含有较多有机质的黏土，次固结沉降历时较长，实践中只能进行近似计算。而对于砂性土地基，由于透水性好，固结完成快，瞬时沉降与固结沉降已分不开来，故不适合于用此方法估算。

6.7　地基最终沉降量的进一步讨论

6.7.1　相邻荷载的影响

由于地基中附加应力的扩散现象，相邻荷载将引起地基产生附加沉降。许多建筑物因没有充分估计相邻荷载的影响，而导致不均匀沉降，致使建筑物墙面开裂和结构破坏。相邻荷载对地基变形的影响在软土地基中尤为严重。影响附加沉降的因素包括两基础间的距离、荷载大小、地基土性以及施工时间的先后等，而以两基础间的距离为主要因素。一般距离越近，荷载越大，地基土越软弱，其影响越大。根据建筑经验，在估算建筑物的相邻荷载影响时，以下几点实践经验可供参考：

① 单独基础，当基础间净距大于相邻基础宽度时，相邻荷载可按集中荷载计算；

② 条形基础，当基础间净距大于四倍相邻基础宽度时，相邻荷载可按线荷载计算；

③ 一般情况下，相邻基础间净距大于 10m 时，可略去相邻荷载影响；

④ 大面积地面荷载（如填土、生产堆料等）引起仓库或厂房的柱子倾斜、影响厂房

和吊车的正常使用工程事例很多，必须引起足够注意。

考虑相邻荷载影响的地基变形具体计算，还是按应力叠加原理，采用角点法计算。

6.7.2 利用沉降观测资料推算后期沉降量

对于大多数工程问题，次固结沉降与固结沉降相比是不重要的。因此，地基的最终沉降量通常仅取瞬时沉降量与固结沉降量之和，即，$s = s_d + s_c$，相应地，施工期 T 以后（$t > T$）的沉降量为：

$$s_t = s_d + s_{ct} \text{ 或：} s_t = s_d + U_z s_c \tag{6-27}$$

上式中的沉降量如按一维固结理论计算，其结果往往与实测成果不相符合，因为地基沉降多属三维课题而实际情况又很复杂，因此，利用沉降观测资料推算后期沉降量（包括最终沉降量），有其重要的现实意义。常用的经验方法有双曲线法等。下面介绍的一种经验方法——对数曲线法（亦称三点法），具有从总沉降量 s_t 中把瞬时沉降量 s_d 分离出来的功能。

不同条件的固结度 U_z 的计算公式，可用一个普遍表达式来概括：

$$U_z = 1 - A\exp(-Bt) \tag{6-28}$$

式中 A 和 B 是两个参数，如将上式与一维固结理论的公式（5-46）比较，可见在理论上参数 A 是个常数值 $8/\pi^2$，B 则与时间因数 T_v 中的固结系数、排水距离有关。如果 A 和 B 作为实测的沉降与时间关系曲线中的参数，则其值是待定的。

将式（6-28）代入式（6-27），得：

$$\frac{s_t - s_d}{s_c} = 1 - A\exp(-Bt)$$

再将 $s = s_d + s_c$ 代入上式，并以推算的最终沉降量 s_∞ 代替 s，则得：

$$s_t = s_\infty[1 - A\exp(-Bt)] + s_d A\exp(-Bt) \tag{6-29}$$

如果 s_∞ 和 s_d 也是未知数，加上 A 和 B，则上式包含有四个未知数。从实测的早期 s-t 曲线上（图 6-19）选择荷载停止施加以后的三个时间 t_1、t_2 和 t_3，其中 t_3 应尽可能与曲线末端对应，时间差（$t_2 - t_1$）

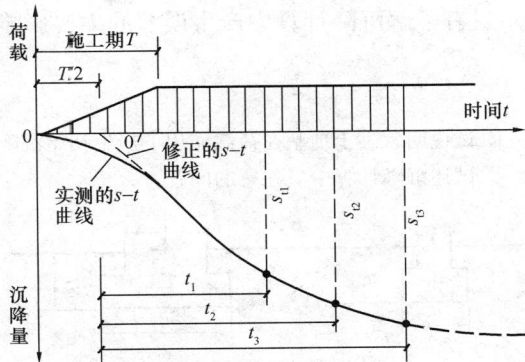

图 6-19　沉降与时间关系实测曲线

和（$t_3 - t_2$）必须相等且尽量大些。将所选时间分别代入上式，得：

$$s_{t1} = s_\infty[1 - A\exp(-Bt_1)] + s_d A\exp(-Bt_1)$$
$$s_{t2} = s_\infty[1 - A\exp(-Bt_2)] + s_d A\exp(-Bt_2) \tag{6-30}$$
$$s_{t3} = s_\infty[1 - A\exp(-Bt_3)] + s_d A\exp(-Bt_3)$$

附加条件

$$\exp[B(t_2 - t_1)] = \exp[B(t_3 - t_2)] \tag{6-31}$$

联解式（6-30）和式（6-31）可得：

$$B = \frac{1}{t_2 - t_1}\ln\frac{s_{t2} - s_{t1}}{s_{t3} - s_{t2}} \tag{6-32}$$

和

$$s_\infty = \frac{s_{t3}(s_{t2} - s_{t1}) - s_{t2}(s_{t3} - s_{t2})}{(s_{t2} - s_{t1}) - (s_{t3} - s_{t2})} \tag{6-33}$$

A 一般采用一维固结理论近似值 $8/\pi^2$，将其和按 s_{t1}、s_{t2}、s_{t3} 实测值算得的 B 和 s_∞ 一起代入式（6-30），即可求得 s_d 值如下：

$$s_d = \frac{s_{t1} - s_\infty[1 - A\exp(-Bt_1)]}{A\exp(-Bt_1)} \tag{6-34}$$

然后，可按式（6-29）推算任一时刻的后期沉降量 s_t。

以上各式中的时间 t 均应由修正后零点 $0'$ 算起，如施工期荷载等速增长，则 $0'$ 点在加荷期的中点（见图 6-19）。

6.7.3 沉降计算应注意的几个问题

从地基变形机理分析，地基总沉降可以分为瞬时沉降、固结沉降和次固结沉降三部分。从工程建设时间来分，可以分为施工期沉降、工后沉降。工后沉降又可分为工后某一段时间内的沉降量和工后某一段时间后的沉降量。在沉降计算时一定要首先搞清概念，明确自己要算什么沉降量，然后再去选用较合适的计算方法进行计算。

沉降计算方法很多，各有假设条件和适用范围，应根据工程地质条件和工程情况合理选用计算方法。最好采用多种方法计算。通过比较分析，使分析结果更接近实际。

在前面介绍的常规沉降计算方法中，地基中应力状态的变化都是根据线性弹性理论计算得到的。实际上地基土体不是线性弹性体。另外，由上部结构物传递给地基的荷载分布情况受上部结构、基础类型和地基共同作用性状的影响。这些都将影响地基中附加应力的计算精度。在前述常规沉降计算方法中，土体变形模量的测量误差也将影响沉降计算的精度。只有了解沉降计算中产生误差的主要影响因素，才能提高沉降计算精度。

习　　题

1. 试说明软黏土地基在荷载作用下产生初始沉降、固结沉降和次固结沉降的机理。

2. 试述沉降计算中应注意的问题。

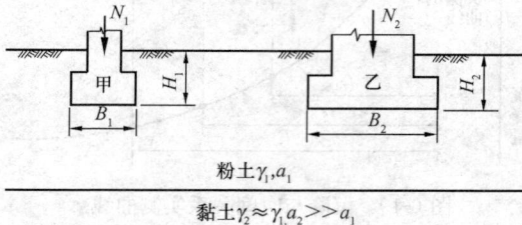

图 6-20　习题 6 附图

3. 已知甲乙两条形基础（见图 6-20），甲基础尺寸宽度为 B_1，埋深 H_1，乙基础宽度为 B_2，埋深 H_2，甲基础上作用有荷载 N_1，乙基础作用有荷载 N_2。其中 $H_1 = H_2$，$B_2 = 2B_1$，$N_2 = 2N_1$，问两基础沉降量是否相同？为什么？通过调整两基础的 H 和 B，能否使两基础的沉降相接近？有几种调整方案及评价（甲、乙两基础相距 L，所处土层完全一致）？

4. 计算沉降的分层总和法和《规范》法有何区别？

5. 一幢建筑物建造在深层的软土层上，为了加速地基固结，在基础下设置了许多砂井，建筑物竣工后发现墙上的裂缝比不设砂井的严重得多，试分析造成事故的原因。

6. 基础和地质情况，如图 6-21 所示。假定基础是柔性的，试用弹性力学方法计算 a 点、b 点、c 点的沉降。设变形模量 $E_0 = 5600 \text{kN/m}^2$，$\mu = 0.4$。

7. 在图 6-22 所示的地基上修建条形基础（墙基），基础宽度为 1.6m，地面以上荷重（包括墙体自重）为 200kN/m，基础埋置深度为 1m，黏土层试样的压缩试验结果如表 6-16 所示。试求：（1）绘制自重应力沿深度的分布曲线。

（2）基础中点下土层中的附加应力分布曲线（绘在同一张图上）。

（3）基础中点的最终沉降量（用分层总和法）。

压应力（kN/m²)	50	100	200	300
孔隙比	0.973	0.952	0.936	0.924

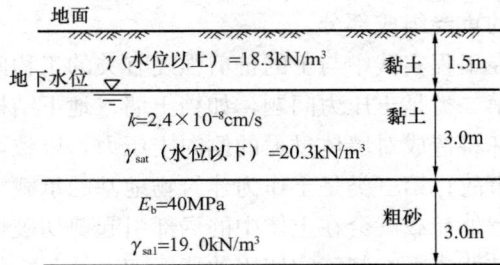

表 6-16

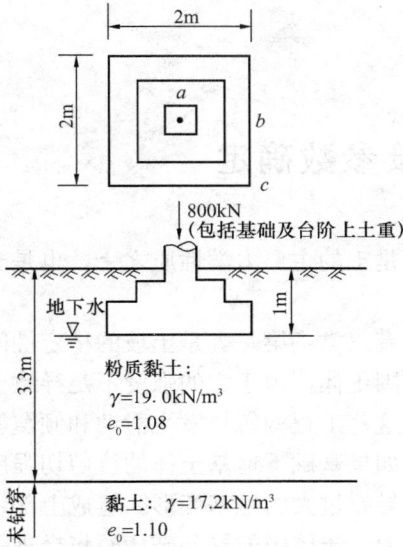

图 6-21 习题 6 附图　　　　　　　图 6-22 习题 7 附图

8. 某工程为矩形基础，长 3.6m，宽 2.0m。地面以上荷重 $N=900$kN，地基土为均匀粉质黏土，$\gamma=18$kN/m³，$e_0=1.0$，$a=0.4$MPa^{-1}。试用《规范》法计算基础中心点的最终沉降量。

9. 某超固结土层厚 3.0m，前期固结压力 $p_c=320$kPa，压缩指数 $C_c=0.52$，回弹指数 $C_e=0.12$，土层所受平均自重应力为 $P_1=120$kPa，$e_0=0.72$。求下列两种情况下该土层的最终压缩量：（1）荷载引起平均竖向附加应力 $\Delta P=400$kPa；（2）荷载引起的平均竖向附加应力 $\Delta P=200$kPa。

本 章 参 考 文 献

1. 黄广军. 几种常用的软基沉降预测方法的误差分析和比较. 第十届土力学及岩土工程学术会议论文集（中册）. 重庆：重庆大学出版社，2007

2. 东南大学、浙江大学、湖南大学、苏州城建环保学院编. 土力学. 北京：中国建筑工业出版社，2005

3. 华南理工大学等编. 地基及基础. 北京：中国建筑工业出版社，2001

4. 赵树德主编. 土力学. 北京：高等教育出版社，2005

5. 陈仲颐等主编. 土力学. 北京：清华大学出版社，2000

6. 蔡伟铭、胡中雄编. 土力学与基础工程，北京：中国建筑工业出版社，1991

7. 龚晓南主编. 土力学. 北京：中国建筑工业出版社，2004

第7章 土的抗剪强度及参数确定

土的抗剪强度是指土体抵抗剪切破坏的极限能力,是土的主要力学性质之一,也是土力学的重要组成部分。

在工程实践中与土的抗剪强度有关的工程问题主要有三类:第一类是土坡的稳定性问题;第二类是土压力问题,如挡土墙、地下结构等的周围土体,由于它的强度不足导致土体破坏将造成对墙体过大的侧向土压力,以致可能导致这些工程构筑物发生滑动和倾覆等破坏事故;第三类是土作为建筑物地基的承载力问题,如果基础下地基土体的抗剪切强度不足,外荷载就会在土体中的局部引起剪切破坏,从而导致过大的地基变形,造成上部结构的破坏或影响其正常使用功能。随着外荷载的不断增大,土体中的局部破坏面将会进一步扩大,最终会在土体中形成一个完整的剪切破坏面,地基发生整体剪切破坏而丧失稳定性。

本章主要介绍土的抗剪强度理论、土体极限平衡理论、土的抗剪强度的测定方法、土体抗剪强度机理及其影响因素,并介绍土体孔隙压力系数和应力路径概念。

7.1 莫尔-库伦强度理论

土体发生剪切破坏时,将沿着其内部某一曲面(滑动面)产生相对滑动,而该滑动面上的切向应力就等于土的抗剪强度。1776 年,法国学者库伦(C. A. Coulomb)根据砂土的试验结果(图 7-1a),将土的抗剪强度表达为滑动面上法向应力的函数,即:

$$\tau_f = \sigma \tan\varphi \tag{7-1}$$

式中 τ_f——砂土的抗剪强度(kPa);

    σ——剪切面上的法向应力(kPa);

    φ——砂土的内摩擦角(°)。

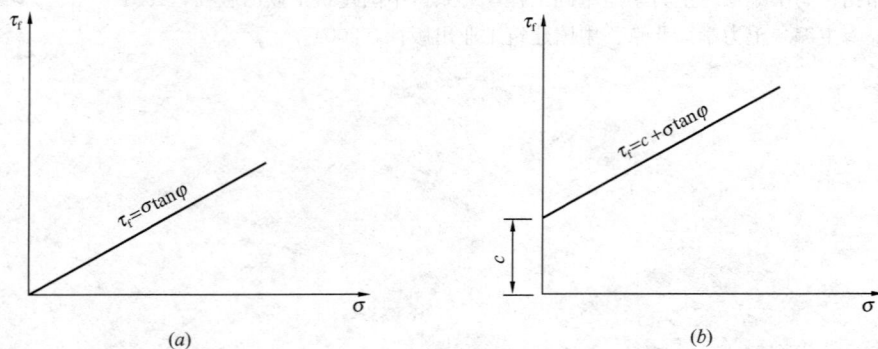

图 7-1 土的抗剪强度与法向应力关系

(a) 砂土抗剪强度;(b) 黏土抗剪强度

后来库伦又根据黏性土的试验结果（图7-1b），提出更为普遍的抗剪强度表达形式：

$$\tau_f = \sigma\tan\varphi + c \qquad (7-2)$$

式中　c——黏土的黏聚力（kPa）。

库伦定律表明，在一般应力水平下，土的抗剪强度与滑动面上的法向应力之间呈直线关系，其中 c、φ 称为土的抗剪强度指标。式(7-1)和式(7-2)中土的抗剪强度表达式法向应力为总应力 σ，称为用总应力表示的抗剪强度表达式。根据有效应力原理，土中某点的总应力 σ 等于有效应力 σ' 和孔隙水压力 u 之和，即：

$$\sigma = \sigma' + u \qquad (7-3)$$

若法向应力采用有效应力 σ'，则可以得到用有效应力表示的土的抗剪强度一般表达式：

$$\tau'_f = \sigma'\tan\varphi' + c' \qquad (7-4)$$

式中　τ'_f——有效应力表示的土的抗剪强度（kPa）；

　　　φ'——有效内摩擦角（°）；

　　　c'——有效黏聚力（kPa）。

从库伦试验可以看出：土体密实、颗粒大、尖棱、粗糙、级配好土体的内摩擦角较大，土的抗剪切强度就越大。c 反映了土颗粒之间的联结力。在 $\tau\text{-}\sigma$ 曲线上，$c(c')$ 为 τ 轴上的截距，$\varphi(\varphi')$ 为其直线的倾角。

1910 年，莫尔（Mohr）提出材料的破坏是剪切破坏的理论，认为任一平面上的剪应力等于该点材料的抗剪强度时，材料就会在该点发生破坏。同时他也提出：破坏面上的抗剪强度 τ_f 是该面上法向应力 σ 的函数，即：

$$\tau_f = f(\sigma) \qquad (7-5)$$

式（7-5）所定义的曲线如图7-2所示，称为莫尔破坏包线（或称为抗剪强度包线），莫尔破坏包线表示土体材料受到不同应力作用达到极限状态时，滑动破坏面上的法向应力 σ 与抗剪强度 τ_f 之间的关系。研究表明莫尔理论对于土体比较合适，二体的莫尔破坏包线通常可以近似地表示为直线，该直线方程就是库伦公式表示的方程，由库伦公式表示莫尔破坏包线的强度理论称为莫尔-库伦强度理论。

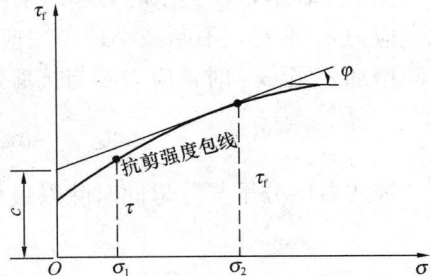

图7-2　莫尔破坏包线

7.2　土的极限平衡条件

土的强度破坏通常是指剪切破坏，当土体中任一点的剪应力等于该点土体的抗剪强度时，即土体濒于破坏的临界状态称为土体处于"极限平衡状态"。表征该状态下各种应力之间的关系称为"极限平衡条件"，土的极限平衡条件是指土体趋于极限平衡状态时土中的应力状态和抗剪强度指标之间的关系式。

7.2.1　土中一点的应力状态

在地基中任意取一平面 mn，平面上的总应力为 σ_0，根据力的合成与分解原理将总应

力分解为垂直于 mn 的法向应力 σ 和平行于 mn 面的剪应力 τ，如图 7-3 所示。

根据强度准则判断地基中土体是否破坏，将作用在平面 mn 上的剪应力 τ 与土的抗剪强度 τ_f 进行比较：

（1）$\tau = \tau_f$ 时，该点处于极限平衡状态；

（2）$\tau > \tau_f$ 时，该点土体发生剪切破坏；

（3）$\tau < \tau_f$ 时，该点土体处于稳定状态。

在外荷载的作用下地基中的剪应力由小不断增大，并趋向临界状态。但是发生破坏的面并不在最大剪应力平面上，为了弄清这一问题，需要研究土的极限平衡条件。

7.2.2 砂土的极限平衡条件

一般采用主应力和土的抗剪强度指标来描述土体极限平衡条件，莫尔圆表示土中的应力状态，达到极限平衡状态时莫尔应力圆与抗剪强度线相切，如图 7-4 所示。

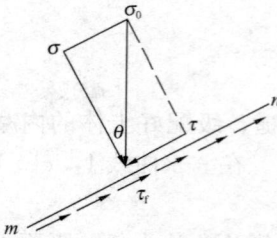

图 7-3 土中一点的应力 　　　　　图 7-4 无黏性土的极限平衡状态

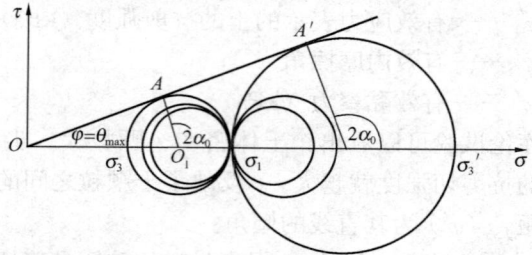

图 7-4 表示，使莫尔应力圆与土体抗剪强度线相切可由两种方法来实现，一是保证最大主应力 σ_1 不变，不断减小最小主应力 σ_3，直到应力圆与抗剪强度线相切于 A 点；二是不断增加 σ_3 至 σ_3' 时，应力圆与抗剪强度线相切于 A' 点，此时 σ_3' 为最大主应力。

$$\sin\varphi = \frac{O_1 A}{OO_1} = \frac{\sigma_1 - \sigma_3}{\sigma_1 + \sigma_3} \tag{7-6}$$

等式右侧分子与分母同时除以最小主应力 σ_3 得到：

$$\sin\varphi = \frac{\dfrac{\sigma_1}{\sigma_3} - 1}{\dfrac{\sigma_1}{\sigma_3} + 1} \tag{7-7}$$

移项并简化得到：

$$\frac{\sigma_1}{\sigma_3} = \frac{1 + \sin\varphi}{1 - \sin\varphi} \tag{7-8}$$

利用三角函数的互换关系得到：

$$\frac{\sigma_1}{\sigma_3} = \frac{\sin\dfrac{\pi}{2} + \sin\varphi}{\sin\dfrac{\pi}{2} - \sin\varphi} = \frac{\sin\left(\dfrac{\pi}{4} + \dfrac{\varphi}{2}\right)\cos\left(45 - \dfrac{\varphi}{2}\right)}{\cos\left(\dfrac{\pi}{4} + \dfrac{\varphi}{2}\right)\sin\left(45 - \dfrac{\varphi}{2}\right)} = \tan^2\left(\frac{\pi}{4} + \frac{\varphi}{2}\right) \tag{7-9}$$

因此，砂土的极限平衡条件用 σ_3 表示为：

$$\sigma_1 = \sigma_3 \tan^2\left(\frac{\pi}{4} + \frac{\varphi}{2}\right) \tag{7-10a}$$

也可以表示如下：

$$\sigma_3 = \sigma_1 \tan^2\left(\frac{\pi}{4} - \frac{\varphi}{2}\right) \quad (7\text{-}10b)$$

7.2.3 黏土的极限平衡条件

绘制黏土的抗剪强度线和应力摩尔圆相切与 A 点，如图 7-5 所示。反向延长抗剪强度线与水平轴交与 O' 点，其中 OO' 的长度为：

$$OO' = \frac{c}{\tan\varphi} = c \cdot \cot\varphi \quad (7\text{-}11)$$

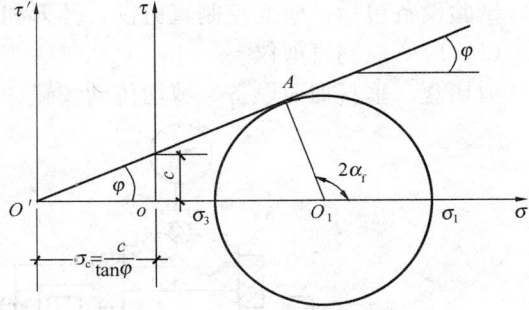

图 7-5 黏性土的极限平衡状态

因此，在直角三角形 $O_1O'A$ 中，利用三角函数关系得到：

$$\sin\varphi = \frac{O_1A}{O'O_1} = \frac{\sigma_1 - \sigma_3}{\sigma_1 + \sigma_3 + 2c\cot\varphi} \quad (7\text{-}12)$$

采用三角函数换算，与砂土类似推导，可以获得黏土的极限平衡条件：

$$\sigma_1 = \sigma_3 \tan^2\left(\frac{\pi}{4} + \frac{\varphi}{2}\right) + 2c\tan\left(\frac{\pi}{4} + \frac{\varphi}{2}\right) \quad (7\text{-}13a)$$

也可以表示如下：

$$\sigma_3 = \sigma_1 \tan^2\left(\frac{\pi}{4} - \frac{\varphi}{2}\right) - 2c\tan\left(\frac{\pi}{4} - \frac{\varphi}{2}\right) \quad (7\text{-}13b)$$

在直角三角形 $O_1O'A$ 中，用 $2\alpha_f$ 表示角 $AO_1\sigma$，其中 α_f 为土体发生剪切破坏时，破坏面与最大主应力面之间的夹角（称为破裂角），由三角形的内外角之间的关系可以得到：

$$\alpha_f = 45° + \frac{\varphi}{2} \quad (7\text{-}13c)$$

此时破坏面上的法向应力 σ 和剪应力 τ 为：

$$\sigma = \frac{1}{2}(\sigma_1 + \sigma_3) + \frac{1}{2}(\sigma_1 - \sigma_3)\cos 2\alpha$$

$$\tau = \frac{1}{2}(\sigma_1 - \sigma_3)\sin 2\alpha$$

$$(7\text{-}13d)$$

公式（7-13a）和（7-13b）表明：当黏聚力 $c = 0$ 时，该式即为砂土的极限平衡条件。土的极限平衡条件是反映土的强度重要公式，具有重要的工程实践意义。例如，在土压力计算中就直接需要用到土的极限平衡条件。

7.3 抗剪强度指标的测定方法

土的抗剪强度指标包括内摩擦角和黏聚力，一般由室内剪切试验和现场试验测定，测定土的抗剪强度常用仪器：直接剪切仪、三轴压缩仪和十字板剪切仪等。各种仪器的构造与试验方法都不一样。应根据各类基础工程的规模、用途与土质等具体情况，选择相应的仪器与方法进行试验。本节主要介绍几种常用的试验方法。

7.3.1 直接剪切试验

1. 试验设备

试验设备包括：应变控制直剪仪、环刀和位移量测设备等。

（1）应变控制直剪仪

剪切盒、垂直加荷设备、剪切传动装置、测力计、位移量测系统，如图7-6所示。

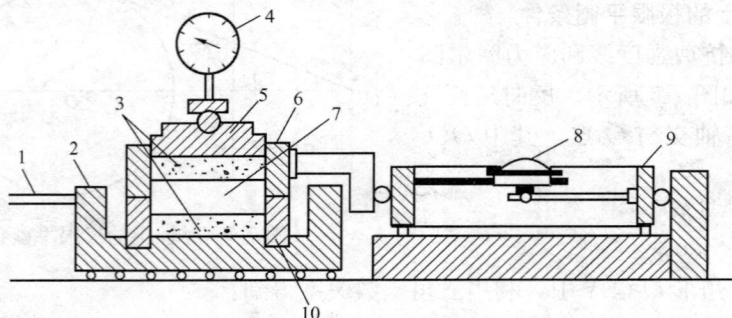

图7-6　应变控制式直剪仪
1—轮轴；2—底座；3—透水石；4—百分表；5—活塞；6—上盒；
7—土样；8—百分表；9—量力环；10—下盒

（2）环刀

内径61.8mm（面积30.0cm^2），高度20mm。

（3）位移量测设备

百分表或位移传感器。百分表量程应为10mm，分度值为0.01mm；位移传感器的精度应为零级。

2. 试验过程

（1）试样制备与安装

用环刀仔细切取土样，并测定土的密度与含水量。要求同组试样之间的密度差值不大于0.03g/cm^3，含水量差值不大于2%，每组试样不少于4个。

首先将剪切盒的上盒与下盒对准，插入固定销钉，以避免上下盒互相错动损伤试样；其次在下盒底部放一块透水石，透水石上安放一张滤纸；将带试样的环刀翻转，使刀口向上，环刀平口朝下，对准剪切盒口。最后用推土器小心地将试样推入剪切盒内，并在土样顶面安放一片滤纸，再放一块透水石（要求滤纸与透水石呈圆形，直径与试样相同）。

（2）记录初始读数

① 转动手轮，剪切盒向前移动，使剪切盒上盒前端钢珠刚好与测力计接触；②在剪切盒顶部透水石上，依次加上刚性传压板与加压框架；③安装竖向位移量测装置；④测记初读数。为计算简便，可将百分表初读数调零。

（3）施加竖向压力

① 每组4个试样，在4种不同的垂直压力下进行剪切试验，其中一个垂直压力相当于现场预期最大压力σ，一个垂直压力大于σ，其他2个垂直压力小于σ。但是垂直压力各级差值要大致相等。也可以取垂直压力分别为100、200、300、400kPa，各级压力可一次轻轻施加；若土质较软，也可以分级施加，以防试样挤出。

② 防止试样含水量蒸发，如为饱和试样，应向剪切盒内注水；如为非饱和试样，不注水，而在加压板周围包以湿棉花。

③ 进行黏性土的慢剪试验或固结快剪试验时，在施加竖向压力后，使试样固结稳定，

才能施加水平荷载进行剪切。试样固结稳定的标准，为每 1h 竖向变形值不大于 0.05mm。

（4）施加水平剪切荷载

① 拔去上下盒连接的固定销钉；

② 匀速转动手轮，推动剪切盒的下盒前移；

③ 使剪切盒上、下盒之间的开缝处土样中部产生剪应力；

④ 剪切速度的标准为：黏性土慢剪试验为小于 0.02mm/min；其他试验，包括黏性土固结快剪试验与快剪试验及砂土试验，均为 0.8mm/min；

⑤ 定时测记测力计百分表读数，直至土样剪损。

（5）试验终止标准

满足下面条件之一即可终止加载：

① 当测力计百分表读数不变或后退时，应继续剪切至剪切位移为 4mm 时停止，记下破坏值；

② 当测力计百分表慢速走动、不后退、无峰值时，则继续剪切至剪切位移达 6mm 时停止。

剪切结束后，吸去剪切盒内积水，倒转手轮，卸除砝码和加压框架，取出试样测定试样剪切后含水量。

（6）重复步骤(2)～(5)。

3. 计算与绘图

（1）剪切位移

剪切位移应按下式计算：

$$\Delta l = \Delta l' n' - R \tag{7-14}$$

式中　Δl——剪切位移，0.01mm；

$\Delta l'$——手轮转一圈的位移量，0.01mm；

n'——手轮转动的圈数；

R——测力计读数，0.01mm。

（2）剪应力

剪应力应按下式计算：

$$\tau = CR/A_0 \times 10 \tag{7-15}$$

式中　τ——试样的剪应力（kPa）；

C——测力计率定系数（N/0.01mm）；

A_0——试样初始断面积（cm²）。

（3）剪应力与剪切位移的关系曲线

以剪切位移 Δl 为横坐标，剪应力 τ 为纵坐标，按比例绘制 Δl-τ 曲线，如图 7-7 所示。选取剪应力 τ 与剪切位移 Δl 关系曲线上的峰值点或稳定值作为抗剪强度 τ_f；如无明显峰值，取剪切位移等于 4cm 对应的剪应力作为抗剪强度 τ_f。

（4）垂直压应力与抗剪强度的关系曲线

以垂直压力 σ 为横坐标，抗剪强度 τ_f 为纵坐标，绘制 σ-τ_f 曲线，如图 7-8 所示。4 个试样得到 4 个数据，连成一条直线，称为抗剪强度曲线，此曲线与横坐标的夹角称为内摩擦角（φ），曲线与纵坐标的截距 c 即为黏聚力，单位 kPa。

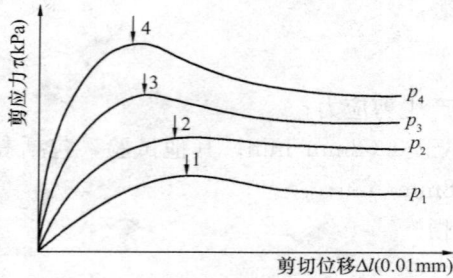

图 7-7 Δl-τ 曲线

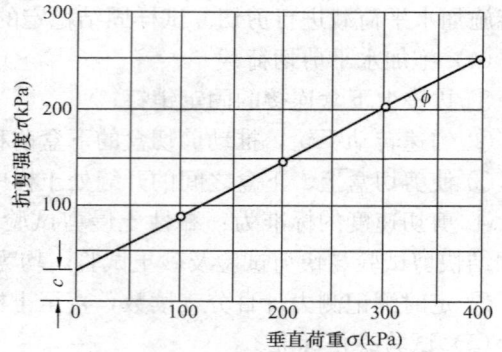

图 7-8 στ_f 曲线

为了近似模拟土体在现场剪切时的排水条件，直接剪切试验可以分为：（1）快剪试验：对试样施加竖向压力 σ 后，立即快速施加水平剪应力使试样剪切破坏；（2）固结快剪试验：对试样施加竖向压力 σ 后，允许试样在竖向应力作用下充分排水固结，然后再快速施加水平剪应力使试样剪切破坏；（3）慢剪试验：允许试样在竖向应力作用下充分排水固结，然后以缓慢速率施加水平剪切应力，使试样剪切破坏。

直接剪切试验的仪器具有构造简单、操作方便的优点。而其存在的主要缺点有：（1）剪切面是由人为限制的，因此试样破坏时不一定是发生在最软弱的面上；（2）剪切面上的水平剪应力分布不均匀，土样剪切时先从边缘开始，因而在边缘处发生应力集中现象；（3）剪切过程中，试样的剪切面积是逐渐减小的，而在计算抗剪强度时却是按照试样的原截面积计算的；（4）剪切试验时不能严格控制排水条件，不能量测孔隙水压力，在进行不排水剪切试验时，试样有可能排水，因此对于抗剪强度受排水条件影响显著的黏性土，其试验结果不够理想。

7.3.2 土的三轴压缩试验

由于直剪试验剪切面是规定的，剪切时剪切面逐渐减小，垂直荷载偏心，剪应力分布不均匀，试验时不能严格控制试样的排水条件，无法量测孔隙水压力等缺点。因此，对于一级建筑物和重大工程的科学研究，必须采用三轴压缩试验方法确定土的抗剪强度指标。三轴压缩试验是目前测定土的抗剪强度指标较为完善的试验方法，它能较为严格地控制土样的排水、测试剪切前后和剪切过程中的土样中的孔隙水压力。

三轴压缩试验突出的优点是能够较为严格地控制排水条件并能够量测试样中孔隙水压力的变化，而且土样中的应力状态比较明确，破裂是发生在试样最软弱的面上。一般来说，三轴压缩试验的结果比较可靠，因此三轴压缩仪是土工试验不可缺少的设备。

三轴试验的主要缺点是施加在试样上的中间主应力是与最小主应力相等的，即：$\sigma_2 = \sigma_3$，而实际土体所受的应力状态应该是 $\sigma_1 > \sigma_2 > \sigma_3$。因此，轴对称情况只是一种特殊的应力状态。

1. 试验装置

应变控制式三轴压缩仪由压力室、周围压力系统、轴向加压系统、孔隙水压力系统、反压力系统和其他附属设备包括切土器、切土盘、分样器、饱和器、击实器、承膜筒和对开圆模等组成，试验机原理如图 7-9 所示，压力室构造示意图见图 7-10。

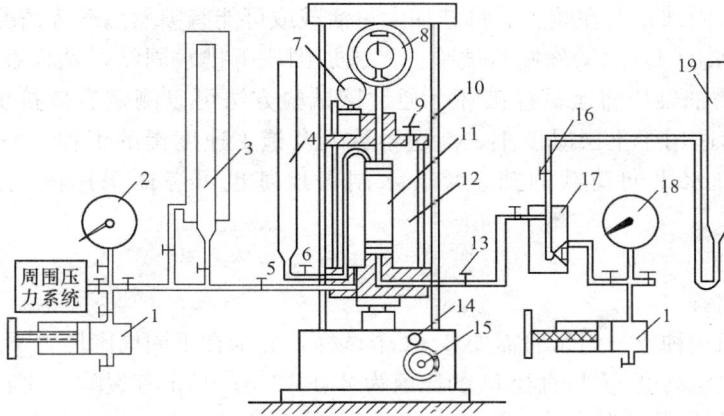

图 7-9　三轴压缩试验机原理图

1—调压筒；2—周围压力表；3—体变管；4—排水管；5—周围压力阀；
6—排水管阀；7—变形量表；8—量力环；9—排气孔；10—轴向加压设
备；11—试样；12—压力室；13—孔隙压力阀；14—离合器；15—手轮；
16—量管阀；17—零位指示器；18—孔隙水压力表；19—量管

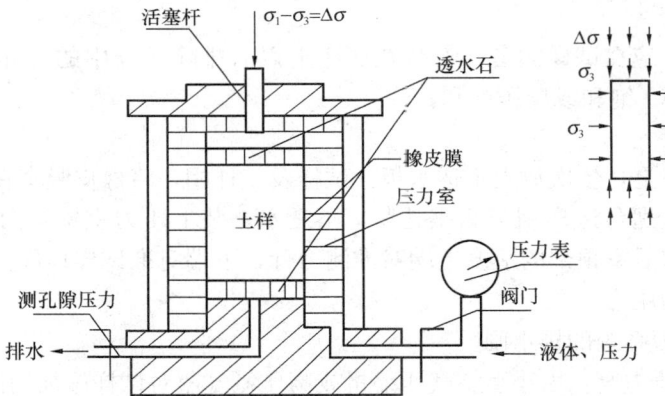

图 7-10　三轴压缩试验机压力室构造示意图

2. 试验方法

根据三轴试验过程试样的固结与排水条件，可以分为不固结不排水剪、固结不排水剪和固结排水剪三种试验方法。

不固结不排水剪（UU）：又称快剪试验。在施加围压和增加轴压直至破坏过程中均不允许试样排水。通过不固结不排水剪试验可以获得总的抗剪强度参数 c、φ。它适用于土层厚度大、渗透系数较小、施工快速的工程以及快速破坏的天然土坡稳定性的验算。

固结不排水剪（CU）：又称固结快剪试验。先施加围压下排水固结，然而在保持不排水的条件下增加轴压直至试样破坏。通过该试验方法可以测定总的抗剪强度参数 c_{cu}、φ_{cu} 和有效抗剪强度参数 c'、φ'。固结不排水剪可以模拟地基在自重或正常荷载下已达到充分固结，然后遇有施加突然荷载的情况。如一般建筑物地基的稳定性验算以及预计建筑物施工期间能够排水固结，但在竣工后将施加大量活载或可能有突然活载等情况。

固结排水剪（CD）：又称慢剪试验。先施加围压下排水固结，然而在允许试样充分排水的情况下增加轴压直至试样破坏。通过该试验方法可以测定有效抗剪强度参数 c_d、φ_d。其强度指标适用于土层厚度小，渗透系数大及施工速度慢的工程。对于先加竖向荷载，长时期后加水平向荷载的挡土墙、水闸等地基也可考虑采用固结排水剪得到的指标。

3. 试验过程

（1）试样制备

①数量　同一种土一组试验需要 3～4 个试样，分别在不同周围压力下进行试验。

②尺寸　试样高度 H 与直径 D 的比值为 2.0～2.5；对于有裂隙、软弱面或构造面的试样，直径 D 宜采用 101mm。

③形状　试样形状要求规整，圆柱体直径上下一致，两端平整并垂直于轴线。原状试样制备：先用分样器将圆筒形土样竖向分成 3 个扇形土样，再用切土盘将每个土样仔细切成标准圆柱形试样，取余土测定试样的含水量。扰动试样制备：根据预定的干密度和含水量，称取风干过筛的土样，平铺于搪瓷盘内，将计算所需加水量用小喷壶均匀喷洒于土样上，充分拌匀，装入容器盖紧，防止水分蒸发。

（2）试样饱和

对饱和试样，应在试样制备、安装在底座上以后排除试样中的气体，可选用抽气饱和、水头饱和、CO_2 饱和或反压饱和。

（3）试样安装

在压力室底座上，依次放上不透水板、试样及试样帽，将橡皮膜套在试样外，并将橡皮膜上、下两端分别与试样帽与底座扎紧，不透水。装上压力室罩，向压力室内注满纯水，排除残留气泡后室顶部的活塞上端对准测力计，下端对准试样顶部。

（4）施加周围压力

① 关闭反压力系统的排水闸。

② 打开周围压力阀，由小型空气压缩机或高压氮气瓶对试样施加周围压力。

③ 周围压力由压力表控制，应与工程的实际荷重相适应。最大一级周围压力应与最大实际荷重大致相等。

④ 要求试验过程保持周围压力不变。

（5）施加竖直轴向压力剪切试样

① 转动手轮，使试样帽与活塞及测力计接触。

② 装上变形指示计，测量试样竖向变形用。

③ 将测力计和变形指示计的读数调至零位，使计算方便。

④ 启动电动机，开始剪切试样，按一定的剪切速率均匀、等速进行剪切。

（6）测记读数

① 剪切应变速率控制在每分钟应变 0.5%～1.0%。

② 试样每产生 0.3%～0.4% 的轴向应变时，测记一次测力计读数和轴向变形值。

③ 当轴向应变大于 3% 后，每隔 0.7%～0.8% 的应变值测记一次读数。

（7）停止剪切标准

① 当测力计读数出现峰值时，即百分表指针后退，剪切应继续进行，直到超过 5％的轴向应变为止。

② 当测力计读数无峰值时，即百分表指针不走或极缓慢前走，剪切应进行到轴向应变为 15％～20％止。

（8）测量破坏试样

① 试验结束，关电动机。

② 关周围压力阀，打开压力室顶部的排气阀。

③ 排除压力室内的水，可用虹吸管快速排水。

④ 拆除试样。描述试样破坏形状。通常试样破坏形状分两种：如试样为砂土或硬塑状态的粉性土与粉土，破坏面呈一斜向直线剪切面；若试样为饱和状态软土，则无明显剪切面，而在试样中段向外鼓起，直径变大。

⑤ 称试样的质量，并测定含水量。

（9）重复试验

① 换一个同组的新试样，重复步骤（2）～（8）。

② 施加周围压力各试样不同：通常可取 100kPa、200kPa、300kPa 和 400kPa。

③ 同组试验应进行 3～4 个试样剪切，得到一组试验数据。

4. 计算与绘图

（1）最大与最小主应力差计算

按照式（7-16）计算主应力差（$\sigma_1 - \sigma_3$）：

$$\sigma_1 - \sigma_3 = \frac{CR}{A_a} \times 10 \tag{7-16}$$

式中　　σ_1——大主应力，kPa；

　　　　σ_3——小主应力，kPa；

　　　　C——测力计率定系数，N/0.01mm；

　　　　R——测力计读数，0.01mm；

　　　　A_a——试样剪切时的面积，cm²；按下式计算：

$$A_a = \frac{A_0}{1 - \varepsilon_1} \tag{7-17}$$

式中　　A_0——试样的初始断面积，cm²；

　　　　ε_1——试样轴向应变，％。

（2）主应力差与轴向应变关系曲线

以轴向应变 ε_1 为横坐标，最大与最小主应力差为纵坐标，绘制 $\varepsilon_1 - (\sigma_1 - \sigma_3)$ 关系曲线，如图 7-11 所示。

取 $\varepsilon_1 - (\sigma_1 - \sigma_3)$ 曲线上的峰值点作为破坏点，如无峰值，可以取 $\varepsilon_1 - (\sigma_1 - \sigma_3)$ 曲线上 $\varepsilon_1 = 15\%$ 所对应的 $(\sigma_1 - \sigma_3)$ 作为破坏强度值。

（3）绘制强度包线

对于不固结不排水剪切试验及固结排水剪切试验，以法向应力 σ 为横坐标，剪应力 τ 为纵坐标。在横坐标以 $\frac{\sigma_{1f} + \sigma_{3f}}{2}$ 为圆心，$\frac{\sigma_{1f} - \sigma_{3f}}{2}$ 为半径，绘制破坏总应力圆，做强度包线。该包线的倾角为内摩擦角 φ_u 或 φ_{cu}，包线在纵轴上的截距为黏聚力 c_u 或 c_{cu}。不同试验条件下的强度包线如图 7-12、图 7-13 及图 7-14 所示。

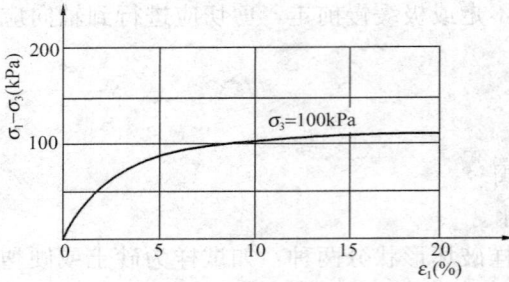

图 7-11　$\varepsilon_1 - (\sigma_1 - \sigma_3)$ 关系曲线

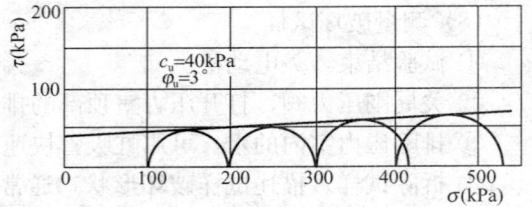

图 7-12　不固结不排水剪强度包线

在固结不排水剪切试验中测定孔隙水压力，可以确定试样破坏时的有效应力。以有效应力 σ' 为横坐标，剪应力 τ 为纵坐标。在横坐标以 $\dfrac{\sigma'_{1f} + \sigma'_{3f}}{2}$ 为圆心，$\dfrac{\sigma'_{1f} - \sigma'_{3f}}{2}$ 为半径，绘制不同围压下的有效破坏应力圆后，做强度包线。该包线的倾角为有效内摩擦角 φ'，包线在纵轴上的截距为黏聚力 c'，如图 7-13 所示。

在排水剪切试验中，孔隙水压力等于 0，抗剪强度包线的倾角和纵轴上的截距分别用 φ_d、c_d 表示，如图 7-14 所示。

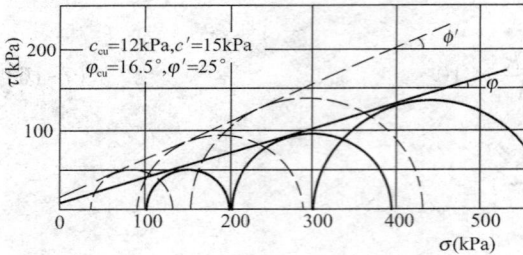

图 7-13　固结不排水剪强度包线

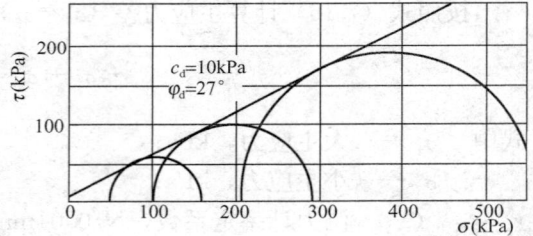

图 7-14　固结排水剪强度包线

7.3.3　土的抗剪强度试验成果整理

直剪试验与三轴试验成果的整理分为作图法和数理统计方法。

直剪试验的成果整理，可以依据每一个土样破坏时的正应力与剪应力在 τ-σ 坐标图中绘出该点。由于该点是土样单元体破坏面上的应力状态，因此该点必然位于该土样的抗剪强度包线上，每一个土样的试验结果的连线即为该土样的抗剪强度包线，如图 7-15 所示。

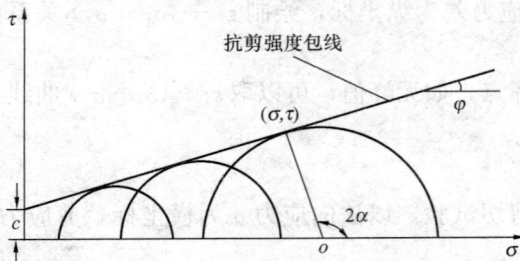

图 7-15　直剪试验成果整理

其倾角就是该试验土样的内摩擦角 φ，其在 τ 坐标轴上的截距就是土样的黏聚力 c。由材料力学可证明，破坏面与大主应力作用面的夹角 α 为 $45° + \varphi/2$，通过该切点作直线与 σ 坐标轴的夹角为 $90° + \varphi$，就得到该土样的莫尔应力圆，见图 7-15。

由于土样试验成果离散性较大，作图法又受人为因素影响，因此这样得出的结果较为粗糙，现在一般采用数理统计方法来求出试验结果。

由库伦公式可知

$$\tau = \sigma \tan\varphi + c \tag{7-18}$$

上式为一直线方程，对于一组 m 个土样剪切试验数据（$m \geqslant 3$），由最小二乘法得

$$\tan\varphi = \frac{1}{\Delta} \Big[m \sum_{i=1}^{m} (\sigma_i \times \tau_i) - \sum_{i=1}^{m} \sigma_i \times \sum_{i=1}^{m} \tau_i \Big] \tag{7-19}$$

$$c = \frac{\sum_{i=1}^{m} \tau_i}{m} - \tan\varphi \times \frac{\sum_{i=1}^{m} \sigma_i}{m} \tag{7-20}$$

式中：

$$\Delta = m \sum_{i=1}^{m} \sigma_i^2 - \Big(\sum_{i=1}^{n} \sigma_i \Big)^2$$

对于 n 组这样的试验数据，其平均值为

$$\mu_\varphi = \frac{\sum_{i=1}^{n} \varphi_i}{n} \tag{7-21}$$

$$\mu_c = \frac{\sum_{i=1}^{n} c_i}{n} \tag{7-22}$$

考虑到土样的离散性，当试验样本数太少时，这样统计的试验指标可能安全保障不够，因此，我国《建筑地基基础设计规范》（GB 50007—2011）规定采用标准值 c_k、φ_k。

$$\varphi_k = \psi_\varphi \mu_\varphi \tag{7-23}$$

$$c_k = \psi_c \mu_c \tag{7-24}$$

式中，ψ 称为统计修正系数，由下列统计公式确定：

$$\psi_\varphi = 1 - \Big(\frac{1.704}{\sqrt{n}} + \frac{4.678}{n^2} \Big) \delta_\varphi \tag{7-25}$$

$$\psi_c = 1 - \Big(\frac{1.704}{\sqrt{n}} + \frac{4.678}{n^2} \Big) \delta_c \tag{7-26}$$

式中，δ 称为变异系数，它由标准差 σ 和平准值 μ 确定

$$\delta = \frac{\sigma}{\mu} \tag{7-27}$$

$$\sigma = \sqrt{\frac{\sum_{i=1}^{n} \mu_i^2 - n\mu^2}{n-1}} \tag{7-28}$$

对于三轴试验，试验时可记录 p、q，这里

$$p = \frac{1}{2}(\sigma_{1f} + \sigma_{3f}) \tag{7-29}$$

$$q = \tau = \frac{1}{2}(\sigma_{1f} - \sigma_{3f}) \tag{7-30}$$

此时

$$\sin\varphi = \frac{1}{\Delta}\Big[m\sum_{i=1}^{m}(p_i \times \tau_i) - \sum_{i=1}^{m}p_i \times \sum_{i=1}^{m}\tau_i \Big] \tag{7-31}$$

$$c = \frac{1}{\cos\varphi}\left(\frac{\sum\limits_{i=1}^{m}\tau_i}{m} - \sin\varphi \times \frac{\sum\limits_{i=1}^{m}p_i}{m} \right) \tag{7-32}$$

$$\Delta = m\sum_{i=1}^{m}p_i^2 - \Big(\sum_{i=1}^{m}p_i\Big)^2 \tag{7-33}$$

式中，σ_{1f} 为剪切破坏时最大主应力，σ_{3f} 为周围应力。

【例 7-1】 已知某土样进行了三组直剪试验，其中的一组直剪试验结果，在法向压力为 $\sigma = 100$、200、300、400kPa 时，测得抗剪强度分别为 $\tau_f = 67$、119、161、215kPa。

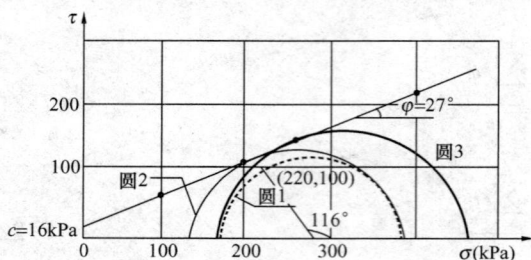

图 7-16 ［例 7-1］图

试分别用作图法和数理统计公式求该土的抗剪强度指标 c_k，φ_k 值（假设这三组数据统计计算的统计修正系数 $\psi_\varphi = 0.99$ 和 $\psi_c = 0.95$）。若作用在此土中剪切平面上的正应力和剪应力分别为 220kPa 和 100kPa，试问该土样是否会剪坏？

【解】

（1）作图法，如图 7-16 所示。

从图上量得直线在纵轴上的截距即为 $c = 16$kPa，直线倾角 $\varphi = 27°$。也可由式

$$\tau_f = c + \sigma\tan\varphi$$

计算，即

$$215 = 16 + 400\tan\varphi$$

$$\tan\varphi = 0.498 \quad \varphi = 26.5°$$

数理统计公式

$$\Delta = 4(100^2 + 200^2 + 300^2 + 400^2) - (100 + 200 + 300 + 400)^2$$

$$= 200000$$

$$\tan\varphi = \frac{1}{\Delta}\big[4(100 \times 67 + 200 \times 119 + 300 \times 161 + 400 \times 215) -$$

$$- (100 + 200 + 300 + 400) \times (67 + 119 + 161 + 215)\big]$$

$$= \frac{659200 - 1000 \times 562}{200000} = 0.486$$

$$\varphi = 25.9°$$

$$c = \frac{562}{4} - \frac{1000}{4}0.486 = 19\text{kPa}$$

取

$$\varphi_k = 25.9 \times 0.99 = 25.6°$$
$$c_k = 19 \times 0.95 = 18kPa$$

（2）作图法判断。

将(220,100)画在坐标图上，可见它位于抗剪强度线以下，未剪坏。

（3）用极限平衡方程判断。

剪切面与大主应力面夹角为 $45° + 25.6°/2 \approx 58°$。由上面取单元体的办法，可求得此土样的大小主应力。

由上述黏土极限平衡条件得到破坏面上的正应力和剪应力分别为：

$$\sigma = \frac{\sigma_1 + \sigma_3}{2} - \frac{\sigma_1 - \sigma_3}{2}\cos2\alpha$$

$$\tau = \frac{\sigma_1 - \sigma_3}{2}\sin2\alpha$$

解得：

$$\sigma_1 = \frac{\tau}{\sin2\alpha} + \sigma - \tau \times \cot2\alpha = \frac{100}{\sin(2 \times 58°)} + 220 - 100 \times \cot(2 \times 58°) = 380.0kPa$$

$$\sigma_3 = \sigma_1 - \frac{2\tau}{\sin2\alpha} = 380.0 - \frac{2 \times 100}{\sin(2 \times 58°)} = 157.5kPa$$

据此画出应力圆 1 于图上，此圆经过点 (220，100)。

当 $\sigma_1 = 380.0kPa$ 时，由极限平衡方程

$$\sigma_3 = \sigma_1\tan^2(45° - \varphi/2) - 2c \cdot \tan(45° - \varphi/2)$$
$$= 380\tan^2(45° - 25.6°/2) - 2 \times 18 \times \tan(45° - 25.6°/2)$$
$$= 148.4 - 22.5 = 125.9kPa$$

据此画出应力圆 2 于图上。

当 $\sigma_3 = 157.5kPa$ 时，由极限平衡方程

$$\sigma_1 = \sigma_3\tan^2(45° + \varphi/2) + 2c \cdot \tan(45° + \varphi/2)$$
$$= 157.5\tan^2(45° + 25.6°/2) + 2 \times 18\tan(45° + 25.6°/2)$$
$$= 403.4 + 57.6 = 461.0kPa$$

据此画出应力圆 3 于图上。

7.3.4 无侧限抗压强度试验

无侧限抗压强度试验如同三轴压缩试验中 $\sigma_3 = 0$ 时的特殊情况。试验时，将圆柱形试样置于图 7-17 所示无侧限压缩仪中。由于试样在试验过程中侧向不受任何限制，故称无侧限抗压强度试验。试验时在不加任何侧向压力的条件下施加轴向压力，直到试样发生剪切破坏为止，破坏时试样所能承受的最大轴向压力 q_u 称为无侧限抗压强度。由于无黏性土在无侧限条件下试样难以成型，故该试验主要用于黏性土，尤其适用于饱和软黏土。

根据试验结果，只能做出一个极限应力圆，对于一般黏土

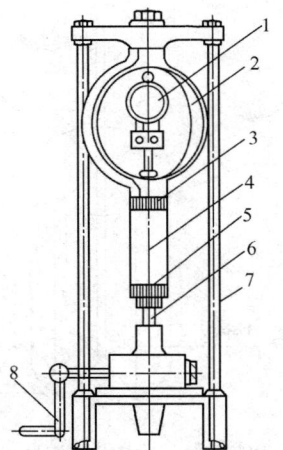

图 7-17 无侧限压缩仪

1—测微表；2—量力环；3—上加压板；4—试样；5—下加压板；6—升降螺杆；7—反力架；8—手轮

难以做出破坏包线（强度包线）。而对于饱和软黏土，该试验相当于三轴试验时的不固结不排水试验（UU试验），此时试样的破坏包线近似于一条水平线（图7-18），则有$\varphi_u = 0$。

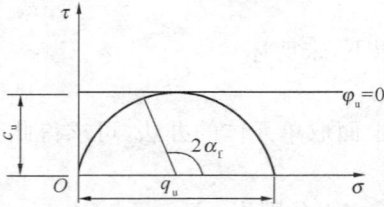

图7-18 无侧限抗压强度
试验的强度包线

无侧限抗压强度：$q_u = 2c\tan\left(45° + \dfrac{\varphi}{2}\right)$；

对于饱和软黏土则有：$\tau_f = c_u = \dfrac{q_u}{2}$

黏土的灵敏度为：$S_t = \dfrac{q_u}{q'_u}$

式中　c_u——土的不排水抗剪强度（kPa）；

q_u——原状土的无侧限抗压强度（kPa）；

q'_u——重塑土的无侧限抗压强度（kPa）。

7.3.5 十字板剪切试验

十字板剪切试验是一种测定饱和软黏土强度的原位测试方法，采用该方法测试土体的抗剪强度时，能够保证试验时土体的排水条件、受力状态与其天然状态基本一致，避免了取样、保存、运送过程中对土体的扰动，是目前国内对于饱和软黏土抗剪强度进行原位测试时，应用最广泛的一种试验方法。

十字板剪切试验的原理是利用扭矩使埋入土体中的十字板扭转，从而使被测试的土体发生剪切破坏，并假定圆柱体破坏面（图7-19）的上下底面及侧面上的抗剪强度相等，由此计算出破坏土体的抗剪强度。

十字板剪切仪的构造如图7-20所示。试验时，先将套管打到预定的试验深度，并将套管内的土体清除，然后利用套管将装在钻杆端部的十字板压入土中约750mm。最后，由地面上的扭力设备对钻杆施加扭矩，带动埋在土体中的十字板扭转，直至土体破坏。

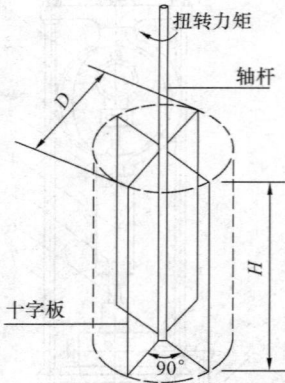

图7-19 十字板剪切试验中
的圆柱形破坏面

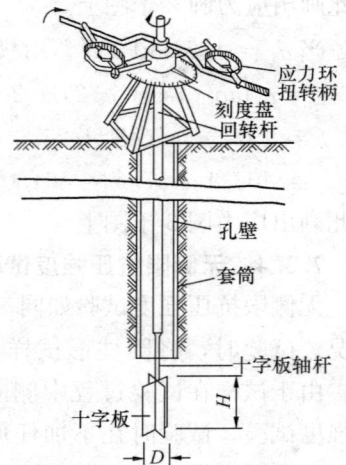

图7-20 十字板剪切仪

设剪切破坏时所施加的扭矩为M，则它应该与土体发生圆柱形剪切破坏时，破坏面上土体抗剪切力对十字板中心所产生的抵抗力矩相等，即有：

$$M = \pi DH \cdot \frac{D}{2} \cdot \tau_{v} + 2 \cdot \frac{\pi D^{2}}{4} \cdot \frac{D}{3} \cdot \tau_{H} = \frac{1}{2}\pi D^{2} H \tau_{v} + \frac{1}{6}\pi D^{3} \tau_{H} \qquad (7\text{-}34)$$

式中　M——土体剪切破坏时的扭力矩（kN・m）；

　　τ_{v}、τ_{H}——破坏圆柱体侧面及上下面的土体抗剪强度（kPa）；

　　　H——十字板的高度（m）；

　　　D——十字板的直径（m）。

工程实践上为了简化计算，通常假定破坏面土体侧面和上下面的抗剪强度相等，即有：

$$\tau_{v} = \tau_{H} = \tau_{f}$$

将上述假定代入式（7-34）中，得到：

$$\tau_{f} = \frac{2M}{\pi D^{2}\left(H + \dfrac{D}{3}\right)} \qquad (7\text{-}35)$$

式中　τ_{f}——为现场十字板剪切试验测定的土体抗剪强度，kPa；其余符号同前。

十字板剪切试验测定的土体抗剪强度属于不排水剪切的试验条件，因此测试结果应该与无侧限抗压强度试验结果接近，即

$$\tau_{f} \approx \frac{q_{u}}{2} \qquad (7\text{-}36)$$

十字板剪切试验适用于饱和软黏土，特别适匡于难于取样或试样在自重应力作用下不能保持原有形状的软黏土。该试验的优点是：实验设备构造简单，操作方便，试验时对土体的结构扰动较小；缺点是应力条件不易掌握。

7.4　抗剪强度指标与选用

土的抗剪强度试验的目的是确定土体的抗剪强度指标，即确定土体的内摩擦角 φ 和黏聚力 c 值，这两个指标通常是由室内三轴压缩试验或直剪试验获得的。值得注意的是，对于同一种土，即使采用同一台仪器做试验，试验的结果随着试验条件的不同，特别是排水条件的不同而出现较大的差异。因此，阐明各种试验方法测得的土体的强度指标的物理意义，对于正确选用土的抗剪强度指标十分重要。

一、总应力强度指标和有效应力强度指标

图 7-21 所示的黏土剪切破坏时的有效应力包线和总应力强度包线，相应的抗剪强度公式可以分别写成：

$$\tau_{f} = \sigma' \tan\varphi' + c' = (\sigma - \mu)\tan\varphi' + c' \qquad (7\text{-}37)$$

和　　　　　　　$$\tau_{f} = \sigma \tan\varphi + c \qquad (7\text{-}38)$$

式中　φ'、c'——为有效应力内摩擦角和黏聚力；

　　　φ、c——为总应力内摩擦角和黏聚力。

同一个抗剪强度试验结果，分别用式（7-37）和式（7-38）两种形式来表示，可见有效应力表示的强度指标和用总应力表示的强度指标是有差别的，其本质是反映孔隙水压力对土体抗剪强度的影响。

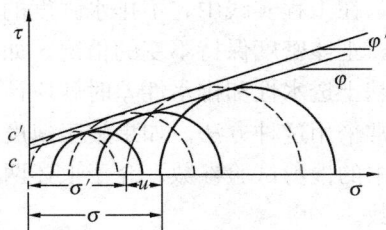

图 7-21　有效应力强度包线和
总应力强度包线

155

按照有效应力原理，只有作用在土颗粒骨架的有效应力 σ' 才能引起土体的抗剪强度变化，因此，只有 φ'、c' 才能真正反映土体的强度特性。但是采用式（7-37）这种有效应力方法分析土体实际抗剪强度时，除总应力 σ 外，还要知道土体中孔隙水压力 μ，而工程实践中的很多情况下，难以正确估算孔隙水压力，所以目前工程中有效应力法和总应力法都在使用。也正是由于这个原因，我们在室内试验时，只能通过控制试样排水条件来模拟实际土体在外荷载作用下的剪切性状。例如实际土体受剪时排水困难，则室内剪切试验就采用不排水剪切试验，这样测得的总应力指标能够在一定程度上模拟孔隙水压力的影响。

从理论上来说，用有效应力强度指标来表示土体的抗剪强度是比较合理的，所以原则上：对于孔隙水压力能够确定的工程问题，都应采用有效应力强度指标；对于孔隙水压力不能够确定的工程问题，应该选择与原位土体工作条件相同或相近的试验方法来测定土体的总应力强度指标。

二、三轴不固结不排水剪切试验（UU 试验）

如前所述，不固结不排水试验是在施加周围压力 σ_3 和轴向偏差主应力 $(\sigma_1 - \sigma_3)$ 直至剪切破坏的整个试验过程中都不允许试样排水。对于饱和土而言，不论试样上所施加的周围压力 σ_3 多大，土体破坏时的抗剪强度和有效应力必定相同。试验结果如图 7-22 所示，尽管周围压力 σ_3 不同。但是抗剪强度相同，所以极限应力圆的直径 $(\sigma_1 - \sigma_3)$ 相等，亦即，不同围压下的三个试样破坏时，只能得到一个有效应力圆且其直径与三个总应力圆的直径相等，因此抗剪强度包线是一个与各个应力圆都相切的水平线。

所以饱和土 UU 试验的强度指标为：$\varphi_u = 0$，$c_u = \dfrac{1}{2}(\sigma_1 - \sigma_3)$。其中，$\varphi_u$ 称为不排水内摩擦角，c_u 称为不排水强度，土样所受到的前期固结压力愈大，不排水强度 c_u 就愈大。

饱和土的三轴不固结不排水试验过程中，所施加的有效周围压力 $\sigma'_3 = 0$，近似于无侧限压缩试验，因此可以把无侧限压缩试验看成是 $\sigma_3 = 0$ 的 UU 试验。对于直剪试验而言，当土体的透水性非常小时，其快剪试验（施加垂直法向应力后，不让试样固结，快速施加剪切应力）的性质基本上与三轴 UU 试验相同；若不能保证不排水这个条件，快剪试验中测得的抗剪强度指标 c_q、φ_q 与三轴不固结不排水试验所测得的强度指标 c_u、φ_u 就会有较大的差别。

在工程实践中，不排水强度的选用，主要是针对由荷载增加所引起的孔隙水压力不消散，土体密度保持不变的情况。如在地基的极限承载力计算中，当建筑物的施工速度快，地基土透水性和排水性差时就应该采用不排水强度；对于天然饱水黏性土坡的稳定性分析也常采用这种方法。如果施工速度慢且排水条件较好时，则应选用固结排水剪切或直剪试验中的慢剪试验参数；介于上述两种情况之间时，则选用固结不排水剪切或固结快剪试验参数。

三、三轴固结不排水剪切试验（CU 试验）

固结不排水试验是在施加周围压力 σ_3 过程中允许试样充分排水固结，而在施加轴向

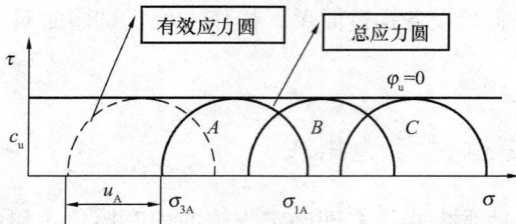

图 7-22　饱和土不固结不排水强度包线

偏差主应力（$\sigma_1 - \sigma_3$）直至剪切破坏的试验过程中不允许试样排水。因此，如果让几个试样分别在几种不同的周围压力 σ_3 作用下固结，将固结后的试样进行不排水剪切试验，就能得到几个直径不同的极限应力圆，这几个圆的公切线就是固结不排水试验的强度包线，如图 7-23 所示。其中，φ_{cu}、c_{cu} 分别称为固结不排水抗剪强度指标。土样的抗剪强度可以表示为：

$$\tau_f = c_{cu} + \sigma\tan\varphi_{cu}$$

由于固结不排水试验是在试样不排水的条件下施加偏差主应力（$\sigma_1 - \sigma_3$）进行剪切的，因此在剪切的过程中，试样的内部将会出现一定的孔隙水压力，其大小可以通过三轴试验机中的孔压量测系统测定。如果将图 7-23 中的总应力坐标系 $\sigma - \tau$ 换成有效应力坐标系 $\sigma' - \tau$，则图中的每个极限应力圆，将沿着 σ 轴平移一段距离，其值大小等于相应围压下土样破坏时的孔隙水压力 u。$u > 0$ 时，向左移动；$u < 0$ 时，向右移动。

对于正常固结的黏土而言，试样在剪切破坏时产生正的孔隙水压力，因此有效应力圆在总应力圆的左方见图 7-24 所示（图中实线圆为有效应力圆，虚线圆代表总应力圆）。

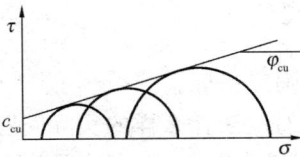

图 7-23　固结不排水
强度包线

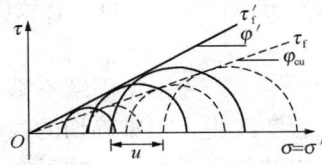

图 7-24　正常固结土
不排水强度包线

有效应力强度包线可以表示为：

$$\tau'_f = c' + \sigma'\tan\varphi'$$

式中 c'、φ' 为根据固结不排水试验获得的有效应力强度指标，通常情况下有：

$$c' < c_{cu} \quad \varphi' > \varphi_{cu}$$

饱和黏性土的固结不排水抗剪强度在一定程度上受应力历史的影响，因此在研究黏性土的固结不排水抗剪强度时，要区别试样是正常固结土还是超固结土。对于正常固结试样，进行剪切试验时体积有减少的趋势（剪缩）。当不允许试样排水时，随着试样体积的剪缩，试样内部将产生正的孔隙水压力，由此得到的孔隙压力系数都大于零。而超固结土在剪切试验时有体积增加的趋势（剪胀），因此在剪切过程中，先是产生正的孔隙水压力，以后则转为负值，如图 7-25（b）所示。（a）图则表明正常固结土的主应力差 $\sigma_1 - \sigma_3$ 随着轴向应变 ε_a 的增加而增大，而超固结土在不排水剪切过程中，主应力差 $\sigma_1 - \sigma_3$ 先是随着轴向应变 ε_a 的增加而增大，随后随着轴向应变的增加，主应力差反而减小。对于超固结土的固结不排水强度包线，如图 7-26（a）所示，开始时是一条略平缓的曲线，可以近似用直线 ab 代替，与正常固结破坏包线 bc 相交，bc 线的延长线仍通过原点。实际应用时，将 abc 折线近似为一条直线，如图 7-26（b）所示，总应力强度指标为 c_{cu} 和 φ_{cu}，则其强度

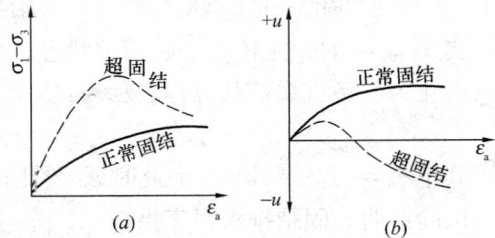

图 7-25　固结不排水试验的主应力差及
孔隙水压力与轴向应变的关系

包线可以表示为：

$$\tau_f = c_{cu} + \sigma \tan\varphi_{cu}$$

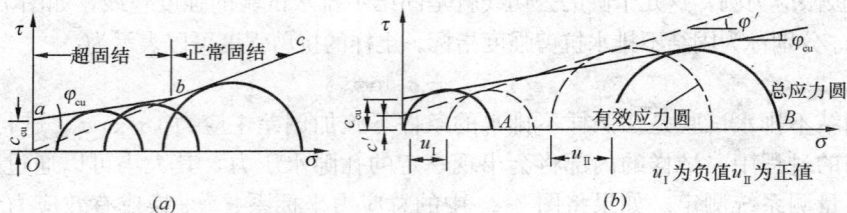

图 7-26　超固结土的固结不排水强度包线

如果采用有效应力表示时，有效应力圆和有效应力强度包线如图 7-26 （b）中的虚线所示，由于超固结土在剪切破坏时，产生负的孔隙水压力，此时有效应力圆在总应力圆的右方（图中 A 圆），而正常固结试样在破坏时产生正的孔隙水压力，故有效应力圆则在总应力圆的左方（图中 B 圆），有效应力强度包线可以表示为：

$$\tau'_f = c' + \sigma' \tan\varphi$$

式中　c'、φ' 为根据固结不排水试验获得的有效应力强度指标。

在工程实践中，很难确切的说明固结不排水试验方法对应于什么样的实际问题，因为工程实践中的加载过程总是同时在土体内部引起正应力 σ 和剪应力 τ，该过程并不是等向压缩的过程。但是，当黏性土先在一定应力条件下固结，然后比较迅速加载。此时若采用总应力法分析土体的稳定性，则可以利用固结不排水试验测定土体的抗剪强度指标。例如：地基土体在建筑物固定荷载作用下固结后，快速施工时分析土体稳定性时采用总应力强度指标。另外，工程上如果土体在加载的过程中既非完全排水，又非完全不排水时，也常采用固结不排水试验方法测定土体的抗剪强度指标。

四、三轴固结排水剪切试验（CD 试验）

固结排水试验在整个过程中，孔隙水压力始终为零，总应力最后全部转化为有效应力，所以总应力圆与有效应力圆重合，总应力强度包线就是有效应力强度包线。

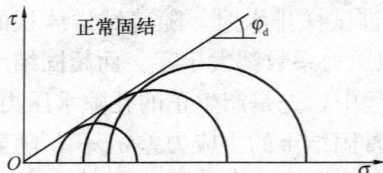

图 7-27　正常固结土排水强度包线

室内试验时，当所加围压 σ_3 大于或等于试验土体的先期固结压力 P_c 时，土体就被认为是处于正常固结状态，此时土体的抗剪强度包线应该通过原点（图 7-27），则其方程表示为：

$$\tau_f = \sigma \tan\varphi_d$$

则黏聚力 $c_d = 0$，内摩擦角 $\varphi_d = 20° \sim 40°$。

当 $\sigma_3 < P_c$ 时，土体处于超固结状态，其强度包线为一折线（图 7-28），工程上应用时将其简化为一条直线，其方程表示为：

$$\tau_f = c_d + \sigma \tan\varphi_d$$

其中 $c_d \approx 5 \sim 25\text{kPa}$，而此时 φ_d 要比正常固结土的内摩擦角小。

试验证明，固结排水强度指标 c_d、φ_d 与由固结不排水试验获得的有效强度指标 c'、φ' 值比较接近，而固结排水试验所需要的时间太长，因此，实际应用的时候认为：$c' = c_d$、$\varphi' = \varphi_d$。

由于在固结排水剪切过程中，正常固结黏土发生剪缩现象，而超固结土则是先发生剪缩现象，继而主要呈现出剪胀的特性，其在固结排水剪切过程中应力-应变关系及体积变化特性的差异如图 7-29 所示。

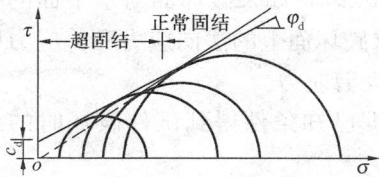

图 7-28　超固结土排水强度包线

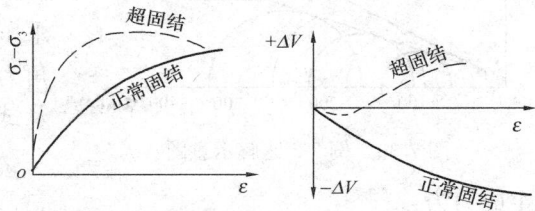

图 7-29　固结排水试验的应力应变关系及体积变化

五、抗剪强度指标的选择

黏性土的抗剪强度性状是很复杂的，它不仅随剪切条件的不同而异，而且还受到许多因素（例如土的各向异性、应力历史、蠕变等）影响。此外即便是对于同一种土，强度指标也随试验方法及试验条件的不同而不同，实际工程问题的情况又是千变万化的，用实验室的试验条件去模拟现场条件毕竟还是有差别的。因此对于某个具体的工程问题，如何确定土的抗剪强度指标并不是一件容易的事情。

首先要根据工程问题的性质确定分析方法，进而决定采用总应力或有效应力强度指标，然后选择测试方法。一般认为，由三轴固结不排水试验确定的有效应力强度参数 c' 和 φ' 宜用于分析地基的长期稳定性（例如土坡的长期稳定分析、估计挡土结构物的长期土压力、位于软土地基上结构物的地基长期稳定分析等）；而对于饱和软黏土的短期稳定问题，则宜采用不固结不排水试验的强度指标（c_u），即 $\varphi_u = 0$，以总应力进行分析。一般工程问题多采用总应力分析方法，其指标和测试方法的选择大致如下：

若建筑物施工速度较快，而地基土的透水性和排水条件不良时，可采用三轴不固结不排水试验或直剪试验中的快剪试验结果；如果建筑物加荷速率较慢，地基的透水性较大（如低塑性的黏土）以及排水条件又较佳时（如黏土层中夹砂层），则可以采用固结排水试验或者慢剪试验；如果介于上述两种情况之间，可用固结不排水或固结快剪试验结果。由于实际加荷情况和土体性质的复杂性，而且在建筑物的施工和使用过程中都要经历不同的固结状态，因此，在确定强度指标时还应该结合工程经验。

【例 7-2】　对某种饱和黏性土做固结不排水试验，三个试样破坏时的大、小主应力和破坏时孔隙水压力列于表中，试用作图法确定土的强度指标 c_{cu}、φ_{cu} 和 c'、φ'。

周围压力 σ_3（kPa）	最大主应力 σ_1（kPa）	破坏时孔隙水压力 u_f（kPa）
60	143	23
100	220	40
150	313	67

【解】　按比例绘出三个总应力极限应力圆，如图 7-30 所示，再绘出总应力强度包线，由 $\sigma'_1 = \sigma_1 - u_f$，$\sigma'_3 = \sigma_3 - u_f$，将总应力圆在水平轴上左移相应的 u_f，即得 3 个有效应力极限莫尔圆。如图中虚线圆，再绘出有效应力强度包线，根据强度包线得到：$c_{cu} = 10\text{kPa}$，

$\varphi_{cu} = 18°$, $c' = 6\text{kPa}$, $\varphi' = 27°$。

【例 7-3】 某饱和黏性土在三轴仪中做固结不排水试验，施加周围压力 $\sigma_3 = 200\text{kPa}$，试件破坏时的主应力差 $\sigma_1 - \sigma_3 = 280\text{kPa}$，测得孔隙水压力 $u_f = 180\text{kPa}$，如果破坏面与水平面的夹角为 $57°$，试求破坏面上的法向应力和剪应力以及试件中的最大剪应力。

【解】 根据已知条件得到试件破坏时的最

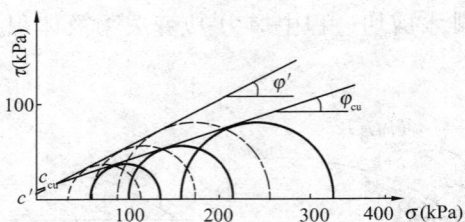

图 7-30 例 7-2 题解示意图

大主应力为：

$$\sigma_1 = 280 + 200 = 480\text{kPa}$$

由式（7-13d）计算破坏面上的法向应力 σ 和剪应力 τ：

$$\sigma = \frac{1}{2}(\sigma_1 + \sigma_3) + \frac{1}{2}(\sigma_1 - \sigma_3)\cos 2\alpha = \frac{1}{2}(480 + 200) + \frac{1}{2}(480 - 200)\cos 114° = 283\text{kPa}$$

$$\tau = \frac{1}{2}(\sigma_1 - \sigma_3)\sin 2\alpha = \frac{1}{2}(480 - 200)\sin 114° = 127\text{kPa}$$

最大剪应力发生在 $\alpha = 45°$ 的平面上，则有：

$$\tau_{max} = \frac{1}{2}(\sigma_1 - \sigma_3) = \frac{1}{2}(480 - 200) = 140\text{kPa}$$

【例 7-4】 在［例 7-3］中，由黏性土固结不排水试验结果得到有效内摩擦角 $\varphi' = 24°$，有效黏聚力 $c' = 80\text{kPa}$，试说明为什么破坏面发生在 $\alpha = 57°$ 的平面而不发生在最大剪应力的作用面上？

【解】 破坏面上的有效正应力为：

$$\sigma' = \sigma - u = 283 - 180 = 103\text{kPa}$$

抗剪强度为：

$$\tau_f = c' + \sigma'\tan\varphi' = 80 + 103\tan 24° = 127\text{kPa}$$

可见，在 $\alpha = 57°$ 的平面上土的抗剪强度等于该面上的剪应力，即 $\tau_f = \tau = 127\text{kPa}$，故在该面上发生剪切破坏。

而在最大剪应力作用面（$\alpha = 45°$）上有：

$$\sigma = \frac{1}{2}(480 + 200) + \frac{1}{2}(480 - 200)\cos 90° = 340\text{kPa}$$

$$\sigma' = \sigma - u = 340 - 180 = 160\text{kPa}$$

$$\tau_f = c' + \sigma'\tan\varphi' = 80 + 160\tan 24° = 151\text{kPa} > \tau_{max} = 140\text{kPa}$$

所以在剪应力最大的作用面上不会发生剪切破坏。

7.5 土的孔隙压力系数

斯肯普敦（A. W. Skempton）根据三轴试验结果提出用孔隙压力系数 A、B 来表示土中因主应力增加而产生的孔隙压力的大小。

地基中任一点的应力状态可用微分六面体上作用的九个应力分量来表示。

$$\sigma_{i,j} = \begin{bmatrix} \sigma_x & \tau_{x,y} & \tau_{x,z} \\ \tau_{y,x} & \sigma_y & \tau_{y,z} \\ \tau_{z,x} & \tau_{z,y} & \sigma_z \end{bmatrix} = \begin{bmatrix} \sigma_1 & 0 & 0 \\ 0 & \sigma_2 & 0 \\ 0 & 0 & \sigma_3 \end{bmatrix} \tag{7-39}$$

当应力增量为 $\Delta\sigma$ 时，有效应力增量为

$$\Delta\sigma'_1 = \Delta\sigma_1 - \Delta u$$

$$\Delta\sigma'_2 = \Delta\sigma_2 - \Delta u$$

$$\Delta\sigma'_3 = \Delta\sigma_3 - \Delta u$$

设土骨架为弹性虎克体，则

$$\varepsilon_1 = \frac{\Delta\sigma_1}{E} - \mu\frac{\Delta\sigma_2 + \Delta\sigma_3}{E}$$

$$\varepsilon_2 = \frac{\Delta\sigma_2}{E} - \mu\frac{\Delta\sigma_1 + \Delta\sigma_3}{E}$$

$$\varepsilon_3 = \frac{\Delta\sigma_3}{E} - \mu\frac{\Delta\sigma_1 + \Delta\sigma_2}{E}$$

三式相加，得

$$\varepsilon_v = \Delta V/V = \frac{3(1-2\mu)}{E} \times \frac{\Delta\sigma_1 + \Delta\sigma_2 + \Delta\sigma_3}{3} = C_s\Delta\sigma_m \tag{7-40}$$

式中　$C_s = \dfrac{3(1-2\mu)}{E}$——土骨架压缩系数；

$\Delta\sigma_m = \dfrac{\Delta\sigma_1 + \Delta\sigma_2 + \Delta\sigma_3}{3}$——平均有效正应力；

　　　　　μ——土的泊松比。

对于饱和土，忽略水的压缩量，则

$$\varepsilon_v = C_s(\Delta\sigma_m - \Delta u) \tag{7-41}$$

单位土体因为孔隙压力增量作用，使孔隙压缩，其压缩量

$$\frac{\Delta V_v}{V} = C_v\frac{e}{1+e}\Delta u \tag{7-42}$$

C_v——孔隙体积压缩系数。忽略土颗粒压缩量，则

$$\frac{\Delta V_v}{V} = \frac{\Delta V}{V}$$

即

$$C_s(\Delta\sigma_m - \Delta u) = C_v\frac{e}{1+e}\Delta u$$

$$\Delta u = \frac{1}{1 + \dfrac{e}{1+e} \times \dfrac{C_v}{C_s}}\Delta\sigma_m = B\Delta\sigma_m \tag{7-43}$$

B 称为孔隙压力系数，对于饱和土，孔隙为水所充满。一般压力水平下，水的压缩量可忽略不计，此时 $B=1$。而对于干土，因 C_s 很小，$B \to 0$。

在三轴压缩试验中

$$\Delta\sigma_2 = \Delta\sigma_3$$

$$\Delta u = B\frac{\Delta\sigma_1 + 2\Delta\sigma_3}{3} = B\Delta\sigma_3 + B\frac{\Delta\sigma_1 - \Delta\sigma_3}{3}$$

考虑到土不为弹性体，斯肯普敦将 1/3 记为 A，即

$$\Delta u = B\Delta\sigma_3 + AB(\Delta\sigma_1 - \Delta\sigma_3) \qquad (7\text{-}44)$$

并把 B 看作为只与周围压力有关的系数，而 A 则为只与偏应力有关的孔压系数，这样便于实际工程与试验研究。对于土体而言，孔压系数 A 取决于偏应力增量所引起的体积变化，其变化范围在 $-0.5 \sim 3.0$ 之间，主要与土的类型、状态、应力历史和应力状况以及加载过程中所产生的应变量等因素有关。

【例 7-5】 已知地基饱和黏土层中某点的竖直压力 $\sigma_1 = 200\text{kPa}$，水平向压力 $\sigma_3 = 150\text{kPa}$，孔隙压力 $u = 50\text{kPa}$。假设土的孔隙压力系数 A、B 在应力变化过程中保持不变。

(1) 从该点取出土样，保持含水量不变，进行三轴试验，测得初始孔隙压力为 $u = -135\text{kPa}$（吸力）。求土的孔隙压力系数 A、B 及试样的有效应力状态。

(2) 用该试样做不排水试验，破坏时 $\sigma_3 = 100\text{kPa}$，$\sigma_1 - \sigma_3 = 160\text{kPa}$，求此时试样上的有效应力状态及土的不排水抗剪强度 c_u。

【解】

(1) 地基中该点有效应力状态为

$$\sigma'_1 = 200 - 50 = 150\text{kPa}$$
$$\sigma'_3 = 150 - 50 = 50\text{kPa}$$

取出地面后

$$\Delta\sigma_3 = -150\text{kPa}, \Delta\sigma_1 = -200\text{kPa}$$

孔隙压力变化为

$$\Delta u = B\Delta\sigma_3 + AB(\Delta\sigma_1 - \Delta\sigma_3)$$
$$u = u_0 + \Delta u$$

即

$$-135 = 50 + 1 \times (-150) + 1 \times A(-200 + 150)$$
$$A = 0.7$$

此时，土样的有效应力状态为：

$$\sigma'_1 = 0 - (-135) = 135\text{kPa}$$
$$\sigma'_3 = 0 - (-135) = 135\text{kPa}$$

(2) 试样破坏时

$$\Delta\sigma_3 : 0 \rightarrow 100\text{kPa}, \Delta\sigma_1 : 0 \rightarrow 100 + 160 = 260\text{kPa}$$

于是

$$\Delta u = B\Delta\sigma_3 + AB(\Delta\sigma_1 - \Delta\sigma_3) = 1 \times 100 + 0.7 \times 1 \times 160 = 212\text{kPa}$$
$$u = -135 + 212 = 77\text{kPa}$$

有效应力状态为

$$\sigma'_1 = 260 - 77 = 183\text{kPa}$$
$$\sigma'_3 = 100 - 77 = 23\text{kPa}$$

(3) 土的不排水抗剪强度

$$c_u = \frac{1}{2}(260 - 100) = 80\text{kPa}$$

$$\varphi_u = 0$$

7.6 土 的 应 力 路 径

由于土体的变形和强度不仅与土体受力大小有关，而且与土体的应力历史有关，土体的应力路径可以模拟土体的实际的应力历史，全面研究应力变化过程对土体力学性质的影响，它对进一步探讨土体的应力-应变关系及强度都具有十分重要的意义。

研究表明对于同一种土，采用不同的试验方法得出的土的抗剪强度参数的结果也不一样。因此，根据地基中应力变化过程，采用与之相匹配的加荷方式的试验方法，也就成为土力学中重点研究的课题，这就是应力路径的概念。

1. 基本概念

对加荷过程中的土体内某点，其应力状态的变化可在应力坐标图中以应力点的移动轨迹表示。它可以由一系列应力圆来表示其变化，也可以由这些应力圆上的特殊点（如三轴试验采用应力圆的顶点）来表示，其坐标为 $p = (\sigma_1 + \sigma_3)/2$ 和 $q = (\sigma_1 - \sigma_3)/2$。直剪试验则采用剪切面上的应力来表示。按应力变化过程顺序把这些点连接起来，即为其应力路径，并以箭头指明应力状态的发展方向。

2. 直剪试验的应力路径

在土样的剪切面上，试验开始时，正应力从 0 变化到 σ_A，此时剪应力为 0。最后，剪应力增加到最大。所以，该面上的应力状态经历过程为 $O \rightarrow A \rightarrow B$，如图 7-31 所示。

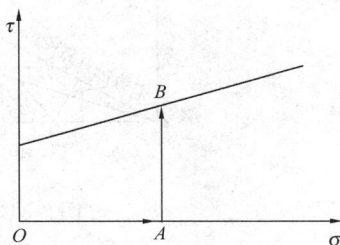

3. 三轴试验的应力路径

三轴试验用应力圆上的顶点来表示整个应力圆（该面上剪应力最大），其坐标为 $p = \dfrac{1}{2}(\sigma_1 + \sigma_3)$ 和 $q = \dfrac{1}{2}(\sigma_1 - \sigma_3)$，按照应力变化过程顺序把这些点连接起来，就是三轴试验的应力路径，以箭头来指明应力状态的发展方向，如图 7-32 所示。

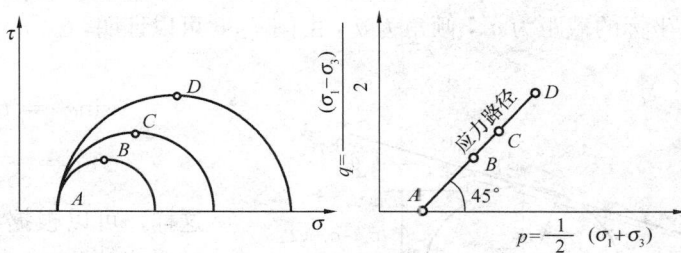

图 7-31 直剪试验的应力路径

图 7-32 三轴试验应力路径

加荷方法不同，应力路径也不同，在常规三轴压缩试验中，保持围压 σ_3 不变，逐渐增加 σ_1，最大剪应力面上的应力路径为图 7-33 中的 AB 线。如果保持最大主应力 σ_1 不变，逐渐减少围压 σ_3，则应力路径为 AC 线。

应力路径既可以用来表示总应力的变化，也可以表示有效应力的变化。图 7-34 （a）表示正常固结黏土三轴固结不排水试验的应力路径，图中总应力路径 AB 是直线，而有效应力路径 AB' 则是曲线，两者之间的水平距离即为孔隙水压力 u。因为正常固结黏土在排

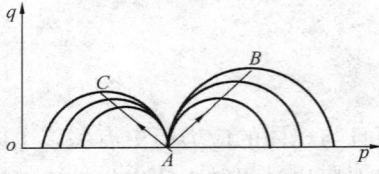

图 7-33　不同加荷方法的应力路径

水剪切时产生正的孔隙水压力，如果总应力路径 AB 线上任一点的坐标为：$q = \frac{1}{2}(\sigma_1 - \sigma_3)$ 和 $p = \frac{1}{2}(\sigma_1 + \sigma_3)$，则相应的有效应力路径 AB' 上该点坐标为：$q' = q = \frac{1}{2}(\sigma_1 - \sigma_3) = \frac{1}{2}(\sigma'_1 - \sigma'_3)$，$p' = \frac{1}{2}(\sigma_1 + \sigma_3) - u = p - u$，所以有效应力路径在总应力路径的左边。从 A 点开始，沿曲线变化至 B' 点剪破，u_f 为剪切破坏时的孔隙水压力，图中 K_f 线和 K'_f 线分别为以总应力和有效应力表示的极限应力圆顶点的连线。图 7-34（b）为超固结土的应力路径，AB 和 AB' 线为弱超固结试样的总应力路径和有效应力路径，由于弱超固结土在剪切过程中产生正的孔隙水压力，故有效应力路径在总应力路径的左边，CD 和 CD' 表示强超固结土试样的应力路径，由于强超固结试样在剪切过程中，开始出现正的孔隙水压力，以后由于剪胀效应，逐渐转化为负的孔隙水压力，所以有效应力路径开始在总应力路径的左边，后来逐渐转移到右边，直至 D' 点发生剪切破坏。

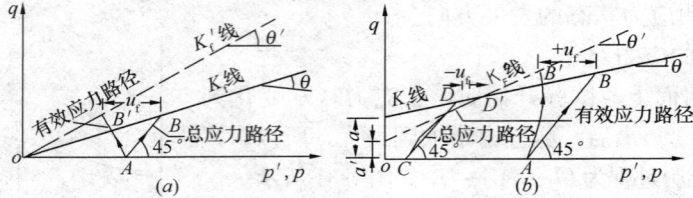

图 7-34　三轴压缩固结不排水试验中的应力路径
（a）正常固结土；（b）超固结土

利用固结不排水试验的有效应力路径确定的 K'_f 线，可以求得有效应力强度参数 c' 和 φ'。多数试验表明，在试样发生剪切破坏时，应力路径发生转折或趋向于水平，因此认为应力路径的转折点可作为判断试样破坏的标准。将 K'_f 线与破坏强度包线绘制在同一张图中，设 K'_f 线与纵坐标的截距为 a'，倾角为 θ'，由图 7-35 可以证明，θ'、a' 与 c'、φ' 具有如下关系：

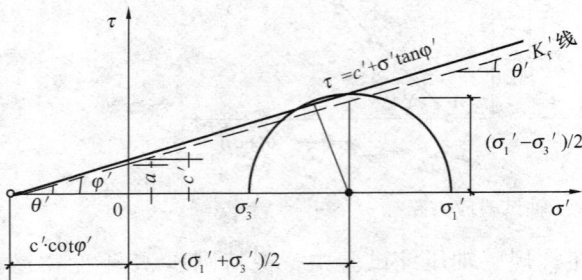

图 7-35　θ'、a' 与 c'、φ' 之间关系图

$$\sin\varphi' = \tan\theta' \qquad (7\text{-}45)$$

$$c' = \frac{a'}{\cos\varphi'} \qquad (7\text{-}46)$$

这样，可以根据 θ'、a' 反算 c'、φ'，这种方法比较容易从同一批土样而较为分散的试验结果中得出 c' 和 φ' 的值。

由于土体的变形和强度不仅与受力的大小有关，更重要的还与土的应力历史有关，土的应力路径可以模拟土体实际的应力历史，全面研究应力变化过程对土力学性质的影响。因此，土的应力路径对进一步探讨土的应力-应变关系和强度都具有十分重要的意义。

164

7.7 无黏性土的抗剪强度

图 7-36 表示不同初始孔隙比的同一种砂土在相同周围压力 σ_3 下剪切时的应力-应变关系和体积变化。由图 7-36 可见，密实砂土的初始孔隙比较小，其应力-应变关系有明显的峰值。超过峰值后，随应变的增加应力逐渐降低，呈现应变软化的特征，其体积变化是开始稍有减小，继而增加（剪胀）。这是由于较密实砂土颗粒间排列比较紧密，剪切时砂粒之间产生相对滚动，土颗粒之间位置重新排列的结果。松砂的强度随轴向应变的增加而增大，应力-应变关系为应变硬化型。对于同一种土，松砂和紧砂的强度最终趋向于同一个值。松砂受剪时体积减小（减缩），高围压下不论砂土的松紧程度如何，受剪时都将发生减缩现象。

由不同初始孔隙比的试样在同一压力下进行剪切试验，可以得出初始孔隙比 e_0 与体积变化 $\dfrac{\Delta V}{V}$ 之间的关系，如图 7-37 所示。相应于体积变化为零时的初始孔隙比称为临界孔隙比 e_{cv}。在三轴试验中，临界孔隙比是与围压 σ_3 有关的，不同的 σ_3 作用下可以得出不同的 e_{cv}。

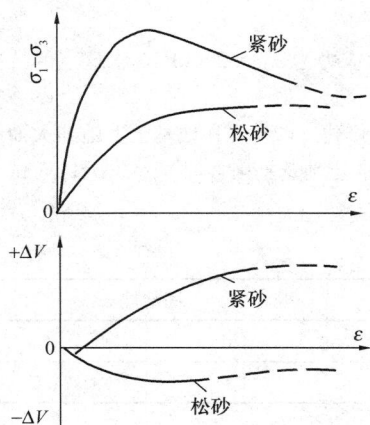

图 7-36　砂土受剪时的
应力-应变体变关系

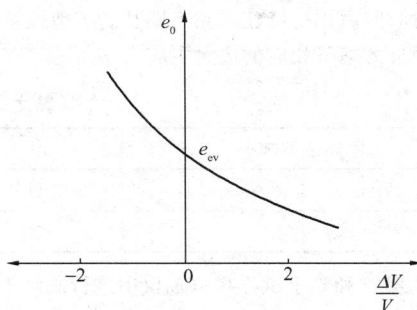

图 7-37　砂土的临界孔隙比

如果饱和砂土的初始孔隙比 e_0 大于临界孔隙比 e_{cv}，在剪应力的作用下，由于减缩必然使孔隙水压力增高，而有效应力降低致使砂土的抗剪强度降低。当饱和松砂受到动荷载的作用（例如地震），由于孔隙水来不及排出，孔隙水压力不断增加，就有可能使有效应力降低为零，因而使砂土像流体那样失去抗剪强度，这种现象称为砂土的液化。因此临界孔隙比对于研究砂土的液化也具有重要的意义。

无黏性土的抗剪强度决定于有效法向应力和土体的内摩擦角。密实砂土的内摩擦角与初始孔隙比、土粒表面的粗糙度以及颗粒级配等因素有关。初始孔隙比小、土粒表面粗糙、级配良好的砂土，其内摩擦角较大；松砂的内摩擦角大致与干砂的天然休止角相等（天然休止角是指干燥砂土堆积起来所形成的自然角），可以在试验室用简单的方法测定。

已有的研究表明，无黏性土的强度性状也十分复杂，它还受土体各向异性、沉积方法、应力历史等因素影响。

习　　题

1. 某土样进行直剪试验，在法向应力为 100、200、300、400kPa 时，测得抗剪强度 τ_f 分别为 52、83、115、145kPa，求：(1) 用作图法确定该土样的抗剪强度指标 c 和 φ 值；(2) 如果土体中的某一个平面上作用的法向应力为 260kPa，剪应力为 92kPa，该平面是否会发生剪切破坏？

2. 某饱和黏性土无侧限抗压强度试验测得不排水抗剪强度 $c_u = 70$kPa，如果对于同一土样进行三轴不固结不排水试验，施加围压 $\sigma_3 = 150$kPa，问试样在多大轴向压力下会发生破坏？

3. 某饱和黏性土在三轴仪中进行固结不排水试验，测得 $c' = 0$，$\varphi' = 28°$，如果该土样受到 $\sigma_1 = 200$kPa 和 $\sigma_3 = 150$kPa 的作用，测得孔隙水压力 $u = 100$kPa，问该土样是否会破坏？

4. 某黏土试样，高 75mm，直径 37.5mm，在三轴仪内以围压 $\sigma_3 = 100$kPa 充分固结，测得排水量为 1.0cm³。关闭排水阀，增加围压至 200kPa，此时土样内孔隙水压上升至 86kPa，试确定孔隙水压力系数 B。然后维持 σ_3 不变，增加 σ_1 到 356kPa，测得孔隙水压力为 $u = 140$kPa，土样轴向压缩量 1.5mm，试确定孔隙压力系数 A 及此时的轴向应变。

5. 某砂土试样进行三轴试验，在围压 $\sigma_3 = 40$kPa 下加轴向压力 $\Delta\sigma_1 = 100$kPa 时，试样剪坏。试求该试样的抗剪强度指标。

6. 某饱和砂土 $c' = 0$，$\varphi' = 30°$，试计算 $\sigma_3 = 300$kPa 时的不排水强度 c_u 和内摩擦角 φ_{cu}（假定 $A_f = 0.8$）。

7. 黏土地基强度指标为 $c' = 30$kPa，$\varphi' = 25°$，地基内某点大应力为 $\sigma'_1 = 200$kPa，求这点的抗剪强度值。

8. 欲在饱和软黏土上修建路基，有如下两种方案：(1) 直接修建；(2) 先在地基土上施加大面积堆载一段时间后再行修建。黏土地基的抗剪强度指标如表 1 所示。假定地基土破坏时 $\sigma_3 = 300$kPa，试分别计算两种方案下相应的最大主应力 σ_1 值。

黏土三轴试验强度指标　　　　　　　　　　　　　　　　表 1

不固结不排水		固结不排水		固结排水	
c_{cu} (kPa)	φ_u (°)	c_{cu} (kPa)	φ_u (°)	c_{cu} (kPa)	φ_u (°)
90	2.5	33	18.5	23	24.5

9. 某饱和黏土试样在三轴仪中进行固结不排水试验，破坏时的孔隙水压力为 μ_f，两个试件的试验结果如下：

试件 1：$\sigma_3 = 200$kPa，$\sigma_1 = 350$kPa，$u_f = 140$kPa

试件 2：$\sigma_3 = 400$kPa，$\sigma_1 = 700$kPa，$u_f = 280$kPa

求：(1) 用作图法确定该黏土试样的 c_{cu}、φ_{cu} 和 c'、φ'；(2) 试件 2 破坏面上的法向有效应力和剪应力；(3) 剪切破坏时的孔隙水压力系数 A。

10. 某正常固结黏土试样在三轴仪中进行固结不排水试验，周围压力分别为 100、200、300kPa，试验结果如下：

试件 1：$\sigma_3 = 100$kPa、$\sigma_1 = 220$kPa、$u_f = 60$kPa

试件 2：$\sigma_3 = 200$kPa、$\sigma_1 = 402$kPa、$u_f = 132$kPa

试件 3：$\sigma_3 = 300$kPa、$\sigma_1 = 599$kPa、$u_f = 204$kPa

试绘出 K'_f 线，并由 K'_f 线确定土的有效应力参数。

第8章 土压力与挡土墙

8.1 概 述

在工程实践中，用于维护土体稳定、防止土体坍塌的支挡结构物，在房屋建筑、公路桥梁、隧道、铁路、水利、港工等土木工程领域应用十分广泛，如房屋地下室侧墙、陡坡与路堤支护、桥台、水闸及码头驳岸等等（如图8-1所示）。我们把这种用来支撑土体稳定的挡土结构物称为挡土墙，把作用于墙背上的填土侧向力称为土压力。

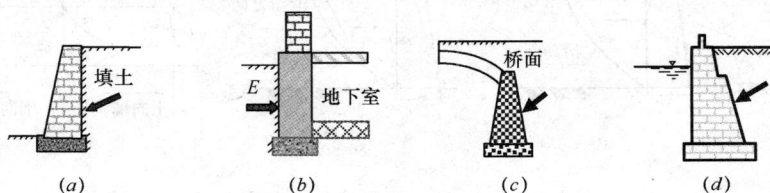

图8-1 挡土墙在工程中的应用

(a) 路基挡墙；(b) 地下室侧墙；(c) 拱桥桥台；(d) 码头驳岸

挡土墙的类型很多，按其结构形式可分为重力式、薄臂式、锚定式、板桩墙、加筋土挡墙等等，按所用建材可分为石砌挡土墙、砖砌挡土墙、混凝土挡土墙、钢筋混凝土挡土墙和土工合成材料挡土墙等。各类挡土墙其工作原理、适用条件均有差异，挡土墙类型的选择应根据与所支挡土体的稳定平衡条件，结合地形、地质状况、地基的承载力及压缩性、与其他构造物的衔接以及环境特点等因素，综合比较后确定。

土压力是挡土墙的主要荷载，也是挡墙设计的重要依据。但土压力的精确计算却相当困难，因为其影响因素较多，变化幅度也很大，本章中我们将首先讨论土压力的计算。

8.1.1 土压力的类型

土压力值的大小变化很大。试验表明，土压力的大小主要与挡土墙的位移方向及位移量、挡土墙的形状、墙后填土的性质以及填土的刚度等因素有关，其中，起决定因素的是墙的位移方向及位移量，如图8-2所示。从图中可以看出，根据挡墙对土体的有效支撑情况，墙后的土压力的大小是个变量，有着一定的变化范围，超出这一范围土体即告破坏，亦即挡墙支撑失效。从工程实际情况出发，土压力的计算侧重于三个特殊的值，即：静止土压力、主动土压力和被动土压力。

（1）静止土压力

当挡土墙静止不动时，既不移动也不转动，这时土体作用在挡土墙的压力称为静止土压力（用 E_0 表示总静止土压力，p_0 表示分布静止土压力）。

（2）主动土压力

挡土墙背离填土产生位移，随着挡墙位移量的逐渐增大，土体作用于墙上的土压力逐渐减小，当墙后土体达到主动极限平衡状态并出现滑动面时，作用于墙上的土压力减至最小，该土压力称为主动土压力（用 E_a 表示总主动土压力，p_a 表示分布主动土压力）。

（3）被动土压力

挡土墙在外力作用下面向填土产生位移，随着墙位移量的逐渐增大，土体作用于墙上的土压力逐渐增大，当墙后土体达到被动极限平衡状态并出现滑动面时，作用于墙上的土压力增至最大，这一土压力称为被动土压力（用 E_p 表示总被动土压力，p_p 表示分布被动土压力）。

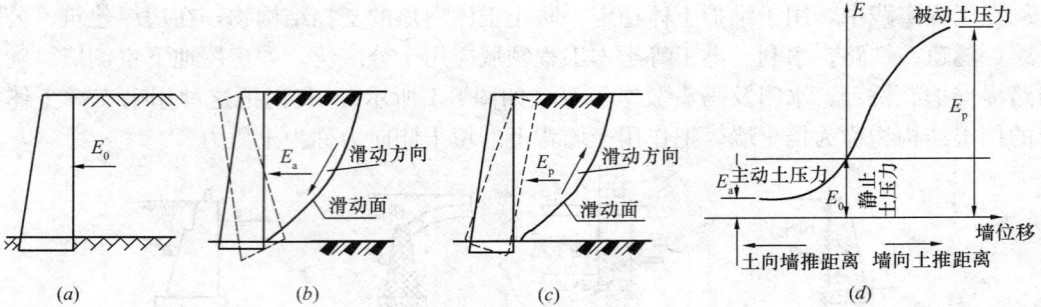

图 8-2　挡土墙位移与土压力
（a）静止土压力；（b）主动土压力；（c）被动土压力；（d）土压力与位移关系曲线

同样高度填土的挡土墙，作用有不同性质的土压力时，有如下的关系：

$$E_p > E_0 > E_a$$

试验表明：当墙体背离填土移动时，位移量很小，即可发生主动土压力。该位移量对砂土约为 $0.001h$（h 为墙高），对黏性土约为 $0.004h$；当墙体从静止位置被外力推向土体时，只有当位移量大到相当值后，才能满足出现被动土压力的条件，该位移量对砂土约需 $0.05h$，黏性土填土约需 $0.1h$，而这样大小的位移量实际上对工程常是不容许的，也就是说实际工程中出现被动土压力的情况是比较少的。

8.1.2　静止土压力

当墙身不动时，墙后填土处于弹性平衡状态，在填土表面以下任意深度 z 处取一微小单元体，如图 8-5（a）所示，在微单元体的水平面上作用着竖向的自重应力 γz，该点的侧向应力即为静止土压力强度

$$p_0 = K_0 \cdot \gamma z \tag{8-1}$$

式中　p_0——静止土压力（kPa）；

　　　K_0——静止土压力系数，一般应通过试验确定；无试验资料时，可按参考值选取；砂土的 K_0 值为 $0.35\sim0.45$；黏性土的 K_0 值为 $0.5\sim0.7$，也可利用半经验公式 $K_0 = 1 - \sin\varphi'$ 计算。

式中　φ'——土的有效内摩擦角；

　　　γ——填土的重度（kN/m³）；

　　　z——计算点距离填土表面的深度（m）。

168

由式（8-1）可知，静止土压力沿墙高呈三角形分布，如图8-3所示。如果取单位墙长计算，则作用在墙背上的总静止土压力为：

$$E_0 = \frac{1}{2}\gamma \cdot H^2 K_0 \qquad (8\text{-}2)$$

式中　H——挡土墙的高度（m）。

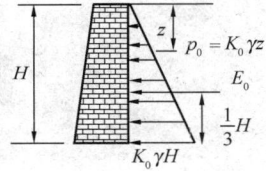

图 8-3　静止土压力分布

土压力方向垂直并指向墙背，合力 E_0 的作用点在距离墙底 $\dfrac{H}{3}$ 处。

8.2　朗肯土压力理论

朗肯土压力理论是英国学者朗肯（Rankin）1857 年根据均质的半无限土体的应力状态和土处于极限平衡状态的应力条件提出的。在其理论推导中，首先作出以下基本假定：

（1）挡土墙是刚性的，墙背垂直；

（2）挡土墙的墙后填土表面水平；

（3）挡土墙的墙背光滑，即不考虑墙背与填土之间的摩擦力。

把土体当作半无限空间的弹性体，而墙背可假想为半无限土体内部的铅直平面，根据土体处于极限平衡状态的条件，求出挡土墙上的土压力。从图 8-4 中可以看出应力状态的演化过程：

（1）当土体静止不动时，土体处于弹性平衡状态，此时竖向力为大主应力，水平向力为小主应力，也就是静止土压力。

（2）随着挡土墙背离填土产生位移，墙体对土体的约束逐渐减小，也就是水平向的小主压力逐渐减小，与此同时，竖向大主应力保持不变，从图 8-4 可以看出，水平向力减小到一定程度摩尔圆与抗剪强度线相切——土体达到主动极限平衡状态，土体中产生的两组破裂面与水平面的夹角为 $45°+\varphi/2$，如图 8-5（b）所示。此时，作用在墙上的土压力达到最小值，即为主动土压力 p_a。

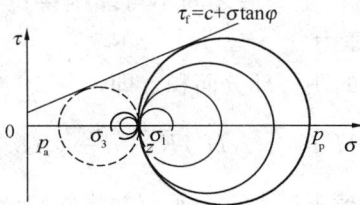

图 8-4　极限平衡状态
摩尔圆演变过程

（3）在外力作用下，随着挡土墙向着墙后填土产生位移（挤压填土），水平向应力逐渐增大，并超过竖向应力而转变为大主应力，此时竖向应力演变成小主应力。从图 8-4 可以看出，当水平向大主应力增大到一定程度，莫尔圆又与抗剪强度线相切——土体达到被动极限平衡状态，土体中也产生的两组破裂面，与水平面的夹角为 $45°-\varphi/2$，如图 8-5（c）所示。此时作用在墙背上土压力达到最大值，即为被动土压力 p_p。

8.2.1　朗肯主动土压力的计算

根据土的极限平衡条件方程式：

$$\sigma_1 = \sigma_3 \tan^2\left(45° + \frac{\varphi}{2}\right) + 2c \cdot \tan\left(45° + \frac{\varphi}{2}\right) \qquad (8\text{-}3)$$

或：

$$\sigma_3 = \sigma_1 \tan^2\left(45° - \frac{\varphi}{2}\right) - 2c \cdot \tan\left(45° - \frac{\varphi}{2}\right) \qquad (8\text{-}4)$$

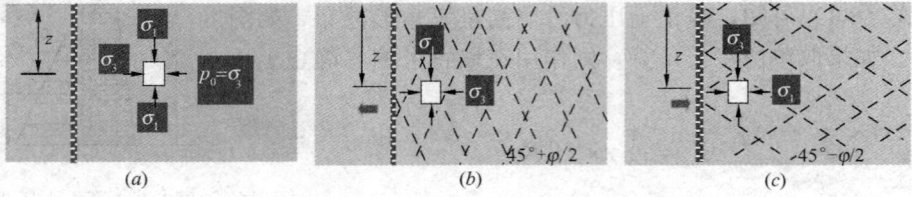

图 8-5 半空间极限平衡状态

(a) 弹性平衡状态；(b) 主动极限平衡应力状态；(c) 被动极限平衡应力状态

此时，土的竖向自重应力为大主应力，水平向应力为小主应力，土体处于主动极限平衡状态时，$\sigma_1 = \sigma_z = \gamma z$，$\sigma_3 = \sigma_x = p_a$，代入式（8-4）得：

1. 填土为黏性土时

填土为黏性土时的朗肯主动土压力计算公式为：

$$p_a = \sigma_1 \tan^2\left(45° - \frac{\varphi}{2}\right) - 2c \cdot \tan\left(45° - \frac{\varphi}{2}\right) = \gamma z K_a - 2c\sqrt{K_a} \tag{8-5}$$

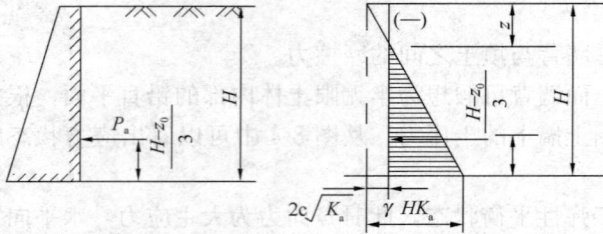

图 8-6 黏性土主动土压力分布图

由公式（8-5），可知，主动土压力 p_a 沿深度 z 呈直线分布，如图 8-6 所示。

当 $z = 0$ 时：$p_a = -2c\sqrt{K_a}$

当 $z = H$ 时：$p_a = \gamma H K_a - 2c\sqrt{K_a}$

从图中可知，黏性土的主动土压力分布在近地表处存在一拉力区，拉力区的开展深度即土压力强度为零的深度，可由 $p_a = 0$ 的条件代入式（8-5）求得

$$z_0 = \frac{2c}{\gamma\sqrt{K_a}} \tag{8-6}$$

在 z_0 深度范围内 p_a 为负值，但由于土的抗拉强度很低，土与墙之间不可能维持拉应力状态，因此，在该深度范围内，填土对挡土墙不产生土压力。

墙背所受总主动土压力为 E_a，其值为土压力分布图中的阴影部分面积，即：

$$E_a = \frac{1}{2}\left[\left(\gamma H K_a - 2c \cdot \sqrt{K_a}\right)\left(H - \frac{2c}{\gamma\sqrt{K_a}}\right)\right] = \frac{1}{2}\gamma H^2 K_a - 2cH\sqrt{K_a} + \frac{2c^2}{\gamma} \tag{8-7}$$

土压力方向：由于郎肯理论假定墙-土之间无摩擦力，故土压力方向垂直并指向墙背。

2. 填土为无黏性土（砂土）时

根据极限平衡条件关系方程式，主动土压力为：

$$p_a = \gamma z \tan^2\left(45° - \frac{\varphi}{2}\right) = \gamma z K_a \tag{8-8}$$

上式说明，主动土压力 p_a 沿墙高呈直线分布，即土压力为三角形分布，墙背上所受的总主动土压力为三角形的面积，即：

$$E_a = \frac{\gamma H^2}{2} K_a \tag{8-9}$$

E_a 的作用方向亦为垂直并指向墙背，作用点在距墙底 $\frac{1}{3}H$ 处，如图 8-7。

8.2.2 朗肯被动土压力计算

从朗肯土压力理论的基本原理可知，当土体处于被动极限平衡状态时，如图 8-4 及图 8-5（c）所示，根据土的极限平衡条件式，可得被动土压力强度 $\sigma_1 = p_p$，$\sigma_3 = \sigma_z = \gamma z$，代入（8-3）式得：

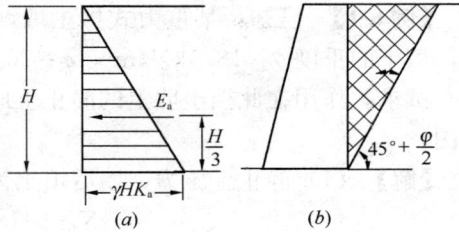

图 8-7　无黏性土主动土压力
（a）主动土压力分布；（b）墙后破裂面形状

1. 填土为黏性土时

$$p_p = \gamma z \tan^2 \left(45° + \frac{\varphi}{2} \right) + 2c \cdot \tan \left(45° + \frac{\varphi}{2} \right) = \gamma z K_p + 2c \sqrt{K_p} \qquad (8\text{-}10)$$

其压力强度 p_p 沿墙高呈梯形分布，如图 8-8（c）所示。总被动土压力为：

$$E_p = \frac{1}{2} \gamma H^2 K_p + 2c \cdot H \sqrt{K_p} \qquad (8\text{-}11)$$

E_p 的作用方向垂直于墙背，作用点位于梯形面积重心上。

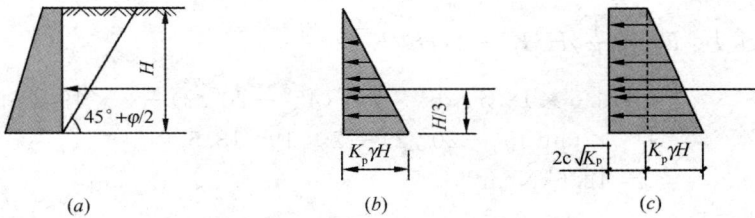

图 8-8　朗肯被动土压力分析
（a）被动土压力图示；（b）无黏性土；（c）黏性土

2. 填土为无黏性土时

$$p_p = \gamma z \tan^2 \left(45° + \frac{\varphi}{2} \right) = \gamma z K_p \qquad (8\text{-}12)$$

式中　p_p——沿墙高分布的土压力强度，kPa；

K_p——被动土压力系数，$K_p = \tan^2 \left(45° + \frac{\varphi}{2} \right)$。

被动土压力如图 8-9 所示。

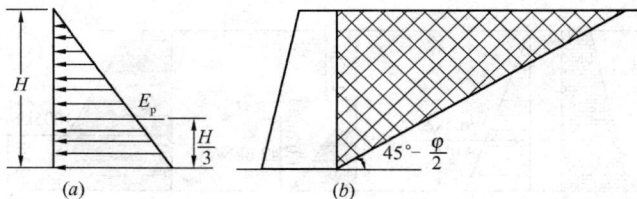

图 8-9　无黏性土被动土压力
（a）被动土压力分布；（b）墙后破裂面形状

【例 8-1】 已知：某重力式挡土墙，墙高为 $H=6.0\text{m}$，墙背竖直，墙后填土表面水平，填土的重度 $\gamma=18.5\text{kN/m}^3$，$\varphi=20°$，$c=19\text{kPa}$，如图 8-10 所示。

试求：作用在此挡土墙上的静止土压力，主动土压力和被动土压力，并绘出土压力分布图。

【解】 （1）静止土压力：墙后填土为黏土，按经验取 $K_0=0.5$，有：
$$p_0 = \gamma z K_0 = 18.5 \times 6 \times 0.5 = 55.5\text{kPa}$$

总静止土压力：$E_0 = \dfrac{1}{2}\gamma H^2 K_0 = \dfrac{1}{2} \times 18.5 \times 6^2 \times 0.5 = 166.5\text{kN/m}$

E_0 作用点：$\dfrac{H}{3} = 2.0\text{m}$（距墙底），如图 8-10（a）所示。

（2）主动土压力

由朗肯主动压力公式：$p_a = \gamma z K_a - 2c \cdot \sqrt{K_a}$，$K_a = \tan^2\left(45° - \dfrac{\varphi}{2}\right)$

墙底处：$p_a = 18.5 \times 6 \times \tan^2(45° - 20°/2) - 2 \times 19 \times \tan(45° - 20°/2) = 27.8\text{kPa}$

裂缝开展深度：$z_0 = \dfrac{2c}{\gamma\sqrt{K_a}} = \dfrac{2 \times 19}{18.5 \times \tan\left(45° - \dfrac{20°}{2}\right)} = 2.93\text{m}$

总主动土压力：
$$\begin{aligned}
E_a &= \frac{1}{2}\gamma H^2 K_a - 2cH\sqrt{K_a} + \frac{2c^2}{\gamma} \\
&= 0.5 \times 18.5 \times 6^2 \times \tan^2(45° - 20°/2) - 2 \times 19 \times 6 \\
&\quad \times \tan(45° - 20°/2) + 2 \times 19^2/18.5 \\
&= 42.6\text{kN/m}
\end{aligned}$$

作用点：$\dfrac{1}{3}(H - z_0) = \dfrac{1}{3}(6.0 - 2.93) = 1.02\text{m}$（距墙底），如图 8-10（b）所示。

（3）被动土压力：$K_p = \tan^2\left(45° + \dfrac{\varphi}{2}\right)$

$$p_p = \gamma z \tan^2\left(45° + \frac{\varphi}{2}\right) + 2c \cdot \tan\left(45° + \frac{\varphi}{2}\right) = \gamma z K_p + 2c \cdot \sqrt{K_p}$$

墙顶处土压力：$p_{p1} = 2c\sqrt{K_p} = 54.34\text{kPa}$

墙底处土压力：$p_{p2} = \gamma H K_p + 2c\sqrt{K_p} = 280.78\text{kPa}$

总被动土压力：
$$\begin{aligned}
E_p &= \frac{1}{2}\gamma H^2 K_p + 2c \cdot H\sqrt{K_p} \\
&= \frac{1}{2} \times 18.5 \times 6^2 \times \tan^2\left(45° + \frac{20°}{2}\right) + 2 \times 19 \times 6
\end{aligned}$$

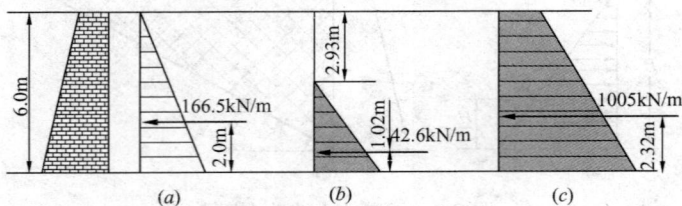

图 8-10 ［例 8-1］附图

$$\times \tan\left(45° + \frac{20°}{2}\right) = 1005\text{kN/m}$$

力作用点：位于梯形底重心处，距墙底 2.32m 处，如图 8-10（c）所示。

8.2.3 几种常见情况的主动土压力计算

一、填土表面作用有连续的均布荷载 q

如图 8-5 所示，填土表面作用有连续的均布荷载，由式（8-4）、式（8-5）：

在填土层下 z 深度处，土单元所受应力为

$$\sigma_1 = q + \gamma z$$

即：

$$p_a = \sigma_3 = \sigma_1 K_a - 2c\sqrt{K_a}$$

或：$p_a = (q + \gamma z)K_a - 2c\sqrt{K_a} = qK_a + \gamma z K_a - 2c\sqrt{K_a}$

当 $z = H$ 时，$p_a = qK_a + \gamma H K_a - 2c\sqrt{K_a}$

当 $z = 0$ 时，$p_a = qK_a - 2c\sqrt{K_a}$

关于土压力的分布：

墙后有连续均布荷载，此时主动土压力的分布可能出现三种情况，即：p_a 大于、等于或小于 0 的情况。若 p_a 大于 0，则土压力呈梯形分布；若 p_a 等于 0，呈三角形分布；若 p_a 小于 0，则出现拉力区，如图 8-11 所示，拉力区深度 z_0 为：

令 $p_a = 0$，

则：$qK_a + \gamma z_0 K_a - 2c\sqrt{K_a} = 0$

$$z_0 = \frac{2c\sqrt{K_a} - qK_a}{rK_a} = \frac{2c}{\gamma\sqrt{K_a}} - \frac{q}{\gamma}$$

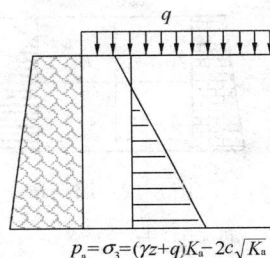

$p_a = \sigma_3 = (\gamma z + q)K_a - 2c\sqrt{K_a}$

图 8-11　墙后有超载

总土压力 E_a 为：

$$E_a = \frac{1}{2}\left(qK_a + \gamma H K_a - 2c\sqrt{K_a}\right)(H - z_0)$$

对于无黏性土的土压力计算，以上各式中令 $c = 0$，所得即为所求。

二、成层土的土压力

当墙后填土有几种不同类型的水平土层时，土压力将受到不同土体性质的影响。一般来说，在土层分界面上会出现两个数值不同的土压力值，如图 8-12 所示。在计算时，第一土层的计算与前述并无不同，墙顶处：$p_{a0} = -2c_1\sqrt{K_a}$，但在第一、二两层分界面上，虽然竖向压力均为 $\sigma_1 = \gamma_1 H_1$，但该分界面上下分属两个土层，于是有两个不同的土压力值，有：

$$p_{a1\text{上}} = \gamma_1 H_1 K_{a1} - 2c_1\sqrt{K_{a1}}$$

及：

$$p_{a1\text{下}} = \gamma_1 H_1 K_{a2} - 2c_2\sqrt{K_{a2}}$$

同理，第 i 层分界面有：

$$p_{ai\text{上}} = \left(\sum \gamma_i H_i\right)K_{ai} - 2c_i\sqrt{K_{ai}}$$

及：

$$p_{ai\text{下}} = \left(\sum \gamma_i H_i\right)K_{ai+1} - 2c_{i+1}\sqrt{K_{ai+1}}$$

画出土压力分布图，总土压力 E_a 为土压力分布图各面积之和。

以上式中，若令 $c=0$，即得无黏性土的土压力算式。

三、墙后填土中有地下水

当墙后填土中有地下水时，会对填土及挡墙带来不利影响。地下水对墙后侧压力产生的影响，主要表现为：

1. 地下水对填土的强度指标 c、φ 的影响

对黏性填土，地下水使 c、φ 值减小，对砂性土一般认为影响可以忽略。

2. 地下水对墙背产生静水压力作用。

此种情况下，作用在墙背上的荷载由土压力及水压力两部分构成，导致墙后总的压力增大。因此，挡墙应具有良好的排水措施，对于重要工程，计算时还应当适当降低抗剪强度指标值。

为计算方便计，一般假设水上与水下土的内摩擦角和黏聚力都相同，而地下水位以下土的重度取浮重度 γ'。以无黏性土为例，如图 8-13 所示。

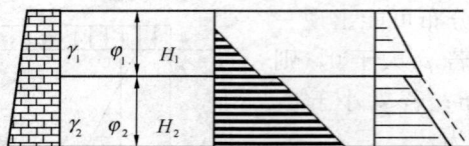

图 8-12 墙后填土成层土压力分布

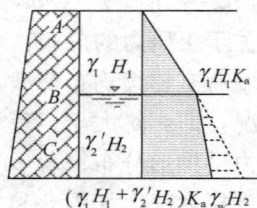

图 8-13 墙后有地下水

①土压力：

A 点土压力 $(p_a)_A = 0$

B 点土压力：$(p_a)_B = \gamma H_1 K_a$

C 点土压力 $(p_a)_C = \gamma H_1 K_a + \gamma' H_2 K_a$

总的主动土压力由图中压力分布图的面积求得：即：

$$E_a = \frac{1}{2}\gamma H_1^2 K_a + r H_1 H_2 K_a + \frac{1}{2}\gamma' H_2^2 K_a$$

②水压力：

B 点水压力 $p_w = 0$

C 点水压力 $p_w = \gamma_w H_2$

总的水压力 $E_w = \frac{1}{2}\gamma_w H_2^2$

作用在挡土墙上的总压力应为总土压力与水压力之和。

$$E = E_a + E_w = \frac{1}{2}\gamma H_1^2 K_a + \gamma H_1 H_2 K_a + \frac{1}{2}\gamma' H_2^2 K_a + \frac{1}{2}\gamma_w H_2^2$$

四、墙后填土面倾斜

对墙后填土面为倾斜的情况，传统的朗肯土压力计算公式可延伸为：

$$E = \frac{1}{2}\gamma H^2 K$$

$$K = \cos\beta \frac{\cos\beta - \sqrt{\cos^2\beta - \cos^2\varphi}}{\cos\beta + \sqrt{\cos^2\beta - \cos^2\varphi}} \tag{8-13}$$

式中　K——朗肯土压力系数；

　　　β——填土面倾角。

土压力的方向与墙后填土面一致。

【例 8-2】　某挡土墙墙高 $H=7\mathrm{m}$，墙背竖直、光滑，墙后填土面水平。填土共分为上下两层，墙后有地下水位且与第二层填土面平齐。同时，填土面上还作用有均布荷载 $q=20\mathrm{kPa}$，见图 8-14。试求：挡土墙总土压力及其这一点位置，并绘出土压力分布图。

【解】　主动土压力及其作用点：

墙顶处的土压力：$p_{\mathrm{a1}} = qK_{\mathrm{a1}} - 2c\sqrt{K_{\mathrm{a1}}}$

$$= 20 \times \tan^2(45° - 20°/2) - 2 \times 12 \times \tan(45° - 20°/2)$$

$$= -7.0\mathrm{kPa}$$

土层分界面上：

$p_{\mathrm{a_{1上}}} = (q + \gamma_1 H_1)K_{\mathrm{a1}} - 2c_1\sqrt{K_{\mathrm{a1}}}$

$$= (20 + 18 \times 3)\tan^2(45° - 20°/2) - 2 \times 12 \times \tan(45° - 20°/2) = 19.4\mathrm{kPa}$$

$p_{\mathrm{a_{1下}}} = (q + \gamma_1 H_1)K_{\mathrm{a2}} - 2c_2\sqrt{K_{\mathrm{a2}}}$

$$= (20 + 18 \times 3)\tan^2(45° - 26°/2) - 2 \times 6 \times \tan(45° - 26°/2) = 21.4\mathrm{kPa}$$

墙底处的土压力：

$p_{\mathrm{a2}} = (q + \gamma_1 H_1 + \gamma'_2 H_2)K_{\mathrm{a2}} - 2c_2\sqrt{K_{\mathrm{a2}}}$

$$= (20 + 18 \times 3 + 9.2 \times 4)\tan^2(45° - 26°/2) - 2 \times 6 \times \tan(45° - 26°/2)$$

$$= 35.7\mathrm{kPa}$$

墙底处的水压力：$p_{\mathrm{w}} = \gamma_{\mathrm{w}} H_2 = 10 \times 4 = 40\mathrm{kPa}$

裂缝开展深度：

$z_0 = \dfrac{2c\sqrt{K_{\mathrm{a}}} - qK_{\mathrm{a}}}{\gamma K_{\mathrm{a}}}$

$\quad = \dfrac{2c}{\gamma\sqrt{K_{\mathrm{a}}}} - \dfrac{q}{\gamma}$

$\quad = 0.79\mathrm{m}$

土压力分布图如图 8-14 所示。

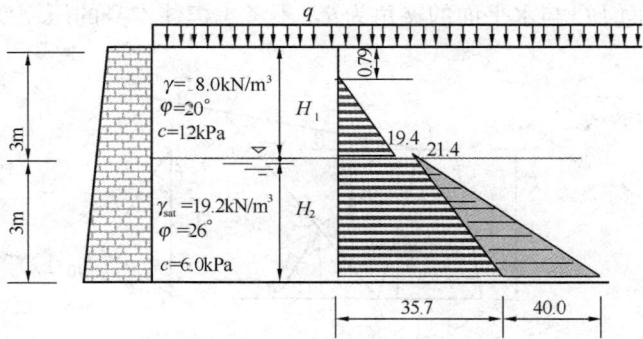

图 8-14　挡土墙断面图

总主动土压力：为土压力分布图面积

$$E_{\mathrm{a}} = 215.6\mathrm{kN/m}$$

作用点：为土压力分布图面积的形心

$$z = 1.94\mathrm{m}（距墙底面）$$

8.3 库伦土压力理论

库伦于 1776 年根据研究挡土墙墙后滑动土楔体的静力平衡条件，提出了又一土压力计算理论。他假定挡土墙是刚性的，墙后填土是无黏性土。当挡墙背离或面向填土发生位移，墙后土体达到极限平衡状态时，填后填土是以一个三角形滑动土楔体的形式，沿墙背和填土土体中某一滑裂平面通过墙踵产生滑动。根据三角形土楔的力系平衡条件，求出挡土墙对滑动土楔的支承反力，从而解出挡土墙墙背所受的总土压力。

假设条件：

（1）墙背倾斜，具有倾角 α；

（2）墙后填土为砂土，表面倾角为 β；

（3）墙背粗糙有摩擦力，墙与土间的摩擦角为 δ；

（4）平面滑裂面假设：

当墙面向前或向后移动，使墙后填土达到破坏时，填土将沿两个平面同时下滑或上滑；一个是墙背 AB 面，另一个是土体内某一滑动面 BC。设 BC 面与水平面成 θ 角。

（5）刚体滑动假设：

将破坏土楔 ABC 视为刚体，不考虑滑动楔体内部的应力和变形条件。

（6）楔体 ABC 整体处于极限平衡条件。

8.3.1 主动土压力计算

如图 8-15 所示挡土墙，已知墙背 AB 倾斜，与竖直线的夹角为 α，填土表面 AC 是一平面，与水平面的夹角为 β，若墙背受土推向前移动，当墙后土体达到主动极限平衡状态时，整个土体沿着墙背 AB 和滑动面 BC 同时下滑，形成一个滑动的楔体△ABC。假设滑动面 BC 与水平面的夹角为 θ，不考虑楔体本身的压缩变形。

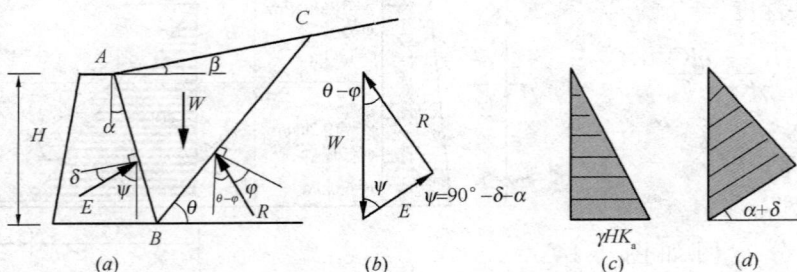

图 8-15 库伦主动土压力计算图
(a) 土楔力系；(b) 力矢三角形；(c) 土压力投影图；(d) 土压力分布图

取土楔 ABC 为脱离体，作用于滑动土楔体上的力有：①墙对土楔的反力 E，其作用方向与墙背面的法线成 δ 角（δ 角为墙与土之间的外摩擦角，称墙摩擦角）；②是滑动面 BC 上的反力 R，其方向与 BC 面的法线成 φ 角（φ 为土的内摩擦角）；③是土楔 ABC 的重力 W。根据静力平衡条件 W、E、R 三力可构成力的平衡三角形。对力的三角形应用正弦定理，得：

$$\frac{E}{\sin(\theta-\varphi)} = \frac{W}{\sin[180^\circ-(\theta-\varphi+\psi)]}$$

$$E = \frac{W\sin(\theta-\varphi)}{\sin[180^\circ+(\theta-\varphi+\psi)]} = f(\theta)$$

其中
$$\psi = 90^\circ-(\delta+\alpha)$$

假定不同的 θ 角可画出不同的滑动面，就可得出不同的 E 值，但是，只有产生最大的 E 值的滑动面才是最危险的假设滑动面。E 与作用于墙背的主动土压力大小相等、方向相反，以 E_a 表示之。

对于已确定的挡土墙和填土来说，φ、δ、α 和 β 均为已知，只有 θ 角是任意假定的，当 θ 发生变化，则 W 也随之变化，E 与 R 亦随之变化。E 是 θ 的函数，按 $\dfrac{\mathrm{d}f}{\mathrm{d}\theta}=0$ 的条件，用数解法可求出 E 最大值时的 θ 角，然后代入前式求得主动土压力：

$$E_a = \frac{1}{2}\gamma H^2 K_a \tag{8-14}$$

式中
$$K_a = \frac{\cos^2(\varphi-\alpha)}{\cos^2\alpha\cdot\cos(\alpha+\delta)\left[1+\sqrt{\dfrac{\sin(\varphi+\delta)\cdot\sin(\varphi-\beta)}{\cos(\alpha+\delta)\cdot\cos(\alpha-\beta)}}\right]^2} \tag{8-15}$$

K_a——库伦主动土压力系数。

γ、φ——分别为填土的重度与内摩擦角。

α——墙背与铅直线的夹角。以铅直线为基准，顺时针形成夹角为负，称仰斜；反时针为正，称俯斜。

δ——墙摩擦角，由试验或按规范确定。我国交通部重力式码头设计规范的规定是：①俯斜的混凝土或砌体墙采用 $\left(\dfrac{1}{2}\sim\dfrac{2}{3}\right)\varphi$；②阶梯形墙采用 $\dfrac{2}{3}\varphi$；③垂直的混凝土或砌体墙采用 $\dfrac{\varphi}{3}\sim\dfrac{\varphi}{2}$。

β——填土表面与水平面所成坡角。

若填土面水平，墙背铅直光滑。即 $\beta=0$，$\varepsilon=0$，$\varphi=0$ 时，公式（8-14）即变为式（8-8）。此式与填土为砂性土时的朗肯土压力公式相同。由此可见，在特定的条件，两种土压力理论得到的结果是相同的。

式（8-14）是库伦理论总土压力的表达式，我们可以由此得出库伦理论土压力的分布强度，深度 z 处的土压力强度可表达为：

$$p_{az} = \frac{\mathrm{d}E}{\mathrm{d}z} = \frac{\mathrm{d}\left(\dfrac{1}{2}\gamma z^2 K_a\right)}{\mathrm{d}z} = \gamma z K_a \tag{8-16}$$

土压力强度也是三角形分布，E_a 的作用点距墙底为墙高的 $\dfrac{1}{3}$。须注意的是，此式是 E_a 对铅直深度 z 微分得来，p_{az} 只能代表作用在墙背的铅直投影高度上的某一点的土压力强度，而实际上土压力的方向与水平面成 $(\alpha+\delta)$ 角，如图 8-15 (c)、(d) 所示。

8.3.2 被动土压力的计算

被动土压力计算公式的推导，与推导主动土压力公式相似，滑动土楔受力如图 8-16

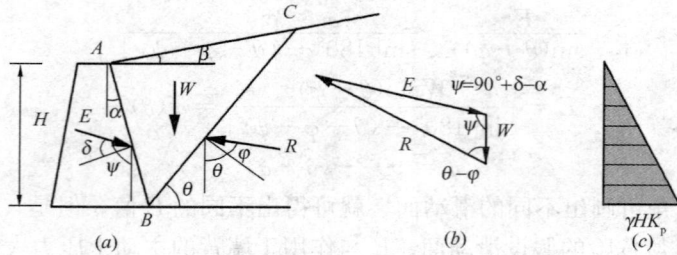

图 8-16　库伦理论被动土压力计算图
(a) 土楔力系；(b) 力矢三角形；(c) 被动土压力投影图

所示。挡土墙在外力作用下移向填土，当填土达到被动极限平衡状态时，便可求得被动土压力计算公式为

$$E_p = \frac{1}{2}\gamma H^2 K_p \tag{8-17}$$

式中　K_p——被动土压力系数，可表达为：

$$K_p = \frac{\cos^2(\varphi + \alpha)}{\cos^2\alpha \cdot \cos(\alpha - \delta)\left[1 - \sqrt{\dfrac{\sin(\varphi + \delta) \cdot \sin(\varphi + \beta)}{\cos(\alpha - \delta) \cdot \cos(\alpha - \beta)}}\right]^2} \tag{8-18}$$

【例 8-3】　某挡土墙墙高 $H = 4.5\text{m}$，墙背倾角 $\alpha = 10°$，墙后填土面倾斜 $\beta = 15°$，填土为砂土，$\gamma = 17.5\text{kN/m}^3$，$\varphi = 30°$，填土与墙背的摩擦角 $\delta = \frac{2}{3}\varphi$，如图 8-17 所示。试按库伦理论求解主动土压力及其作用点。

【解】　把 $H = 4.5\text{m}$，$\alpha = 10°$，$\beta = 15°$，$\gamma = 17.5\text{kN/m}^3$，$\varphi = 30°$，$\delta = \frac{2}{3}\varphi$ 带入式（8-15）

主动土压力系数：

$$K_a = \frac{\cos^2(\varphi - \alpha)}{\cos^2\alpha \cdot \cos(\alpha + \delta)\left[1 + \sqrt{\dfrac{\sin(\varphi + \delta) \cdot \sin(\varphi - \beta)}{\cos(\alpha + \delta) \cdot \cos(\alpha - \beta)}}\right]^2} = 0.480$$

总主动土压力：$E_a = \frac{1}{2}\gamma H^2 K_a = 0.5 \times 17.5 \times 4.5^2 \times 0.48 = 85.1\text{kN/m}$

作用点：$H/3 = 4.5/3 = 1.5\text{m}$（距墙底处），如图 8-17。

8.3.3　朗肯和库伦土压力理论的讨论

朗肯和库伦两种土压力理论都是研究土压力问题的简化方法，两者存在着各自的特点。

1. 研究出发点：

朗肯理论是从微观入手，通过研究土中点的极限平衡应力状态来求解。

库伦理论则是从宏观入手，根据墙背和滑裂面之间土楔的静力平衡条件求解。

2. 适用条件：

朗肯土压力理论概念比较明确、理论上较为严密，公式简单，计算方便，可适用黏性土及无黏性土的土压力计算。但由于适用条件严苛，即需满足墙背垂直且光滑、墙后填土水平之条件，致使应用受到限制，只能求解简单边界条件的解答。

库伦土压力理论是一种简化理论，公式虽不如朗肯理论简洁，但由于考虑了墙背与土之间的摩擦力，以及墙背及墙后填土可以是倾斜的情况，因此，能适用较为复杂的边界条件，应用较广，需要注意的是该理论假定墙后填土为无黏性土，所得公式不能直接用于黏性土的计算。

3. 计算误差

朗肯假定墙背与土之间无摩擦力，因此计算所得的主动压力偏大，计算结果偏于安全。

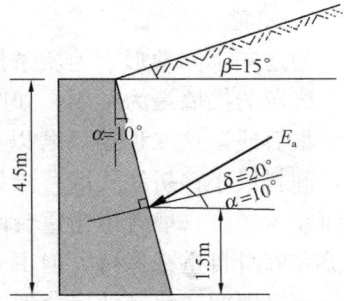
图 8-17　[例 8-3] 附图

库伦理论考虑了墙背与填土的摩擦作用，但却把土体中的滑动面假定为平面，这与实际情况不符。实践证明，只有当墙背倾角及墙背与填土之间的外摩擦角较小时，主动土压力的破裂面才接近于平面，因此计算结果存在一定偏差，误差范围在 2‰～10‰ 之间，这基本能满足工程精度要求。但在计算被动土压力时，由于实际破裂面接近对数螺旋线，计算结果误差较大，有时可达到 2～3 倍，甚至更大，计算结果已失去实际意义。

总之，对于计算主动土压力，各种理论的差别都不大，在 δ 和 φ 较小时，误差较小；而当 δ 和 φ 较大时，其误差增大。相比而言，库伦土压力理论计算精度要稍高于朗肯理论。

对被动土压力计算，两种理论计算误差都很大，尤以库伦土压力理论为甚。

8.4　重力式挡土墙设计

重力式挡土墙是依靠墙身自重来维持墙体稳定的一种挡墙形式。其特点是体积大及自重大，断面形式简单，施工方便，可就地取材，适应性较强，它是我国目前常用的一种挡土墙，适用于低墙、地质情况较好有石料地区，一般多用片（块）石砌筑，在缺乏石料的地区有时也用混凝土修建，在墙高 6m 以下，经济效益明显。故在铁路、公路、水利、港湾、矿山等工程中被广泛采用。

挡墙设计包括挡墙的纵横向布置、确定挡墙类型、挡墙各部尺寸、稳定性验算、墙身及地基强度验算等内容。

8.4.1　挡土墙的构造

常用的石砌挡土墙和混凝土挡土墙，一般由墙身、基础、排水设施和伸缩缝等部分构成。如图 8-18 所示。

1. 墙面

通常，基础以上的墙面均为平面，墙面坡度徐应与墙背的坡度相协调外，还应考虑到墙趾处地面的横坡度。当地面横坡较陡时，墙面可直立或外斜 1：0.05～1：0.2，以减小墙高；当地面横坡平缓时，墙面可放缓，

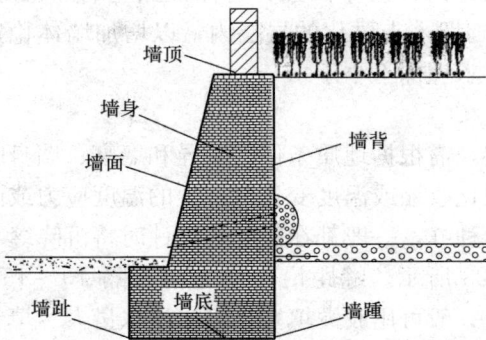
图 8-18　挡土墙构造

179

一般采用 1：0.20～1：0.35 较为经济，但不宜缓于 1：0.4，以免过多地增加墙高。

2. 墙背

为适应不同地形、地质条件及经济要求，重力式挡土墙具有多种墙背形式。其中墙背为直线形的挡墙最为常用，如图 8-19（a）、（b）（c）所示。其断面形式最简单，土压力计算也很简便，这三种挡墙若以土压力大小而论，以俯斜墙背所受压力最大，垂直墙背次之，仰斜最小；折线式墙背，如图 8-19（d）所示，采用上部俯斜，下部仰斜的形式，其断面较为经济；墙背带衡重台的挡土墙，称为衡重式挡土墙，如图 8-19（e）所示，其稳定仍靠墙身自重来保持，但由于这种形式的挡墙调整了墙身自重的重心位置及墙背土压力的分布，因而，比其他墙背形式的挡墙具有更好的稳定性。而在另一方面，由于其基底面积较小，对地基承载力要求较高，因此应设置在坚实的地基上。

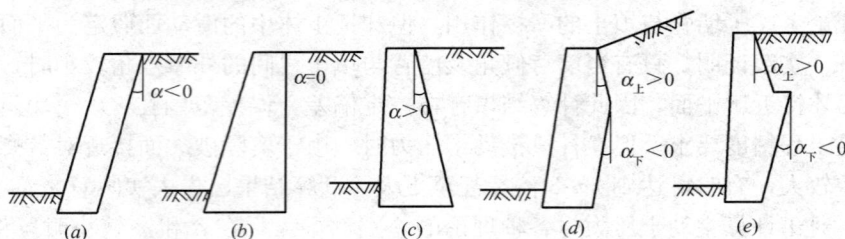

图 8-19　重力式挡土墙断面形式
（a）仰斜式；（b）垂直式；（c）俯斜式；（d）折线式；（e）衡重式

3. 墙顶与墙底

对于石砌挡土墙墙顶的最小宽度，浆砌的不小于 50cm，干砌的不小于 60cm，混凝土挡土墙为 0.20～0.4m，有时还要求在墙顶上做冒石；墙底面一般为水平。如遇挡土墙抗滑稳定性不能满足要求时，可做成倾斜（逆坡）基底，在石质斜坡上的挡墙为节省工程量，基底常以坡做成台阶形。

4. 基础及埋深

挡土墙通常采用浅基础，绝大多数挡土墙的基础直接设置在天然地基上。当地基软弱、墙身较高时，为减少基底压应力，增加稳定性，墙趾可伸出台阶，以拓宽基底，台阶宽度不小于 20cm，高宽比可用 3：2 或 2：1。地基为较弱土层时，也可用砂砾、碎石、矿渣或石灰土等质量较好的材料换填，以提高地基承载力。

基础埋置深度取决于地质条件、水文情况及冻结深度等因素，为保证挡土墙的稳定，埋深一般不小于 0.5m，遇岩石地基时，应把基础埋入未风化的岩层内，以增加墙体稳定性。在道路工程方面，对埋深要求更加严苛，要求埋深不小于 1.0m。

5. 沉降缝与伸缩缝

为了防止因地基不均匀沉陷而引起墙身开裂，需根据地质条件的差异和墙高、墙身断面的变化情况设置沉降缝。为减少墙身因砌体硬化收缩或温度变化所产生的温度应力或因土压力的作用而产生裂缝，需设置伸缩缝。这两种缝，一般都在一起，设计时将沉降缝与伸缩缝合并设置，统称为沉降伸缩缝，如图 8-23 所示。缝距沿路线方向每隔 10～15m（墙身分段长度）设置一道，缝宽 2～3cm，缝内一般可用胶泥填塞，但在渗水量大、填料容易流失或冻害严重地区，则宜用沥青麻筋或涂以沥青的木板等具有弹性的材料，沿内、外、顶三方填塞，塞入深度深不宜小于0.15m。当墙后为填石且冻害不严重时，可仅置空缝，不塞填料。

6. 排水措施

理论和经验都表明，墙后积水对挡土墙的正常运行十分有害，水分的渗入使填土湿软，抗剪强度降低，土的表观密度也变大，进而使墙背压力增大，加剧了挡土墙的不稳定性甚至会导致挡土墙破坏。因此，挡墙应设置良好的排水设施，以疏干墙后填土中的积水。

如图8-20所示，为使墙后积水易排出，挡土墙应设置泄水孔，孔眼尺寸不宜小于 ϕ100mm。孔坡度外斜5‰，孔水平向间距宜取 2~3m。挡土墙较高时，应在一定高度加设泄水孔。墙后要做好滤水层和必要的排水盲沟，可选用卵石、碎石等粗颗粒作为滤水层，以避免泄水孔淤塞，还可调节土的胀缩性。当排水量较大时，可设置排水盲沟。墙顶地面宜铺设防水层。当墙后有山坡时，应在坡下设置截水沟。为防止积水下渗，应紧靠泄水孔下部设置黏土或其他材料的隔水层，墙前应做好散水或排水沟。

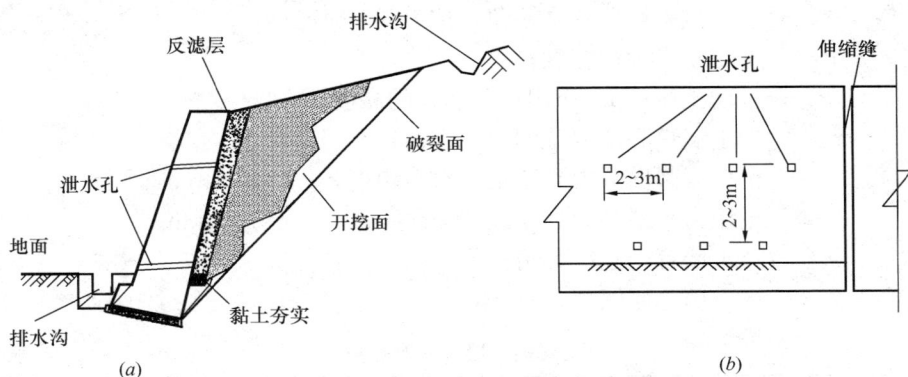

图 8-20　挡土墙排水
（a）挡土墙排水横断面布置；（b）泄水孔正面布置图

7. 填土质量要求

墙后填土宜选择透水性强、性能稳定的非冻胀材料，例如粗砂、碎（卵）石、炉碴等材料，其抗剪强度较稳定，不具有胀缩性和冻胀性，且易于排水。不应选择有机质土，也不宜用黏性土作为填料。因为黏性土的性能不稳定，干燥时体积收缩，而在雨季时膨胀，且季节性冻土地区还可能发生冻胀，造成实际土压力值变化很大，导致挡土墙破坏。考虑实际情况，当采用黏性土作为填料时，宜掺入适量的碎石、块石。

8.4.2　挡土墙计算

作用于挡土墙上的力系按力的作用性质分为主要力系、附加力及特殊力。主要力系包括：挡墙自重、土压力、基底反力及基底面摩擦力、墙前土体的被动土压力。对浸水挡墙来说，还包括静水压力、浮力及渗透力等；附加力是季节性作用于挡墙上的力，例如洪水时期的各种水压力以及冬季的冻胀力等；特殊力是偶发力，如地震等引发的各种力。挡土墙设计就是要保证在上述力系作用下，挡墙具有足够的稳定性和结构的强度，同时地基也应满足承载力要求。

挡墙的设计可按《建筑地基基础设计规范》所推荐的容许应力进行，这也是一种传统的设计方法，也可按"极限状态法"进行设计，先分述之。

重力式挡土墙的计算内容通常包括：①稳定性验算，即抗倾覆和抗滑移稳定性验算；②地基承载力验算；③墙身强度验算。

一、容许应力法（《建筑地基基础设计规范》）

（一）抗倾覆稳定性验算

抗倾覆力矩与倾覆力矩之比称为抗倾覆安全系数 K_t，图 8-21 所示一具有倾斜基底的挡土墙，为保证挡土墙在自重和主动土压力作用下不发生绕墙趾 O 点倾覆，要求抗倾覆安全系数 K_t 应满足下式：

$$K_t = \frac{Gz_G + E_{ay}z_{ax}}{E_{ax}z_{ay}} \geqslant 1.6 \tag{8-19}$$

式中、图中 $\quad G$——挡土墙每延米自重；

$\qquad E_{ay}$——主动土压力 E_a 的竖向分力，$E_{ay} = E_a\sin(\alpha+\delta)$；

$\qquad E_{ax}$——主动土压力 E_a 的水平分力，$E_{ax} = E_a\cos(\alpha+\delta)$；

$\qquad \delta$——土对挡土墙背的摩擦角，按表 8-1 确定；

$\qquad B$——基底水平投影宽度；

$\qquad z$——主动土压力 E_a 作用点距墙踵的高度；

$\qquad z_G$——挡土墙重心离墙趾的水平距离；

$\qquad z_{ax}$——土压力竖向分力到墙趾的水平距离，$z_{ax} = \beta - z\tan\alpha$；

$\qquad z_{ay}$——土压力水平分力到墙趾的竖向距离，$z_{ay} = z - \beta\tan\alpha_0$；

$\qquad \alpha$——挡土墙背与竖线夹角；

$\qquad \alpha_0$——挡土墙基底倾角。

土对挡土墙背的摩擦角   表 8-1

挡土墙情况	摩擦角 δ	挡土墙情况	摩擦角 δ
墙背平滑、排水不良	$(0\sim0.33)\varphi_k$	墙背很粗糙、排水良好	$(0.5\sim0.67)\varphi_k$
墙背粗糙、排水良好	$(0.33\sim0.5)\varphi_k$	墙背与填土间不可能滑动	$(0.67\sim1.0)\varphi_k$

注：φ_k 对墙背填土的内摩擦角标准值。

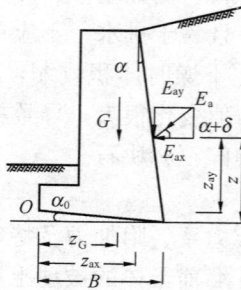

图 8-21 挡土墙倾覆稳定性验算   图 8-22 滑动稳定验算

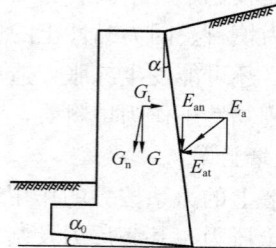

（二）抗滑动稳定性验算

基底抗滑力与滑动力之比称为抗滑安全系数 K_s，如图 8-22 所示挡土墙，K_s 应满足下式：

182

$$K_s = \frac{(G_n + E_{an})\mu}{E_{at} - G_t} \geqslant 1.3 \qquad (8-20)$$

式中　G_n——G 垂直于墙底的分力，$G_n = G\cos\alpha_0$；

$\quad\quad G_t$——G 平行于墙底的分力，$G_t = G\sin\alpha_0$；

$\quad\quad E_{an}$——E_a 垂直于墙底的分力，$E_{an} = E_a\cos(\alpha + \alpha_0 + \delta)$；

$\quad\quad E_{at}$——E_a 平行于墙底的分力，$E_{at} = E_a\sin(\alpha + \alpha_0 + \delta)$；

$\quad\quad \mu$——土对挡土墙基底的摩擦系数，宜按试验确定，也可按表 8-2 确定。

土对挡土墙基底的摩擦系数　　　　　　　　　　　表 8-2

土 的 类 别		摩擦系数 μ
黏性土	可塑	0.25～0.30
	硬塑	0.30～0.35
	坚硬	0.35～0.45
粉土		0.30～0.40
中砂、粗砂、砾砂		0.40～0.50
碎石土		0.40～0.60
软质岩石		0.40～0.60
表面粗糙的硬质岩石		0.65～0.75

注：1. 对易风化的软质岩石和塑性指数 I_p 大于 22 的黏性土，基底摩擦系数应通过试验确定；

　　2. 对碎石土，可根据其密实度、填充物状况、风化程度等确定。

当地基软弱时，在墙身倾覆的同时，墙趾可能陷入土中，造成力矩中心 O 点向内移动，抗倾覆安全系数就将会降低，因此在计算时，应注意地基土的压缩性。基底滑动也可能发生在软弱的持力层土中，此时应按圆弧滑动面验算地基的稳定性，必要时可进行地基处理。

（三）地基承载力及墙身强度验算

地基承载力的验算与一般偏心受压基础的计算方法相同；墙身强度验算，应根据墙身材料分别按砌体结构设计规范和混凝土设计规范中有关内容的要求验算，可参阅相关资料。

二、极限状态法（《公路圬工桥涵设计规范》JTG D61—2005）

（一）挡土墙稳定性验算

1. 抗滑稳定性验算

为保证挡土墙抗滑稳定性，应验算在土压力及其他外力作用下，基底摩阻力抵抗挡土墙滑移的能力。

如图 8-23 所示，在一般情况下

$$[1.1G + \gamma_{Q1}(E_y + E_x\tan\alpha_0)]\mu + (1.1G + \gamma_{Q1}E_y)\tan\alpha_0 - \gamma_{Q1}E_x > 0 \qquad (8-21)$$

式中　G——挡土墙自重；

$\quad E_x, E_y$——墙背主动土压力的水平与垂直分力；

$\quad\quad \alpha_0$——基底倾斜角（°）；

$\quad\quad \mu$——基底摩擦系数，可通过现场试验确定，也可参阅相关计算手册，如表 8-2 所示；

$\quad\quad \gamma_{Q1}$——主动土压力分项系数，当组合为Ⅰ、Ⅱ时，$\gamma_{Q1} = 1.4$；当组合为Ⅲ时，$\gamma_{Q1} = 1.3$；

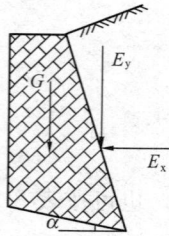

图 8-23　挡墙抗滑稳定　　　　　　　　图 8-24　挡墙抗倾覆稳定

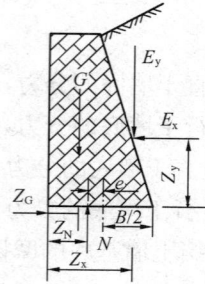

2. 抗倾覆稳定性验算

为了保证挡土墙抗倾覆稳定性，须验算它抵抗墙身绕墙趾向外转动倾覆的能力，如图 8-24 所示。

$$0.8GZ_G + \gamma_{Q1}(E_y Z_x - E_x Z_y) > 0 \tag{8-22}$$

式中　Z_G——墙身、基础及其上的土重合力重心到墙趾的水平距离（m）；

　　　Z_x——土压力的垂直分力作用点到墙趾的水平距离（m）；

　　　Z_y——土压力的水平分力作用点到墙趾的水平距离（m）。

在验算挡土墙的稳定性时，一般均不计趾前土层对墙面所产生的被动土压力。验算结果如不满足以上要求，则表明抗滑稳定性或抗倾覆稳定性不够，应改变墙身断面尺寸重新核算。

（二）基底应力及合力偏心距

地基承载力的验算与一般偏心受压基础的计算方法相同。墙身强度验算，应根据墙身材料分别按砌体结构设计规范和混凝土设计规范中有关内容的要求验算。

为了保证挡土墙基底应力不超过地基承载力，应进行基底应力验算；同时，为了避免挡土墙不均匀沉陷，应控制作用于挡土墙基底的合力偏心距。

1. 挡土墙基底压力

挡土墙基底压力的分布比较复杂，为计算方便计，假设其为直线分布，按材料力学相关公式计算：

（1）轴心荷载作用时

$$p = \frac{N}{A} \tag{8-23}$$

式中　p——基底平均压应力（kPa）；

　　　A——基础底面每延米的面积，即基础宽度，$B \times 1.0$（m^2）；

　　　N——每延米作用于基底的总竖向力设计值（kN）；

$$N = (G\gamma_G + \gamma_{Q1}E_y - W)\cos\alpha_0 + \gamma_{Q1}E_x\sin\alpha_0$$

其中　E_y——墙背主动土压力（含附加荷载引起）的垂直分力（kN）；

　　　E_x——墙背主动土压力（含附加荷载引起）的水平分力（kN）；

　　　W——低水位浮力（kN）（指常年淹没水位）。

（2）偏心荷载作用时

184

①当$|e| \leqslant \dfrac{B}{6}$时

$$p_{\max} = \frac{N_1}{A}\left(1 + \frac{6e}{B}\right) \Biggr\}$$
$$p_{\min} = \frac{N_1}{A}\left(1 - \frac{6e}{B}\right) \Biggr\} \tag{8-24}$$

式中 $p_{\max}$，$p_{\min}$——基底边缘最大、最小压应力设计值（kN）；

$$N_1 = G\gamma_G + \gamma_{Q1}E_y - W, \gamma_G = 0.9$$

作用于基底的合力偏心距 e，由图（8-24）中的几何关系：

$$e = \frac{B}{2} - Z_N \tag{8-25}$$

式中 $Z_N = \dfrac{\sum M_y - \sum M_0}{\sum N} = \dfrac{GZ_G + E_y Z_y - E_x Z_x}{G + E_y}$

M_y——抗倾覆力矩（kN·m）；

M_0——倾覆力矩（kN·m）。

当基底有倾斜时

$$N_1 = (G\gamma_G + \gamma_{Q1}E_y - 1.1W)\cos\alpha + \gamma_{Q1}E_x\sin\alpha_0$$

②对岩石地基，当$|e| > \dfrac{B}{6}$时

此情况可以不考虑地基拉应力，而压应力重新分布如下

$$p_{\max} = \frac{2N_1}{3C}, \qquad p_{\min} = 0 \tag{8-26}$$

式中 $C = \dfrac{B}{6} - e \quad \left(e \leqslant \dfrac{B}{2}\right)$

2. 基底合力偏心距验算

基底合力偏心距应满足表8-3的要求。

基底合力偏心距 表8-3

地基条件	合力偏心距	地基条件	合力偏心距
非岩石地基	$e \leqslant B/6$	软土、松砂、一般黏土	$e \leqslant B/6$
较差的岩石地基	$e \leqslant B/5$	紧密细砂、黏土	$e \leqslant B/5$
坚密的岩石地基	$e \leqslant B/4$	中密碎（砾）石、中砂	$e \leqslant B/4$

（三）墙身截面强度验算

为了保证墙身具有足够的强度，应根据经验选择1～2个控制断面进行验算，如墙身底部、1/2墙高处、上下墙（凸形及衡重式墙）交界处（图8-25）。具体计算见结构设计原理。

根据《公路圬工桥涵设计规范》JTG D 61—2005的规定，当构件采用分项安全系数的极限状态设计时，荷载效应不利组合的设计值，应小于或等于结构抗力效应的设计值。

1. 强度计算（图8-26）

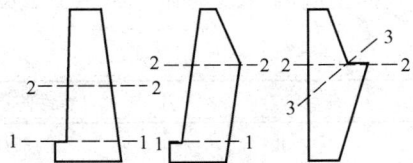

图 8-25 验算断面的选择

$$N_j \leqslant \alpha_k A R_K / \gamma_k \qquad (8\text{-}27)$$

按每延米墙长计算

$$N_j = \gamma_0 (\gamma_G N_G + \gamma_{Q1} N_{Q1} + \Sigma \gamma_{Qi} \psi_{ci} N_{Qi}) \qquad (8\text{-}28)$$

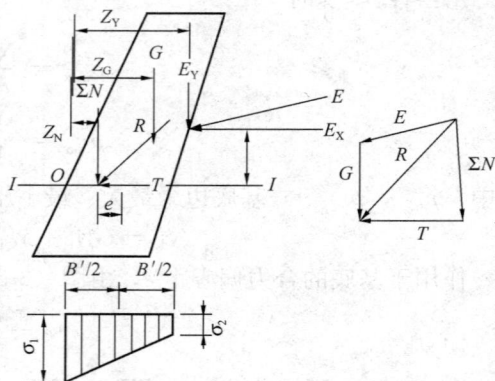

图 8-26 墙身截面法向应力验算

式中
　　N_j——设计轴向力（kN）；
　　γ_0——重要性系数；
　　ψ_{ci}——荷载组合系数（见表 8-4）；
　　N_G——恒载（自重及襟边以上土重）引起的轴力（kN）；
　　N_{Q1}——主动土压力引起的轴向力（kN）；
　　$V_{Qi}(i=2\sim6)$——被动土压力、水浮力、静水压力、动水压力、地震力引起的轴力（kN）；
　　γ_k——抗力分项系数，按表 8-5 选用；
　　R_k——材料极限抗压强度（kPa）；
　　A——挡土墙构件的计算截面积（m²）；
　　α_k——轴向力偏心影响系数。

荷载组合系数表　　　　　　　　　　　　表 8-4

荷载组合	ψ_c	荷载组合	ψ_c
Ⅰ，Ⅱ	1.0	施工荷载	0.7
Ⅲ	0.8		

抗力分项系数　　　　　　　　　　　　表 8-5

圬 工 种 类	受 力 情 况	
	受压	受弯、剪、拉
石　料	1.85	2.31
片石砌体、片石混凝土砌体	2.31	2.31
块石砌体、粗料石砌体、混凝土预制块砌体	1.92	2.31
混凝土	1.54	2.31

$$\alpha_k = \frac{1 - 256\left(\dfrac{e_0}{B}\right)^8}{1 + 12\left(\dfrac{e_0}{B}\right)^2}$$

挡土墙墙身或基础为纯圬工截面时，其偏心距应小于表 8-6 的要求。

圬工结构容许偏心距　　　　　　　　　　表 8-6

荷载组合	容许偏心距	荷载组合	容许偏心距
Ⅰ，Ⅱ	0.25B	施工荷载	0.33B
Ⅲ	0.30B		

2. 稳定计算

$$N_j \leqslant \psi_k \alpha_k A R_k / \gamma_k \tag{8-29}$$

式中 N_j、α_k、A、γ_k——意义同式（8-28）；

ψ_k——弯曲平面内的纵向翘曲系数，按下式计算

$$\psi_k = \frac{1}{1+\alpha_s \beta_s (\beta_s - 3)[1+16(e_0/B)]} \tag{8-30}$$

β_s——$2H/B$，H 为墙有效高度（视为下端固定，上端自由，m）；B 为墙的宽度（m）；

α_s——系数，查表 8-7。

α_s 系数表 **表 8-7**

砌体砂浆强度等级	≥M5	M2.5	M1	混凝土
α_s	0.002	0.0025	0.004	0.002

一般情况下挡土墙尺寸不受稳定控制，但应判断是细高墙或是矮墙。

当 H/B 小于 10 时为矮墙，其余则为细高墙。但当墙顶为自由时 H/B 应小于 30。

对于矮墙可取 $\psi_k=1$，即不考虑纵向稳定。

3. 利用弯曲抗拉极限强度进行验算

当 e_0 超过表 8-6 的规定时，还可以利用弯曲抗拉极限强度 R_{WL} 进行验算或确定截面尺寸。

$$N_j \leqslant \frac{AR_{WL}}{(\frac{Ae_0}{W}-1)\gamma_k} \tag{8-31}$$

式中 W——截面系数（m^3）。

当挡土墙长度取 1 延米为计算单元时：$A=1\times B$，则式（8-31）为

$$N_j \leqslant \frac{BR_{WL}}{\left(\frac{6e_0}{W}-1\right)\gamma_k} \tag{8-32}$$

4. 正截面直接受剪时验算

$$Q_j \leqslant A_j R_j / \gamma_k + f_m N_1 \tag{8-33}$$

式中 Q_j——正截面剪力（kN）；

A_j——受剪截面面积（m^3）；

R_j——砌体截面的抗剪极限强度（kPa）；

f_m——摩擦系数，$f_m=0.42$。

8.4.3 增加挡土墙稳定性的措施

一、增加抗滑稳定性的方法

1. 设置倾斜基底（图 8-27）

设置向内倾斜的基底，可以增加抗滑力和减少滑动力，从而增加了抗滑稳定性。

基底倾斜角 α_0 越大，越有利于抗滑稳定性，但应考虑挡土墙连同地基土体一起滑走的可能性，因此对地基倾斜度应加以控制。通常，对土质地基，不陡于 1∶5（$\alpha_0 \leqslant 11°10'$）；对岩石地基，不陡于 1∶3（$\alpha_0 \leqslant 16°42'$）。

此外，在验算沿基底的抗滑稳定性的同时，还应验算通过墙踵的地基水平面（图8-27中 I—I 水平面）的滑动稳定性。

2. 采用凸榫基础（图 8-28）

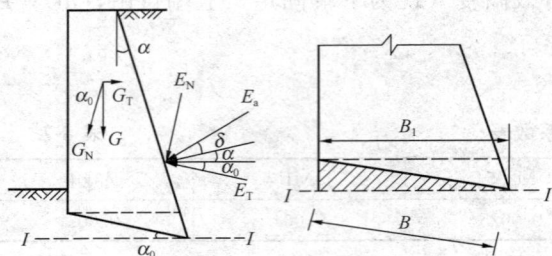

图 8-27　倾斜基底增加挡土墙抗滑稳定性

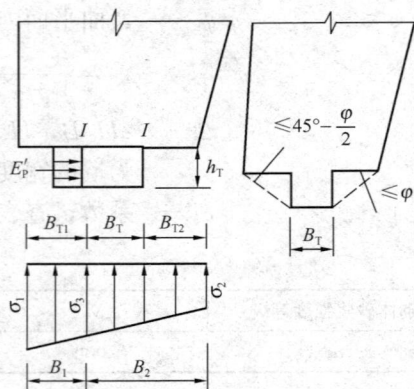

图 8-28　凸榫基础

在挡土墙基础底面设置混凝土凸榫，与基础连成整体，利用榫前土体产生的被动土压力，以增加挡土墙的抗滑稳定性。

为了增加榫前被动阻力，应使榫前被动土楔不超过墙趾。同时，为了防止因设凸榫而增加墙被的主动土压力，应使凸榫后缘与墙踵的连线同水平线的夹角不超过 φ 角。因此，应将整个凸榫置于通过墙趾，并与水平线成 $45°-\varphi/2$ 角线和通过墙踵并与水平线成 φ 角线所形成的三角形范围内。

当 $\beta=0$（填土表面水平），$\alpha=0$（墙背垂直），$\delta=0$（墙光滑）时，榫前的单位被动土压力 σ_P，按朗金（Rankine）理论计算。

$$\sigma_P = \gamma h \tan^2(45°+\varphi/2)$$
$$\approx \frac{1}{2}(\sigma_1+\sigma_3)\tan^2(45°+\varphi/2)$$

考虑到产生全部被动土压力所需要的墙身位移量大于墙身设计所允许的位移量，为工程安全所不允许，因此铁路规范规定，凸榫前的被动土压力按朗金被动土压力的 1/3 采用，即

$$e_p = \frac{1}{3}\sigma_p = \frac{1}{3}\left[\frac{1}{2}(\sigma_1+\sigma_3)\tan^2(45°+\varphi/2)\right]$$
$$E'_p = e_p \cdot h_T \tag{8-34}$$

在榫前 B_T 前宽度内，因已考虑了部分被动土压力，故未计其基底摩擦阻力。

按照抗滑稳定性的要求，令 $K_c = [K_c]$，代入式（8-34），即可得出凸榫高度 h_T 的计算式

$$h_T = \frac{[K_c]E_x - \frac{1}{2}(\sigma_2+\sigma_3)B_2 f}{e_p} \tag{8-35}$$

凸榫宽度 B_T 根据以上两方面的要求进行计算，取其大者。

二、增加抗倾覆稳定性的方法

为增加抗倾覆稳定性，应采取加大稳定力矩和减小倾覆力矩的办法。

1. 展宽墙趾

在墙趾处展宽基础以增加稳定力臂，是增加抗倾覆稳定性的常用方法。但在地面横坡较陡处，会由此引起墙高和圬工量的增加。

2. 改变墙面及墙背坡度

改缓墙面坡度可加大抗倾覆力矩的力臂（图8-29a），改陡俯斜墙背或改为仰斜墙背可减少土压力（图8-29b、c）。在地面纵坡较陡处，均须注意对墙高的影响。

3. 改变墙身断面形式

不同的墙身断面形式具有不同的稳定性。就抗倾覆而言，衡重式优于仰斜式，仰斜式又优于俯斜式。设计时可根据地基和地面横坡情况选择适当的墙身断面形式，以增加挡土墙的抗倾覆稳定性。当地面横坡较陡时，应使墙胸尽量陡立。这时可改变墙身断面形式，如改用衡重式墙或者墙后设卸荷平台、卸荷板（图8-30），以减少土压力并增加稳定力矩。

有关各类挡土墙的设计见《基础工程》第7章内容。

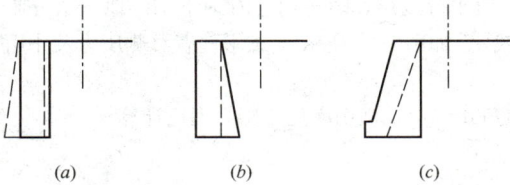

图 8-29　改变胸坡及背坡

（a）改变胸坡；（b）改陡俯斜墙背；（c）改为仰斜墙背

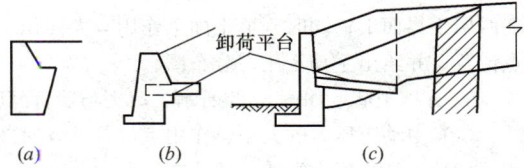

图 8-30　改变墙身形式措施

思 考 题

1. 试述主动、静止、被动土压力的产生条件，并比较三者之间的大小关系。

2. 影响挡土墙土压力的因素有哪些。

3. 试分析刚性挡土墙产生位移时，墙后土体中应力状态的变化。

4. 试比较朗肯土压力理论和库仑土压力的基本假定及适用条件。

5. 墙背的粗糙程度、填土排水条件的好坏对土压力有何影响？

6. 常见的挡土墙有哪些类型？各自特点是什么？

习 题

1. 某挡土墙墙背垂直光滑，填土面水平，墙后作用有均布荷载 q，如图8-31所示。

试求：（1）画出墙后主动土压力分布图；

（2）作用在墙背的主动土压力 E_a。

$q=11kPa$

$\gamma_1=17kN/m^2$
$\varphi_1=22°$
$c_1=8kPa$

4m

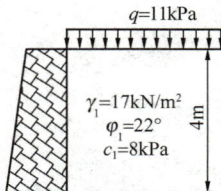

图 8-31　习题1附图

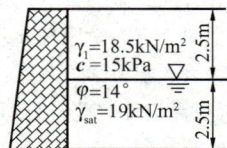

$\gamma_1=18.5kN/m^2$
$c=15kPa$
$\varphi=14°$
$\gamma_{sat}=19kN/m^2$

2.5m

2.5m

图 8-32　习题2附图

2. 挡土墙高 5m，墙背垂直、光滑，墙后填土水平，填土中有地下水，地下水位在填土面以下 2.5m 处，填土的物理力学性质指标见图 8-32。试计算：挡墙墙背总侧压力及其作用点位置，并绘制土压力及水压力分布图。

3. 某挡土墙高 6m，墙背竖直光滑，墙后填土面水平，填土分两层，如图 8-33 所示。上层土厚 3m，$\gamma_1 = 17.5\text{kN/m}^3$，$c_1 = 18\text{kPa}$，$\varphi_1 = 15^0$，下层土厚亦为 3m，$\gamma_2 = 18.0\text{kN/m}^3$，$c_2 = 24\text{kPa}$，$\varphi_2 = 10^0$。试求墙背主动土压力 E_a 及作用点位置，并绘出主动土压力分布图。

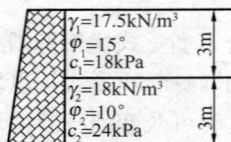

图 8-33 习题 3 附图   图 8-34 习题 4 附图

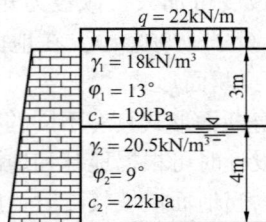

4. 挡土墙高 7m，墙背竖直光滑，墙后填土面水平，填土分两层，填土内存有地下水，地下水分布在两层土界面上；同时，填土面上作用有大面积均布荷载 q，如图 8-34 所示。试求墙背总侧压力及作用点位置，并绘出主动土压力分布图。

5. 有挡土墙，如图 8-35 所示，填土与墙背间的摩擦角 $\delta = 16^0$，试用库伦土压力理论计算：
(1) 主动土压力的大小、作用点位置及方向。
(2) 主动土压力沿墙高的分布。

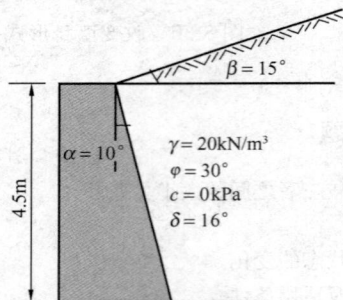

图 8-35 习题 5 附图   图 8-36 习题 6 附图

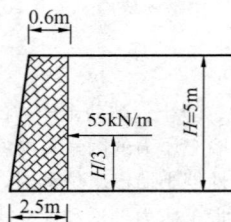

6. 某重力式挡土墙如图 8-36 所示，砌体重度 $\gamma = 22.0\text{kN/m}^2$，基底摩擦系数 $\mu = 0.5$，作用在墙背上的主动土压力为 55kN/m。试验算挡土墙的抗滑和抗倾覆稳定性。

本 章 参 考 文 献

1. 华南理工大学等编. 地基及基础. 北京：中国建筑工业出版社，2001
2. 钱家欢主编. 土力学. 南京：河海大学出版社，1994
3. 东南大学等合编. 土力学. 北京：中国建筑工业出版社，2005
4. 赵成刚等主编. 土力学原理，北京：清华大学出版社，2004
5. 李镜培等编著. 土力学. 北京：高等教育出版社，2009
6. 《公路圬工桥涵设计规范》JTG D 61—2005

第9章 地基承载力

9.1 概 述

地基承受建筑物荷载的作用后，内部应力发生变化。一方面附加应力引起地基内土体变形，造成建筑物沉降。有关这方面的问题，已在第6章中阐述。另一方面，引起地基内土体的剪应力增加。当某一点的剪应力达到土的抗剪强度时，这一点的土就处于极限平衡状态。若土体中某一区域内各点都达到极限平衡状态，就形成极限平衡区，或称为塑性区。如荷载继续增大，地基内极限平衡区的发展范围随之不断增大，局部的塑性区发展成为连续贯穿到地表的整体滑动面。这时，基础下一部分土体将沿滑动面产生整体滑动，称为地基失去稳定。如果这种情况发生，建筑物将发生严重的塌陷、倾倒等灾害性的破坏。图9-1就是地基失稳破坏的一个实例。

图 9-1 地基失稳破坏的一个实例

地基承受荷载的能力称为地基的承载力。通常区分为两种承载力，一种称为极限承载力，它是指地基即将丧失稳定性时的承载力。另一种称为容许承载力，它是指地基稳定、有足够的安全度并且变形控制在建筑物容许范围内时的承载力。

土的抗剪强度是土体抵抗剪切破坏的能力。地基承载力取决于地基土的抗剪强度，地基承载力是地基土抗剪强度的一种宏观表现，影响地基土抗剪强度的因素对地基承载力也产生类似影响。一般情况下，工程上可以进行类比判断。同样情况下，一般含水量高的地基土抗剪强度低，承载力也低；孔隙比大的地基土抗剪强度低，承载力低。除了地基土的物理力学性质外，影响地基承载力的因素尚有：地基土的成因和沉积条件，如地基土层的分布、地下水；作用荷载历史；建筑情况；构造特点；基础形式、尺寸和埋深、刚度；施工方法等。

本章主要研究地基的极限承载力和容许承载力的分析方法和影响因素。在研究中，也和以前一样，把地基土当成理想弹塑性体，即当应力小于破坏应力时，或者是应力状态达到极限平衡条件之前，土为线弹性体；而在达到破坏应力后，或达到极限平衡条件后，则当成理想的塑性体。

9.2　地基破坏形式

9.2.1　地基的三种破坏形式

在荷载作用下地基因承载力不足引起的破坏一般都由地基土的剪切破坏引起。试验研究表明，它有三种破坏形式：整体剪切破坏、局部剪切破坏和冲切剪切破坏，如图 9-2 所示。

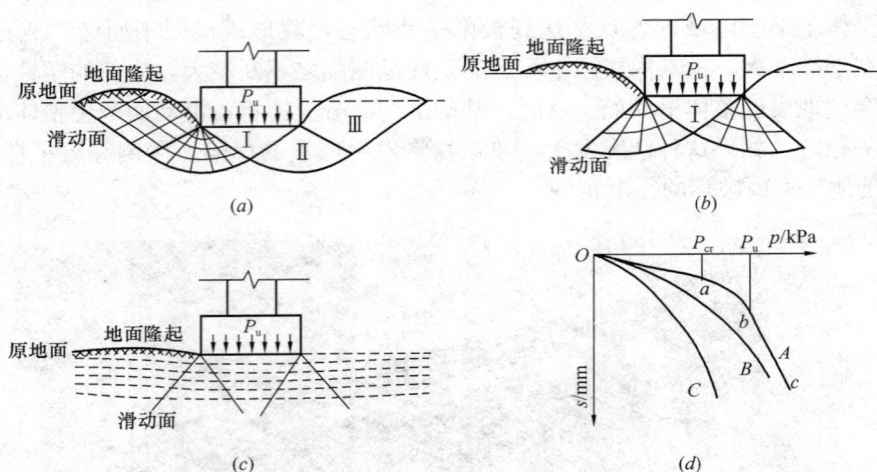

图 9-2　地基破坏模式及 p-s 曲线
（a）整体剪切破坏；（b）局部剪切破坏；（c）冲切剪切破坏；（d）p-s 曲线

地基发生整体剪切破坏的过程和特征是：当基础荷载较小，基底压力 p 也较小时，基础沉降 s 随基底压力 p 的增加近似成线性变化关系，如图 9-2(d) 中曲线 A 的 oa 段所示。a 点所对应的基底压力 p 称为临塑荷载，记为 p_{cr}。当 p 小于 p_{cr} 时，地基土处于线性变形阶段，地基土任何一点均未达到极限平衡状态；当基础上荷载较大使基底压力 p 大于 p_{cr} 时，p 与 s 关系成为 ab 段曲线，曲线 A 中 b 点所对应的基底压力 p 称为极限荷载，记为 p_u。当 p 大于等于 p_{cr} 小于 p_u 时，地基土处于弹塑性变形阶段。地基土从 p_{cr} 作用下在基础边缘首先达到极限平衡状态开始后，随 p 的增大，塑性区（剪切破坏区）的范围逐渐增大，直到当 p 达到 p_u 时，即曲线 A 中 b 点，地基土塑性区连成一片，基础急速下沉，侧边地基土向上隆起。地基形成连续滑动面而破坏，地基完全丧失承载能力。基底压力 p 与沉降 s 的关系通常称为 p-s 曲线，试验称为静载荷试验。

局部剪切破坏的过程和特征是：p-s 曲线没有明显的直线段，如图 9-2(d) 中曲线 B，地基破坏时曲线也不呈现如整体剪切破坏那样明显的陡降。在基底压力达到一定值时，剪

192

切破坏也从基础下的边缘开始，随着基底压力 p 的增大，剪切破坏区相应增大。当基底压力增大到某一数值即相应于极限荷载时，基础两侧地面微微隆起，然而剪切破坏区仅仅被限制在地基内部的某一区域时，未形成延伸至地面的连续滑动面，如图 9-2(b) 所示。对于这种破坏形式，我们常常选取基底压力与沉降关系 p-s 曲线上坡度发生明显变化，即变化率最大的点所对应的压力 p 作为地基的极限承载力 p_u。

冲剪破坏的特征是：随着荷载增加，基础出现持续下沉，主要是因为地基土的软弱或出现较大压缩以至于基础呈现连续刺入。地基不出现连续的滑动面，基础侧边地面不出现隆起，这是因为基础边缘下地基土的垂直剪切而被破坏，其 p-s 曲线如图 9-2(d) 中的曲线 C 所示，地基破坏形式如图 9-2(c) 所示。

冲剪破坏时由 p-s 曲线确定地基极限承载力 p_u 的通常方法是，当 p-s 曲线平均下沉梯度接近常数，且出现不规则下沉时，对应的基底压力 p 可作为地基极限承载力 p_u。

各种破坏形式的特点和比较如表 9-1 所示。

长条基础受铅直中心荷载作用地基破坏形式的特点　　　　　　　表 9-1

破坏形式	地基中滑动面情况	荷载与沉降曲线的特征	基础两侧地面情况	破坏时基础的沉降情况	基础的表现	设计的控制因素	事故出现情况	适用条件	基础相对埋深
整体破坏	完整（以致露出地面）	有明显的拐点	隆起	较小	倾倒	强度	突然倾倒	密实	小
局部破坏	不完整	拐点不易确定	有时微有隆起	中等	可能会有倾倒	变形为主	较慢下沉时有倾倒	松软	中
冲剪破坏	很不完整	拐点无法确定	沿基础出现下陷	较大	只出现下沉	变形	缓慢下沉	松软	大

注：基础相对埋深为基础埋深与基础宽度之比。

9.2.2　破坏形式的影响因素和判别

地基的破坏形式主要与基础埋深、加荷速率和地基土的性质有关，尤其是与土的压缩性质有关。一般而言，对于较坚硬或密实的土，具有较低的压缩性，通常呈现整体剪切破坏；对于软弱黏土或松砂土地基，具有中高压缩性，常常呈现局部剪切破坏或冲剪破坏。由于整体剪切破坏有连续的滑动面，较易建立理论研究模型，并已获得一些地基承载力的计算公式。局部剪切破坏和冲剪破坏的过程和特征比较复杂，目前理论研究方面还未能得出地基承载力的计算公式，而是将整体剪切破坏所得到的公式进行适当修正后加以应用。不过所幸，一般建筑物很少选择松软土层作为其地基；否则，应进行地基处理或设计合理的基础形式，因而建筑物以松软土层作为其天然地基的情况在实际工程中将很少碰到。

魏锡克（Vesic，A. B）给出了在砂土上的模型试验结果（图 9-3），该图说明了地基破坏模式与砂土的相对

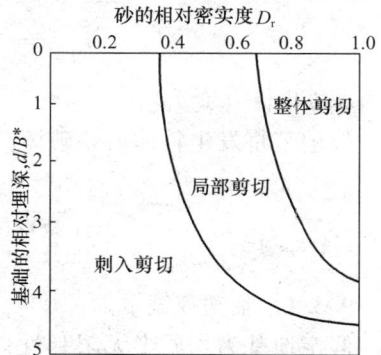

图 9-3　砂中模型基础的破坏模式（根据 Vesic，1963，由 De Beer 修改，1970）

密实度的关系，可供参考。同时，魏锡克提出用刚度指标 I_r 的方法。地基土的刚度指标定量地判别基土破坏形式。刚度指标可用下式表示：

$$I_r = \frac{E}{2(1+\nu)(c + q \cdot \tan\varphi)} \qquad (9\text{-}1)$$

式中　E——地基土的变形模量；

　　　ν——地基土的泊松比；

　　　c——地基土的黏聚力；

　　　φ——地基土的内摩擦角；

　　　q——基础的侧面荷载，$q = \gamma \cdot d$，d 为基础埋置深度，γ 为埋置深度以上土的重度。

式(9-1)表明，土愈硬，基础埋深愈小，刚度指标愈高。魏氏还提出判别整体剪切破坏和局部剪切破坏的临界值，称为临界刚度指标 $I_{r(cr)}$。$I_{r(cr)}$ 可用下式表示

$$I_{r(cr)} = \frac{1}{2}\exp\left[\left(3.30 - 0.45\frac{B}{L}\right)\cot\left(45° - \frac{\varphi}{2}\right)\right] \qquad (9\text{-}2)$$

式中　B——基础的宽度；

　　　L——基础的长度。

当 $I_r > I_{r(cr)}$ 时，地基将发生整体剪切破坏，反之则发生局部剪切破坏或冲剪破坏。

【例 9-1】　条形基础宽 1.5m，埋置深度 1.2m。地基为均匀粉质黏土，土的重度 $\gamma = 17.6$ kN/m³，$c = 15$kPa，$\varphi = 24°$，$E = 10$MPa，$\nu = 0.3$，试判断地基的失稳形式。

【解】

1. 用式(9-1)求地基的刚度指标 I_r：

$$I_r = \frac{E}{2(1+\nu)(c + q\tan\varphi)} = \frac{10000}{2(1+0.3)(1.5 + 17.6 \times 1.2 \times \tan24°)} = 157.6$$

2. 用式(9-2)求临界刚度指标 $I_{r(cr)}$：

$$I_{r(cr)} = \frac{1}{2}\exp\left[\left(3.30 - 0.45\frac{B}{L}\right)\cot\left(45° - \frac{\varphi}{2}\right)\right]$$

因为是条形基础，$B/L = 0$，代入得

$$I_{r(cr)} = \frac{1}{2}\exp[3.30 \times \cot33°] = 80.5$$

3. 判断：$I_r > I_{r(cr)}$

故地基将发生整体剪切破坏。

9.3　地基临界荷载

9.3.1　临塑荷载 p_{cr}

假定地基为均质半无限弹性体，将地基中的剪切破坏区即塑性开展区限制在某一范围，确定其相应的承载力。允许塑性区有一定的开展范围，又保证地基能最大限度地安全、正常承担结构荷载时的基底压力确定为地基的设计承载力。按塑性开展区确定承载力的方法是弹塑性课题，目前尚无精确解答。本文的方法是：首先，依据弹性理论求出地基任意点附加应力，假定静止侧压力系数 $k_0 = 1$，由此得到地基中任意点自重应力与附加应

力的表达式；再应用极限平衡条件推求塑性区边界方程，从而通过限定塑性开展区的最大深度获得地基承载力公式。

设想在均质地基表面上有一条形基础，基础上作用均布铅直荷载，如图9-4所示，根据弹性理论，地基中 M 处由条形荷载 p_0 引起的附加应力：

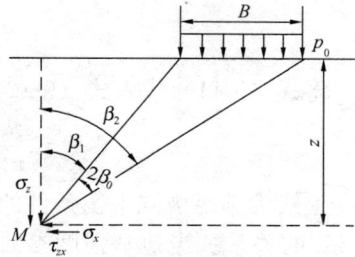

图 9-4　地基中的大、小主应力

$$\sigma_z = \frac{p_0}{\pi} \left[\sin\beta_2 \cos\beta_2 - \sin\beta_1 \cos\beta_1 + (\beta_2 - \beta_1) \right] \tag{9-3}$$

$$\sigma_x = \frac{p_0}{\pi} \left[-\sin(\beta_2 - \beta_1) \cos(\beta_2 + \beta_1) + (\beta_2 - \beta_1) \right] \tag{9-4}$$

$$\tau_{zx} = \frac{p_0}{\pi} (\sin^2\beta_2 - \sin^2\beta_1) \tag{9-5}$$

从材料力学可得，M 点的主应力与各应力分量之间的关系为：

$$\left. \begin{matrix} \sigma_1 \\ \sigma_3 \end{matrix} \right. = \frac{1}{2} \left[(\sigma_z + \sigma_x) \pm \sqrt{(\sigma_z + \sigma_x)^2 + 4\tau_{zx}^2} \right] \tag{9-6}$$

将式(9-3)、式(9-4)、式(9-5)代入式(9-6)得：

$$\left. \begin{matrix} \sigma_1 \\ \sigma_3 \end{matrix} \right. = \frac{p_0}{\pi} \left[(\beta_2 - \beta_1) \pm \sin(\beta_2 - \beta_1) \right] \tag{9-7}$$

记 $2\beta_0 = \beta_2 - \beta_1$，有

$$\left. \begin{matrix} \sigma_1 \\ \sigma_3 \end{matrix} \right. = \frac{p_0}{\pi} (2\beta_0 \pm \sin 2\beta_0) \tag{9-8}$$

作用在 M 点的应力除了由基底附加应力 p_0 引起的外，还有土自重应力。实际工程中基础一般都有埋深 d，则 M 点的土自重应力为：

$$\sigma_{cM} = \sigma_{cd} + \gamma z \tag{9-9}$$

$$\sigma_{cd} = \gamma_0 d \tag{9-10}$$

式中　σ_{cd}——基底土自重应力；

γ——持力层土重度；

γ_0——基础埋深范围土重度；

z——M 点距基底距离。

为了推导方便，假设地基土原有的自重应力场的土侧压力系数 $k_0 = 1$，具有静水压力性质，则自重应力场没有改变 M 点的附加应力场的大小和主应力的作用方向，M 点的总大小主应力为：

$$\left. \begin{matrix} \sigma_1 \\ \sigma_3 \end{matrix} \right. = \frac{p_0}{\pi} (2\beta_0 \pm \sin 2\beta_0) + \sigma_{cM} \tag{9-11}$$

式中　p_0——基底附加应力；其余符号的意义见图9-4。

当基础荷载大至 M 点应力达到极限平衡状态时，M 点的大小主应力满足下式极限平衡条件：

$$\sin\varphi = \frac{\sigma_1 - \sigma_3}{\sigma_1 + \sigma_3 + 2c\cot\varphi} \tag{9-12}$$

将式（9-11）代入式（9-12），经整理有：

$$z = \frac{p_0}{\pi\gamma}\left(\frac{\sin 2\beta_0}{\sin\varphi} - 2\beta_0\right) - \frac{c}{\gamma\tan\varphi} - d\frac{\gamma_0}{\gamma} \tag{9-13}$$

上式为满足极限平衡条件的塑性区边界方程，给出了塑性区边界上任意一点的坐标 z 与 $2\beta_0$ 的关系。当地基强度参数 c、φ 为已知，基底压力 p_0 和基础埋深 d 都确定时，z 是 $2\beta_0$ 的函数。在实际应用中，不必去描绘整个塑性区的边界，只需知道塑性开展区相对该基底压力 p_0 时的最大深度 z_{max}，可按数学上求极值的方法得到，由 $\frac{\mathrm{d}z}{\mathrm{d}\beta_0} = 0$ 的条件求得：

$$\frac{\mathrm{d}z}{\mathrm{d}\beta_0} = \frac{2p_0}{\pi\gamma}\left(\frac{\cos 2\beta_0}{\sin\varphi} - 1\right) = 0$$

$$\cos 2\beta_0 = \sin\varphi$$

$$2\beta_0 = \frac{\pi}{2} - \varphi \tag{9-14}$$

将式（9-14）代入式（9-13）有

$$z_{max} = \frac{p_0}{\pi\gamma}\left(\cot\varphi - \frac{\pi}{2} + \varphi\right) - \frac{c}{\gamma\tan\varphi} - \frac{\gamma_0}{\gamma}d \tag{9-15}$$

根据定义，临塑荷载为地基刚要出现还未出现塑性极限平衡区时的荷载，即 $z_{max} = 0$ 时的荷载，则令式（9-15）右侧为零。可得 p_{cr}：

$$p_{cr} = \frac{\pi(\gamma_0 d + c\cot\varphi)}{\cot\varphi - \frac{\pi}{2} + \varphi} + \gamma_0 d \tag{9-16}$$

或

$$p_{cr} = N_d \cdot \gamma_0 d + N_c \cdot c \tag{9-17}$$

其中，

$$N_d = \left[\frac{\pi}{\cot\varphi - \frac{\pi}{2} + \varphi} + 1\right] \tag{9-18}$$

$$N_c = \frac{\pi\cot\varphi}{\cot\varphi - \frac{\pi}{2} + \varphi} \tag{9-19}$$

式中 N_d、N_c——承载力系数，可由（9-18）与（9-19）两式计算得到，也可以由表 9-2 查得。

从式（9-17）可看出，临塑荷载 p_{cr} 由两部分组成，第一部分为基础埋深的影响，第二部分为地基土黏聚力的作用。这两部分都是内摩擦角的函数，随 φ 的增大而增大。p_{cr} 随埋深的增大而增大，随 c 的增大而增大。

9.3.2 临界荷载 $p_{1/3}$、$p_{1/4}$

工程实践表明，除了一些地基土特别软弱等特殊情况外，若采用不允许地基产生塑性区的临塑荷载 p_{cr} 作为地基承载力特征值，就不能充分发挥地基的承载能力，取值偏于保守。对于中等强度以上地基土，将控制地基土中塑性区在一定深度范围内的塑性荷载作为地基承载力特征值，使地基既有足够的安全度，保证稳定性，又能比较充分地发挥地基的承载能力，从而达到优化设计、减少基础工程量、节约投资的目的，符合经济合理的原则。允许塑性区开展深度的范围大小与建筑物的重要性、荷载性质和大小、基础形式和特性、地基土的物理力学性质等有关。根据工程实践经验，在中心荷载作用下，控制塑性区最大开展深度 $z_{max} = \frac{1}{4}b$，在偏心荷载下控制 $z_{max} = \frac{1}{3}b$，对一般建筑物是允许的。

根据定义，分别将 $z_{max} = \frac{1}{4}b$ 和 $z_{max} = \frac{1}{3}b$ 代入式（9-15）得：

$$p_{\frac{1}{4}} = \frac{\pi\gamma}{\cot\varphi - \frac{\pi}{2} + \varphi}\left(\frac{1}{4}b + d + \frac{c}{\gamma}\cot\varphi\right) + \gamma_0 d \tag{9-20}$$

或

$$p_{\frac{1}{4}} = N_{b\langle 1/4\rangle}\gamma b + N_d \cdot \gamma_0 d + N_c \cdot c \tag{9-21}$$

$$p_{\frac{1}{3}} = \frac{\pi\gamma}{\cot\varphi - \frac{\pi}{2} + \varphi}\left(\frac{1}{3}b + d + \frac{c}{\gamma}\cot\varphi\right) + \gamma_0 d \tag{9-22}$$

或

$$p_{\frac{1}{3}} = N_{b\langle 1/3\rangle}\gamma b + N_d \cdot \gamma_0 d + N_c \cdot c \tag{9-23}$$

其中：

$$N_{b\langle 1/4\rangle} = \frac{\pi}{4\left(\cot\varphi - \frac{\pi}{2} + \varphi\right)} \tag{9-24}$$

$$N_{b\langle 1/3\rangle} = \frac{\pi}{3\left(\cot\varphi - \frac{\pi}{2} + \varphi\right)} \tag{9-25}$$

式中，N_c、N_d——承载力系数，由式（9-18）与（9-19）两式确定，或查表 9-2 得到。

从式（9-21）和式（9-23）可以看出，塑性荷载由三部分组成，第一部分表现为基础宽度的影响，实际上是塑性区开展深度的影响；第二、三部分分别反映了基础埋深和地基土黏聚力对承载力的影响，后两部分组成了临塑荷载。N_b、N_c、N_d 是塑性荷载的承载力系数，它们都随内摩擦角 φ 的增大而增大，其值可查表 9-2 得到。分析塑性荷载的组成，可以看到它受地基土的性质、基础埋深、基础尺寸等因素的影响。

承载力系数 N_b、N_d、N_c　　　　　　　　　　　　　　　　表 9-2

内摩擦角 φ	$N_{b(1/4)}$	$N_{b(1/3)}$	N_d	N_c
0	0	0	1.0	3.14
2	0.03	0.04	1.12	3.32
4	0.06	0.08	1.25	3.51
6	0.10	0.13	1.39	3.71
8	0.14	0.18	1.55	3.93
10	0.18	0.24	1.73	4.17
12	0.23	0.31	1.94	4.42
14	0.29	0.39	2.17	4.69
16	0.36	0.47	2.43	5.00
18	0.43	0.57	2.72	5.31
20	0.51	0.68	3.06	5.66
22	0.61	0.81	3.44	6.04
24	0.72	0.95	3.87	6.45
26	0.84	1.11	4.37	6.90
28	0.98	1.30	4.93	7.40
30	1.15	1.52	5.59	7.95

内摩擦角 φ	$N_{b(1/4)}$	$N_{b(1/3)}$	N_d	N_c
32	1.34	1.77	6.35	8.55
34	1.55	2.06	7.21	9.22
36	1.81	2.40	8.25	9.97
38	2.11	2.79	9.44	10.80
40	2.45	3.25	10.84	11.73

以上各式从条形均布荷载，按弹性理论并且假定自重应力场的 $k_0=1$ 情况下推导得出，与工程中基底压力非均布、地基 $k_0 \neq 1$、地基已出现塑性区而非弹性、非理想条形基础等实际情况有一定距离。由于按塑性区开展深度确定承载力的方法在国内已使用了多年，积累了经验，在修正的基础上仍作为一种经验数值在工程界应用。

【例 9-2】　设一条形基础，底宽 $b=2.5\text{m}$，埋置深度 $d=1.2\text{m}$。地基土重度 $\gamma=19.0\text{kN/m}^3$，饱和重度 $\gamma_{sat}=19.8\text{kN/m}^3$，土的快剪强度指标 $c=10\text{kPa}$，$\varphi=10°$，求：

（1）地基的容许承载力 $p_{1/3}$ 与 $p_{1/4}$；

（2）若地下水位自深处上升至基底面，承载力有何变化？

【解】

由 $\varphi=10°$，查表 9-2，得承载力系数 $N_{\frac{1}{4}}=0.18$，$N_{\frac{1}{3}}=0.24$，$N_d=1.73$，$N_c=4.17$，将 b、d、γ 及承载力系数代入式（9-21）与式（9-23），得

（1）$p_{1/4}=\gamma b N_{\frac{1}{4}}+\gamma_0 d N_d + c N_c$

$\qquad = 19 \times 2.5 \times 0.18 + 19 \times 1.2 \times 1.73 + 10 \times 4.17$

$\qquad = 8.55 + 39.44 + 41.7 = 89.69\text{kPa}$

$\quad p_{1/3}=19 \times 2.5 \times 0.24 + 19 \times 1.2 \times 1.73 + 10 \times 4.17$

$\qquad = 11.4 + 39.44 + 41.7 = 92.54\text{kPa}$

（2）$p_{1/4}=9.8 \times 2.5 \times 0.18 + 19 \times 1.2 \times 1.73 + 10 \times 4.17$

$\qquad = 4.41 + 39.44 + 41.7 = 85.55\text{kPa}$

$\quad p_{1/3}=9.8 \times 2.5 \times 0.24 + 19 \times 1.2 \times 1.73 + 10 \times 4.17$

$\qquad = 5.88 + 39.44 + 41.7 = 87.02\text{kPa}$

由解得的结果可见，$p_{1/3}$ 大于 $p_{1/4}$；当地下水位上升时，由于地基土重度的变化，承载力将有所降低。由此可知，对工程而言，做好排水工作、防止地表水渗入地基、保持水环境，对保证地基具有足够的承载力具有重要意义。

9.4　地基极限承载力

9.4.1　普朗德尔—瑞斯纳极限承载力理论

一、普朗德尔—瑞斯纳课题的基本假定

在用极限平衡理论求解地基的极限承载力时，如果对问题作如下三个简化假定，就可

以把复杂的问题大为简化。这三个假定是：（1）把地基土当成无重介质，就是说，假设基础底面以下，土的重度 $\gamma=0$ 。（2）基础底面是完全光滑面。因为没有摩擦力，所以基底的压应力垂直于地面。（3）对于埋置深度 d 小于基础宽度 b 的浅基础，可以把基底平面当成地基表面，滑裂面只延伸到这一假定的地基表面。在这个平面以上基础两侧的土体，当成作用在基础两侧的均布荷载 $q=\gamma d$，d 表示基础的埋置深度。经过这样简化后，地基表面的荷载如图 9-5 所示。

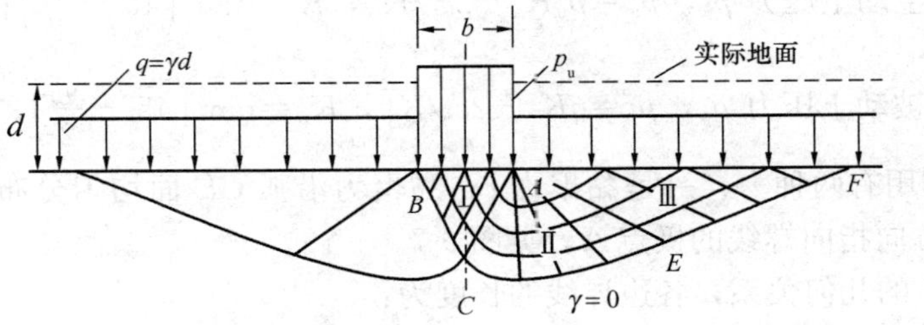

图 9-5　无重介质地基的滑裂线网

二、普朗德尔—瑞斯纳课题的解答

根据上述的基本假定，用特征线法解偏微分方程组可得到普朗德尔—瑞斯纳课题的解答。解题方法和步骤从略。主要结果如下：

1. 当荷载达到极限荷载 p_u 时，地基内出现连续的滑裂面。滑裂土体可以分成三个区域，如图 9-5 所示。其中Ⅰ区为朗肯主动区，Ⅲ区为朗肯被动区，Ⅱ区为过渡区。朗肯主动区的滑裂线与水平面成 $(45°+\varphi/2)$ 的夹角，朗肯被动区的滑裂线则与水平面成 $(45°-\varphi/2)$ 的夹角。过渡区Ⅱ的两组滑裂线，一组是自荷载边缘 A 点和 B 点引出的射线；另一组是连接Ⅰ、Ⅲ区滑裂线为对数螺线。对数螺线可表示为：

$$r=r_0 e^{\psi \tan\varphi} \tag{9-26}$$

式中　φ——土的内摩擦角；

r_0——Ⅱ区的起始半径，其值等于Ⅰ区的边界长度 $\overline{AC}$，ψ 为射线 r 与 r_0 的夹角，见图 9-6。

2. 地基的极限承载力 p_u 可表示为式（9-27）：

$$p_u = q\frac{1+\sin\varphi}{1-\sin\varphi}e^{\pi\tan\varphi}+c\cdot\cot\varphi\left(\frac{1+\sin\varphi}{1-\sin\varphi}e^{\pi\tan\varphi}-1\right)$$

$$= q\tan^2\left(45°+\frac{\varphi}{2}\right)e^{\pi\tan\varphi}+c\cdot\cot\varphi\left[\tan^2\left(45°+\frac{\varphi}{2}\right)e^{\pi\tan\varphi}-1\right]$$

$$= qN_q+cN_c \tag{9-27}$$

式中　N_q、N_c——承载力系数，是土的内摩擦角 φ 的函数：

$$N_q = \tan^2\left(45°+\frac{\varphi}{2}\right)e^{\pi\tan\varphi} \tag{9-28}$$

$$N_c = (N_q-1)\cdot\cot\varphi \tag{9-29}$$

通过理论分析，地基滑裂面的形状已确定，如图 9-5 所示。在这一前提下，采用刚体平衡方法，同样可以求出用式（9-27）所表示的极限承

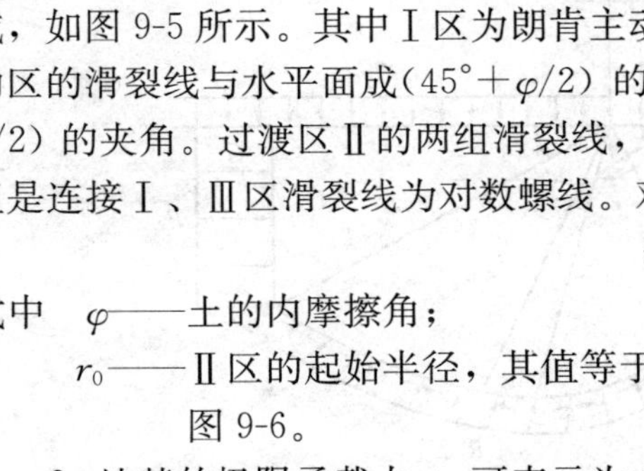

图 9-6　滑裂体的过渡区

载力 p_u。分析方法如下：

将图 9-5 所示的地基中的滑裂土体沿Ⅰ区和Ⅱ区的中线切开。取土体 $OCEGO$ 作为隔离体，如图 9-7 所示。该隔离体周边的作用力为：

$\overline{OA}$：待求的极限承载力 p_u；

$\overline{AG}$：侧荷载 $q = \gamma d$；

$\overline{OC}$：朗肯主动土压力 p_a，$p_a = p_u K_a - 2c\sqrt{K_a}$，$K_a = \tan^2\left(45° - \dfrac{\varphi}{2}\right)$；

$\overline{GE}$：朗肯被动土压力 p_p，$p_p = qK_p + 2c\sqrt{K_p}$，$K_p = \tan^2\left(45° + \dfrac{\varphi}{2}\right)$；

弧 CE：作用有两种力，一是黏聚力 c，黏聚力沿弧 CE 面均匀分布；另外还有反力 R，反力 R 的方向指向螺线的极点 A，见图 9-7。

根据图 9-7 的几何关系，各边界线的长度为：

$$\overline{OA} = \frac{b}{2};\ \overline{OC} = \frac{b}{2}\tan\left(45° + \frac{\varphi}{2}\right);\quad r_0 = \frac{b}{2\cos\left(45° + \dfrac{\varphi}{2}\right)};$$

$$r_1 = r_0 e^{\frac{\pi}{2}\tan\varphi};\ \overline{GE} = r_1\sin\left(45° - \frac{\varphi}{2}\right);\ \overline{AG} = r_1\cos\left(45° - \frac{\varphi}{2}\right)。$$

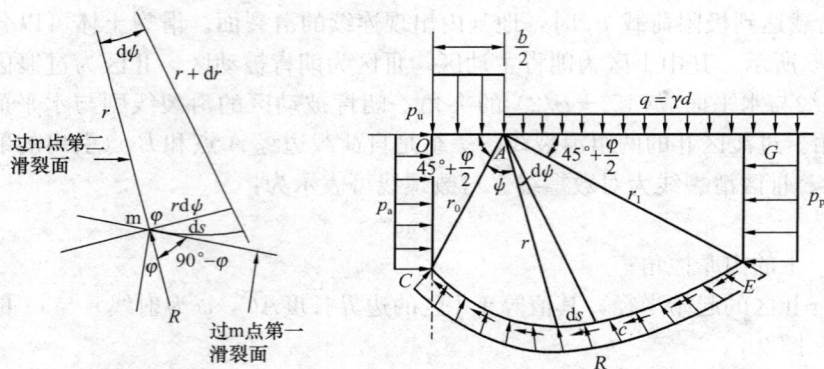

图 9-7 力平衡法求极限承载力

因为隔离体处于静力平衡状态，各边界面上的作用力对极点 A 取矩，应有 $\sum M_A = 0$，则

$$p_u \frac{b^2}{8} + p_a \frac{\overline{OC}^2}{2} = q\frac{\overline{AG}^2}{2} + p_p \frac{\overline{GE}^2}{2} + M_c \tag{9-30}$$

式中 M_c——弧面 CE 上黏聚力对极点 A 的力矩，可由式（9-31）求之：

$$M_c = \int c \cdot \mathrm{d}s \cdot \cos\varphi \cdot r \tag{9-31}$$

式中 c——土的黏聚力；

φ——土的内摩擦角；

$\mathrm{d}s$——与 $\mathrm{d}\psi$ 对应的滑裂面上的弧长，$\mathrm{d}s = \dfrac{r\mathrm{d}\psi}{\cos\varphi}$；

r——对应于 ψ 角的对数螺线半径。

代入式（9-31），得

$$M_c = \int_0^{\frac{\pi}{2}} cr^2 \mathrm{d}\psi = c\int_0^{\frac{\pi}{2}} (r_0 \mathrm{e}^{\psi\tan\varphi}) \mathrm{d}\psi = cr_0^2 \frac{1}{2\tan\varphi}(\mathrm{e}^{\pi\tan\varphi}-1) \tag{9-32}$$

将（9-32）和各个边界长度以及作用力代入式（9-30），整理后，也可以得到普朗德尔—瑞斯纳课题的地基极限承载力的表达式，该式与用特征线法求得的极限承载力公式（9-27）完全一致。

对于黏性大、排水条件差的饱和黏土地基，可按 $\varphi_u=0$ 法求极限承载力。这时，按式（9-27），其中 $N_q=1.0$，N_c 为不定解，可以用数学中的罗彼塔法则求之。对式（9-29）应用罗彼塔法则，得

$$\lim_{\varphi\to 0}N_c = \lim_{\varphi\to 0} \frac{\dfrac{\mathrm{d}}{\mathrm{d}\varphi}\left\{\left[\tan^2\left(45°+\dfrac{\varphi}{2}\right)\right]\mathrm{e}^{\pi\tan\varphi}-1\right\}}{\dfrac{\mathrm{d}}{\mathrm{d}\varphi}(\tan\varphi)} = \pi+2 = 5.14 \tag{9-33}$$

式（9-27）是条形基础极限承载力理论解，滑动面较符合实际，但因不考虑基地以下土重，显然不太合理，但该方法启迪了后人在此基础上进一步深入研究，得到一些极限承载力计算公式，并得到了普遍的应用。

9.4.2 太沙基极限承载力理论

对具体工程而言，普朗德尔理论进行了过分的简化，与实际有较大距离，太沙基对此进行了修正，他考虑：（1）地基土有重量，即 $\gamma\neq 0$；（2）基底粗糙；（3）不考虑基底以上填土的抗剪强度，把它仅看成作用在基底平面上的超载；（4）在极限荷载作用下地基发生整体剪切破坏；（5）破坏区有 5 个（一个 I 区，两个 II 区与 III 区），如图 9-8 所示，由于基底与土之间的摩擦力阻止了发生剪切位移，因此，基底以下的 I 区就像弹性核一样随着基础一起向下移动，称为弹性区，由于 $\gamma\neq 0$，弹性 I 区与过渡区（II 区）的交界面为一曲面，为工作方便在此假定为平面，它与水平面的夹角 ψ 介于 φ 与 $45°+\varphi/2$ 之间。II 区的滑动面假定由对数螺旋线和直线组成。除弹性楔体外，在滑动区域范围 II、III 区内的所有土体均处于塑性极限平衡状态，取弹性核为脱离体（见图 9-8c），并取竖直方向力的平衡，考虑单位长基础，有

$$Q_u + W = 2P_p\cos(\psi-\varphi) + cb\tan\psi \tag{9-34}$$

其中，

$$W = 1/4\gamma b^2 \tan\psi \tag{9-35}$$

式中　b——基础宽度；

γ——地基土重度，$\gamma=\rho g$，ρ 为土密度，g 为重力加速度；

ψ——楔体与水平面的夹角，$45°+\dfrac{\varphi}{2}>\psi>\varphi$；

c——地基土的黏聚力；

φ——地基土的内摩擦角；

P_p——作用于弹性楔体边界面 ab（或 a_1b）上分别由土的黏聚力 c、超载 q 和土重引起的被动土压力合力，即 $P_p=P_{pc}+P_{pq}+P_{p\gamma}$，它们分别是 c、q、γ 项的被动土压力系数 k_{pc}、k_{pq}、$k_{p\gamma}$ 的函数。太沙基建议采用下式简化确定：

$$P_p = \frac{b}{2\cos^2\varphi}\left(ck_{pc} + qk_{pq} + \frac{1}{4}\gamma b\tan\varphi \cdot k_{p\gamma}\right) \tag{9-36}$$

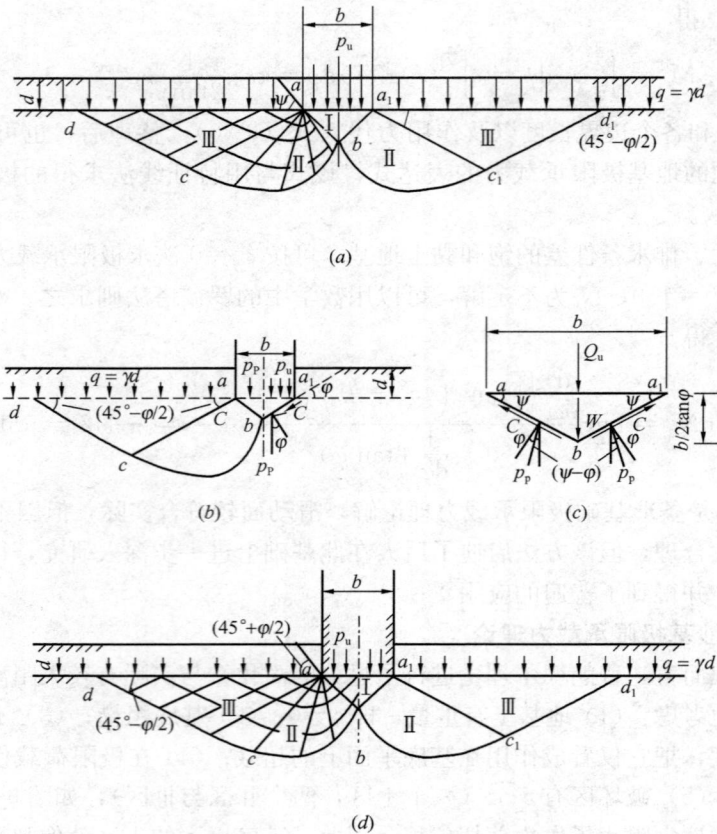

图 9-8　太沙基承载力课题

（a）粗糙基底；（b）完全粗糙基底；（c）弹性楔体受力状态；（d）完全光滑基底

将式（9-36）代入式（9-34），可得到

$$P_u = \frac{Q_u}{b} = cN_c + qN_q + \frac{1}{2}\gamma b N_\gamma \tag{9-37}$$

式中　N_c、N_q、N_γ——粗糙基底的承载力系数，是 φ、ψ 的函数。

式（9-37）即为基底粗糙情况下太沙基承载力理论公式。其中，弹性楔体两侧对称边界面与水平面的夹角 ψ 为未定值。

太沙基给出了基底完全粗糙情况的解答，此时，弹性楔体两侧面与水平面的夹角 $\psi = \varphi$，承载力系数由下式确定：

$$\begin{cases} N_c = \left[\dfrac{e^{\left(\frac{3}{2}\pi - \varphi\right)\tan\varphi}}{2\cos^2\left(45° + \dfrac{\varphi}{2}\right)} - 1 \right]\cot\varphi = (N_q - 1)\cot\varphi \\[4mm] N_q = \dfrac{e^{\left(\frac{3}{2}\pi - \varphi\right)\tan\varphi}}{2\cos^2\left(45° + \dfrac{\varphi}{2}\right)} \\[4mm] N_\gamma = \dfrac{1}{2}\left(\dfrac{k_{p\gamma}}{\cos^2\varphi} - 1\right)\tan\varphi \end{cases} \tag{9-38}$$

从上式可知，承载力系数为土的内摩擦角 φ 的函数，表示土重影响的承载力系数 N_γ

包含相应被动土压力系数 k_{py}，需由试算确定。

对完全粗糙情况，太沙基给出了承载力系数，如图 9-9 所示。由内摩擦角 φ 直接从图 9-9 或表 9-3 可查得 N_c、N_q、N_γ。

式（9-38）为在假定条形基础下地基发生整体剪切破坏情况下得到的，对于实际工程中存在的方形、圆形和矩形基础，或地基发生局部剪切破坏情况，太沙基给出了相应的经验公式。

对地基发生局部剪切破坏的情况，太沙基建议对土的抗剪强度进行折减，通常取原抗剪强度指标的 2/3，即

$$c^* = \frac{2}{3}c \tag{9-39}$$

$$\varphi^* = \tan^{-1}\left(\frac{2}{3}\tan\varphi\right) \tag{9-40}$$

太沙基公式承载力系数表　　　　　　　　　　　　表 9-3

φ (°)	N_γ	N_q	N_c	φ (°)	N_γ	N_q	N_c
0	0	1.00	5.7	22	6.5	9.17	20.2
2	0.23	1.22	6.5	24	8.6	11.4	23.4
4	0.39	1.48	7.0	26	11.5	14.2	27.0
6	0.63	1.81	7.7	28	15	17.8	31.6
8	0.86	2.2	8.5	30	20	22.4	37.0
10	1.20	2.68	9.5	32	28	28.7	44.4
12	1.66	3.32	10.9	34	36	36.6	52.8
14	2.20	4.00	12.0	36	50	47.2	63.6
16	3.0	4.91	13.6	38	90	61.2	77.0
18	3.9	6.04	15.5	40	130	80.5	94.8
20	5.0	7.42	17.6				

根据调整后的 c^*、φ^* 由图表查得 N_c、N_q、N_γ 后，按式（9-37）计算局部剪切破坏极限承载力。或者，根据 c、φ 查得 N'_c、N'_q、N'_γ，再按下式计算极限承载力

$$P_u = \frac{2}{3}cN'_c + qN'_q + \frac{1}{2}\gamma bN'_\gamma \tag{9-41}$$

对于圆形或方形基础，太沙基建议按下列半经验公式计算地基极限承载力。对方形基础（宽度为 b）

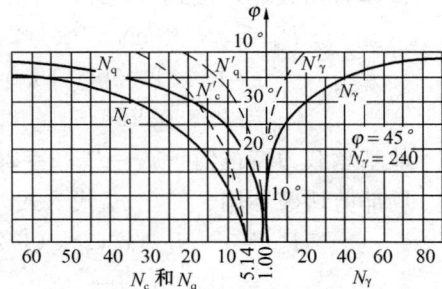

图 9-9　太沙基承载力课题

整体剪切破坏　　　　$P_u = 1.2cN_c + qN_q + 0.4\gamma bN_\gamma$ （9-42）

局部剪切破坏　　　　$P_u = 0.8cN'_c + qN'_q + 0.4\gamma bN'_\gamma$ （9-43）

对圆形基础（半径为 b）：

整体剪切破坏　　　　$P_u = 1.2cN_c + qN_q + 0.6\gamma bN_\gamma$ （9-44）

局部剪切破坏　　　　$P_u = 0.8cN'_c + qN'_q + 0.6\gamma bN'_\gamma$ （9-45）

对宽度 b，长度 l 的矩形基础，可按 b/l 值在条形基础（$b/l=0$）和方形基础（$b/l=1$）的计算极限承载力之间用插入法求得。

根据太沙基理论求得的是地基极限承载力，在此一般取它的（1/2～1/3）作为地基承载力特征值，这里的 2～3 称安全系数或安全度，是一种安全储备。它的取值大小与结构

类型、建筑重要性、荷载的性质等有关。因此，对太沙基理论一般取 $2\sim3$。

从图9-9或表9-3可知，当 $\varphi=0$ 时，$N_\gamma=0$。针对这种情况，斯肯普顿建议对作用在软黏土地基（$\varphi=0$）上宽度为 b、长度为 l、埋深 d 小于2.5倍基础宽度的矩形基础，按下式估算地基极限承载力：

$$P_u = 5.14c_u\left(1+0.2\frac{b}{l}\right)\left(1+0.2\frac{d}{b}\right)+\gamma_0 d \qquad (9\text{-}46)$$

式中 c_u——土的不排水抗剪强度。

式（9-46）即为斯肯普顿极限承载力公式。按斯肯普顿公式估算极限承载力时，其安全度一般取 $1.1\sim1.5$。

【例9-3】 某条形基础置于一均质地基上，宽3m，埋深1m，地基土天然重度为18.0kN/m³，饱和重度为18.27kN/m³，抗剪强度指标 $c=15$kPa，$\varphi=12°$。试求：

（1）按太沙基理论求地基整体剪切破坏和局部剪切破坏时极限承载力，取安全系数为2，求相应的地基承载力特征值。

（2）直径或边长为3m的圆形、方形基础，其他条件不变，地基产生了整体剪切破坏和局部剪切破坏，试按太沙基理论求地基极限承载力。

（3）要求（1）、（2）中，若地下水位上升到基础底面，承载力各为多少？

【解】

根据题意，有：$c=15$kPa，$\varphi=12°$，$\gamma=18.0$kN/m³，$b=3$m，$d=1.0$m，$q=18$kPa。查表得：$N_c=10.90$，$N_q=3.32$，$N_\gamma=1.66$。

当 $c^*=(2/3)c=10$kPa，$\varphi^*=(2/3)\varphi=8°$ 时，$N_c=8.50$，$N_q=2.20$，$N_\gamma=0.86$。

1. 对条形基础

整体剪切破坏，按式（9-37）计算

$$\begin{aligned}P_u &= cN_c+qN_q+(1/2)\gamma bN_\gamma\\&= 15\times10.90+18.0\times3.32+(1/2)\times18.0\times3.0\times1.66\\&= 268.08\text{kPa}\end{aligned}$$

地基承载力特征值 $f_k=P_u/2=268.08/2=134.04$kPa

局部剪切破坏用 c^*、φ^* 代入式（9-37）计算

$$\begin{aligned}P_u &= c^*N_c+qN_q+(1/2)\gamma bN_\gamma\\&= 10\times8.50+18.0\times2.20+(1/2)\times18.0\times3.0\times0.86\\&= 147.82\text{kPa}\end{aligned}$$

地基承载力特征值 $f_k=P_u/2=147.82/2=73.91$kPa

2. 边长为3m的方形基础

整体剪切破坏按式（9-42）计算

$$\begin{aligned}P_u &= 1.2cN_c+qN_q+0.4\gamma bN_\gamma\\&= 1.2\times15.0\times10.90+18.0\times3.32+0.4\times18.0\times3.0\times1.66\\&= 291.82\text{kPa}\end{aligned}$$

$$f_k=P_u/2=291.82/2=145.91\text{kPa}$$

局部剪切破坏按式（9-43）计算

$$P_u = 0.8cN_c'+qN_q'+0.4\gamma bN_\gamma'$$

$$= 0.8 \times 15.0 \times 8.5 + 18.0 \times 2.20 + 0.4 \times 18.0 \times 3.0 \times 0.86$$
$$= 160.18 \text{kPa}$$
$$f_k = P_u/2 = 80.09 \text{kPa}$$

3. 半径为 1.5m 的圆形基础

整体剪切破坏按式 (9-44) 计算

$$P_u = 1.2 c N_c + q N_q + 0.6 \gamma b N_\gamma$$
$$= 1.2 \times 15.0 \times 10.90 + 18.0 \times 3.32 + 0.6 \times 18.0 \times 1.5 \times 1.66$$
$$= 282.85 \text{kPa}$$
$$f_k = P_u/2 = 141.43 \text{kPa}$$

整体剪切破坏按式 (9-45) 计算

$$P_u = 0.8 c N'_c + q N'_q + 0.6 \gamma b N'_\gamma$$
$$= 0.8 \times 15.0 \times 8.50 + 18.0 \times 2.20 + 0.6 \times 18.0 \times 1.5 \times 0.86$$
$$= 155.53 \text{kPa}$$
$$f_k = P_u/2 = 77.77 \text{kPa}$$

4. 地下水位上升到基础底面，则各公式中的 γ 应由 γ' 代替，$\gamma' = 8.27 \text{kN/m}^3$，则有：

条形基础整体剪切破坏

$$P_u = 15.0 \times 10.90 + 18.0 \times 3.32 + (1/2) \times 8.27 \times 3.0 \times 1.66 = 243.85 \text{kPa}$$
$$f_k = P_u/2 = 121.93 \text{kPa}$$

条形基础局部剪切破坏

$$P_u = 10 \times 8.5 + 18.0 \times 2.20 + (1/2) \times 8.27 \times 3.0 \times 0.86 = 135.27 \text{kPa}$$
$$f_k = P_u/2 = 67.63 \text{kPa}$$

方形基础整体剪切破坏

$$P_u = 1.2 \times 15.0 \times 10.90 + 18.0 \times 3.32 + (1/2) \times 8.27 \times 3.0 \times 1.66 = 276.55 \text{kPa}$$
$$f_k = P_u/2 = 138.28 \text{kPa}$$

方形基础局部剪切破坏

$$P_u = 0.8 \times 15.0 \times 8.50 + 18.0 \times 2.20 + 0.4 \times 8.27 \times 3.0 \times 0.86 = 150.13 \text{kPa}$$
$$f_k = P_u/2 = 134.16 \text{kPa}$$

圆形基础局部剪切破坏

$$P_u = 0.8 \times 15.0 \times 8.50 + 18.0 \times 2.20 + 0.6 \times 8.27 \times 1.5 \times 0.86 = 148.00 \text{kPa}$$
$$f_k = P_u/2 = 74.00 \text{kPa}$$

9.4.3　魏锡克极限承载力理论

魏锡克于 20 世纪 70 年代，在普朗德尔理论基础上，考虑了土自重，得到条形基础在中心荷载作用下的极限承载力基本公式：

$$p_u = c N_c + q N_q + \frac{1}{2} \gamma b N_\gamma \tag{9-47}$$

式中　　　c——地基土的黏聚力；

q——基础两侧土的超载；

γ——地基土的重度；

N_γ、N_q、N_c——承载力系数，分别查表 9-4 或由以下各式确定：

$$N_q = e^{\pi\tan\varphi} \tan^2\left(45° + \frac{\varphi}{2}\right) \tag{9-48}$$

$$N_c = (N_q - 1)\cot\varphi \tag{9-49}$$

$$N_\gamma = 2(N_q + 1)\tan\varphi \tag{9-50}$$

其余符号同前。

应该指出，许多地基极限承载力公式都可以写成式（9-47）的形式，其中承载力系数 N_c 和 N_q 相同，而 N_γ 差别较大，魏锡克用了式（9-50），并指出与实际分析的结果相比较，所引起的误差是偏于安全的。当 $15°<\varphi<45°$ 时，误差不超过 10%；当 $20°<\varphi<45°$ 时，误差不超过 5%，为了简化计算，可应用式（9-50）来计算承载力因数 N_γ，其他各承载力公式中的 N_γ 与式（9-50）相比，可小到该式的 1/3 或大到它的两倍。

魏锡克根据影响承载力的各种因素对式（9-47）进行修正，例如，基础底面的形状、偏心和倾斜荷载、基础两侧覆盖层的抗剪强度、基底和地面倾斜、土的压缩性影响等。到目前为止，认为魏锡克承载力公式考虑的影响因素最多，是比较全面的。下面简要介绍基础形状、偏心和倾斜荷载以及覆盖层抗剪强度的影响。

（1）基础形状的影响

式（9-47）适合于条形基础，对于方形和圆形基础，采用半经验的基础形状因数加以修正。修正后的极限承载力公式为：

$$p_u = cN_cS_c + qN_qS_q + \frac{1}{2}\gamma b N_\gamma S_\gamma \tag{9-51}$$

式中　S_c、S_q、S_γ——基础形状因数，按以下各式确定：

矩形基础：

$$\left.\begin{array}{l} S_c = 1 + \dfrac{b}{l}\dfrac{N_q}{N_c} \\[2mm] S_q = 1 + \dfrac{b}{l}\tan\varphi \\[2mm] S_\gamma = 1 - 0.4\dfrac{b}{l} \end{array}\right\} \tag{9-52}$$

式中　b——基础宽度；

l——基础长度。

圆形和方形基础

$$\left.\begin{array}{l} S_c = 1 + \dfrac{N_q}{N_c} \\[2mm] S_q = 1 + \tan\varphi \\[2mm] S_\gamma = 0.60 \end{array}\right\} \tag{9-53}$$

（2）偏心和倾斜荷载的影响

分析表明，偏心和倾斜荷载作用下，极限承载力有所降低。对于偏心荷载，如为条形基础，用有效宽度 $b' = b - 2e$（e 为偏心距）来代替原来的宽度 b；如为矩形基础，则用有效面积 $A' = b'l'$ 代替原来面积 A，其中 $b' = b - 2e_b$，$l' = l - 2e_l$，e_b，e_l 分别为荷载在短边和长边方向的偏心距。

$\varphi\ (°)$	N_c	N_q	N_γ	$\varphi\ (°)$	N_c	N_q	N_γ
0	5.14	1.00	0.00	26	22.25	11.85	12.54
1	5.38	1.09	0.07	27	23.94	13.20	14.47
2	5.63	1.20	0.15	28	25.80	14.72	16.72
3	5.90	1.31	0.24	29	27.86	16.44	19.34
4	6.19	1.43	0.34	30	30.14	18.40	22.40
5	6.49	1.57	0.45				
6	6.81	1.72	0.57	31	32.67	20.63	25.99
7	7.16	1.88	0.71	32	35.49	23.18	30.22
8	7.53	2.06	0.86	33	38.64	26.09	35.19
9	7.92	2.25	1.03	34	42.16	29.44	41.06
10	8.35	2.47	1.22	35	46.12	33.30	48.03
11	8.80	2.71	1.44	36	50.59	37.75	56.31
12	9.28	2.97	1.60	37	55.63	42.92	66.19
13	9.81	3.26	1.97	38	61.35	48.93	78.03
14	10.37	3.59	2.29	39	67.87	55.96	92.25
15	10.98	3.94	2.65	40	75.31	64.20	109.41
16	11.63	4.34	3.06	41	83.86	73.90	130.22
17	12.34	4.77	3.53	42	93.71	85.38	155.55
18	13.10	5.26	4.07	43	105.11	99.02	186.54
19	13.93	5.80	4.68	44	118.37	115.31	224.64
20	14.83	6.40	5.39	45	133.88	134.88	271.76
21	15.82	7.07	6.20	46	152.10	158.51	330.35
22	16.88	7.82	7.13	47	173.64	187.21	403.67
23	18.05	8.66	8.20	48	199.26	222.31	496.01
24	19.32	9.60	9.44	49	229.93	265.51	613.16
25	20.72	10.66	10.88	50	266.89	319.07	762.89

对于倾斜荷载，用荷载倾斜因数对承载力公式进行修正，当偏心和倾斜荷载同时存在时，极限承载力按下式确定：

$$p_u = cN_cS_ci_c + qN_qS_qi_q + \frac{1}{2}\gamma bN_\gamma S_\gamma i_\gamma \tag{9-54}$$

式中 i_c、i_q、i_γ——荷载倾斜因数，由以下各式确定：

$$i_c = \begin{cases} 1 - \dfrac{mH}{b'l'cN_c} & \varphi = 0 \\[2mm] i_q - \dfrac{1-i_q}{N_c\tan\varphi} & \varphi > 0 \end{cases} \tag{9-55}$$

$$i_q = \left(1 - \frac{H}{Q + b'l'c \cdot \cot\varphi}\right)^m \tag{9-56}$$

$$i_\gamma = \left(1 - \frac{H}{Q + b'l'c \cdot \cot\varphi}\right)^{m+1} \tag{9-57}$$

上列各式中

Q、H——倾斜荷载在基底上的垂直分力和水平分力；

l'、b'——基础的有效长度和宽度；

m——系数，由以下各式确定：

当荷载在短边方向倾斜时

$$m_b = \frac{2 + (b/l)}{1 + (b/l)} \tag{9-58}$$

当荷载在长边方向倾斜时

$$m_l = \frac{2 + (l/b)}{1 + (l/b)} \tag{9-59}$$

对于条形基础 $\qquad\qquad\qquad m = 2 \tag{9-60}$

如果荷载在任意方向倾斜

$$m_n = m_l \cos^2\theta_n + m_b \sin^2\theta_n \tag{9-61}$$

式中 θ_n——荷载在任意方向的倾角。

（3）基础两侧覆盖层抗剪强度的影响

式（9-47）忽略了基础底面以上两侧覆盖层土的抗剪强度，考虑这个影响，承载力应该有所提高，极限承载力的表达式为：

$$p_u = cN_c S_c i_c d_c + qN_q S_q i_q d_q + \frac{1}{2}\gamma b N_\gamma S_\gamma i_\gamma d_\gamma \tag{9-62}$$

式中 d_c、d_q、d_γ——基础埋深修正因数，可按以下各式确定：

$$d_q = \begin{cases} 1 + 2\tan\varphi(1 - \sin\varphi)^2 \dfrac{d}{b} & (d \leqslant b) \\ 1 + 2\tan\varphi(1 - \sin\varphi)^2 \tan^{-1}(d/b) & (d > b) \end{cases} \tag{9-63}$$

$$d_c = \begin{cases} 1 + 0.4\dfrac{d}{b} & \varphi = 0, d \leqslant b \\ 1 + 0.4\tan^{-1}(d/b) & \varphi = 0, d > b \\ d_q - \dfrac{1 - d_q}{N_c \tan\varphi} & \varphi > 0 \end{cases} \tag{9-64}$$

$$d_\gamma = 1 \tag{9-65}$$

9.4.4 影响极限承载力的因素

地基极限承载力的普遍公式可写成：

$$p_u = \frac{1}{2}\gamma b N_\gamma + \gamma_0 d N_q + cN_c \tag{9-66}$$

上式表明，地基极限承载力由如下三部分所组成：

（1）滑裂土体自重所产生的抗力；

（2）基础两侧均布荷载 q 所产生的抗力；

（3）滑裂面上黏聚力 c 所产生的抗力。

第一种抗力的大小，除了决定于土的重度 γ 和内摩擦角 φ 以外，还决定于滑裂土体的体积。图 9-10（a）表明，基础的宽度 b 增加 1 倍时，滑裂土体的长度和深度都跟着成倍增长。对于平面问题，体积将增加 3 倍。或者说滑裂土体的体积与基础的宽度大体上是平方的关系。由此可以推论，极限承载力将随基础宽度 b 的增加而线性增加，即极限承载力 p_u 是 b 的线性函数。

第二种抗力的大小，除决定于侧面荷载 q 外，还与滑裂体内 q 的分布范围有关，也就是受滑裂面形状的影响。因此，系数 N_q 也是内摩擦角 φ 的函数。此外，滑裂面内荷载 q 的分布长度大体上也是随基础宽度 b 的增加而线性增加，因此侧荷载所引起的极限承载力 p_u 与基础的宽度无关。

第三种抗力的大小，首先决定于土的黏聚力 c，其次决定于滑裂面的长度。滑裂面的长度也就是滑裂面的形状，它与土的内摩擦角有关，因此系数 N_c 是 φ 值的函数。另外，从图 9-10 分析，滑裂面的尺度大体上与基础宽度按相同的比例增加。因此，由黏聚力 c 所引起的极限承载力，不受基础宽度的影响。

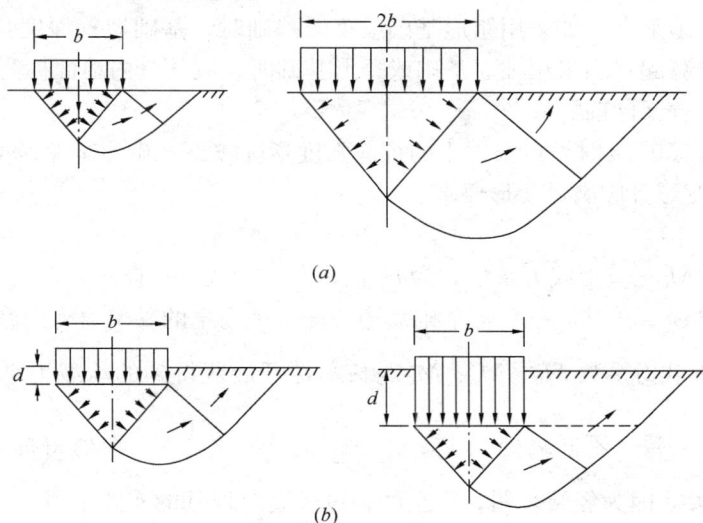

图 9-10　极限承载力影响因素
（a）宽度对挤出土体体积的影响；（b）埋深对挤出土体体积的影响

综合以上的分析，地基的极限承载力值不但决定于土的强度特性 c、φ 值，而是还与基础的宽度 b、基础的埋置深度 d 有密切的关系。宽度 b 和埋置深度 d 愈大，地基的极限承载力也愈高。承载力系数 N_γ、N_q、N_c 值，则仅与滑裂面的形状有关，所以只决定于 φ 值的大小。

9.5　按规范方法确定地基承载力

首先需要指出的是，不同行业制定其本行业的规范，不同规范之间的差异和相似并存，这是因为考虑到各行业的工程特点。然而，各行业所用的基本方法和基本理论是一致的。规范承载力表是在总结科研成果和工程实践经验的基础上制定的。利用现场勘察资料或室内试验资料直接查表得到承载力的标准值或承载力的基本值。本节主要介绍《建筑地基基础设计规范》（GB 50007—2011）承载力表确定地基承载力及相关问题。应该指出，随着技术的进步，资料和经验的积累，规范将随时修订，应用时应依照现行规范。作为教材，学生主要学会规范的应用和有关设计思路。

首先根据静载荷试验或其他原位测试或公式计算，并结合地区工程经验综合确定地基

承载力特征值 f_{ak}。然后按下列公式进行宽深修正，得到修正后的承载力特征值 f_a 才作为设计采用值。应说明的是，初设时因基础底面尺寸未知，可先不作宽度修正。

$$f_a = f_{ak} + \eta_b \gamma (b-3) + \eta_d \gamma_m (d-0.5) \qquad (9-67)$$

式中　η_b、η_d——基础宽度和埋深的地基承载力修正系数，可由表 9-5 查得；

　　　b——基础底面宽度（m），当 $b<3m$ 时，取 $b=3m$ 计算；但当 $b>6m$ 时，只取 $b=6m$ 计算；

　　　d——基础埋深（m），一般自室外地面标高算起。在填方整平地区可自填方表面算起。但在上部结构施工后完成填土时，应从天然地面标高算起。对地下室，如采用箱形基础或筏形基础时，基础埋置深度自室外地面标高算起。当采用独立基础或条形基础时，应从室内地面标高起算；

　　　γ、γ_m——含义同前。

当偏心距 $e \leqslant 0.033b$ 时，可根据土的抗剪强度指标按下式确定地基承载力特征值 f_a，但必须验算地基变形且应满足变形要求。

$$f_a = M_b \gamma b + M_d \gamma_m d + M_c c_k \qquad (9-68)$$

式中　M_b、M_d、M_c——承载力系数，为 φ_k 的函数，由表 9-6 查取。

　　　c_k、φ_k——基底下一倍基础短边长度范围内土的黏聚力、内摩擦角。

式（9-68）承载力系数 M_b、M_d、M_c 与按塑性开展区得到的承载力系数 $\frac{1}{2} N_\gamma$、N_q、N_c 在理论概念上一致。不同之处在于，$\varphi_k > 22°$ 时 M_b 比 $\frac{1}{2} N_{1/4}$ 取值得提高，φ_k 越大 M_b 值提高的比例越大。因为经验表明，当土的强度较高时地基的实际承载力大于理论公式的计算值，故规范在应用理论公式时做了修正。

承载力修正系数　　　　　　　　　　表 9-5

土 的 类 别		η_b	η_d
淤泥和淤泥质土		0	1.0
人工填土 e 或 I_L 大于等于 0.85 的黏土		0	1.0
红黏土	含水比 $\alpha_w > 0.8$	0	1.2
	含水比 $\alpha_w \leqslant 0.8$	0.15	1.4
大面积压实填土	压实系数大于 0.95、黏粒含量 $\rho_c \geqslant 10\%$ 的粉土	0	1.5
	最大干密度大于 2.1t/m³ 的级配砂石	0	2.0
粉土	黏粒含量 $\rho_c \geqslant 10\%$ 的粉土	0.3	1.5
	黏粒含量 $\rho_c < 10\%$ 的粉土	0.5	2.0
e 及 I_L 均小于 0.85 的黏性土		0.3	1.6
粉砂、细砂（不包括很湿与饱和时的稍密状态）		2.0	3.0
中砂、粗砂、砾砂和碎石土		3.0	4.4

注：1. 强风化和全风化的岩石，可参照所风化成的相应土类取值，其他状态的岩石不修正；
　　2. 地基承载力特征值按规范深层平板载荷试验确定时 η_d 取 0。

210

土的内摩擦角标准值 φ_k（°）	M_b	M_d	M_c
0	0	1.00	3.14
2	0.03	1.12	3.32
4	0.06	1.25	3.51
6	0.10	1.39	3.71
8	0.14	1.55	3.93
10	0.18	1.73	4.17
12	0.23	1.94	4.42
14	0.29	2.17	4.69
16	0.36	2.43	5.00
18	0.43	2.72	5.31
20	0.51	3.06	5.66
22	0.61	3.44	6.04
24	0.80	3.87	6.45
26	1.10	4.37	6.90
28	1.40	4.93	7.40
30	1.90	5.59	7.95
32	2.60	6.35	8.55
34	3.40	7.21	9.22
36	4.20	8.25	9.97
38	5.00	9.44	10.80
40	5.80	10.84	11.73

注：φ_k——基底下一倍短边宽深度内的内摩擦角标准值。

【例 9-4】 地基为粉质黏土，其重度为 18.6kN/m³，孔隙比 $e=0.63$，液性指数 $I_L=0.44$，经现场标准贯入试验测得地基承载力特征值为 $f_{ak}=260$kPa。已知条形基础宽 3.5m，埋置深度 1.8m。（1）试采用《建筑地基基础设计规范》确定地基承载力；（2）若传至基础顶面的建筑物荷载为 1020kN，试问地基承载力是否满足要求？

【解】

（1）根据《建筑地基基础设计规范》，当基础宽度超过 3m，埋深超过 0.5m 时，承载力特征值应按公式（9-67）进行修正。根据持力层土的 $I_L=0.44$ 查表 9-5 得承载力修正系数 $\eta_b=0.3$，$\eta_d=1.6$；则修正后的地基承载力特征值为：

$$f_a = f_{ak} + \eta_b \gamma (b-3) + \eta_b \gamma_m (d-0.5)$$
$$= 260 + 0.3 \times 18.6 \times (3.5-3) + 1.6 \times 18.6 \times (1.8-0.5)$$
$$= 301.5 \text{kPa}$$

（2）已知作用于基础顶面的荷载 $F_N=1020$kN，基础宽度 $b=3.5$m，基础自重 $F_G=\bar{\gamma} \times b \times d = 20 \times 3.5 \times 1.8 = 126$kN，则基底压应力

$$p = \frac{F_N + F_G}{b} - \gamma_m d = \frac{1020+126}{3.5} - 18.6 \times 1.8 = 293.9 \text{kPa} < f_a = 301.5 \text{kPa}$$

地基承载力满足要求。

思　考　题

1. 进行地基基础设计时，地基必须满足哪些条件？为什么？
2. 地基发生剪切破坏的类型有哪些？其中整体剪切破坏的过程和特征怎样？

3. 确定地基承载力的方法有哪几类？

4. 按塑性开展区方法确定地基承载力的推导是否严谨？为什么？

5. 确定地基极限承载力时，为什么要假定滑动面？各种公式假定中，你认为哪些假定较合理？哪些假定可能与实际有较大差异？

6. 试分别就理论方法和规范方法分析研究影响地基承载力的因素有哪些。其影响的结果分别怎样？

习　　题

1. 条形基础的宽度 $b=2.5\mathrm{m}$，基础埋深 $d=1.2\mathrm{m}$，地基为均质黏性土，$c=12\mathrm{kPa}$，$\varphi=18°$，$\gamma=19.0\mathrm{kN/m^3}$，试求地基承载力的 p_{cr}，$p_{1/4}$ 值为多少？

2. 条形基础，b、d 及地基土性质同 [1] 题，用太沙基曲线和太沙基系数表计算地基的极限承载力。

3. 矩形基础，宽 $3.0\mathrm{m}$，长 $5.0\mathrm{m}$，基础埋深 $d=2.5\mathrm{m}$，地基持力层为饱和软黏土 $\varphi\rightarrow0$，$c_u=10\mathrm{kPa}$，$\gamma=19.0\mathrm{kN/m^3}$，试计算此时的 p_u。

4. 一个方形基础，受垂直中心荷载作用，基础宽 $b=3.0\mathrm{m}$，基础埋深 $d=2.5\mathrm{m}$，地基土的 $\gamma=18.5\mathrm{kN/m^3}$，$c=30\mathrm{kPa}$，$\varphi=0°$，试求 p_u。

5. 地基为均匀中砂，$\gamma=16.7\mathrm{kN/m^3}$，条形基础 $b=2.0\mathrm{m}$，基础埋深 $d=1.2\mathrm{m}$，对地基持力层进行标准贯入试验得 $N=20$，求地基承载力的标准值 f_k。

6. 某楼房条形基础，基础埋深 $d=1.20\mathrm{m}$，$b=4.5\mathrm{m}$。地基土质为粉土，$f_{ak}=230\mathrm{kPa}$，$I_p=10$，$\gamma=17.4\mathrm{kN/m^3}$，$d_s=2.69$，$w=20\%$，$w_L=25\%$，$w_p=15\%$，求地基承载力特征值 f_a。

7. 有一长条形基础，宽 $4.0\mathrm{m}$，埋置深度 $d=3.0\mathrm{m}$，测得地基土的各项指标为 $\gamma=17\mathrm{kN/m^3}$，$w=25\%$，$w_L=35\%$，$w_p=17\%$，$d_s=2.70$，已知力学指标为 $c=10\mathrm{kPa}$，$\varphi=12°$。试求：

(1) 由物理指标求地基承载力特征值 f_a。

(2) 由力学指标求 $p_{1/4}$ 和 p_u 的值。

本　章　参　考　文　献

1. 杨位洸. 地基及基础（第三版）. 北京：中国建筑工业出版社，1999.

2. 龚晓南. 土力学. 北京：中国建筑工业出版社，2006.

3. 卢廷浩. 土力学. 北京：河海大学出版社，2002.

4. 赵树德. 土力学. 北京：高等教育出版社，2001.

5. 陈仲颐. 周景星，王洪瑾. 土力学，北京：清华大学出版社，1994.

6. 韩晓雷. 土力学地基基础. 北京：冶金工业出版社，2004.

7. 钱家欢. 土力学（第二版）. 河海大学出版社，1997.

第 10 章　土坡稳定性分析

10.1　概　　述

边坡稳定分析是岩土工程实践和研究领域的主要课题之一。边坡按其材料组成分为岩质边坡、土质边坡和过渡型边坡。岩质边坡的稳定性主要受结构面控制，常采用楔体分析法；土质边坡又简称土坡，又可分为无黏性土土坡和黏性土土坡，无黏性土土坡分析起来简单，而黏性土土坡相对较为复杂，边坡稳定性常采用极限平衡法；所谓过渡型边坡是指岩石和土混杂，这种分析起来也较复杂。

本章主要讲述土坡，土坡按其形成的原因有天然土坡和人工土坡，前者是在自然应力的作用下形成的，如山坡、江河岸坡等，若无其他外部扰动基本保持稳定，形成时间相对较长；人工土坡则是通过填方或挖方形成的，如基坑、土坝、路堤等，形成时间相对较短，一般来说需要分析其稳定性。对于一个简单土质土坡来说，其主要组成要素如图 10-1 所示。

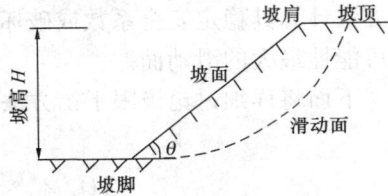

图 10-1　土坡各部位名称

土坡在各种内力和外力的共同作用下，有可能产生剪切破坏和土体的相对移动。如果靠坡面处剪切破坏的面积很大，则将产生一部分土体相对于另一部分土体滑动的现象，称为滑坡。图 10-2 给出了两个滑坡的实例。土体的滑动一般系指土坡在一定范围内整体地沿某一滑动面向下和向外移动而丧失其稳定性。除设计或施工不当可能导致土坡的失稳外，外界的不利因素影响也可能触发和加剧土坡的失稳，一般有以下几种原因：

(a)　　　　　　　　　　　　　　　(b)

图 10-2　两个滑坡的实例

(a) La Conchita 滑坡（美国加州，1996）；(b) Santa Tecla 滑坡（萨尔瓦多，2001）

1. 土坡所受的作用力发生变化：例如，由于在土坡顶部堆放材料或建造建筑物而使坡顶受荷，或由于打桩振动，车辆行驶、爆破、地震等引起的振动而改变了土坡原来的平衡状态；

2. 土体抗剪强度的降低：例如，土体中含水量或超静水压力的增加；

3. 静水压力的作用：例如，雨水或地面水流入土坡中的竖向裂缝，对土坡产生侧向压力，从而促进土坡产生滑动。因此，黏性土坡发生裂缝常常是土坡稳定性的一个不利因素，也是滑坡的预兆之一；

4. 地下水在土石坝或基坑等土坡中渗流所引起的渗流力也是土坡失稳的重要因素之一。

在工程实践中，如果土坡失去稳定造成塌方，不仅影响工程进度，有时还会危及人的生命安全，造成工程失事和巨大的经济损失。因此，土坡稳定问题在工程设计和施工中应引起足够的重视。

在土坡稳定性分析中常用的分析方法有：极限分析法、数值方法和极限平衡方法。但极限分析法和数值方法都还不够成熟，在工程实践中基本上都采用极限平衡法。极限平衡方法分析的一般步骤是：假定斜坡破坏是沿着土体内某一确定的滑裂面滑动，根据滑裂土体的静力平衡条件和莫尔-库伦强度理论，可以计算出沿该滑裂面滑动的可能性，即土坡稳定安全系数的大小或破坏概率的高低，然后再系统地选取许多个可能的滑动面，用同样的方法计算其稳定安全系数或破坏概率。稳定安全系数最低或者破坏概率最高的滑动面就是可能性最大的滑动面。

下面将详细讨论极限平衡方法在土坡稳定性分析中的应用。

10.2　无黏性土坡稳定性分析

无黏性土坡即是由粗颗粒土所堆筑的土坡。相对而言，无黏性土坡的稳定性分析比较简单，可以分为下面两种情况进行讨论。

10.2.1　均质的干坡和水下坡

均质的干坡是指由一种土组成，完全在水位以上的无黏性土坡。水下土坡亦是由一种土组成，但完全在水位以下，没有渗透水流作用的无黏性土坡。在上述两种情况下，只要土坡坡面上的土颗粒在重力作用下能够保持稳定，那么整个土坡就是稳定的。

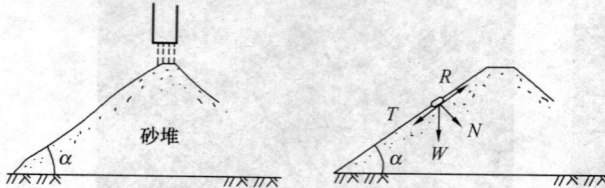

图 10-3　无黏性土坡

如图 10-3 所示，均质无黏性土坡的坡角为 α，土的内摩擦角 φ。从坡面上任取一侧面竖直、底面与坡面平行的土体单元，假定不考虑该单元土两侧应力对稳定性的影响。设该小块土体的重量为 W，其法向分力 $N=W\cos\alpha$，切向分力 $T=W\sin\alpha$。法向分力产生摩擦阻力，阻止土体下滑，称为抗滑力，其值为 $R=N\cdot\tan\varphi=W\cos\alpha\cdot\tan\varphi$。切向分力 T 是促使小土体下滑的滑动力，则土体的稳定安全系数 K 为：

$$K=\frac{抗滑力}{下滑力}=\frac{R}{T}=\frac{W\cos\alpha\tan\varphi}{W\sin\alpha}=\frac{\tan\varphi}{\tan\alpha} \tag{10-1}$$

式中　φ——土的内摩擦角；

　　　α——土坡坡角。

从式（10-1）中可以看出：安全系数与坡高、重度无关，仅与内摩擦角有关；对于均质无黏性土土坡，理论上只要坡角小于土的内摩擦角，土坡就处于稳定状态；当 $\alpha = \varphi$ 时，$K = 1.0$，土坡处于极限平衡状态，此时的坡角称为自然休止角。对于人工土坡和基坑开挖，为了保证一定的安全储备，常要求 $K = 1.2 \sim 1.5$。关于具体工程中的取值问题，可参考该工程的设计规范要求确定。

10.2.2　有稳定渗流均质土坡

当土坡的内、外出现水位差时，例如基坑排水、坡外水位下降时，在土堤内形成渗流场。如果浸润线在下游坡面逸出（图 10-4），这时在浸润线以下，下游坡内的土体除了受到重力作用外，还受到由于

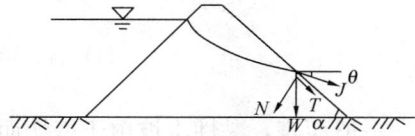

图 10-4　渗透水流逸出的土坡

水的渗流而产生的渗透力作用，因而使下游土坡的稳定性降低。

如果水流方向与水平面呈夹角 θ，则沿水流方向的渗透力 $j = \gamma_w i$。在坡面上任取一块土体（不妨假设体积为 V），以该土块中的土骨架为隔离体，其有效的重量为 $\gamma' V$。分析这块土骨架的稳定性，作用在土骨架上的渗透力为 $J = jV = \gamma_w iV$。因此，沿坡面的全部滑动力（包括重力和渗透力）为：

$$T = \gamma' V \sin\alpha + \gamma_w iV \cos(\alpha - \theta) \tag{10-2}$$

坡面的正压力为：

$$N = \gamma' V \cos\alpha - \gamma_w iV \sin(\alpha - \theta) \tag{10-3}$$

则土体沿坡面滑动的稳定安全系数：

$$K = \frac{N\tan\varphi}{T} = \frac{[\gamma' \cos\alpha - \gamma_w i \sin(\alpha - \theta)]\tan\varphi}{\gamma' \sin\alpha + \gamma_w i \cos(\alpha - \theta)} \tag{10-4}$$

式中　i——渗透坡降；

　　　γ'——土的浮重度；

　　　γ_w——水的重度；

　　　φ——土的内摩擦角。

若水流在逸出段顺着坡面流动，即 $\theta = \alpha$。这时，流经路途 ds 的水头损失为 dh，所以，有

$$i = \frac{dh}{ds} = \sin\alpha \tag{10-5}$$

将式（10-5）代入式（10-4），得：

$$K = \frac{\gamma'}{\gamma_{sat}} \cdot \frac{\tan\varphi}{\tan\alpha} \tag{10-6}$$

由此可见，当逸出段为顺坡渗流时，土坡稳定安全系数降低 γ' / γ_{sat}。因此，要保持同样的安全度，有渗流逸出时的坡角比没有渗流逸出时要平缓得多。

【例 10-1】　设计一无黏性土土坡，高为 10m，$\gamma_{sat} = 19.3 \text{kN/m}^3$，$\varphi = 30°$，设计要求稳定安全系数为 1.3，求此时的坡角。若有顺坡稳定渗流时，这一坡角将有多大变化？

【解】　应用公式（10-1），得到：

$$\tan\alpha = \tan\varphi / K = 0.444$$

$$\alpha = 24°$$

有顺坡稳定渗流时，应用式（10-6）得到：

$$\tan\alpha = \frac{\gamma' \tan\varphi}{K\gamma_{sat}} = 0.214$$

$$\alpha = 12.1°$$

显然，在有稳定渗流的情况下稳定坡角减少近一半，这就是为什么遇暴雨时无黏性土坡较干燥情况下易滑动的原因。

10.3　黏性土坡稳定性分析

一般而言，黏性土坡由于剪切而破坏的滑动面大多数为一曲面，一般在破坏前坡顶先有张裂缝发生，继而沿某一曲线产生整体滑动。均质黏性土坡滑动面的形状按塑性理论分析，滑动面为对数螺旋曲面，在计算中通常以圆弧面代替。建立在这一假定上的稳定性分析方法称为圆弧滑动法，这是极限平衡方法中的一种常用分析方法。

10.3.1　整体圆弧滑动法

1. 基本概念

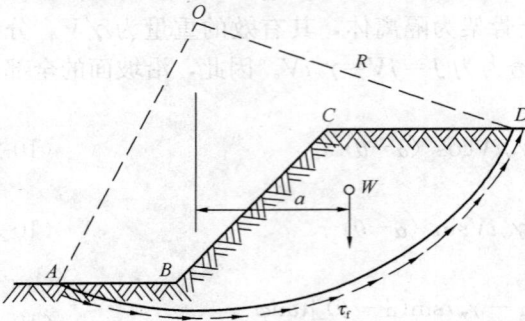

图 10-5　整体圆弧滑动法示意图

土坡稳定分析时采用圆弧滑动面首先由彼得森于 1916 年提出，此后费伦纽斯于 1927 年和泰勒于 1948 年做了研究和改进，该法被太沙基认为是现今岩土工程中的一个里程碑。

如图 10-5，一个均质的黏性土坡，它可能沿圆弧面 AD 滑动。土坡失去稳定就是滑动土体绕圆心 O 发生转动。这里把滑动土体当成一个刚体，滑动土体的重量 W 为滑动力，将使土体绕圆心 O 旋转，滑动力矩 $M_s = W \cdot a$（a 为通过滑动土体重心的竖直线与圆心 O 的水平距离）。抗滑力矩 M_R 由两部分组成：①滑动面 AD 上黏聚力产生的抗滑力矩，值为 $c \cdot \overset{\frown}{AD} \cdot R$；②滑动土体的重量 W 在滑动面上的反力所产生的抗滑力矩。反力的大小和方向与土的内摩擦角 φ 值有关。对于饱和软土来说，当采用不排水剪切试验时，$\varphi = 0$，反力的方向必定垂直于滑动面，即通过圆心 O，它不产生力矩。所以，抗滑力矩只有前一项 $c \cdot \overset{\frown}{AD} \cdot R$。这时，可定义黏性土坡的稳定安全系数为：

$$K = \frac{抗滑力矩}{滑动力矩} = \frac{M_R}{M_s} = \frac{c \cdot \overset{\frown}{AD} \cdot R}{W \cdot a} \tag{10-7}$$

式（10-7）即为整体圆弧滑动法计算土坡稳定安全系数的公式。注意，它只适用于 $\varphi = 0$ 的情况；若 $\varphi \neq 0$，则抗滑力与滑动面上的法向力有关，其求解可参阅下面的条分法。

2. 最危险滑动面的确定

在上述分析中，滑动面 AD 是任意假定的，因此，必须找到使安全系数最小的滑动面，称此时的滑动面为最危险滑动面。费伦纽斯对均质的简单土坡做了大量研究，提出了确定最危险滑动面圆心的经验方法：

土的内摩擦角 $\varphi = 0$ 时，土坡的最危险圆弧滑动面通过坡脚，其圆心为 D 点，如图 10-6 所示。D 点是由坡脚 B 与坡顶 C 分别做 BD 和 CD 线的交点，BD 和 CD 线分别与坡

面及水平面成 β_1 及 β_2 角。β_1 及 β_2 角与土坡坡角 β 有关，可由表 10-1 查得。

β_1 及 β_2 数值表 表 10-1

土坡坡度 （竖直：水平）	坡角 β	β_1	β_2
1:0.58	60°	29°	40°
1:1	45°	28°	37°
1:1.5	33°41′	26°	35°
1:2	26°34′	25°	35°
1:3	18°26′	25°	35°
1:4	14°02′	25°	37°
1:5	11°19′	25°	37°

土的内摩擦角 $\varphi > 0$ 时，最危险滑动面也通过坡脚，其圆心在 ED 的延长线上，见图 10-6。E 点的位置距坡脚 B 点的水平距离为 $4.5H$。φ 值越大，圆心越向外移。计算时，从 D 点向外延伸取几个试算圆心 O_1、$O_2\cdots$，分别求得其相应的滑动安全系数 K_1、$K_2\cdots$，绘制曲线可得到最小安全系数值 K_{min}，其相应的圆心 O_m 即为最危险滑动面的圆心。

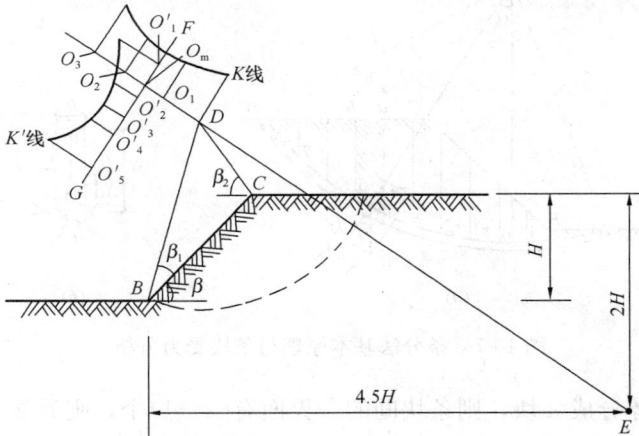

图 10-6　确定最危险滑动面圆心的位置

实际上土坡的最危险滑动面圆心位置有时并不一定在 ED 的延长线上，而可能在其左右附近，因此圆心 O_m 可能并不是最危险滑动面的圆心，这时可以通过 O_m 点作 DE 线的垂线 FG，在 FG 上取几个试算滑动面的圆心 $O'_1 O'_2\cdots$，求得其相应的滑动稳定安全因数 K'_1、$K'_2\cdots$，绘得 K' 曲线，相应于 K'_{min} 值的圆心 O 才是最危险滑动面的圆心。

对于复杂土坡，随着计算机技术的飞速发展，确定最危险滑动圆心已不再是难事，我们通过编程计算所有可能的滑动圆心与滑动半径的安全系数，然后将最小的安全系数作为该土坡的稳定安全系数，它所对应的滑动面即为最危险滑动面。编程思路如下：

（1）确定可能的滑弧圆心范围；

（2）对每一个滑动圆心，计算一系列可能的滑弧半径对应的安全系数，将其最小值作为该圆心的稳定安全系数；

（3）比较所有滑动圆心的安全系数，取最小值作为该土坡的稳定安全系数，对应的滑弧为最危险滑动面。

10.3.2 条分法的基本原理

当 $\varphi \neq 0$ 时，抗滑力与滑动面上的法向力有关，这样就不能直接应用式（10-7）计算土坡的稳定安全系数，通常采用条分法。条分法基本原理是将具有圆弧滑动面的滑体按竖直划分成若干个条带，把每一土条看作刚体，分别进行受力分析，然后根据总体力与矩平衡的方法求解整个土坡的稳定性。

如图 10-7(a) 所示，可能的滑动面是一圆弧 AD，圆心为 O，半径为 R。现将该滑块 $ABCDA$ 分成几个竖向土条。取第 i 个土条分析，如图 10-7(b) 所示。该土条底面中点的法线与竖直线的夹角为 α_i，宽度为 b_i，高度为 z_i，土条的重量取为 W_i，土条底的抗剪强度参数为 c_i 和 φ_i；土条两侧作用有水平力 E_i 和 E_{i+1}，作用点为 h_i 和 h_{i+1}，切向力 X_i 和 X_{i+1}；滑动面上的反力有法向反力 N_i，切向反力 T_i，且作用在此土条滑动面的中点。这些力中，E_i、h_i 和 X_i 在分析前一土条时已出现，可视为已知量，因此待定的未知量有 E_{i+1}、h_{i+1}、X_{i+1}、N_i 与 T_i 五个。每个土条可建立三个平衡方程($\Sigma F_x = 0$、$\Sigma F_z = 0$ 和 $\Sigma M = 0$)和滑动面上的极限平衡方程($T_i = (N_i \tan\varphi_i + c_i l_i)/K$)，属于二次超静定问题。

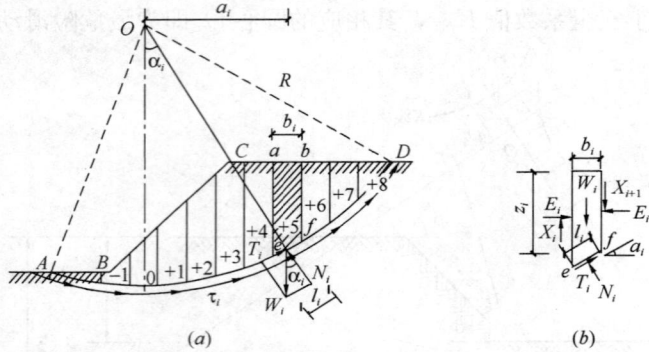

图 10-7 条分法基本原理与条块受力分析

如果把滑动土体分成 n 块，则条块间的分界面有($n-1$)个，则界面上有 $3(n-1)$ 个未知量，滑动面上有 $2n$ 个未知量，加上待求的安全系数 K，总计未知量个数为($5n-2$)个。可建立的静力平衡方程和极限平衡方程个数为 $4n$。待求未知量与方程之差为($n-2$)，无法求解，必须建立新的条件方程。因此，必须对条块间的作用力做一些可以接受的简化假定，以减少未知量个数或增加方程个数。目前有许多种不同的条分法，其差别在于采用了不同的简化假定，大体分为以下几种：

（1）不考虑条块间作用力或仅考虑其中一个，例如瑞典条分法和毕肖普条分法；

（2）假定条块间力的作用位置，即规定了 h_i 的大小，普遍条分法就属于这一类；

（3）假定条间力的作用方向或规定 E_i 和 X_i 的函数关系，如不平衡推力法和摩根斯坦-普赖斯法；

（4）假定滑动面正应力分布，该方法由朱大勇教授近年提出。

10.3.3 瑞典条分法

瑞典的费伦纽斯提出的条分法（称之为瑞典条分法）是最古老最简单的方法，应用较广泛。该方法假定滑动面为圆弧，如图 10-8 所示，并假定 $E_i = E_{i+1}$，同时它们的作用线重合，由此可知，土条两侧的作用力相互抵消。在此假定下，第 i 个土条上的作用力只有 W_i、N_i 与 T_i，根据力的平衡，应有：

$$N_i = W_i \cos\alpha_i \; ; \quad T_i = W_i \sin\alpha_i \tag{10-8}$$

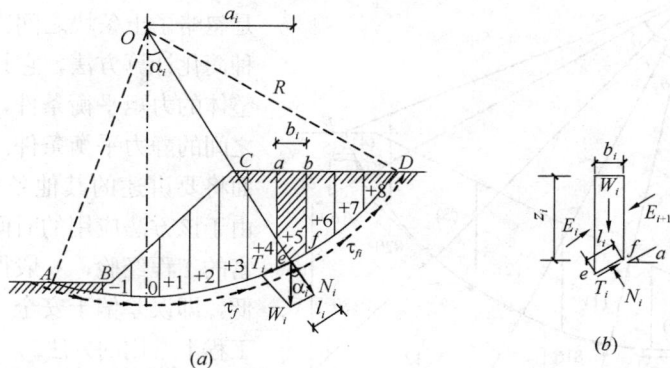

图 10-8 瑞典条分法示意图

该土条滑动面上的抗剪强度为：

$$\tau_{fi} = c_i + \sigma_i \tan\varphi_i = c_i + \frac{N_i \tan\varphi_i}{l_i} = \frac{1}{l_i}(c_i l_i + W_i \cos\alpha_i \tan\varphi_i) \tag{10-9}$$

该土条对 O 点的滑动力矩为：

$$M_{si} = T_i R = W_i R \sin\alpha_i \tag{10-10}$$

该土条对 O 点的抗滑力矩为：

$$M_{Ri} = \tau_{fi} l_i \cdot R = R(c_i l_i + W_i \cos\alpha_i \tan\varphi_i) \tag{10-11}$$

整个滑体对 O 点的滑动力矩和抗滑稳定力矩为：

$$M_s = \sum_{i=1}^{n} M_{si} = R \sum_{i=1}^{n} W_i \sin\alpha_i \tag{10-12}$$

$$M_R = \sum_{i=1}^{n} M_{Ri} = R \sum_{i=1}^{n} (c_i l_i + W_i \cos\alpha_i \tan\varphi_i) \tag{10-13}$$

则，稳定安全系数为：

$$K = \frac{抗滑力矩}{滑动力矩} = \frac{M_R}{M_s} = \frac{\sum_{i=1}^{n} (c_i l_i + W_i \cos\alpha_i \tan\varphi_i)}{\sum_{i=1}^{n} W_i \sin\alpha_i} \tag{10-14}$$

式中，α_i 存在正负问题。当土条自重沿滑动面产生下滑力时，α_i 为正；当产生抗滑力时，α_i 为负。

当采用有效应力分析法时，土条的抗剪强度参数为 c'_i 和 φ'_i，在计算土条自重 W_i 时，土条在地下水位线（浸润线）以下部分应取饱和重度计算，考虑到土条底孔隙水压力 u_i 的作用，$N'_i = N_i - u_i l_i$，则式（10-14）改为：

$$K = \frac{\sum_{i=1}^{n} [c'_i l_i + (W_i \cos\alpha_i - u_i l_i) \tan\varphi'_i]}{\sum_{i=1}^{n} W_i \sin\alpha_i} \tag{10-15}$$

上面是对于某一个假定滑动面求得的稳定安全系数，实际上它并不一定是真正的滑动面位置，而真正的滑动面对应于最小安全系数的滑动面，即为最危险的滑动面。因此，欲求解其真正滑动面位置，必须按照上述方法反复试算求取。

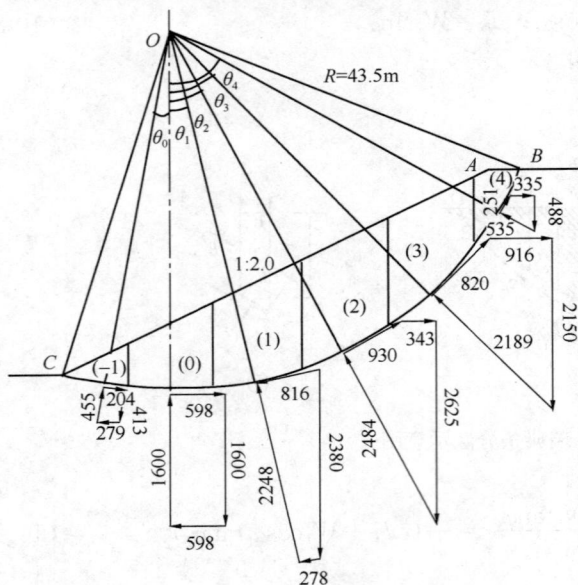

图 10-9　[例 10-2] 计算图

从分析过程可以看出，瑞典条分法是忽略了土条块之间力的相互影响的一种简化计算方法，它只满足于滑动土体整体的力矩平衡条件，却不满足土条块之间的静力平衡条件。这是它区别于后面将要讲述的其他条分法的主要特点。由于该方法应用的时间很长，积累了丰富的工程经验，一般得到的安全系数偏低，即误差偏于安全，所以目前仍然是工程上常用的方法。

【例 10-2】　一简单的黏性土坡，高 25m，坡比 1：2，碾压土的重度 $\gamma=20\text{kN/m}^3$，内摩擦角 $\varphi=26.6°$（相当于 $\tan\varphi=0.5$），黏聚力 $c=10\text{kPa}$，滑动圆心 O 点已知，如图 10-9 所示，试用瑞典条分法求该滑动圆弧的稳定安全系数。

【解】　将滑动土体分成 6 个土条，分别计算各条块的重量 W_i，滑动面长度 l_i，滑动面中心与过圆心铅垂线的圆心角 θ_i，然后，按照瑞典条分法进行稳定分析计算。瑞典条分法分项计算结果见表 10-2。

[例 10-2] 瑞典条分法计算成果　　　　　　　表 10-2

条块编号	θ_i (°)	W_i (kN)	$\sin\theta_i$	$\cos\theta_i$	$W_i\sin\theta_i$ (kN)	$W_i\cos\theta_i$ (kN)	$W_i\cos\theta_i\tan\varphi_i$ (kN)	l_i (m)	c_il_i (kN)
-1	-9.93	412.5	-0.172	0.985	-71.0	406.3	203	8.0	80
0	0	1600	0	1.0	0	1600	800	10.0	100
1	13.29	2375	0.230	0.973	546	2311	1156	10.5	105
2	27.37	2625	0.460	0.888	1207	2331	1166	11.5	115
3	43.60	2150	0.690	0.724	1484	1557	779	14.0	140
4	59.55	487.5	0.862	0.507	420	247	124	11.0	110

由表 10-2 得：

$\Sigma W_i\sin\theta_i=3584\text{kN}$；

$\Sigma W_i\cos\theta_i\tan\varphi_i=4228\text{kN}$；

$\Sigma c_il_i=650\text{kN}$。

土坡稳定安全系数：

$$F_s = \frac{\sum (W_i\cos\theta_i\tan\varphi_i + c_i l_i)}{\sum W_i\sin\theta_i} = \frac{4228 + 650}{3584} = 1.36$$

10.3.4　毕肖普条分法

瑞典条分法未考虑每个土条两侧边的力，为了提高计算精度，毕肖普于 1955 年提出一个考虑条块间侧面力的土坡稳定性分析方法，称为毕肖普条分法。此法仍然是圆弧滑动条分法。

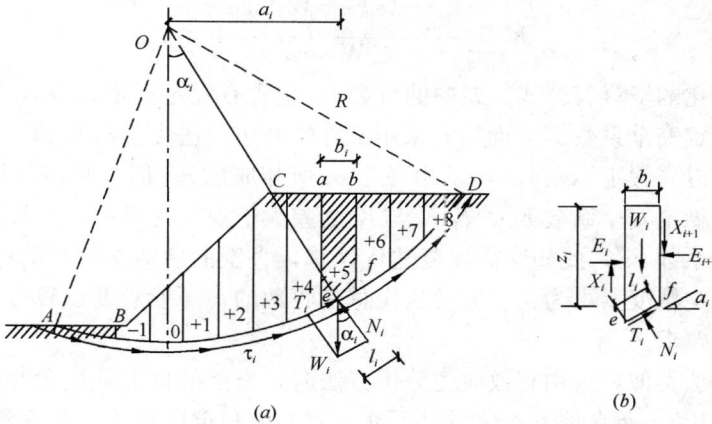

图 10-10　毕肖普条分法示意图

在图 10-10 中，从圆弧滑动体内取出土条 i 进行分析。作用在条块 i 上的力，除了重力 W_i 外，滑动面上有切向力 T_i 和法向力 N_i，条块的侧面分别有法向力 E_i、E_{i+1} 和切向力 X_i、X_{i+1}。假设土条处于静力平衡状态，根据竖向力的平衡条件，应有（令 $\Delta X_i = X_{i+1} - X_i$）

$$N_i\cos\alpha_i = W_i + \Delta X_i - T_i\sin\alpha_i \tag{10-16}$$

根据满足土坡稳定安全系数 K 的极限平衡条件，有：

$$T_i = \frac{T_{fi}}{K} = \frac{c_i l_i + N_i\tan\varphi_i}{K} \tag{10-17}$$

将式（10-17）带入式（10-16），整理后得：

$$N_i = \frac{1}{m_{\alpha i}}\left(W_i + \Delta X_i - \frac{c_i l_i}{K}\sin\alpha_i\right) \tag{10-18}$$

其中　$m_{\alpha i} = \cos\alpha_i + \sin\alpha_i\tan\varphi_i/K$。

考虑整个滑动土体的整体力矩平衡条件，各个土条的作用力对圆心的力矩之和为零。这时条块之间的力 E_i 和 X_i 成对出现，大小相等，方向相反，相互抵消，对圆心不产生力矩。滑动面上的正压力 N_i 通过圆心，也不产生力矩。因此，只有重力 W_i 和滑动面上的切向力 T_i 对圆心产生力矩。对圆心力矩平衡得到：

$$\sum_{i=1}^{n} W_i R\sin\alpha_i = \sum_{i=1}^{n} T_i R \tag{10-19}$$

将式（10-17）和式（10-18）带入式（10-19），整理得：

$$K = \frac{\sum \frac{1}{m_{\alpha i}}[c_i b_i + (W_i + \Delta X_i)\tan\varphi_i]}{\sum W_i\sin\alpha_i} \tag{10-20}$$

其中，$b_i = l_i \cos\alpha_i$，其他符号同前。

这就是毕肖普条分法计算土坡稳定安全系数 K 的一般公式。式中的 $\Delta X_i = X_{i+1} - X_i$，仍然是未知量。如果不引进其他的简化假定，式（10-20）仍然不能求解。毕肖普进一步假定 $\Delta X_i = 0$，实际上也就是认为条块间只有水平作用力 E_i，而不存在切向作用力 X_i。于是，式（10-20）进一步简化为：

$$K = \frac{\sum \frac{1}{m_{ai}}(c_i b_i + W_i \tan\varphi_i)}{\sum W_i \sin\alpha_i} \tag{10-21}$$

此式称为简化的毕肖普公式。式中的参数 m_{ai} 包含有稳定安全系数 K。因此，不能直接求出土坡的稳定安全系数 K，而需要采用试算的办法，迭代求算 K 值。

试算时，可以先假定 $K = 1.0$，求出各个 α_i 所相应的 m_{ai} 值，并将其代入式（10-21）中，求得土坡的稳定安全系数 K'。若 K' 与 K 之差大于规定的误差，用 K' 计算 m_{ai}，再次计算出稳定安全系数 K''，此如这样反复迭代计算，直至前后两次计算的稳定安全系数非常接近，满足规定精度要求为止。通常迭代总是收敛的，一般只要试算 3～4 次，就可以满足迭代精度的要求。

与瑞典条分法类似，采用有效应力分析方法时，土条的抗剪强度参数为 c_i' 和 φ_i'，计算土条自重 W_i 时，土条在地下水位线以下部分应取饱和重度计算，考虑到孔隙水压力 u_i 的作用，$N_i' = N_i - u_i l_i$，则式（10-21）修改为：

$$K = \frac{\sum \frac{1}{m_{ai}'}[c_i' b_i + (W_i - u_i l_i)\tan\varphi_i']}{\sum W_i \sin\alpha_i} \tag{10-22}$$

其中：$m_{ai}' = \cos\alpha_i + \sin\alpha_i \tan\varphi_i'/K$。

与瑞典条分法相比，简化的毕肖普法是在不考虑条块间切向力的前提下，满足力的多边形闭合条件，也就是说，隐含着条块间有水平力的作用，虽然在公式中水平作用力并未出现。所以它的特点是：（1）满足整体力矩平衡条件；（2）满足各个条块力的多边形闭合条件，但不满足条块的力矩平衡条件；（3）假设条块间作用力只有法向力没有切向力；（4）满足极限平衡条件。由于考虑了条块间水平力的作用，得到的稳定安全系数较瑞典条分法略高一些。

Duncan 对土坡稳定性分析方法作了分析与比较，指出简化毕肖普法在所有情况下都是与严格的极限平衡分析法（即满足全部静力平衡条件的方法）相比，结果甚为接近，但仅适用于圆弧滑动面；陈祖煜认为：对于一般没有软弱土层和结构面的土坡，简化毕肖普法计算往往能够得到足够的精度；朱大勇证明了简化毕肖普法属于严格的极限平衡分析法，进一步说明了简化毕肖普法计算精度较高；由于计算过程不很复杂，精度也比较高，所以，该方法也是目前工程中很常用的一种方法。

【例 10-3】 用简化毕肖普法求［例 10-2］中滑动圆弧的稳定安全系数，并与瑞典条分法结果进行比较。

【解】 将滑动土体分成 6 个土条，根据瑞典条分法得到计算结果 $K = 1.36$。由于毕肖普法的稳定安全系数稍高于瑞典条分法，设 $K_1 = 1.55$，按简化毕肖普条分法列表分项计算，结果列于表 10-3 中。

编号	$\cos\alpha_i$	$\sin\alpha_i$	$\sin\alpha_i\tan\varphi_i$	$\dfrac{\sin\alpha_i\tan\varphi_i}{K}$	$m_{\alpha i}$	$W_i\sin\alpha_i$	c_ib_i	$W_i\tan\varphi_i$	$\dfrac{c_ib_i+W_i\tan\varphi_i}{m_{\alpha i}}$
-1	0.985	-0.172	-0.086	-0.055	0.93	-71	80	206.3	307.8
0	1.00	0	0	0	1.00	0	100	800	900
1	0.973	0.230	0.115	0.074	1.047	546	100	1188	1230
2	0.888	0.460	0.230	0.148	1.036	1207	100	1313	1364
3	0.724	0.690	0.345	0.223	0.947	1484	100	1075	1241
4	0.507	0.862	0.431	0.278	0.785	420	50	243.8	374.3

编 号	$\cos\alpha_i$	$\sin\alpha_i$	$\sin\alpha_i\tan\varphi_i$	$\dfrac{\sin\alpha_i\tan\varphi_i}{K_2}$	$m_{\alpha i}$	$W_i\sin\alpha_i$	c_ib_i	$W_i\tan\varphi_i$	$\dfrac{c_ib_i+W_i\tan\varphi_i}{m_{\alpha i}}$
-1	0.985	-0.172	-0.086	-0.057	0.928	-71	80	206.3	308.5
0	1.00	0.0	0	0	1.00	0	100	800	900
1	0.973	0.230	0.115	0.076	1.045	546	100	1188	1232.5
2	0.888	0.460	0.230	0.152	1.040	1207	100	1313	1358.6
3	0.724	0.690	0.345	0.228	0.952	1484	100	1075	1234.2
4	0.507	0.862	0.431	0.285	0.792	420	50	243.8	371

由表 10-3 得：

$$\sum\frac{c_ib_i+W_i\tan\varphi_i}{m_{\alpha i}}=5417\text{kN}$$

安全系数 $K_2=\dfrac{\sum\dfrac{1}{m_{\alpha i}}(c_ib_i+W_i\tan\varphi_i)}{\sum W_i\sin\alpha_i}=\dfrac{5417}{3586}=1.51$

$K_1-K_2=1.55-1.51=0.04$，误差较大。按 $K_2=1.51$，进行第二次迭代计算，结果列于表 10-4 中。

$$\sum\frac{c_ib_i+W_i\tan\varphi_i}{m_{\alpha i}}=5404.8\text{kN}$$

安全系数 $K3=\dfrac{\sum\dfrac{1}{m_{\alpha i}}(c_ib_i+W_i\tan\varphi_i)}{\sum W_i\sin\alpha_i}=\dfrac{5404.8}{3586}=1.507$

$K_2-K_3=0.003$，十分接近，因此，可以认为 $K=1.51$。

计算结果表明，简化毕肖普条分法的稳定安全系数较瑞典条分法高，约大 0.15，与一般结论相同。

10.3.5 普遍（简布）条分法

图 10-11 (a) 为一任意已知沿滑动面的土坡，划分土条后，简布假定条间力合力作用点位置为已知，这样减少 $n-1$ 个未知数。分析表明，条间力作用点的位置对土坡稳定安全系数影响不大。一般可假定其作用于土条底面以上 1/3 高度处，这些作用点连线称为推力线。取任一土条，其上作用力如图 10-11 (b) 所示，图中 h_{ti} 为条间力作用点的位置，

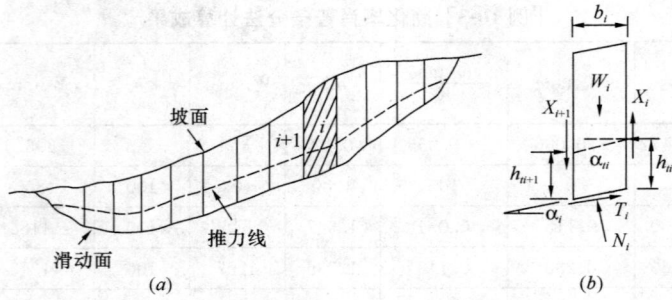

图 10-11　简布法受力及推力作用线图式

(a) 沿滑动面的土坡；(b) 作用力

a_{ti} 为推力线与水平线的夹角，这些都是已知量。

对每一土条取竖直方向的平衡，令 $\Delta X_i = X_{i+1} - X_i$

$$N_i \cos a_i = W_i + \Delta X_i - T_i \sin a_i \tag{10-23}$$

或

$$N_i = (W_i + \Delta X_i) \sec a_i - T_i \tan a_i \tag{10-24}$$

再取水平方向力的平衡，得

$$\Delta E_i = N_i \sin a_i - T_i \cos a_i \tag{10-25}$$

将式（10-24）代入式（10-25）得

$$\Delta E_i = (W_i + \Delta X_i) \tan a_i - T_i \sec a_i \tag{10-26}$$

再对土条 i 底面中点取力矩平衡，并略去高阶微量，得

$$X_i b_i = -E_i b_i \text{tg} a_{ti} + h_{ti} \Delta E_i \tag{10-27}$$

或

$$X_i = -E_i \text{tg} a_{ti} + h_{ti} \frac{\Delta E_i}{b_i} \tag{10-28}$$

由边界条件：$\Sigma \Delta E_i = 0$，由式（10-26）可得

$$\Sigma (W_i + \Delta X_i) \tan a_i - \Sigma T_i \sec a_i = 0 \tag{10-29}$$

利用安全系数的定义和莫尔-库仑破坏准则

$$T_i = \frac{\tau_{fi} l_i}{K} = \frac{c_i b_i \sec a_i + N_i \tan \varphi_i}{K} \tag{10-30}$$

联合求解式（10-24）及式（10-30），得

$$T_i = \frac{1}{K} \left[c_i b_i + (W_i + \Delta X_i) \tan \varphi_i \right] \frac{1}{m_i} \tag{10-31}$$

式中　$m_i = \cos a_i + \dfrac{\sin a_i \tan \varphi_i}{K}$。

再以式（10-31）代入式（10-29），得简布法安全系数计算公式：

$$K = \frac{\Sigma \left[c_i b_i + (W_i + \Delta X_i) \tan \varphi_i \right] \dfrac{1}{m_i \cos a_i}}{\Sigma (W_i + \Delta X_i) \tan a_i} \tag{10-32}$$

在具体计算时，同时计算出安全系数、侧向条间力 X_i 和 E_i，需用迭代法。计算步骤如下：

(1) 假设 $\Delta X_i = 0$。相当于简化的毕肖普法，用式（10-32）计算安全系数。这时需对

224

K 进行迭代：先假定 $K=1$，算出 m_i 代入式（10-32）算 K 与假定值比较，如相差较大，则由新的 K 值求出 m_i 再算 K，如此逐步逼近求出 K 的第一次近似值，并用这个 K 代入 （10-31）算出每一土条的 K。

（2）用此 T_i 值代入式（10-26），求出每一土条的 ΔE_i，从而求出每一土条侧面的 E_i，再由式（10-28）求出每一土条侧面的 X_i，并求出 ΔX_i 值。

（3）用新求出的 ΔX_i 重复步骤（1），求出 K 的第二次近似值，并以此重新算出每一土条的 T_i。

（4）再重复步骤（2）及（3），直到 K 收敛于给定的容许误差值以内。

简布条分法基本可以满足所存的静力平衡条件，所以是"严格"方法之一，但其推力线的假定必须符合条间力的合理要求（即土条间不产生拉力和不产生剪切破坏）。目前国内外行关土坡稳定的电算程序，大多包含有简布方法，但须注意，在某些情况下其计算结果有可能不收敛。

10.3.6 不平衡推力传递法

山区一些土坡往往覆盖在起伏变化的岩基面上，土坡失稳多数沿这些界线发生，形成折线滑动面。对于岩质边坡，破坏面沿断层或裂隙发生。一般也为折线滑动面。对这类边坡的稳定分析，可采用不平衡推力传递法。

按折线滑动面将滑动土体分成 n 个条块，且假定条间力的合力与上一条土条底面平行，如图 10-12 所示，这样即确定了条间力作用方向，即减少了 $n-1$ 个未知量，问题得解。然后根据各分条力的平衡条件，逐条向下推求，直至最后一条土条的推力为零。

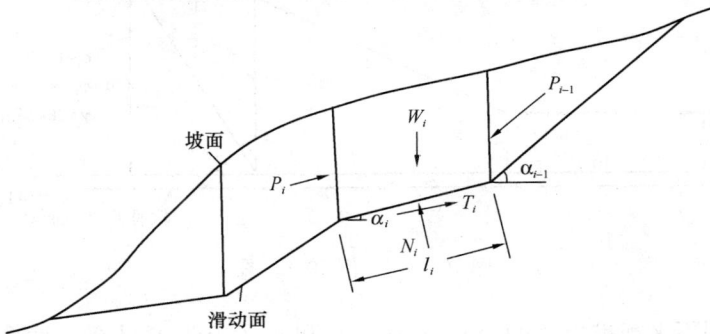

图 10-12　不平衡推力传递法图示

对任一土条，取垂直与平行土条底面方向力的平衡，有

$$\left.\begin{array}{l} N_i - W_i\cos a_i - P_{i-1}\sin(a_{i-1} - a_i) = 0 \\ T_i + P_i - W_i\sin a_i - P_{i-1}\cos(a_{i-1} - a_i) = 0 \end{array}\right\} \tag{10-33}$$

同样根据安全系数定义和莫尔-库伦破坏准则，有

$$T_i = \frac{c_i l_i + N_i \tan\varphi_i}{K} \tag{10-34}$$

联合解式（7-33）和式（7-34），消除 T_i、N_i，可得如下计算公式

$$P_i = W_i\sin a_i - \left(\frac{c_i l_i + W_i\cos a_i\tan\varphi_i}{K}\right) + P_{i-1}\psi_i \tag{10-35}$$

式中　ψ_i——传递系数，用下式表示：

$$\psi_i = \cos(a_{i-1} - a_i) - \frac{\tan\varphi_i}{K}\sin(a_{i-1} - a_i) \tag{10-36}$$

在应用不平衡推力法计算具体问题时，先假设 $K=1$，然后从坡顶第一条开始逐条向下推求 P_i，直至求出最后一条的推力 P_n，P_n 必须为零，否则要重新假定 K，进行试算

国家标准《建筑地基基础设计规范》将式（10-35）简化为

$$P_i = KW_i\sin a_i - (c_i l_i + W_i\cos a_i \tan\varphi_i) + P_{i-1}\psi_i \tag{10-37}$$

式中，传递系数 ψ_i 改用下式计算

$$\psi_i = \cos(a_{i-1} - a_i) - \tan\varphi_i\sin(a_{i-1} - a_i) \tag{10-38}$$

值得注意的是：式（10-37）和式（10-38）的近似计算公式，它只能用于计算 $K\approx1$ 的土坡稳定安全系数，否则会造成较大的误差。

采用不平衡推力法计算安全系数时，抗剪强度指标 c、φ 值可根据土的性质及当地经验，采用试验和滑坡反算相结合的方法确定。另外，因为土条之间不能承受拉力，所以任何土条的推力 P_i 如果为负值，此 P_i 不再向下传递，而对下一土条取 P_{i-1} 为零。本法也常用来按照设定的安全系数，反推各土条和最后一条土条承受的推力大小，以便确定是否需要和如何设置挡土建筑物。允许安全系数 $[K]$ 取值可根据滑坡状态及其对工程的影响程度，一般取 $1.05\sim1.25$。

【例 10-4】 图 10-13 为一沿软弱层滑动的土坡，滑面与滑体尺寸如图所示，各层强度参数也标于图 10-13 中，试求该土坡沿复合滑动面的稳定安全系数。

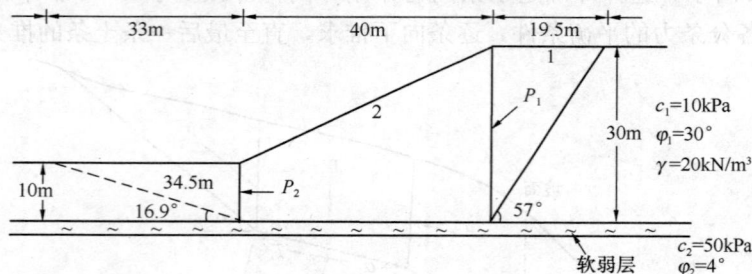

图 10-13　[例 10-4] 图

【解】 采用不平衡推力法的公式（10-35）和式（10-36）计算。计算过程和结果见表 10-5。

表 10-5

不平衡推力法计算过程与结果

土条编号	W_i (kN)	$F_s=1.5$ P_i(kN)	$F_s=1.8$ P_i(kN)	$F_s=2.0$ P_i(kN)	$F_s=1.83$ P_i(kN)	$F_s=1.85$ P_i(kN)	
1	5850	344.2	3685.4	3807.5	3705.4	3718.4	计算结果 $F_s=1.84$
2	16000	−406.8	154.5	402.6	195.1	221.4	
3	3300		−52.7	279.0	−20.8	19.4	

10.3.7　稳定数法

为减少土坡稳定分析计算的工作量，特别对高度在 10m 以下的均质土坡，适宜采用泰勒（taytor）稳定数图表法进行稳定分析，或采用俄国格巴索夫图解法。

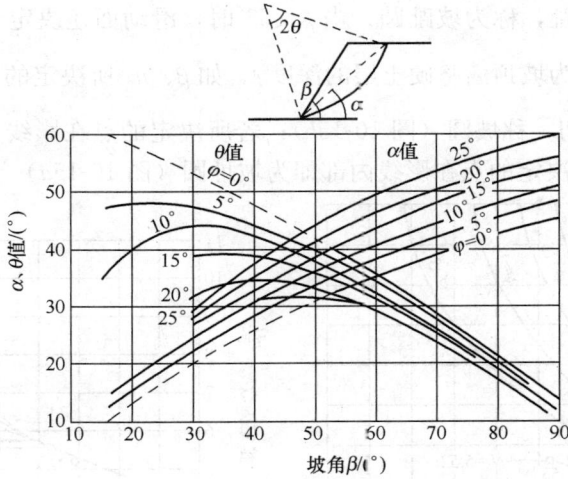

图 10-14 按泰勒法确定最危险滑动面圆心位置

（当 $\varphi > 3°$ 或 $\varphi = 0°$，且 $\beta > 53°$时）

洛巴索夫依据极限平衡理论，采用摩擦圆法，按总应力分析的概念，导出土坡稳定的临界高度 H_{cr}。

$$H_{cr} = \frac{c}{\gamma N_s} \tag{10-39}$$

式中　H_{cr}——临界高度；

　　　c——土的黏聚力；

　　　γ——土的重度；

　　　N_s——稳定数，只与坡角 β 和土的 φ 值有关。

临界高度 H_{cr} 表明，黏性土坡稳定与坡高有关；H 过高易失稳，实际高度 H 应小于 H_{cr}，土坡才稳定安全，因此稳定安全系数 K 定义为 H_{cr}/H。

黏性土边坡稳定坡角，也可以根据泰勒方法计算制成图表（如图 10-16，图 10-17），便于应用。以边坡坡角为横坐标，以稳定数为纵坐标绘制一组曲线，用以解两类问题：

（1）已知 β、φ、c、γ 及最大边坡高度 H。这时，可由 β、φ 查图得 N_s，再由 c、γ 计算 H。

（2）已知 c、φ、γ、H，求稳定土坡坡角。可由 c、φ、γ、H 计算 N，再由 N_s、φ 查得 β。

对于饱和软黏土地基，$\varphi = 0$ 的情况下，泰勒根据理论分析得出 $\beta - N_s$ 关系图。当 $\beta >$

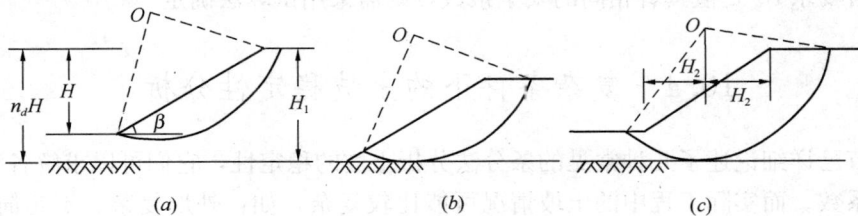

图 10-15　滑动面的三种位置

（a）坡趾圆；（b）坡圆；（c）中点圆

227

53°时，滑动面通过坡趾，称为坡趾圆；当 $\beta < 53°$ 时，滑动面还决定于坡顶离坚硬土层的深度系数 $n_d \dfrac{H_1}{H}$（H_1 为坡顶离坚硬土层的深度）。如 β、n_d 所决定的点在图影线上方，则滑动面与坚硬土层相切，称坡圆（图 10-15b）；若所决定的点在影线下方，则滑动面称中点圆（图 10-15c）。所决定的点在影线内部即为坡址圆（图 10-15a）。

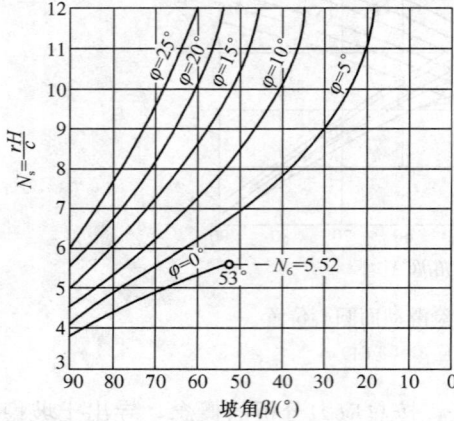

图 10-16　泰勒稳定数图表

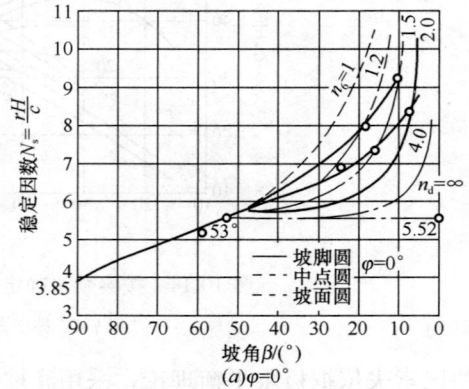

图 10-17　坡脚与稳定数之间的关系

当 $n_d > 4.0$ 时，则近似按 n_d 为无限大查出 $N_q = 5.52$，与 β 角无关，即 $H_{cr} = 5.52 \times \dfrac{c_u}{\gamma}$，$c_u$ 为土的不排水抗剪强度，单位为 kPa。

【例 10-5】　已知某简单土坡，高度 $H = 8\text{m}$，坡角 $\beta = 40°$，土的性质为：$\gamma = 19.4\text{kN/m}^3$，$\varphi = 10°$，$c = 25\text{kPa}$。试用泰勒的稳定系数曲线计算土坡的稳定安全系数。

【解】　当 $\varphi = 10°$、$\beta = 40°$ 时，由图 10-16 查得 $N_s = 10.0$。由式（10-39）可求得此时滑动面上所需要的黏聚力 c_1 为

$$c_1 = \frac{\gamma H}{N_s} = \frac{19.4 \times 8}{10}\text{kPa} = 15.52\text{kPa}$$

土坡的稳定安全系数 K 为

$$K = \frac{c}{c_1} = \frac{25}{15.52} = 1.61$$

应该看到，上述安全系数的意义与前述不同，前面是指土的抗剪强度与切应力之比。本例中对土的内摩擦角 φ 而言，其安全系数是 1.0，而黏聚力 c 的安全系数是 1.61，两者不一致。若要求 c、φ 值具有相同的安全系数，则需采用试算法确定。

10.4　复杂条件下的土坡稳定性分析

前一节已详细论述了几种常见的条分法分析土坡的稳定性，它们可以求解各种形状滑面的安全系数。而实际工程中的土坡情况可能比较复杂，如：外形复杂、不是简单土坡、土坡内有不同土层或存在渗流、坡顶或坡面有荷载以及地震作用等。这一节将主要讨论坡内有不同土层、土坡存在稳定渗流以及地震作用下的土坡稳定性分析。

10.4.1 成层土与有堆载作用下土坡的稳定性分析

当土坡滑动体由两层或更多土层组成时，滑动面往往贯穿多个土层。土坡稳定性分析时，土体自重的应该根据滑动体的具体组成，采用相应的重度计算；抗剪强度也应该依据实际情况，分段采用相应的抗剪强度指标计算。

当地表面有堆载时，按划分后的土条将堆载分摊到相应的土条顶面。土坡稳定性分析时，将堆载作为竖直向的力，计入相应的平衡方程。

10.4.2 稳定渗流作用下土坡的稳定分析

工程中土坡稳定渗流常发生在下列一些情况，堤坝挡水时的下游土坡、地下水位以下的基坑土坡等。稳定渗流对土坡稳定的影响表现在渗透力的作用，此外，浸润线以下土的重度取浮重度。在 10.2 节分析无黏性土坡稳定时已运用了这些概念。在黏性土坡中分析较复杂，首先需计算确定浸润线的位置，绘制流网，每个土条在浸润线以下的单元，例如图 10-18 (a) 中的 $abcd$，体积为 V，受到总渗透力的作用，其大小为 $jV = i\gamma_w V$，方向沿流线，作用在单元的形心上，水力坡降 i 由土条包含的流网计算。单元 $abcd$ 的重量为 $\gamma'V$ 和总渗透力 $i\gamma_w V$ 的合力 R 构成了渗流的作用，参见图 10-18 (b)。因等势线不是竖直的，流网与土条的划分不一致，给计算带来困难。此外，合力 R 的计算亦较复杂，故一般不用此法分析渗流的作用。

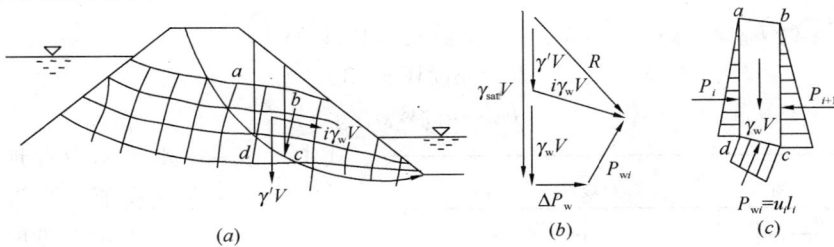

图 10-18　渗流作用下土坡稳定分析

另一种分析方法是取 $abcd$ 中的孔隙水作为脱离体，参见图 10-18 (c)，用以分析总渗透力的作用。该脱离体受的力有：孔隙水重量 $\gamma_w V_v$，土粒浮力的反作用力 $\gamma_w V_s$，V_v 和 V_s 分别为 $abcd$ 中孔隙和土粒的体积，以上的力的合力为 $\gamma_w V$，相当于 $abcd$ 中无土粒充满水的重量，分别标于图 10-18 (b)、(c) 中。此外，还有两竖直面 ab 和 cd 上总孔隙水压力之差 $\Delta P_w = P_i - P_{i+1}$，土条底面孔隙水压力 $P_{wi} = u_i l_i$。从 (b) 图可见 $\gamma_w V$、ΔP_w 和 P_{wi} 三力也构成了总渗透力 $i\gamma_w V$，因 $\gamma'V + \gamma_w V = \gamma_{sat}V$，从 (b) 图还可看出，用 $\gamma_{sat}V$、ΔP_w 和 P_{wi} 三力同样可求得第一种分析方法求得的 $\gamma'V$ 和 $i\gamma_w V$ 的合力 R，而计算却方便得多。将土条上各力对 O 点取矩，ΔP_w 为内力不出现在平衡方程中，$\gamma_{sat}V$ 为土条的饱和重量，考虑到土条有部分处在下游水位以下，则该部分以浮重度计算。按有效应力分析法，土坡稳定的安全系数 K 用弗伦纽斯法计算：

$$K = \frac{\sum \left[c_i' l_i + (W_i \cos a_i - u_i l_i) \tan \varphi_i' \right]}{\sum W_i \sin a_i} \tag{10-40}$$

式中

$$W_i = (\gamma h_{i1} + \gamma_{sat} h_{i2} + \gamma' h_{i3}) b_i \tag{10-41}$$

h_{i1}、h_{i2} 和 h_{i3} 分别为第 i 土条在浸润线以上、浸润线至下游水位和下游水位至滑动面

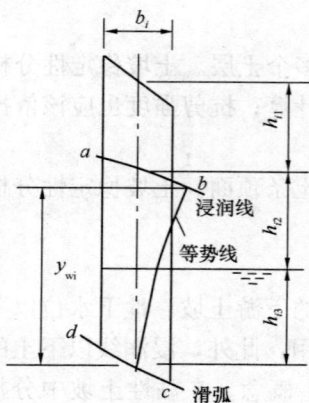

图 10-19 土坡稳定计算

的高度，参见图 10-19。

关于 u_i 的计算，严格讲应过土条底部中点作等势线，取图 10-19 中的 y_{wi} 为计算水头，即 $u_i = \gamma_w(y_{wi} - h_{i3})$。近似计算可用 $h_{i2} + h_{i3}$ 代替 y_{wi}，则 $u_i = \gamma_w h_{i2}$，虽有误差，差值不大且偏于安全。

10.4.3　地震作用下土坡的稳定分析

地震对土坡的影响，可用拟静力法计算，即在每一土条的重心施加一个水平向地震惯性力 F_{ih}，对于地震设计烈度为 8、9 的 1、2 级土石坝，还要同时施加竖向地震惯性力 F_{iv}。《水工建筑物抗震设计规范》DL 5073—2000 中规定，采用拟静力法进行抗震稳定计算时，对于均质坝，可采用瑞典圆弧法（弗伦纽斯法）进行验算；对于 1、2 级及 70m 以上的土石坝，宜同时采用毕肖普简化法。

毕肖普简化法计算安全系数 K 的公式为，

$$K = \frac{1}{\sum(W_i \pm F_{iv})\sin a_i + \frac{M_h}{\gamma}} \sum \frac{c_i b_i + (W_i \pm F_{iv} - u_i b_i)\tan\varphi_i}{\cos a_i + \frac{\sin a_i \tan\varphi_i}{K}} \tag{10-42}$$

式中　$W_i = (\gamma h_{i1} + \gamma_{sat} h_{i2} + \gamma' h_{i3})b_i$，参见式（10-41）；

$$F_{iv} = a_h \zeta W_i a_i / 3g$$

$$F_{ih} = a_h \zeta W_i a_i / g$$

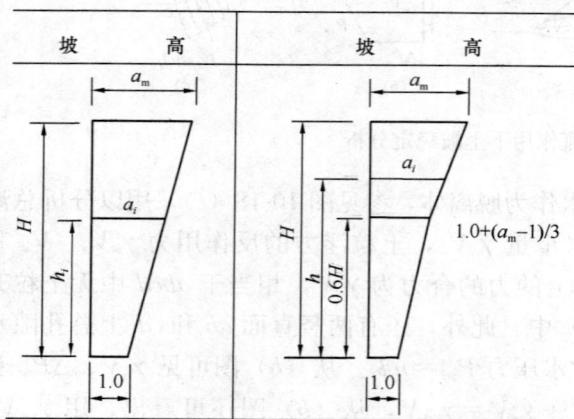

图 10-20　动态分布系数

式中　a_h——水平向设计地震加速度代表值，当设计烈度为 7、8 和 9 度时，a_h 分别为 $0.1g$、$0.2g$ 和 $0.4g$；

g——重力加速度；

ζ——地震作用的效应折减系数，取 0.25；

a_i——质点 i（土条重心）的动态分布系数，按图 10-20 的规定采用，表中 a_m 在设计烈度为 7、8、9 度时，分别取 3.0、2.5 和 2.0；

M_h——F_{ih} 对圆心的力矩；

c_i、φ_i——地震作用下土的黏聚力和内摩擦角。

思　考　题

1. 控制边坡稳定性的主要因素有哪些？

2. 为什么说所有计算安全系数的极限平衡分析方法都是近似方法？由它计算的安全系数与实际值相

比，假设抗剪强度指标是真值，计算结果是偏高还是偏低？

3. 简化毕肖普条分法与瑞典条分法的主要差别是什么？为什么对同一问题毕肖普法计算的安全系数比瑞典法大？

4. 不平衡推力法与简布法有什么差别？它们可用于圆弧滑动分析吗？

习　题

1. 一砂砾土坡，其饱和重度 γ_{sat} 为 $19kN/m^3$，内摩擦角 φ 为 $32°$，坡比为 $1:3$。试问在干坡或完全浸水时，其稳定安全系数为多少？又问当有顺坡向渗流时土坡还能保持稳定吗？若坡比改成 $1:4$，其稳定性又如何？

2. 一均质黏性土坡，高 $20m$，坡比为 $1:3$，填土的黏聚力 $c=10kPa$，内摩擦角 $\varphi=20°$。重度为 $\gamma=18kN/m^3$。假定滑弧通过坡脚，半径 R 取 $55m$，圆心位置可用图 10-6 的方法确定。试用瑞典法（总应力）计算土坡在该滑弧时的安全系数。

3. 土坡剖面见图 10-21，若土料的有效强度指标 $c'=5kPa$，内摩擦角 $\varphi=38°$，并设孔隙应力系数为 0.55，滑弧假定同上题。试用简化毕肖普法计算土坡该滑弧的安全系数。

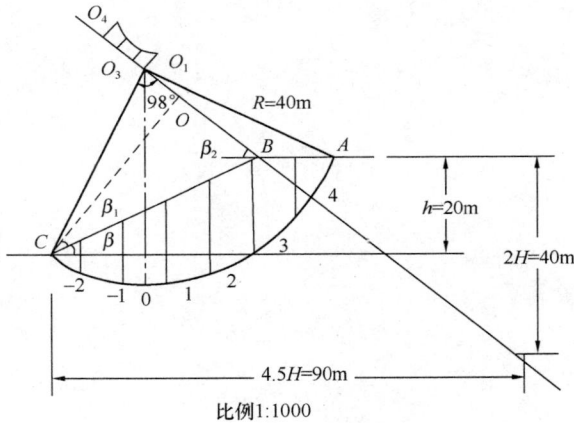

图 10-21　［习题 3］附图

4. 一均质黏性土土坡，高 $20m$，坡比为 $1:2$，填土黏聚力 $c=10kPa$，内摩擦角 φ 为 $20°$，但土体中有稳定渗流作用，其浸润线和坡外水位的位置见图 10-22。设土体的饱和重度为 $19kN/m^3$，圆弧同题 3，试用代替法求稳定渗流期该滑弧的安全系数。

5. 某均质挖方土坡，坡高 $10m$，坡比 $1:2$，填土的重度为 $18kN/m^3$，内摩擦角为 $25°$，黏聚力 $c=5kPa$，在坑底以下 $3m$ 处有一软土薄层，其黏聚力 $c=10kPa$，内摩擦角为 $5°$。试用简化后的复合滑动面法估算其稳定安全系数。

6. 某均匀土坡坡角 $\beta=30°$。土的 $\varphi=20°$，$c=5kPa$，$\gamma=16kN/m^3$。求土坡安全高度 H。

7. 已知某土坡填筑高 $H=10m$，土的 $\varphi=20°$，$c=7kPa$，$\gamma=16kN/m^3$。求稳定坡角。

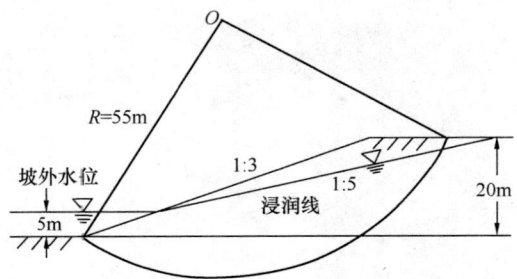

图 10-22　［习题 4］附图

8. 某工程基础开挖深 $H=6.0m$，土坡坡度为 $1:1$。地表为粉质黏土，$\gamma_1=18kN/m^3$，$c_1=5.4kPa$，$\varphi_1=20°$，厚度为 $3m$，其下为黏土，$\gamma_1=19kN/m^3$，$c_2=10kPa$，$\varphi_2=16°$，厚度为 $1.0m$。试用圆弧法计算此土坡的稳定性。

本 章 参 考 文 献

1. 杨位洸. 地基及基础（第三版）. 北京：中国建筑工业出版社. 1999.
2. 龚晓南. 土力学. 北京：中国建筑工业出版社. 2006.
3. 卢廷浩. 土力学. 南京：河海大学出版社. 2002.
4. 陈仲颐. 周景星. 王洪瑾. 北京：土力学. 清华大学出版社. 1994.
5. 赵树德. 土力学. 北京：高等教育出版社. 2001.
6. 王国体. 以土体应力状态计算边坡安全系数的方法. 中国工程科学. 2006.8（12）：80-84.